高等学校规划教材

采掘机械

李晓豁　沙永东　编著

北京
冶金工业出版社
2020

内 容 提 要

本书系统、全面地介绍了煤岩的物理机械性质和用于煤矿井下的滚筒式采煤机、刨煤机、连续采煤机、螺旋钻采煤机、单体液压支柱、液压支架、凿岩设备、装载机、掘进机、掘锚机组等采煤机械、支护设备、掘进机械的结构组成、工作原理、特点与适用条件。

本书可作为机械工程及自动化、矿山机电工程、矿物工程、采矿工程、安全工程等专业本科生采掘机械课程的教材，可用作有关专业的研究生、高职生的教学参考书，也适合从事采掘机械设计、制造、使用与维修的工程技术人员阅读。

图书在版编目（CIP）数据

采掘机械/李晓豁，沙永东编著. —北京：冶金工业出版社，2011.9（2020.8 重印）
高等学校规划教材
ISBN 978-7-5024-5708-2

Ⅰ.①采…　Ⅱ.①李…　②沙…　Ⅲ.①采掘机—高等学校—教材　Ⅳ.①TD421.5

中国版本图书馆 CIP 数据核字（2011）第 182639 号

出 版 人　陈玉千
地　　址　北京市东城区嵩祝院北巷 39 号　邮编　100009　电话　(010)64027926
网　　址　www.cnmip.com.cn　电子信箱　yjcbs@cnmip.com.cn
责任编辑　卢　敏　美术编辑　彭子赫　版式设计　孙跃红
责任校对　卿文春　责任印制　李玉山
ISBN 978-7-5024-5708-2
冶金工业出版社出版发行；各地新华书店经销；北京中恒海德彩色印刷有限公司印刷
2011 年 9 月第 1 版，2020 年 8 月第 4 次印刷
787mm×1092mm　1/16；18 印张；429 千字；276 页
36.00 元

冶金工业出版社　投稿电话　(010)64027932　投稿信箱　tougao@cnmip.com.cn
冶金工业出版社营销中心　电话　(010)64044283　传真　(010)64027893
冶金工业出版社天猫旗舰店　yjgycbs.tmall.com
（本书如有印装质量问题，本社营销中心负责退换）

前　言

煤炭是目前乃至未来相当长一段时期内我国的主要能源之一。煤炭工业是我国经济建设的重要基础。对煤炭的机械化开采和掘进是提高煤炭产量、提高煤炭生产经济效益和社会效益的根本保证。

采掘机械是煤炭机械化生产的设备，其技术性能和工作质量关系到煤炭工业的发展和进步。近年来采掘机械有了突飞猛进、日新月异的变化，为世人所瞩目。各种类型的采掘机械相继问世，一大批新设备正装备于矿井，在煤炭生产中发挥着举足轻重的作用。

然而，《采掘机械》教材的建设却明显地滞后于采掘机械的发展。现有的一些教材缺少反映新原理、新结构的新机型、新设备，远不能适应现在采掘机械课程教学的要求，与煤炭工业的发展也不相适应。为此，我们编写该教材以满足目前该课程教学的急需，同时也解决当前国内外采掘机械书籍短缺的问题。

本教材在结构上采取以点带面、由表及里、由典型到一般的编写方式；在内容上突出设备的先进性、技术的成熟性，介绍一些新型的采掘机械设备；在体系上体现好教易学的特点。

本书由李晓豁主编。其中，第1章、第2章的2.1节和2.2节、第4章的4.1节由沙永东编写，其余部分均由李晓豁编写。李晓豁并负责全书的统稿、修改和定稿。

该教材适用于机械工程及自动化、矿山机电工程、矿物资源工程、采矿工程、煤矿开采技术、安全工程等相关专业的本科生，可作为有关专业的研究生、高职生的教学参考书，也可供从事采掘机械设计、制造、使用与维修的工程技术人员阅读。

在本书编写过程中，得到了采掘机械的制造厂家、使用单位的大力支持和帮助，并参考了国内外有关学者和专家的文献，在此一并表示由衷的感谢。

书中存在缺点和不足之处诚恳地希望和欢迎使用本书的师生和广大读者批评指正。

作　者

2011年5月

目　　录

1　煤岩的物理机械性质

1.1　煤岩的物理性质

煤岩的物理性质主要是指容量、湿度、松散性、孔隙性、导电性和热胀性以及稳定性等，其中与采掘密切相关的有以下几种：

（1）容重。煤岩的容重是指单位体积煤岩在干燥状态下的重量（质量）。它在很大程度上反映了煤岩的机械强度。

（2）湿度。煤岩的湿度用其含水率表示。含水率是指在煤岩的缝隙中存留的水的重量与煤岩固体重量之比。含水率高的煤岩体，结构被弱化，其强度明显降低。采掘这样的煤岩时，功率消耗会明显降低，而且粉尘也将减少。但巷道的围岩易产生变形，巷道维护的难度增加。

（3）松散性。松散性是指煤岩被破碎后，其容积增大的性能。破碎后与破碎前煤岩的容积之比称为煤岩的松散比（或称松散系数）。

（4）稳定性。煤岩的稳定性是指煤岩暴露出自由面以后，不致塌陷的性能。

1.2　煤岩的机械性质

煤岩的机械性质是指煤岩体受到机械施加的外力时所表现的性质。在破碎煤岩时，可借助于煤岩的机械性质选择对煤岩体作用力的形式、破岩工具的种类和形状等。因此，采用机械法破岩时，了解煤岩的机械性质尤为重要。

煤岩的机械性质主要是指强度、硬度、接触强度、弹塑性和脆性、坚硬度、截割阻抗、摩擦与磨蚀性等。

1.2.1　强度

煤岩体在一定条件下受外力作用开始破坏时所具有的极限应力值称为煤岩的强度。由于煤岩为非均质材料，各向异性，其抗压、抗剪和抗拉强度（分别用 σ_y、σ_j 和 σ_l 表示）在数值上大约有如下关系

$$\sigma_y : \sigma_j : \sigma_l = 1 : 0.3 : 0.1 \qquad (1-1)$$

层理和节理发育的煤岩体，其强度要低于层理和节理不发育的煤岩体；沿垂直层理方向的强度要高于平行层理方向的强度。

1.2.2　硬度

煤岩的硬度是指煤岩抵抗尖锐工具入侵的性能，它反映煤岩体在较小的局部面积上抵

抗外力作用而不被破坏的能力。其大小取决于煤岩体的结构、组成颗粒的硬度及形状和排列方式等。硬度越大，截割、钻凿越困难。

1.2.3 接触强度

上述硬度反映的是煤岩体测定部位的个别颗粒或颗粒间粘结物的硬度，为了能在宏观上表示岩石材料的表面强度，下面介绍接触强度的概念。

接触强度 p_k(MPa) 可按 n 次下压测压头上的载荷值 p_i（岩石材料脆性破坏的瞬间压头的载荷，单位为 N）与压头下表面积 S（单位 mm^2）之比来确定

$$p_k = \frac{\sum_{i=1}^{n} p_i}{n \cdot S} \tag{1-2}$$

根据接触强度值大小，将岩石分为六类：松软（400MPa 以下），次中等坚固（400 ~ 600MPa），中等坚固（650 ~ 1250MPa），坚固（1250 ~ 2450MPa），很坚固（2450 ~ 4500MPa）和极坚固（4500MPa 以上）。

1.2.4 弹性、塑性与脆性

煤岩体的弹性、塑性与脆性是反映煤岩受外力作用与其变形之间关系的性质。

弹性：即当撤销所受外力后，煤岩恢复原来形状和体积的性能。破碎弹性较高的煤岩，消耗的能量也较多，且由于弹性变形，破碎也比较困难。

塑性：即当作用于煤岩体上的外力消失后，其形状和体积不能得到恢复的性能。破碎塑性高的煤岩，消耗的能量也较多。

脆性：即煤岩被破碎时不带残余变形的性能。脆性好的煤岩，容易被破碎，消耗于煤岩变形的功也比较小。

1.2.5 坚固性

坚固性是一种表示煤岩破碎难易程度的综合指标，它是煤岩体抗拉、压、剪切、弯曲和热力等作用的综合表现，它反映了各种采掘作业的难易程度，即在凿岩、爆破工作，或用各种工具（如镐、铲等）直接进行挖掘时的难易程度。

普氏坚固性系数 f（又称普氏系数）来表示煤岩的坚固性大小。可以通过采样、捣碎、筛分、量筒测高的方法来求得工作面煤岩的坚固性系数，也可以根据煤岩的极限抗压强度（σ_y）的大小近似地确定，即：

$$f = \frac{\sigma_y}{300} + \sqrt{\frac{\sigma_y}{30}} \tag{1-3}$$

对于具有不同坚固性系数的岩石，应选用与之相适应的破碎方法和采掘机械。按照普氏分级法把采矿中常见的岩石分为 20 级，同时还按照岩石的坚固性程度分成 10 个等级，如表 1 - 1 所示。我国对于煤的坚固性分级如表 1 - 2 所示。

1.2.6 截割阻抗

大量的实践表明，对某一种煤岩而言，用结构参数确定的刀具进行截割，单位截割深

表 1－1 岩石坚固性分级

等 级	坚固程度	岩 石 种 类	f
Ⅰ	最坚固	最坚固、细致和有韧性的石英岩和玄武岩，其他各种特别坚固的岩石	≥20
Ⅱ	很坚固	很坚固的花岗岩质页岩、石英斑岩，很坚固的花岗岩矽质片岩，不及上一级坚固的石英岩，最坚固的砂岩和石灰岩	15
Ⅲ	坚 固	致密的花岗岩和花岗岩质岩石，很坚固的砂岩和石灰岩，石英质矿脉岩，坚固的砾岩，极坚固的铁矿	10
$Ⅲ_a$	坚 固	坚固的石灰岩，不坚固的花岗岩，坚固的砂岩，坚固的大理石和白云岩，黄铁矿	8
Ⅳ	较坚固	一般的砂岩，铁矿	6
$Ⅳ_a$	较坚固	砂质页岩，页岩质砂岩	5
Ⅴ	中 等	坚固的黏土质岩石，不坚固的砂岩和石灰岩	4
$Ⅴ_a$	中 等	各种不坚固的页岩，致密的泥灰岩	3
Ⅵ	较软弱	较软弱的页岩，很软弱的石灰岩，白垩，岩盐，石膏，冻结土壤，无烟煤，普通泥灰岩，破碎的页岩，胶结砾岩，石质土壤	2
$Ⅵ_a$	较软弱	碎石质土壤，破碎的页岩，凝结成块的砾岩和碎石，坚固的煤，硬化的黏土	1.5
Ⅶ	软 弱	致密的黏土，较软的烟煤，坚固的冲击层——黏土质土壤	1.0
$Ⅶ_a$	软 弱	轻砂质黏土，黄土，砾石	0.8
Ⅷ	土质岩石	腐殖土，泥煤，轻砂质 土壤，湿砂	0.6
Ⅸ	松散性岩石	砂，山麓堆积，细砾石，松土，采下的煤	0.5
Ⅹ	流动性岩石	流沙，沼泽土壤，含水黄土及其他含水的土壤	0.3

表 1－2 煤炭坚固性分级

煤 种	f	A/N · mm^{-1}
软 煤	<1.5	<150
中硬煤	1.5～3	150～300
坚硬煤	>3	>300

度的截割阻力大体为常数；而对于不同矿区甚至不同煤层的工作面，用同一刀具进行截割测定，单位截割深度的截割阻力是不同的。利用专用设备（见图 1－1），采用标准刀具（截割刃宽度为 20mm，截角为 40°，后角 10°）对煤岩体进行截割测定，将求得的单位截割深度作用于刀具上的截割阻力值称为截割阻抗（又叫抗截强度或截割阻力系数），用 A（N/mm）表示。

要测某工作面的 A 值，首先在工作面上安装该测定装置，然后把待截割工作面处

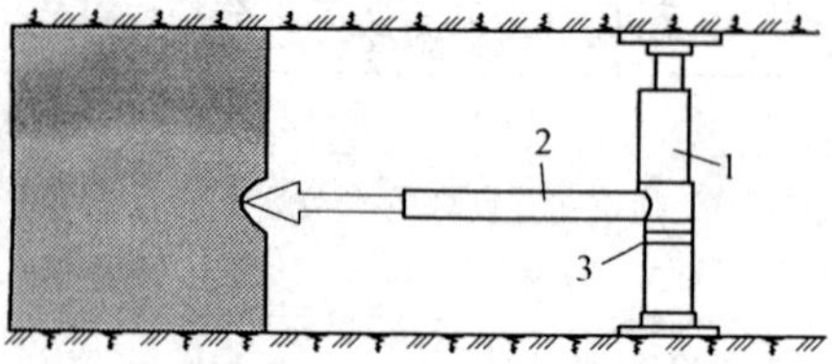

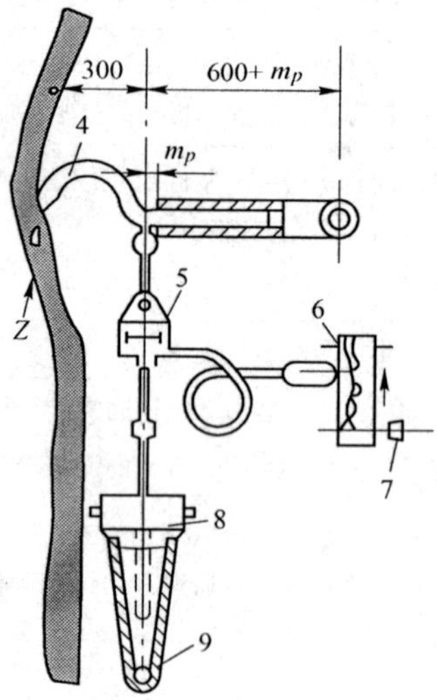

图 1－1　ПКС 型装置
1—立柱；2—刀杆；3—卡紧器；4—刀齿；5—测力计；6—记录仪；
7—微电动机；8—绞车；9—立柱

用手工修整成圆柱面。通过绞车 8 牵引刀杆 2 绕立柱 1 摆动，使装在刀杆 2 上的标准刀齿 4 沿工作面作弧形截割。移动卡紧器 3 调节刀杆位置和刀齿伸出刀杆的长度，就可以进行不同截距和截割深度的截割测试。测量的信号是刀具的截割阻力 Z，由此求得截割阻抗

$$A = \frac{\overline{Z}}{h} \tag{1-4}$$

式中　$\overline{Z}$——刀具截割阻力的平均值，N；

h——截割深度，mm。

为测得一个工作面的 A 值，要在工作面近顶板、近底板以及采高中间处，还要在沿倾斜方向不同部位进行多次测定，再以其多次测得结果的平均值作为该工作面的 A 值。

我国自行研制的实验室用 MJ－1 型 A 值测定装置如图 1－2 所示。该装置采用液压传动，适用于 $2m^3$ 左右的试块，其材料为水泥和沙或水泥和炉渣以及大块煤等。

在实验室测定 A 值的方法与前述在工作面测定 A 值的方法相同。把切屑厚度值 h_i 与截割阻力 Z_i 画在直角坐标中，用直线连接各点，所得直线的斜率即为被测试块材料的 A 值，如图 1－3 所示。

MJ－1 型装置不仅可以在水平方向截割，而且还能在垂直方向截割，可以分别研究煤

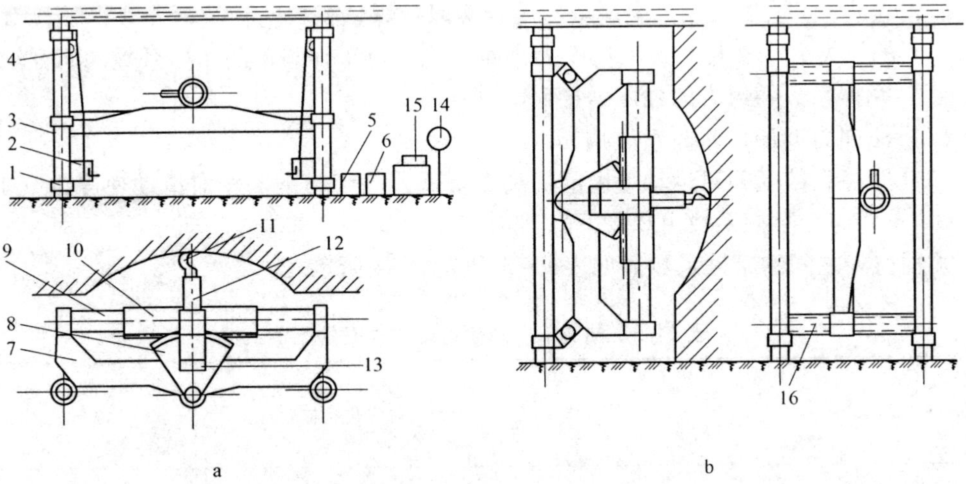

图 1－2　MJ－1 型装置

a—水平截割；b—垂直截割

1—卡紧器；2—手动绞车；3—立柱；4—滑轮；5—液压站；6—油箱；7—蝶形座；8—齿扇；9—双活塞杆；10—齿条油缸；11—刀具；12—截割臂；13—推进螺母；14—压力记录仪；15—数据处理装置；16—丝杠

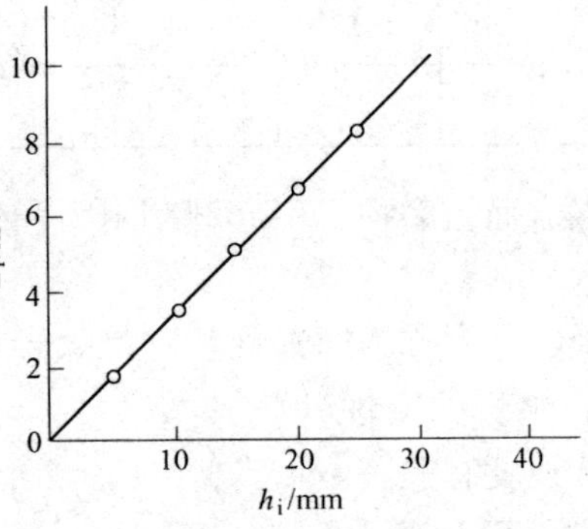

图 1－3　截割阻力与切屑厚度关系

岩层理或节理的特性，使其更接近于不同采掘机械的实际工况，使测出的 A 值更有实用价值。此外，该装置还能对测定的数据进行处理，并直接打印输出。

1.2.7　摩擦与磨蚀性

金属零部件或硬质合金在煤岩体表面运动时要产生摩擦，将产生如下后果：

（1）如果金属零部件是运动主体，将消耗其有用功；

（2）使金属零部件的表面或硬质合金磨损，表面形状改变，增加了截割阻力；

（3）使金属零部件和硬质合金发热，其硬度降低，加剧磨损，因此需要用水来冷却。

煤岩对金属或硬质合金摩擦作用的大小用摩擦系数 μ 表示，通过专门实验可测定

μ 值。

研究表明，μ 值的大小因金属或硬质合金以及煤岩材料的种类而异，也随相对运动的两者之间的压力大小和相对运动速度大小而变化。对于煤与钢的摩擦系数的研究结果是：

（1）摩擦系数随煤岩的强度增加而降低；

（2）法向力增加，摩擦系数减小；

（3）摩擦系数随相对运动速度的提高而降低，当煤与钢的相对滑动速度由 0.1m/s 增大到 3.1m/s 时，摩擦系数由 0.4 下降到 0.15。

几种材料之间的摩擦系数值如表 1－3 和表 1－4 所示。

表 1－3 钻头钢、硬质合金与岩石的摩擦系数

金属 \ 岩石	泥质页岩	有尖角颗粒砂岩	圆颗粒砂岩
钻头钢	0.097	0.2	0.18～0.2
硬质合金	0.083	0.135	0.18～0.2

表 1－4 煤与钢、煤与煤的摩擦系数

钢、煤 \ 煤	无烟煤		褐 煤		末 煤		炼焦煤		一般煤
	静	动	静	动	静	动	静	动	
钢	0.84	0.29	1	0.58	0.84	0.32	0.84	0.32	
煤									～0.39

刀具在截割过程中接触煤岩而被磨损，引起截割阻力和生产费用的增加，使采掘机械的开机率和工作性能降低。

煤岩磨损钢铁和硬质合金的烈度称为磨蚀性。它是煤岩对金属、硬质合金或其他固体磨蚀能力的度量。研究表明，煤岩的磨蚀性与其石英含量、石英核直径和抗拉强度有关。

通常，采用标准金属试件（又称磨头）在一定压力下与被测煤岩材料接触，并作相对移动，由测得的试件的磨损量来确定煤岩的磨蚀性。设压力为 p(N)，摩擦路径为 L(m)，试件被磨蚀掉的体积为 ΔV(cm^3)，则磨蚀系数 ω(cm^3/(kg · m)）按下式计算：

$$\omega=\frac{\Delta V}{pL} \tag{1-5}$$

一种以定压定速测定煤岩磨蚀性的装置如图 1－4 所示，其标准金属试件 2 的直径为 8mm，两端平头，一端钻 ϕ4mm 的孔，用冷拔工具钢条制作。测量装置为小台钻 3。试件转速为 64r/min，

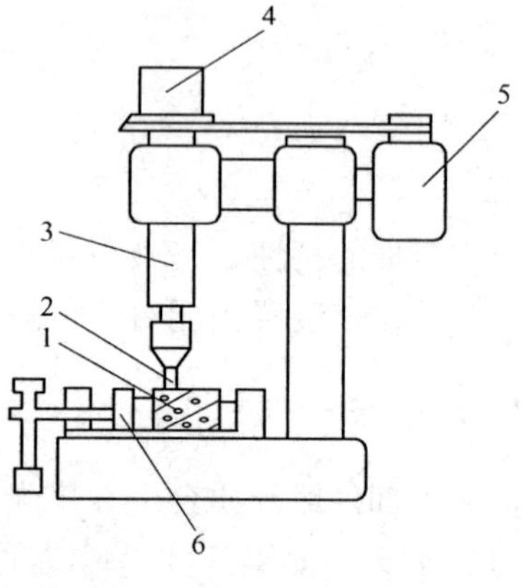

图 1－4 磨蚀性指标测量装置

1—煤岩；2—标准金属试件；3—小台钻；4—重物；5—电动机；6—卡紧装置

轴压力 150N。试件两端在煤岩 1 的自然表面上各磨 10min 为一次试验。则磨蚀性指标 a_m（mg）为：

$$a_m = \frac{1}{2n}\sum_{i=1}^{n} q_i \tag{1-6}$$

式中　n——试验次数；

　　q_i——第 i 次试验时金属标准试件的磨损量，mg。

按照磨蚀性指标，可将岩石分为八级。磨蚀性大的刚玉等 $a_m > 90$mg，磨蚀性小的磷灰石、石灰石、岩盐、大理石等 $a_m < 5$mg。

原苏联矿业研究院利用 45 钢作试件（硬度 HRC24 ±1），在与煤岩试样接触压力为 3MPa、试验台转速为 30 ~40r/min 的条件下连续运转 5min，取试件磨损量与摩擦路径之比为磨蚀性指标，测得弱焦化钝煤的指标为 20 ~40mg/km，硅质夹石可达 24300mg/km。

1.2.8　蠕变与松弛

矿山井下的煤岩体，由于采空区和巷道等的形成，煤岩所承受的载荷要发生变化。这种变化持续一段时间后，就出现较长时间相对稳定的状态，则煤岩体就会承受发生该变化后所产生载荷的较长时间的作用。

煤岩体在长时间持续不变的载荷作用下，其变形增加的过程称为煤岩体的蠕变。其变形大小与所作用的载荷大小以及载荷作用的时间长短有关。图 1 -5 为煤试件在两种载荷作用下的变形情况。

煤岩体在一定的载荷作用下保持其变形量为常数而应力下降的现象，称为煤岩体的松弛。图 1 -6 为一种岩石的松弛曲线。

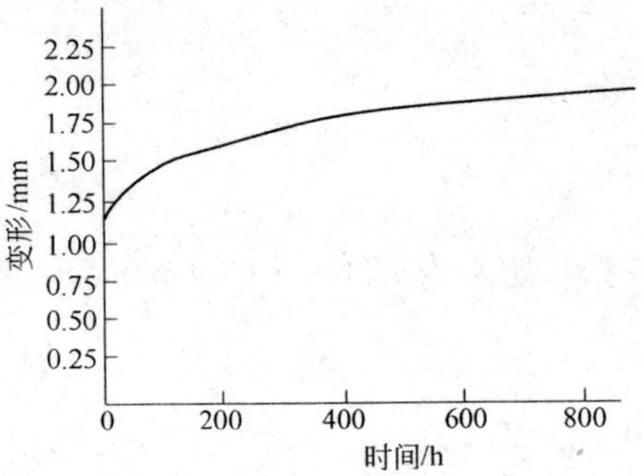

图 1 -5　煤的蠕变曲线

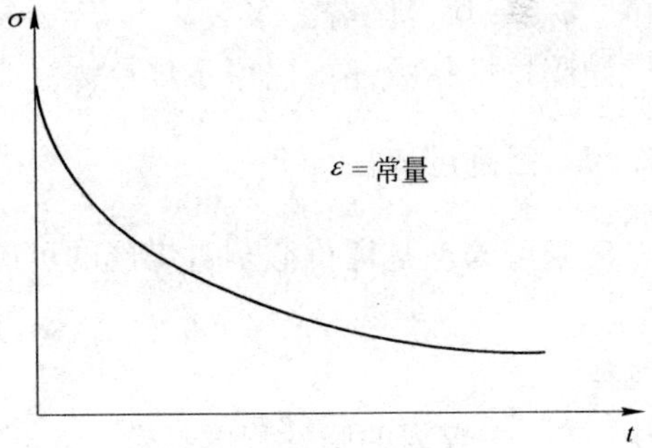

图 1 -6　岩石的松弛曲线

井下煤岩体的蠕变和松弛现象是客观存在的。在采掘过程中，要利用工作面煤岩应力下降的现象，提高采掘速度，降低能耗。同时，也不要忽视围岩变形增加的现象，加强顶板和巷道的维护，保持巷道断面的正常形状。

1.2.9　破碎特性

所截获的煤岩块度，不仅与采掘机械的结构和截割参数有关，也取决于煤岩被截割时

不同的破碎特性。在碎煤总量中，块度分布服从统计分布规律，即

$$W = 1 - \exp(-\lambda d^m) \tag{1-7}$$

式中 W——直径不超过 d(mm) 的碎煤占试样总量的百分比；

λ——由截割方法和参数决定的破碎程度参数；

m——破碎特性指数，对于具体煤层，m 为常数，一般为 0.4 ~ 1.3，与截割工况无关。

确定破碎特性指数时，对不少于三份按 ГОСТ16094 - 78 选备的试样进行筛分分析，并将结果记录在对数坐标纸上。将各点连线，得其直线的斜率即为破碎特性指数

$$m = \frac{b_1}{a_1}$$

式中 a_1——横坐标值，$a_1 = \ln d$；

b_1——纵坐标值，$b_1 = \ln \frac{1}{1-W} - \ln\lambda$，$\lambda$ 坐标也为对数尺度。

直线与纵坐标轴交点处 $b_1 = 0$，W 和 λ 可由图确定。如果没有合适的对数坐标值，可按线性回归的原理由下式确定

$$m = \frac{n\sum_{i=1}^{n} x_i y_i - \sum_{i=1}^{n} x_i \sum_{i=1}^{n} y_i}{n\sum_{i=1}^{n} x_i^2 - n\sum_{i=1}^{n} y_i^2} \tag{1-8}$$

$$\left.\begin{aligned} x_i &= \ln d_i \\ y_i &= \ln\ \ln\left(\frac{1}{1-W_i}\right) \end{aligned}\right\}$$

式中 n——块度筛分等级数。

破碎特性指数还可以用于煤层煤尘生成能力的分级。

1.2.10 截割可碎性

截割可碎性是评价截割时煤层的可破碎性，其指标定义为 R(kW · h · cm/m³)：

$$R = \frac{0.38A}{B+1} \tag{1-9}$$

式中 B——煤岩的脆性程度指数，$B = \frac{\exp(2.3m)}{m^2} - 8.4$，韧性煤：$B < 2.1$；脆性煤：$2.1 < B < 3.5$；极脆性煤：$B > 3.5$。

该指标与截割的工况和参数无关，仅取决于煤层的截割阻抗和脆性，它综合反映煤层在稳定的工况参数下破碎的可能性。按照截割可碎性指标，可将煤层分为七类，即：极软 0 ~ 4，软 4.1 ~ 9，中硬 9.1 ~ 16，超中硬 16.1 ~ 25，硬 25.1 ~ 36，极硬 36.1 ~ 49，特硬 >49。

1.2.11 可钻性

岩石的可钻性是表示在岩石上钻孔时，破碎岩石难易程度的一种性能。它可以代表在

特定条件下，钻头破碎岩石的难易程度，也可以代表一种综合性指标。

影响岩石破碎难易程度的主要因素有：

（1）岩石的物理机械性质；

（2）破碎岩石的外力种类（压缩、剪切、弯曲等静力或动力等）；

（3）外力作用的方向（垂直于层面或平行于层面）；

（4）破碎岩石的工具类型（单面楔形或双面楔形，圆柱形冲头或球形冲头）。

根据以上诸因素，要综合确定某种岩石的可钻性指标是比较困难的。如果把各种因素都考虑在内，确定岩石可钻性较合理的方法是用破碎单位体积岩石所消耗能量的多少来衡量可钻性的大小，可按下式计算：

$$\delta = \frac{e}{V} \tag{1-10}$$

式中　e——破碎 V 体积岩石所需的功。

研究岩石可钻性的主要目的是：

（1）合理选择和正确使用钻孔设备，以取得最佳经济效果。

（2）指导钻孔设备的设计。随着设备的大型化、现代化，要求在设计之前对岩石可钻性做出正确的可靠的预估。

（3）加强经济管理，为正确确定生产定额和钻具消耗指标，更好地执行工资、奖励等政策提供依据。

（4）为“系统工程”在矿山中的应用提供准确的岩石可钻性参数。

为了克服普氏岩石分级法的缺点，我国在研究推广一种简便易行的岩石分级方法——凿碎法，即岩石可钻性分级法。

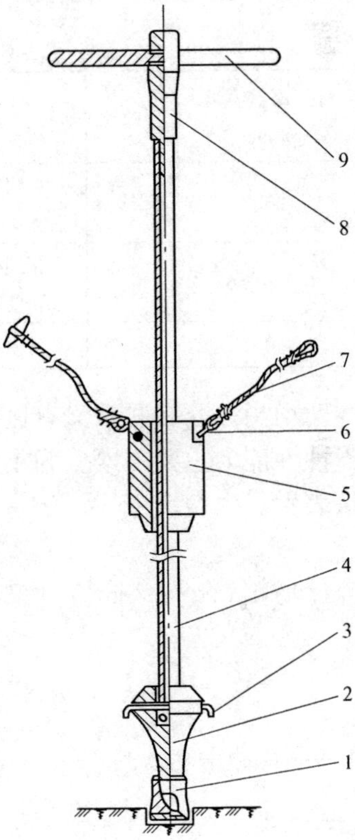

图 1－7　岩石凿测器示意图

1—钎头；2—承击台；3—螺丝销；4—导向杆；5—落锤；6—三角环；7—操作绳；8—卡套；9—转动手把

冲击钻孔的形式和工具是多种多样的，而实质是钻头的钻刃或合金柱齿在某种冲击功作用下凿碎岩石，将这一实质抽象出来研制出了便携式的岩石凿测器，如图 1－7 所示。它用 4kg 重的锤头从 1m 高处沿导向杆自由下落，以 40J 的恒定功冲击钎头。钎头为一字形，直径为 40mm ± 0.1mm，刃部嵌入 YG－11C 的 KOI_3 型硬质合金片，刃角为 110°，每次测试都使用新的或新修磨过的钎头，并经读数显微镜检查，刃锋锐利。每凿一次，转动 15° 角，共凿 480 次，然后测定两项指标：（1）凿碎比功 a_p（破碎单位体积岩石所消耗的功）；（2）钎刃磨钝宽度 b（钎刃上从刃锋的两端各向内 4mm 处的磨钝宽度平均值），并用其表示岩石的坚固程度。

由上面两项指标的分级方法见表 1 –5 及表 1 –6。

表 1 –5 凿碎比功分级表

级别	凿碎比功 a_p/N·m·cm^{-3}	坚固性	代表性岩石
Ⅰ	0 ~ 190	极软	页岩，煤，凝灰石
Ⅱ	200 ~ 290	软	石灰岩，砂页岩，橄榄岩，绿泥角闪岩，云母石英片岩，白云岩
Ⅲ	300 ~ 390	较软	花岗岩，石灰岩，橄榄片岩，铝土矿，混合岩，角闪岩
Ⅳ	400 ~ 490	中硬	花岗岩，硅质灰岩，辉长岩，玢岩，黄铁矿，铝土矿，磁铁石英岩，片麻岩，硅卡岩，大理岩
Ⅴ	500 ~ 590	硬	假象赤铁矿，磁铁石英岩，苍山片麻岩，硅卡岩，中细粒花岗岩，暗绿角闪岩
Ⅵ	600 ~ 690	很硬	假象赤铁矿，磁铁石英岩，煌斑岩，致密矽卡岩
Ⅶ	≥700	极硬	假象赤铁矿，磁铁石英岩

表 1 –6 岩石磨蚀性分类法

类别	钎刃磨钝宽度 b/mm	磨蚀性	代表性岩石
1	≤0.2	弱	页岩，煤，凝灰石、石灰石、大理石、角闪岩、橄榄岩、辉长岩、白云岩、铝土矿、千枚岩，矽卡岩
2	0.3 ~ 0.6	中	花岗岩、闪长岩、辉长岩、砂岩、砂页岩、硅质灰岩、硅质大理岩、混合岩、变粒岩、片麻岩、矽卡岩
3	≥0.7	强	黄铁矿、假象赤铁矿、磁铁石英岩、石英岩、硬质片麻岩

上述两项指标既有联系又有区别，对钻孔速度来说，凿碎比功是主要的，对钻头寿命来说，磨蚀性能为主要因素。为了综合反映岩石的可钻性，采用岩石分级、分类的数字连续排列法表示。由表 1 –5 及表 1 –6 可知，Ⅵ_1 表示Ⅵ级 1 类岩石，即为中硬弱磨蚀性的岩石。

凿碎比功 a_p（N·m/cm^3）按下式计算：

$$a_p = \frac{A}{V} = \frac{A_0 f}{\frac{\pi}{4}d^2 H} = \frac{K}{H} \tag{1-11}$$

式中 A——总冲击功，J；

V——破岩体积，$V = \frac{\pi}{4}d^2 H$，cm^3；

d——实际孔径（经实测 $d = 4.1$cm）；

H——孔净深，cm；

f——冲击次数，$f = 480$；

A_0——单次冲击功，$A_0 = 480$J；

$K = \dfrac{A_0 f}{\frac{\pi d^2}{4}} = \dfrac{40 \times 480}{\frac{\pi}{4} \times 4.1^2}$。

钎刃的磨损用读数显微镜和专用卡具直接读出离钎刃两端 4mm 处的磨钝宽度，精确到 0.1mm，取平均值。

实践证明，凿碎比功是衡量可钻性的首要指标，钎刃磨钝宽度只是在磨蚀性很强的岩石中才居首要地位。

复习要点

1.1 了解煤岩的物理、机械性质的目的。

1.2 煤岩的物理、机械性质主要有哪些。

1.3 煤岩的坚固性的定义。

1.4 截割阻抗的定义。

1.5 煤岩的分类方法及用途。

2 掘进机械

掘进机械是用于巷道掘进和隧道施工的重要设备。

按工艺划分，掘进分为钻爆法掘进和机械法掘进两种。钻爆法掘进使用凿岩机钻孔、装载机装载。凿岩机按使用动力分为气动凿岩机、液压凿岩机和电动凿岩机三种。矿用装载机按工作机构形式分有耙斗式装载机。铲斗式装载机和蟹爪式装载机。铲斗式装载机按卸载方式又有后卸式、侧卸式两种。蟹爪式装载机还分有立爪式装载机和蟹立爪式装载机。装载机按行走机构分有轮轨式和履带式两种。而机械掘进法使用掘进机，按每次截割断面大小，掘进机分为部分断面掘进机和全断面掘进机；部分断面掘进机按截割头布置方式分为纵轴式和横轴式两种。

钻爆法主要适用于硬岩掘进，而机械法掘进适用于煤巷、半煤岩巷和一般较软的岩巷掘进。同传统的钻爆法掘进相比，机械掘进法具有掘进速度快、巷道成形和稳定性好、超挖量小、瓦斯突出少、利于支护、工程量小、劳动强度低、安全等优点。

在掘进工作面，除了凿岩机和掘进机外，还使用有锚杆钻机掘锚机组。

2.1 凿 岩 机

2.1.1 概述

凿岩机主要用于采矿工程岩巷掘进的钻爆法工作面中钻凿炮眼。各种凿岩机都是按冲击破碎原理进行工作的，如图 2 - 1 所示。工作时活塞做高频往复运动，不断地冲击钎尾。在冲击力作用下，呈尖楔状的钎头将岩石压碎并凿入一定深度，形成一道凹痕。活塞退回

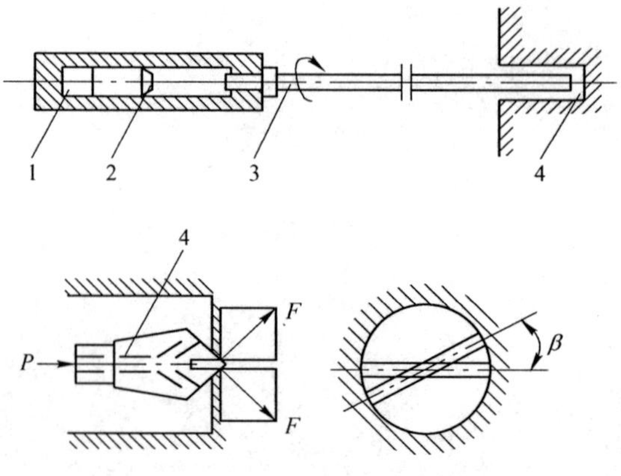

图 2 - 1　凿岩机钻孔原理

1—凿岩机缸体；2—活塞；3—钎杆；4—钎头

后，钎子转过一定角度，活塞向前运动，再次冲击钎尾又形成一道新的凹痕。两凹痕之间的扇形岩块被由钎头上产生的水平分力剪碎。活塞不断地冲击钎尾，并从钎子的中心孔连续地输入压缩空气或压力水，将岩渣排出孔外，即可形成一定深度的圆形钻孔。

各类凿岩机的构造原理基本相似，只是在动力方式上有所不同。气动、液动和电动凿岩机分别以压气、高压液体和电动机作动力。

凿岩机的主要技术参数有：（1）冲击功，即工作行程时活塞每次冲击钎尾所做的功；（2）冲击频率，即活塞在单位时间内对钎尾的冲击次数，一般在2000次/min以上；（3）转钎角度，即活塞退回时钎子所转过的角度，一般为10°~20°；（4）转钎扭矩，用来克服作用在钎头和钎杆上的岩石阻力矩，一般应大于10N·m。

2.1.2 气动凿岩机

气动凿岩机的结构简单、工作可靠、使用安全，在煤矿中应用较早且较多。按安装和推进方式不同可分为：手持式、气腿式、伸缩式（向上）和导轨式四种。手持式的功率小、重量轻，但手持作业劳动强度大、钻孔速度慢、孔径不超过40mm，孔深不超过3m，主要用于立井掘进中的向下钻孔及钻二次爆破孔；气腿式凿岩机采用气腿支承和推进，可减轻劳动强度，提高钻孔效率，适用于开凿孔深2~5m，孔径34~42mm，或带有一定倾角的软岩、中硬岩及硬岩炮眼；伸缩式凿岩机的气腿与主机安装在同一纵向轴线上并连成一体，可将其立于地面进行操作，钻凿向上的炮眼；导轨式的重量大，钻孔效率高，要安装在台车或柱架的导轨上使用，可显著减轻劳动强度，改善作业条件，适用于开凿孔径40~80mm、孔深5~10m的坚硬岩石炮眼。

2.1.2.1 工作原理

气动凿岩机通常由冲击配气机构、转钎机构、排粉机构、推进机构、操作机构、润滑机构等组成。各类气动凿岩机的总体结构相似，只是在特征参数及配气和转钎机构的形式上有些差异。下面以结构和气路较为复杂的气腿式凿岩机为例介绍其工作原理。

YT23型气腿凿岩机的结构如图2-2所示。其柄体2、气缸3和机头7连成一体。手柄通过螺栓8与柄体相连；气腿通过连接轴9和机体下部相连，支承凿岩机并给以推进力；钎子6插在机头的钎尾套内并用钎卡5支持；自动注油器10连在进气管上，借助压缩空气使润滑油雾化并带入凿岩机润滑各运动副；冲洗炮眼用的压力水由水管经凿岩机的尾部进入，经水针到达钎子的中心孔。凿岩机的操作手把和气腿伸缩操作手把均装在柄体2上，以便于操作。

A 冲击配气原理

气动凿岩机的冲击运动是由活塞在气缸中作往复运动，并冲击钎尾来实现的。冲击配气机构主要由缸体、活塞、配气装置（包括配气阀、阀套、阀柜和导向套）等组成，其工作原理如图2-3所示。

活塞的动作原理可由以下两个行程加以说明：

（1）活塞冲击行程：冲击行程开始前，活塞位于气缸的左腔，配气阀在图2-3a所示的最左端位置。压气经柄体操纵阀气孔1和气道2及气孔4、5进入气缸左腔6，气缸右腔经排气孔与大气接通。活塞在气体压力作用下，快速向右运动。当活塞封闭排气孔7后，气缸右腔的气体被压缩，并经气道9和阀柜中的径向孔作用在位于阀柜里的环状阀的

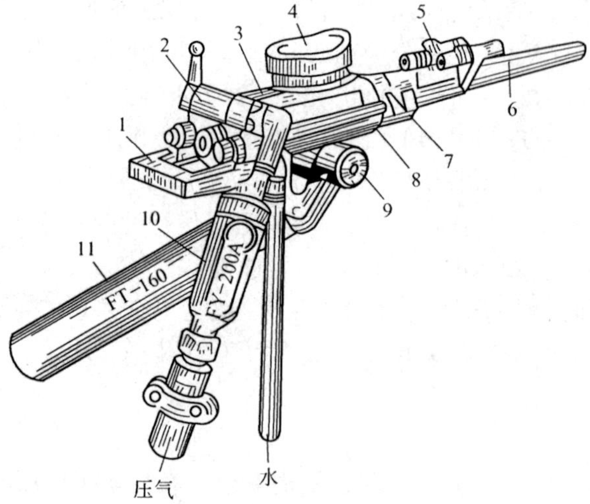

图 2-2　YT23 型气腿式凿岩机

1—手柄；2—柄体；3—气缸；4—消音罩；5—钎卡；6—钎子；7—机头；8—连接螺栓；9—气腿连接轴；10—自动注油器；11—气腿

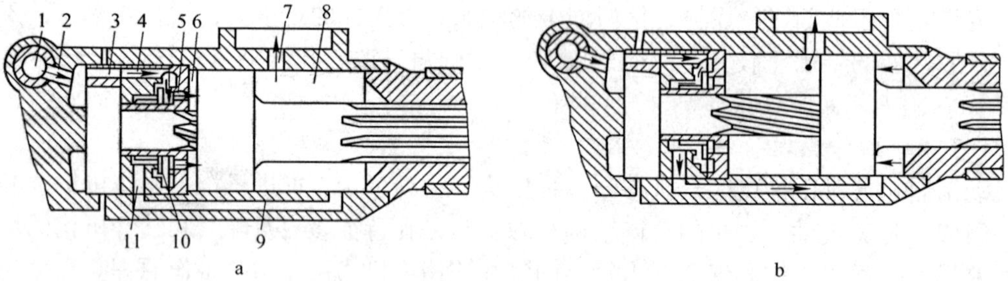

图 2-3　YT23 型凿岩机冲击配气原理

1—操作阀气孔；2—柄体气道；3—棘轮气道；4—阀柜轴向气孔；5—阀套气孔；6—气缸左腔；7—排气孔；8—气缸右腔；9—返程气道；10—配气阀；11—阀柜径向气孔

左侧面。当活塞向右运动到左端侧面打开孔 7 后，气缸左腔的压力突然下降，使环状阀右移到图 2-3b 所示的位置，阀套上的气孔 5 被封闭（此时活塞已冲击钎尾），压气经路径 4、11、9 进入活塞右腔，活塞的冲击行程结束。

（2）活塞返回行程：冲击行程结束后，活塞位于气缸右腔，压气经孔道 1、2、4、11、9 进入气缸右腔（此时气缸左腔经孔 7 连通大气，配气阀处于图 2-3b 所示的最右位置），推动活塞向左运动。当活塞左移至左端侧面关闭孔 7 后，气缸左腔的气体受到压缩形成气垫。活塞继续左移至右端侧面越过孔 7 后，气缸右腔与大气接通。配气阀在气缸左腔气垫压力的作用下向左移动，气孔 5 又被打开，压气又进入气缸左腔，活塞开始第二次冲击行程。

B　转钎原理

YT23 型凿岩机采用内回转式转钎机构，其结构原理如图 2-4 所示。它由棘轮 1、棘

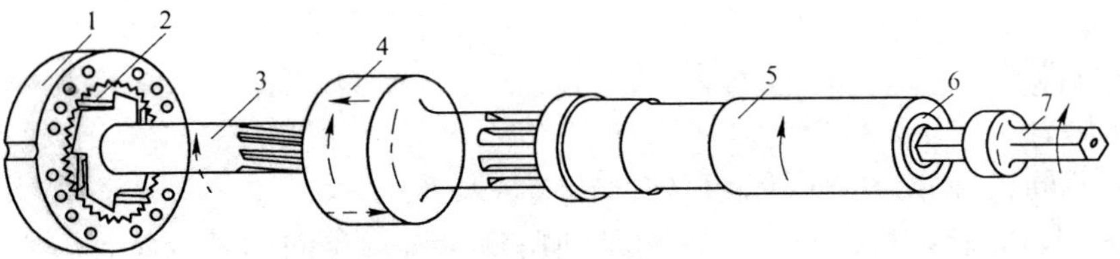

图 2－4 YT23 型凿岩机的转钎机构

1—棘轮；2—棘爪；3—螺旋棒；4—活塞；5—转动套；6—钎尾套；7—钎子

－－►冲程时各零件动作方向；→返程时各零件动作方向

爪 2、螺旋棒 3、活塞 4（其大头端装有螺旋母）、转动套 5、钎尾套 6 等组成。整个转钎机构贯穿于气缸及机头中。螺旋棒的头部装有四个棘爪，其尾部插入活塞 4 的螺旋母中。在弹簧（图中未表示）的作用下，棘爪抵住棘轮的内齿。被定位销固定在气缸和缸体之间的棘轮不能转动。转动套的左端有花键孔，同与活塞做成一体的花键相配合，其右端固定有钎尾套，钎尾套的右端加工有六方孔，六方形的钎尾插入其中。

当活塞向右冲击行程时，通过其大头上的螺旋母的作用带动螺旋棒沿图中虚线所示的方向转动一定角度，棘爪在该转向下处于顺齿位置，可压缩弹簧随螺旋棒转动。当活塞返回行程时，有带动螺旋棒反向转动的可能。但此时棘爪是处在逆齿位置，螺旋棒不能转动，而迫使活塞在返回行程时，沿螺旋棒上的螺旋槽按图中实线所示的方向转动，并带动转动套和钎子转过一定角度。活塞的每一次返回行程，钎子都回转过一定角度，所以，每冲击一次，钎子就转动一次。改变螺旋棒螺纹的导程和活塞行程，可改变钎子的转动角度。

这种转钎机构的优点是：利用活塞返回行程来转动钎子，能量利用合理，零件少，结构紧凑。但转钎扭矩小，螺母、棘爪等零件也易于磨损。

2.1.2.2 主要部件的结构

A 冲击配气机构

各类气动凿岩机在工作时都是利用配气机构将由操纵阀输入的压气依次输送到气缸的后腔和前腔中，推动活塞作往复直线运动而实现对钎尾的连续冲击的。所以，配气机构是气动凿岩机的核心部件，其结构性能的好坏，对凿岩机的工作效率和寿命有重大影响。现代凿岩机采用的配气机构有：被动阀、控制阀和无阀三种。

（1）被动阀配气机构。被动阀配气机构在工作时，是利用活塞临近行程终点时，在其运动方向的前腔所形成的气垫压力推动阀片换位改变气路的。除环状阀（见图 2－3）外，还有蝶状阀配气机构。被动阀控制机构的结构简单、工作可靠、加工精度要求低、工艺性好，但灵活性差、有压气逸出、耗气量大。

（2）控制阀配气机构。控制阀配气机构是利用活塞的往复运动而使压气经专门的控制气路推动碗状配气阀换位的。其优点是：控制阀启动灵活、工作稳定可靠、无压气逸出、耗气量少。但碗状阀的形状复杂、气缸孔道多、加工精度要求高、工艺性差。

（3）无阀配气机构。无阀配气机构是利用活塞运动过程中的位置变换实现配气的，没有专门的配气阀，有活塞尾杆配气和大头配气两种。其结构简单、换向灵活、工作稳定可靠、耗气量少，但对活塞和活塞杆的同心度要求高、工艺性差，活塞报废时，配气机构也将报废。

B 转钎机构

凿岩机转钎机构用来使钎子在每次冲击之后，转过一定角度。按作用在钎杆上的转矩的传递方式不同，可分为内回转式和外回转式两大类。

（1）内回转式转钎机构。这种机构是利用棘轮机构单向运动的特性，在活塞往复运动的带动下，使钎子间歇转动。因回转力矩是因活塞的往复运动而产生，转钎机构和冲击机构彼此联系，所以称之为内回转转钎机构。其特点是：结构简单、可利用活塞返程时的能量、转钎力矩小，转钎速度不可改变。该种机构的结构原理参见图2－4。

（2）外回转式转钎机构。这种转钎机构和冲击机构相互独立，由单独的风马达经减速后带动钎子旋转，可实现连续回转、转钎速度可调、转向可变、回转力矩大、不易夹矸、便于加长和接卸钎杆，多用于大功率深孔凿岩机。这种机构的结构原理参见图2－5。

2.1.3 液压凿岩机

液压凿岩机是以高压液体作动力的一种新型高效凿岩设备。它具有能量消耗少、凿岩速度快、效率高、噪声小、易于控制、卡钻事故少、钻具寿命长等优点，近十几年发展迅速。但由于单位马力重量大，一般要和台车配套使用，初期投资较大，加上元件的制造精度要求高、维护费用高，致使其推广使用受到限制。

按工作方式，液压凿岩机可分为旋转式、冲击式和旋转冲击式三种。旋转式和冲击式的结构比较简单，而旋转冲击式的结构较复杂，类型比较多，应用很普遍。按冲击机构的配油方式，液压凿岩机又可分为有阀和无阀两大类。

2.1.3.1 工作原理

液压凿岩机的典型结构如图2－5所示。它由钎尾、转钎机构、配流阀、冲击锤、供水机构、缓冲装置、转钎马达和蓄能器等组成。

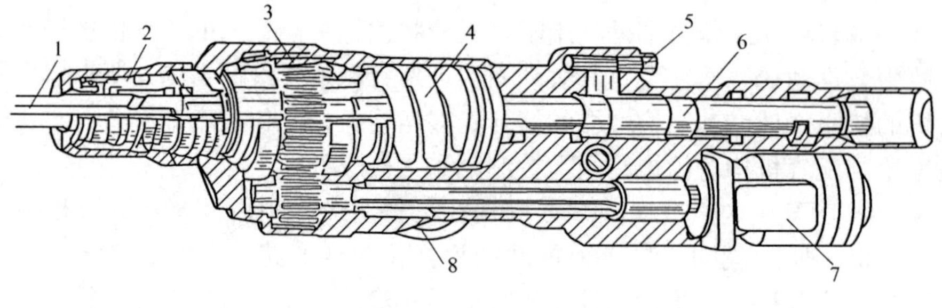

图2－5 液压凿岩机的结构

1—钎尾；2—旁侧供水机构；3—齿轮转钎机构；4—缓冲弹簧；5—配流阀；6—冲击锤；7—转钎马达；8—隔膜式蓄能器

液压凿岩机是在风动凿岩机的基础上发展起来的，同样也利用旋转运动冲击破岩。与风动凿岩机的主要不同在于：它使用循环的高压油或合成不燃液作为传动介质驱动凿岩机冲击机构和旋转机构。液压凿岩机工作时有以下特点。

（1）冲击运动。利用配油机构的作用使压力油交替地进入缸体的活塞前腔和后腔，推动活塞在缸体内作往复直线运动，冲击钎子，破碎岩石。

(2) 转钎运动。采用油马达经减速后驱动钎杆转动，结构与外回转式风动凿岩机的转钎机构基本相同。

(3) 排粉。多采用压力高、流量大的冲洗水排粉。供水方式有中心供水和旁侧供水两种。

(4) 支承和推进。由于重量较大，液压凿岩机一般是安装在台车上，由专门的推进装置实现推进。

(5) 润滑。利用传动用油进行润滑，无需专门的润滑装置。

下面以有阀型液压凿岩机为例介绍其工作原理。

有阀型分柱阀型和套阀型两类。柱阀型又有交替滑阀型、止动阀型和差动阀型。图2-6为交替滑阀型有阀液压凿岩机的冲击配油原理。

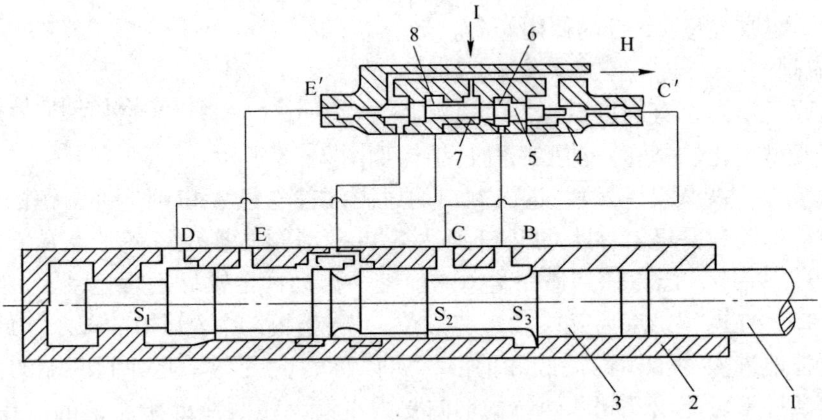

图2-6 交替滑阀型冲击机构的工作原理

1—钎尾；2—缸体；3—冲击锤；4—阀体；5—阀芯；6，8—配流腔；7—高压腔

B、C、D、E、C′、E′—配流口；I—进油；H—回油；S_1，S_2，S_3—冲击锤的环形工作面

(1) 冲程：冲击锤位于图示的回程终点位置时，柱状滑阀的阀芯位于图示的左端位置。此时压力油经导管进入柱阀的高压腔7和左配流腔8，又经配流口D进入冲击锤的左腔，作用在环形工作面S_1上，推动冲击锤3，向前（右）做冲击运动。在冲击锤冲击钎尾1之前，锤体上的环形工作面S_1打开E口。高压油经D、E和E′到达柱阀的左端阀室，推动阀芯5移到右端，使配流腔6和高压腔7沟通，高压油经高压腔7、配流腔6作用到环形工作面S_2和S_3上。冲击锤左腔（后腔）的压力油经配流口D和配流腔8泄油，实现了油流的换向，为回程作准备。几乎与此同时，冲击锤3打击钎尾，完成冲程动作。

(2) 回程：冲程结束后，阀芯5位于右端，高压油经高压腔7、配流腔6，进入冲击结构的前腔，作用于冲击锤上的两个环形工作面S_2和S_3上。由于$S_2>S_3$，高压油推动冲击锤向左作回程运动。当冲击锤运动至接近回程一半时，S_2打开配流口C，高压油经B、C和C′到达柱阀的右端阀室，推动阀芯5左移至左端位置，实现换位。此时，B接口接通回油、卸压。同时，压力油经配流腔8、D口到达冲击锤左端，作用在环形面S_1上，使冲击锤减速直至停止。然后又开始下一个冲程。如此重复，活塞便不断冲击钎尾，实现破岩。

国产 YYG－80 型和 YYG－90 型液压凿岩机都采用此种配油方式。

无阀型液压凿岩机是靠冲击锤自身的运动，利用液体的可压缩性，以及在适当条件下释放出液体被压缩时所储存的能量来实现冲击锤换向的。

2.1.3.2 主要部件的结构

A 冲击配油机构

a 冲击锤

冲击锤的结构形状对液压凿岩机的性能和钻具的使用寿命有较大影响。现代液压凿岩机均采用细长形状的冲击锤，如图 2－7 所示。

冲击锤同活塞做成一体的细长形状（见图2－7c），可降低冲击强度峰值，延长冲击波通过的时间，增加传递给钎杆的能量，提高凿岩速度，增加活塞和钎杆的使用寿命。

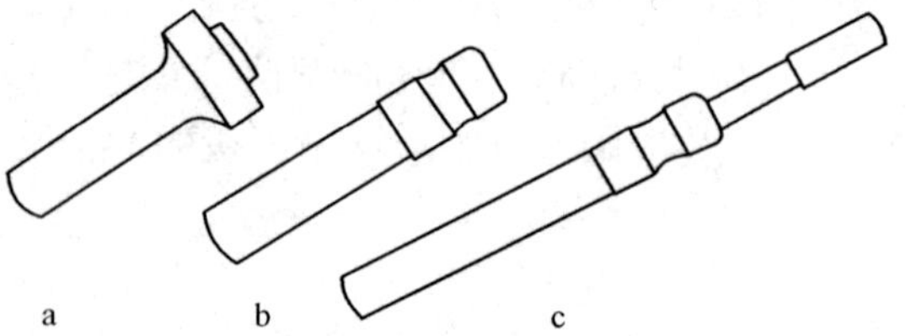

图 2－7 液压凿岩机的冲击锤形状

b 配流阀

按配流原理不同，有阀型液压凿岩机的配流阀有交变型、止动型和差动型三种，结构如图 2－8 所示。

（1）交变型（见图 2－8a）：进入 P 口的压力油首先经 A 口到达冲击锤的后腔，推动冲击锤做冲程运动，并经缸体上的开口到达 E 口推动阀芯换位，使油路从 P→A，B→O 切换至 P→B，A→O，压力油到达冲击锤的前腔，推动冲击锤做返程运动，并经缸体上的开口到达 F 口，在返程结束后又推动阀芯换位，切换油路后又开始冲程。如此切换油路，使压力油交替地进入冲击锤的后腔和前腔，所以称为交变型。此种阀两端的受压面积相同，在一定条件下可能出现阀芯两端的轴向受力平衡，使阀芯处于所谓的“中间”位置，导致凿岩机不能启动或停机后不能再启动。

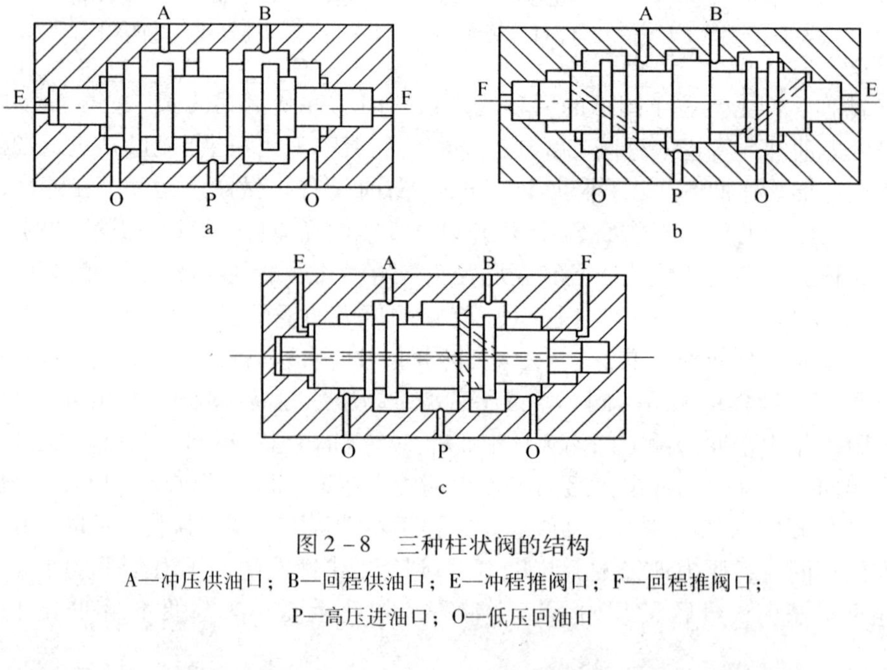

图 2－8 三种柱状阀的结构

A—冲压供油口；B—回程供油口；E—冲程推阀口；F—回程推阀口；

P—高压进油口；O—低压回油口

（2）止动型（见图2-8b）：此种阀的左端和右端均设有止动室。当阀芯处于右端位置时，高压油通过阀内部的通道（图中虚线所示），到达左端止动室。由于止动室中阀芯的受压面积小于右端推阀室中阀芯的受压面积，不会阻止阀芯的移动换位，且当推阀油室卸压时，能保持阀芯处于规定位置，所以，只要系统内有高压油存在，阀芯就会处于一个确定位置，使冲击锤做冲程或回程运动，而不会使阀芯停留在所谓的“中间”位置上，从而保证了凿岩机的启动灵敏。

（3）差动型（见图2-8c）：该阀的两端有受压面积不等的两个环面，只要系统内有高压油存在，就会形成一个轴向力差，使阀芯处于一个确定的位置，工作稳定可靠。一般是受压面小的一侧为常压，受压面大的一侧为交变受压。冲程时，大环面一侧卸压，利用小环面一侧的压力推动冲击锤做冲程运动。返程时，大小环面均受压，利用两侧受压面积差所产生的力来推动冲击锤做返程运动。这种结构形式有利于缩短冲击锤换向时间，产生较高的冲击频率。如果同蓄能器配合使用，可在回程时蓄能，冲程时释放能量，利用回程能量，提高冲击效率。

三者相比，差动阀的工作稳定可靠，并能利用回程能量提高冲击效率，效果较好，因而已被一些新机型所采用。

c 冲击锤的密封装置

凿岩机的工作压力高达20MPa，冲击频率在300~400次/min，若冲击锤的运动密封不好，会降低液压效率、增加油的消耗、污染环境、影响正常使用和维护。

冲击锤的轴向密封一般采用三段式密封，即间隙—低压回油槽—密封圈密封，其结构原理如图2-9所示。先采用紧密的配合间隙实现高压密封，从间隙中泄漏的高压油经低压回油槽流走，第三段的密封圈只承受低压回油槽的压力，很容易实现密封。一般Yx形密封圈效果较好。

为提高密封圈的使用寿命，应选用优质耐磨材料，并减小冲击锤表面的粗糙度。

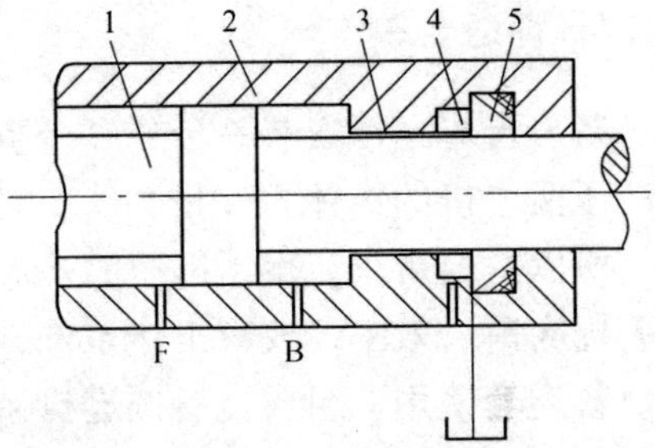

图2-9 冲击锤的轴向密封结构

F—推阀油口；B—回程油口

1—冲击锤；2—缸体；3—间隙密封；4—回油槽；5—密封圈

B 转钎机构

由于液压凿岩机钻孔深度大，所需转钎扭矩较大，一般在200~300N·m，有的高达650N·m，所以，现有液压凿岩机均采用独立外回转式转钎机构，用液压马达经减速后带动钎杆转动，并在转钎机构内设置缓冲装置来承受钎杆传来的、很大的岩石反作用力。

转钎机构的结构原理如图2-5所示。马达通过传动长轴和减速齿轮驱动与齿轮做成一体的花键套，开有花键的钎尾和该花键套相配合，可随同齿轮连续转动。小齿轮由两个圆柱滚子轴承支承，大齿轮用两个圆锥滚子轴承支承，这种结构可承受来自钎尾的较大轴向力。

由于摆线马达的体积小、扭矩大、效率高，因而被普遍采用。转钎齿轮一般采用大模数的直齿轮，以保证强度。

缓冲装置多采用液压缓冲机构，如图2-10所示。钎尾装在反冲套筒2内，反冲套筒

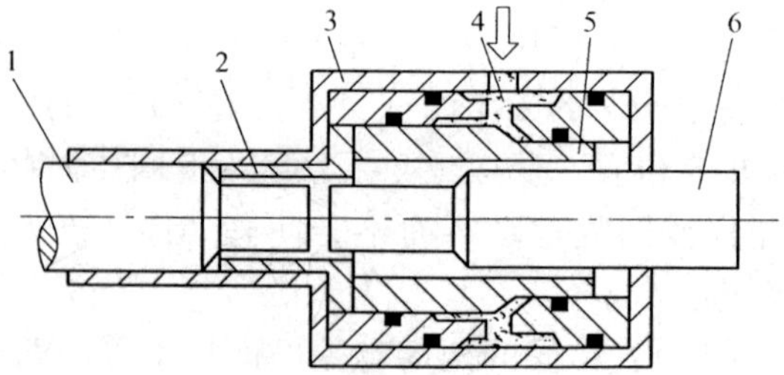

图2-10 液压缓冲器的结构原理

1—钎尾；2—反冲套筒；3—缓冲器外壳；4—高压油路；5—反冲活塞；6—冲击锤

的反面加一个反冲活塞5，在反冲活塞的锥面上始终有高压油作用，当钎杆反弹力经反冲套筒传给反冲活塞之后，反冲活塞将向后运动，把反弹力传给高压回路中的蓄能器，蓄能器将反冲能量吸收。为提高反冲效果，蓄能器应尽量靠近缓冲器的高压油室。

弹簧缓冲装置的结构见图2-5，它采用强力弹簧承受和吸收从钎杆传来的反作用力，但由于弹簧很难承受高频冲击力，易疲劳破坏，寿命低，在深化凿岩中甚至不能正常工作，因而现已很少采用。

2.1.4 凿岩台车

凿岩台车是可安装一台或多台重型凿岩机并实现同时钻孔的快速、高效凿岩设备。因为液压凿岩机的机体重、推力大、凿岩速度快，必须和台车配套使用才能充分发挥起效能，所以凿岩台车获得了迅速的发展。在钻爆法掘进较大断面的巷道时，使用凿岩台车可显著提高凿岩效率，改善工作条件，减轻劳动强度。凿岩台车还可与装载机和转载机等运输设备配套使用，组成岩巷掘进机械化作业线，并可实现生产过程的自动化。凿岩台车的类型很多，按用途不同可分为：露天钻机、井下掘进钻车、采矿钻车、锚杆钻车；按钻臂数量不同可分为：单臂式、双臂式和多臂式；按行走机构不同有轨轮式、轮胎式和履带式。随着液压技术的发展和全液压钻车的应用，凿岩台车正向功能多样化、凿岩自动化、作业程序化方向发展。

2.1.4.1 工作原理

凿岩台车主要由凿岩机及推进器、支臂及变幅机构、车架及行走机构、风水系统和液压系统等组成。为完成平巷掘进，凿岩台车应实现下列运动：（1）台车进入和退出工作面，即行走运动；（2）在断面任何位置以任意角度钻眼，即推进器变位和钻臂的变幅运动；（3）凿岩机沿钻孔轴线前进和后退，即推进运动。

下面以CHT10-2F型凿岩台车（图2-11）为例说明凿岩台车的工作原理。该台车有两个钻臂，全液压驱动，履带行走，可钻凿炮眼和打锚杆孔，具有结构紧凑、体积小、效率高的特点。它主要由工作装置、行走装置、机架和液压系统等组成。

该台车的工作装置由推进器及变位机构和钻臂及变幅机构组成（见图2-12），可实现推进器的摆动、俯仰、补偿及钻臂的升降、摆动和旋转等六个动作。凿岩机可在掘进工作面的任意位置钻眼，定位准确，操作简单灵活。图中各部分的运动包括：a—钻臂起落，b—钻臂摆动，c—推进器俯仰，d—推进器水平摆动，e—推进器补偿，f—钻臂旋转。

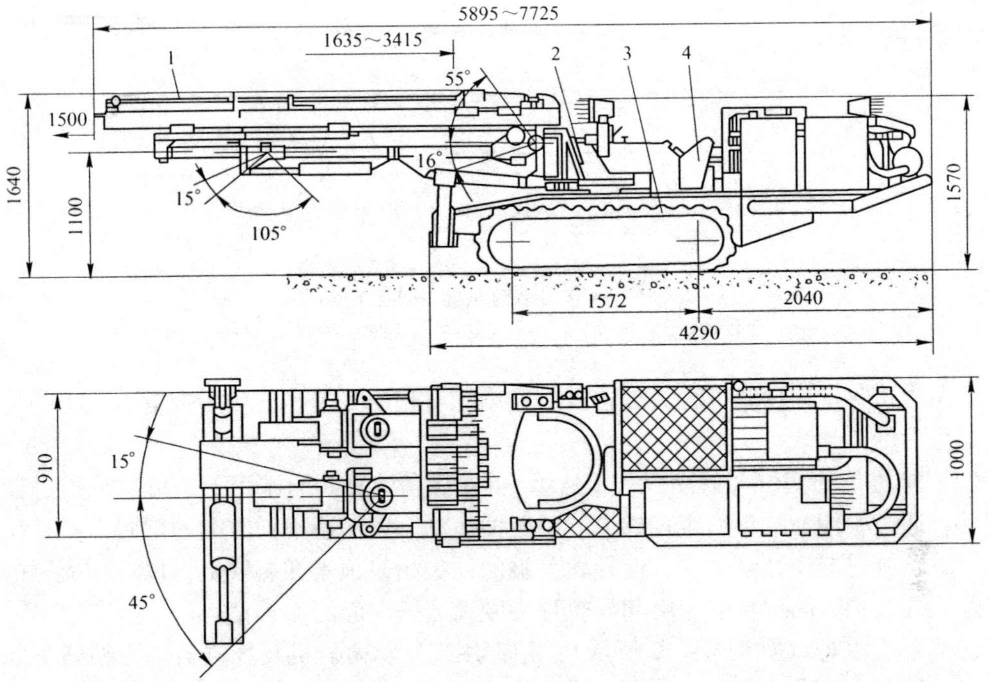

图 2－11　CHT10－2F 型凿岩台车

1—工作装置；2—机架；3—行走装置；4—司机座椅

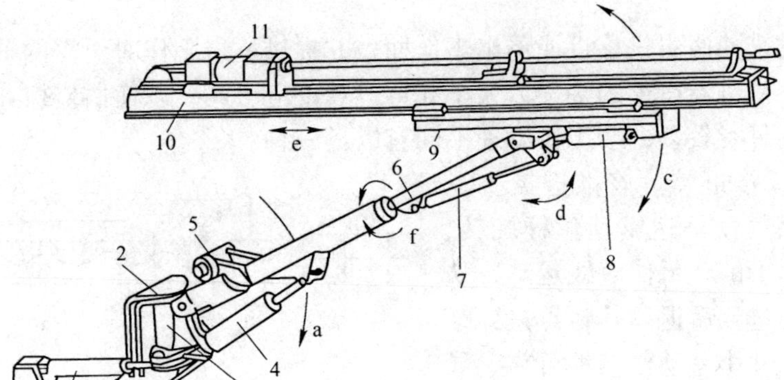

图 2－12　工作装置

1—摆臂油缸；2—钻臂座；3—转轴；4—钻臂油缸；5—钻臂旋转机构；6—钻臂；7—俯仰油缸；8—摆角油缸；9—托盘；10—推进器；11—凿岩机

(1) 推进运动：该台车的推进器（见图 2－13）为液压缸－钢丝绳式。它主要由导轨、托盘、油缸、钢丝绳和绳轮等组成。推进油缸的两端都装有导绳轮。钢丝绳一端固定在导轨上，另一端绕过导轮固定在托盘上，调节装置可控制钢丝绳的张紧度。由于活塞杆固定在导轨上，工作时缸体移动，即会牵引钢丝绳、带动凿岩机沿导轨进退。根据动滑轮

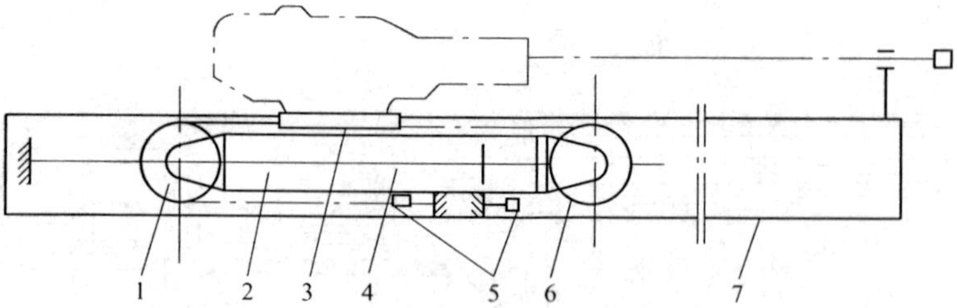

图 2－13　推进器结构原理（油缸钢丝绳式）

1—导绳轮；2—推进油缸；3—托盘；4—活塞杆；5—调节装置；6—钢丝绳；7—导轨

原理，凿岩机移动速度和行程为油缸推进速度和行程的 2 倍，但作用在凿岩机上的推力只为油缸推力的一半。

（2）推进器的变位（如图 2－12 所示）：在摆角油缸 8 的作用下，可实现推进器的水平摆动，通过俯仰油缸 7 可实现推进器的俯仰运动，以钻凿不同方向的炮眼。在补偿油缸的作用下，推进器作补偿运动，使导轨前端的顶尖始终顶紧在岩壁上，以增加支臂的工作稳定性，并在钻臂因位置变化引起导轨顶尖脱离岩壁时起距离补偿作用。

（3）钻臂变幅（如图 2－12 所示）：钻臂用来支承凿岩机及推进器。为钻凿不同位置的炮眼，钻臂应能实现升降、摆动和旋转等变幅运动。摆臂油缸 1 可使钻臂摆动；钻臂油缸 4 可使钻臂升降；由摆线马达－棘轮组成的旋转机构 5 可使钻臂绕自身轴线旋转 360°，使其能用很小的角度钻凿巷道顶部、底部和侧边部位的岩孔。

2.1.4.2　主要部件的结构

A　推进器

推进器是用来使凿岩机移近或退出工作面，并提供凿岩工作时所需的轴推力。根据凿岩工作的需要，推进器产生的轴推力大小和推进速度应可调，以使凿岩机在最优轴推力下工作。推进器的种类较多，按工作原理不同有以下三种。

（1）螺旋式推进器。该推进器（见图 2－14）采用气动马达驱动丝杆旋转，带动凿岩机底座下的丝母作直线运动，从而推动凿岩机前进或后退。其特点是：结构紧凑、外形尺寸小、动作平稳可靠、导向准确；但由于丝杆裸露，易受岩粉等的污染，磨损较快，传动效率低，且因丝杠长度受到限制，不适于在长行程推进器上使用。用液压马达代替风马达，可减小推进器外形尺寸和重量。

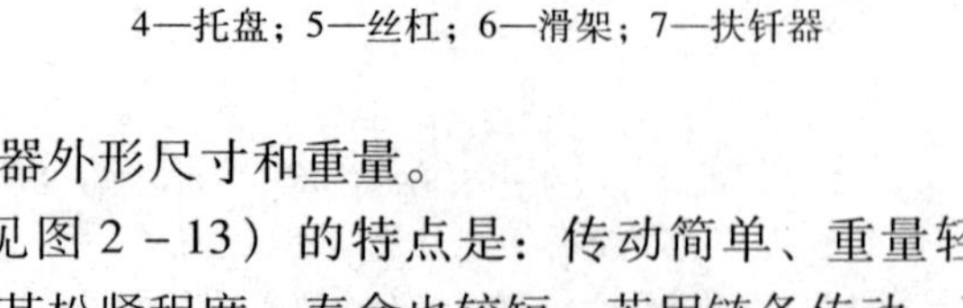

图 2－14　螺旋式推进器

1—气动马达；2—行星齿轮减速器；3—推进螺母；4—托盘；5—丝杠；6—滑架；7—扶钎器

（2）液压缸式推进器。此种推进器（见图 2－13）的特点是：传动简单、重量轻、推进行程长；但钢丝绳拉伸变形大，需调节其松紧程度，寿命也较短。若用链条传动，可延长使用寿命。

（3）链式推进器。该推进器（见图 2－15）采用风马达通过蜗杆—蜗轮减速器驱动装在推进器导轨中间的封闭传动链带动托盘。其特点是：工作可靠、调节方便、行程不受限制，可用于长行程推进，但传动平稳性不如螺旋式推进器，推力过大时易出现断链事故。

通过调节风马达进风量和风压可使螺旋式推进器或链式推进器获得不同的推进速度和轴推力；通过调节油缸的进油量和压力可使液压缸式推进器获得不同的推进速度和轴推力。

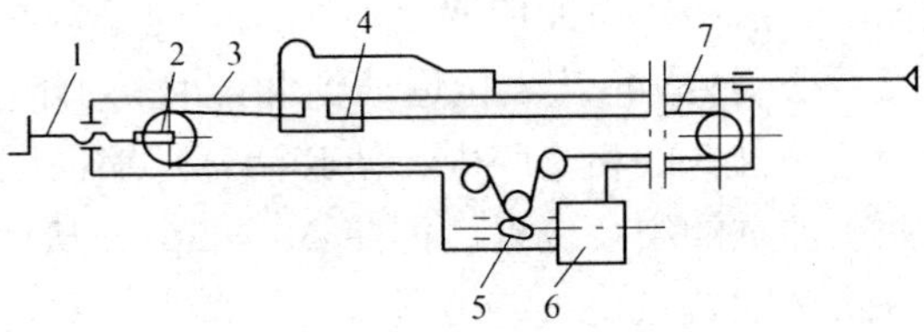

图2－15 气（液）马达链式推进器
1—链条张紧装置；2—导向链轮；3—导轨；4—滑板；5—减速器；6—气马达；7—链条

B 支臂

支臂是凿岩台车的支承和运动构件，对台车的动作灵活性、可靠性及生产率有很大影响。按炮眼的定位方式不同有直角坐标式（摆动式）和极坐标式（回转式）两大类。

（1）直角坐标式支臂。这种支臂（见图2－12）是利用钻臂油缸和摆臂油缸使支臂在垂直和水平方向移动，按直角坐标定位方式确定炮眼位置。其特点是：结构简单、通用性好、操作直观性好、适合各种炮眼排列方式。但在确定炮眼位置时，操作程序多、所需时间长，多用于轻型支臂。

（2）极坐标式支臂。极坐标式支臂（见图2－16）是利用支臂根部的回转机构使整个支臂绕根部回转支座的轴线作360°回转。凿岩机的回转半径由其垂直位置确定；通过升降运动和回转运动，以极坐标方式（γ，θ）确定炮眼位置。由于其炮眼定位的操作程序少、时间短，便于打周边炮眼，推进器无需旋转，因而广为现代凿岩台车所采用。

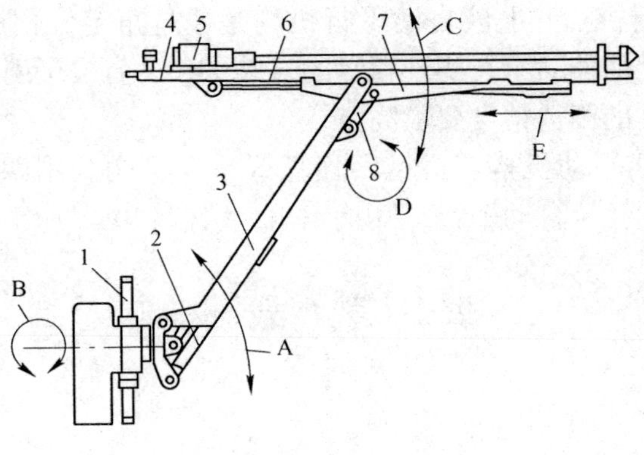

图2－16 极坐标式支臂
1—齿条齿轮式回转机构；2—支臂油缸；3—钻臂；4—推进器；5—凿岩机；6—补偿油缸；7—托架；8—仰俯角油缸

C 平动机构

为提高爆破效果，现在凿岩机广泛采用直线掏槽法作业，因而要求凿岩台车能钻凿出平行炮眼，亦即支臂在改变位置时要求推进器始终和初始位置保持平行。在凿岩台车上采用平动机构即可满足此要求。现在凿岩台车多采用的平动机构有以下三种：

（1）液压平行机构。液压平行机构是利用缸径相同、相应腔相连的引导油缸和俯仰角油缸，借助压力油传递运动，以实现托盘在运动过程中的自动平行。如图2－17所示，当支臂摆动 $\Delta\alpha$ 角从Ⅰ位运动到Ⅱ位时，迫使油缸2的活塞杆伸出，将缸内的压力油排入仰俯角油缸5的相应腔中，使其活塞杆缩回同样长度，带动托盘反向摆动 $\Delta\alpha'$ 角。合理选择两个油缸的安装位置，可使 $\Delta\alpha=\Delta\alpha'$，从而使托盘和推进器近似保持原有的水平位置。这种机构的特点是：结构紧凑，尺寸小，重量轻，并不受行程限制。可用于长支臂、伸缩式支臂及臂头旋转式支臂。

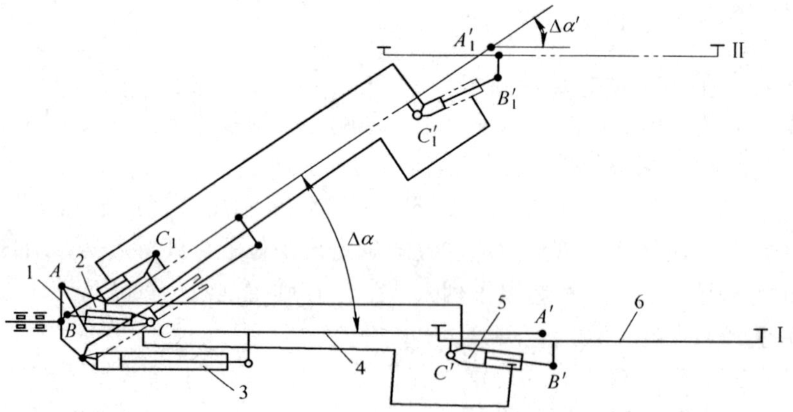

图2－17 液压自动平行机构工作原理

1—回转支座；2—平动油缸；3—支臂油缸；4—支臂；5—仰俯角油缸；6—托架

（2）电液自动平行机构。电液自动平行机构是通过角定位伺服控制系统，控制支臂液压缸和仰俯角液压缸的伸缩量，实现托盘的自动平移，省去了引导油缸，可提高平行精度，但对伺服液压元件的制造精度要求高。

（3）机械四连杆式平动机构。机械四连杆式平动机构利用四连杆的平面运动特性，使钻臂上的托盘在不同孔位自动平行，其特点是：结构简单，加工容易，因此使用较多。

2.2 装 载 机

2.2.1 概述

在用钻爆法掘进巷道时，工作面爆破后，要把碎落下来的煤或岩石装载到运输设备中运离工作面，实现这一功能的机械统称为装载机械。按照工作机构的结构形式划分，装载机有耙斗式、铲斗式、蟹爪式、立爪式等几种。

2.2.2 耙斗式装载机

耙斗式装载机（简称耙装机）是巷道掘进的装岩设备。该机具有结构简单、制造和维修容易、便于搬运和操作简便等特点。

2.2.2.1 总体结构和工作过程

各种型号的耙装机的结构虽然略有不同，但其工作原理基本相同。下面以P－30B型耙装机为例，介绍耙装机的组成和工作过程。

如图2－18所示，耙装机主要由耙斗、绞车、台车和料槽等组成。机器靠人力或其他牵引机械的作用在轨道上移动。耙斗在钢丝绳牵引下从工作面的岩堆耙取岩碴，沿料槽的簸箕口、连接槽和中间槽运到卸载槽，从卸料口装入矿车中。然后，钢丝绳反向牵引将耙斗又拉回到工作面的岩堆上。如此循环往复，直到装满一个矿车。

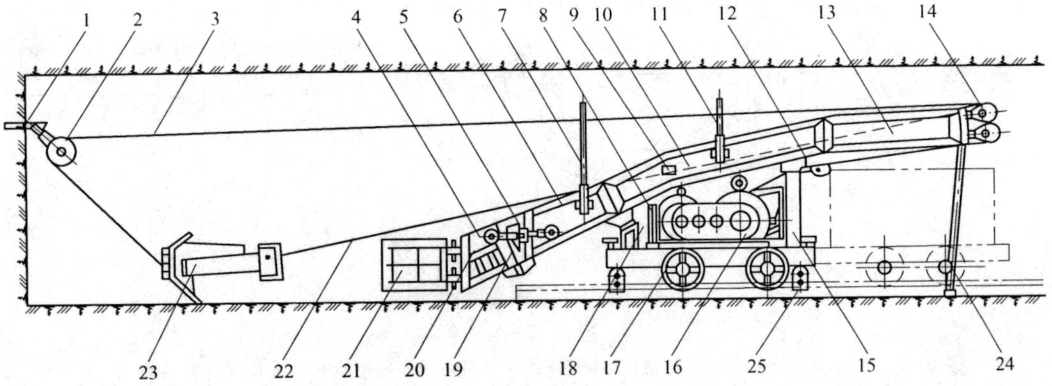

图2－18 P－30B型耙装机

1—固定楔；2—尾轮；3—返回钢丝绳；4—簸箕口；5—升降螺旋；6—连接槽；7，11—钎子；8—操纵机构；9—按钮；10—中间槽；12—托轮；13—卸料槽；14—头轮；15—支柱；16—绞车；17—台车；18—支架；19—护板；20—进料槽；21—簸箕挡板；22—工作钢丝绳；23—耙斗；24—撑脚；25—卡轨器

2.2.2.2 主要部件的结构

A 耙斗

耙斗是耙装机的工作机构，其性能的好坏直接影响装载机的工作效率。

耙斗的结构如图2－19所示。耙斗由斗齿和斗体组成。斗体用钢板焊接而成，斗齿与斗体铆接。斗齿有两种形式（见图2－19b）：平板齿式（图2－19b左）在耙运过程中不易漏矸，但耙装开始时插入阻力大，不易插入岩堆中，影响耙斗的装满程度；梳齿式（图2－19b右）在耙装开始时插入阻力小，易于插入岩堆中，但在耙运过程中，碎小岩碴容易从齿间缝隙漏掉，耙装效率较低。目前，我国的耙装机多使用平板齿，用耐磨的高锰钢ZGMn13铸造。斗齿磨损后可以堆焊硬质合金修补或拆换。

B 绞车

耙装机的绞车有行星齿轮传动的双卷筒式、圆锥摩擦轮式和内涨摩擦轮式三种。P－30B型耙装机采用行星齿轮传动的双卷筒式绞车，其传动系统如图2－20所示。

该绞车有两个卷筒，可以分别操纵。系统中采用行星传动机构。如图2－20所示电动机2经两级减速带动绞车主轴及其上的两个太阳轮 Z_6 和 Z_9 旋转。

耙装时，先扳动位于绞车中间的操作手把，用闸带制动内齿圈 Z_8，则行星架便与太阳轮同向旋转（如图2－20中Ⅱ）。该行星架又与工作卷筒5用键连接，则工作卷筒被带动旋转，开始缠绕工作钢丝绳，直至将耙斗牵引到卸料口处。与此同时，要把位于绞车一端的操作手把松开，使内齿圈 Z_{11} 可以自由运动，卷筒4能在返回钢丝绳带动下自由旋转。

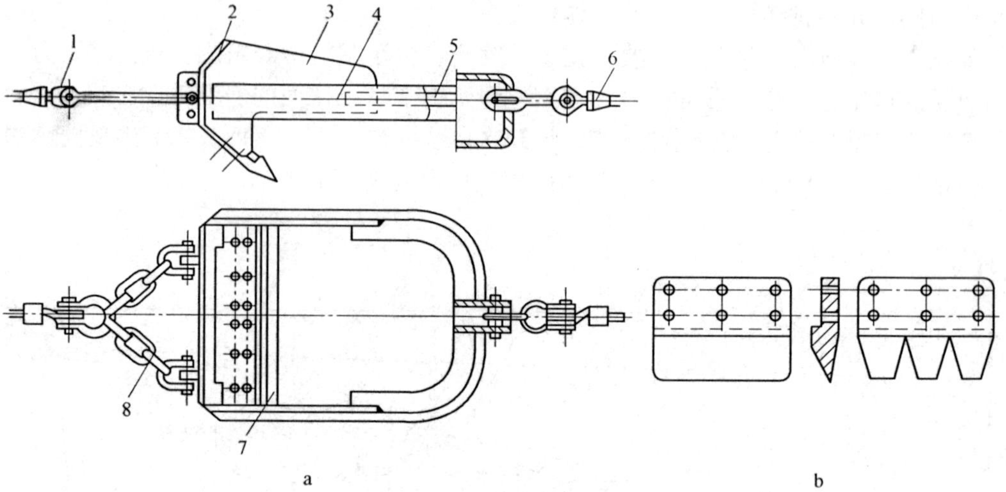

图2－19　耙斗和斗齿形式

a—耙斗；b—斗齿形式

1，6—钢丝绳接头；2—尾帮；3—侧板；4—拉板；5—筋板；7—斗齿；8—牵引链

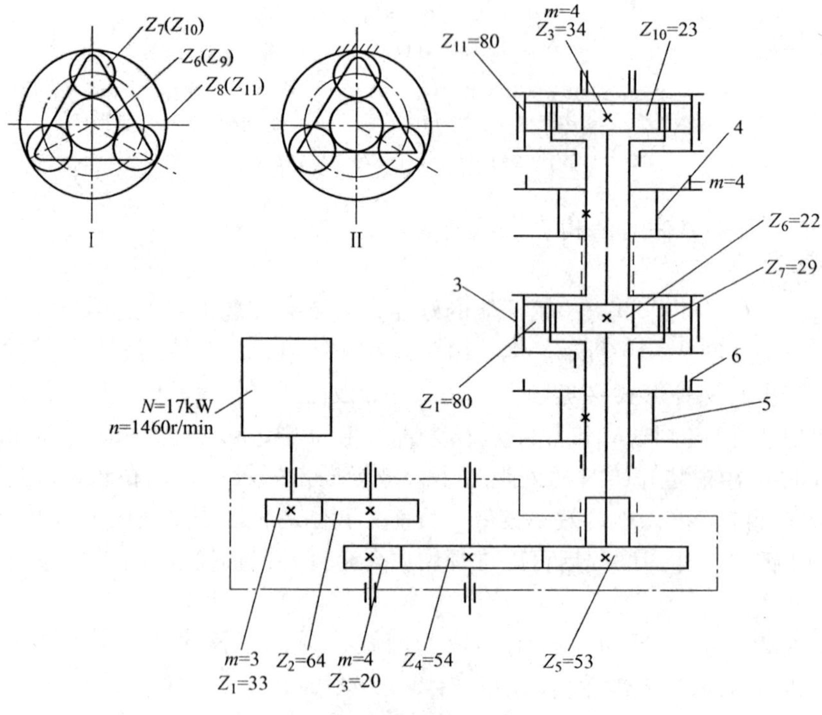

图2－20　P－30B型耙装机绞车传动系统

Ⅰ—内齿圈松开状态；Ⅱ—内齿圈闸住状态

1—减速器；2—电动机；3—带闸；4—回程卷筒；5—工作卷筒；6—辅助闸

为使耙斗返回工作面岩堆，应扳动位于绞车一侧的操作手把，闸住内齿圈 Z_{11}，同时松开 Z_8，则返回钢丝绳被缠绕在回程卷筒上，耙斗返回工作面。

当两个操作手把都放松时，电动机空转，耙斗不动，这样可以避免频繁启动电动机。

MP－15B 型耙装机采用圆锥摩擦轮式双卷筒绞车，其传动系统如图 2－21 所示。电动机与卷筒轴呈垂直布置，两个卷筒滑套在卷筒轴上，左右两个摩擦锥盘随卷筒轴一起旋转。当转动左（或右）螺旋副的螺母时，此螺母便推动与其相邻的卷筒外移，与摩擦盘接触并被带动旋转。当反向旋转该螺母时，卷筒与摩擦盘脱开，停止转动。卷筒外侧的带闸能使卷筒稳妥停转。

图 2－22 为 ZP－50B 型耙装机绞车的传动系统，它采用内涨摩擦轮转动。左右两个卷筒滑装在卷筒轴上，由四头螺母和螺杆组成的两套螺旋副位于左右两侧。当转动螺母并沿轴向移动锥体 5 时，沿径向推动顶杆 4，把离合瓦压紧在卷筒的摩擦带 3 上。由于离合瓦与瓦座 12 连接，而瓦座与卷筒 2 固联，则离合瓦便通过摩擦带驱动卷筒旋转。

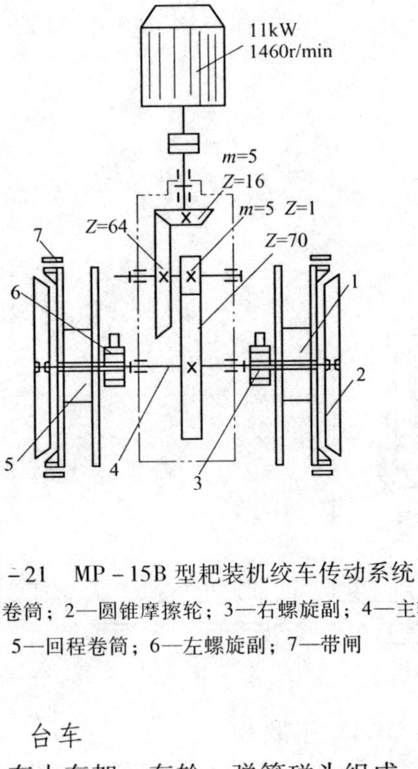

图 2－21 MP－15B 型耙装机绞车传动系统

1—工作卷筒；2—圆锥摩擦轮；3—右螺旋副；4—主轴；5—回程卷筒；6—左螺旋副；7—带闸

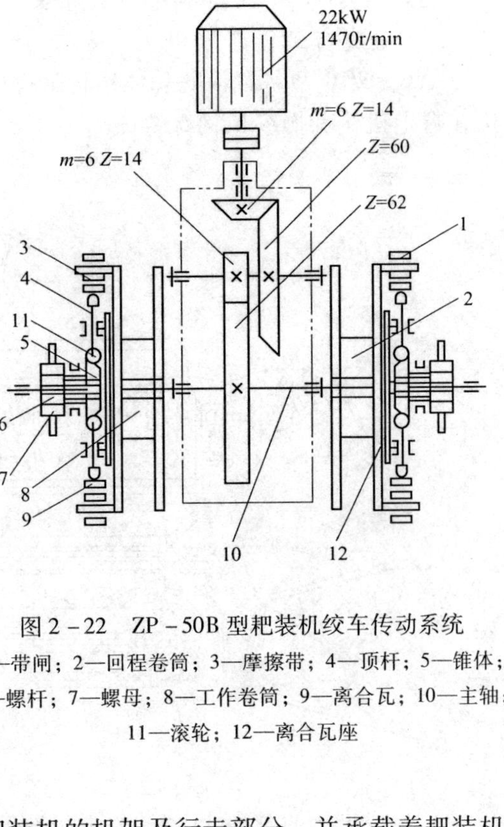

图 2－22 ZP－50B 型耙装机绞车传动系统

1—带闸；2—回程卷筒；3—摩擦带；4—顶杆；5—锥体；6—螺杆；7—螺母；8—工作卷筒；9—离合瓦；10—主轴；11—滚轮；12—离合瓦座

C 台车

台车由车架、车轮、弹簧碰头组成。它是耙装机的机架及行走部分，并承载着耙装机的全部重量。在台车上安装有绞车、操纵机构以及支承中间槽的支架和支柱。台车前后部挂有四套卡轨器，耙装机工作时用以固定台车。

D 料槽

料槽是耙装的岩渣所经过的通道，它由进料槽、中间槽和卸料槽等组成。

中间槽安装在台车的支架和支柱上，而进料槽和卸料槽分别与中间槽用螺钉连接。簸箕口与两侧的挡板用销子连接，与连接槽之间通过钩环连接。

挡板的作用是引导耙斗进入料槽，又可防止岩渣向两侧散失。簸箕口能靠自重贴紧底板。进料槽的中部安装有升降装置，用于调节簸箕口的高低。中间槽有两个弯曲部分，装有可拆卸的耐磨弧形板。卸料槽在靠近端部的底板上开有卸料口。卸料槽的尾部装有滑轮组，钢丝绳从卷筒引出，绕过滑轮组后分别接在耙斗的前部和后部，以便往返牵引耙斗。在卸料槽的后部还安装有弹簧碰头，用以减轻耙斗卸载时的冲击。

2.2.3 铲斗式装载机

铲斗式装载机是煤矿岩巷掘进使用比较普遍的一种装载机械。按照机器总体结构划分，有直接卸载式、带运输机式和带储矿仓式三类。目前，煤矿使用的主要是直接卸载式。直接卸载式铲斗装载机按卸载方式可分为：后卸式、侧卸式和前卸式三种。后卸式和侧卸式在煤矿使用较多，其中后卸式更为普遍。

2.2.3.1 后卸式铲斗装载机

这里以 ZYC－20B 型后卸式铲斗装载机为例，说明其结构和工作原理。

A 组成与工作原理

ZYC－20B 型装载机的总体结构如图 2－23 所示，它由工作机构、提升机构、回中机构、行走机构和操纵机构等组成。

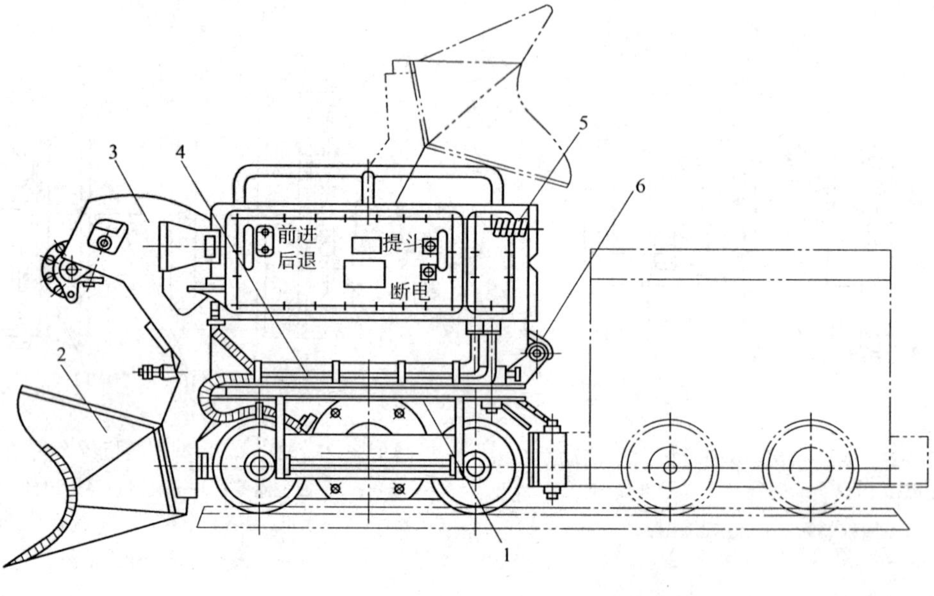

图 2－23 ZYC－20B 型后卸式铲斗装载机

1—行走机构；2—铲斗；3—斗臂；4—回转台；5—缓冲弹簧；6—提升机构

装岩开始时，在距岩石堆 1～1.5m 处，放下铲斗 2，使其贴着地面，开动行走机构 1，借助惯性将铲斗插入岩石堆，同时开动提升机构 6，铲斗边插入边提升。铲斗装满后，行走机构后退，并继续提升铲斗，与铲斗焊在一起的斗臂 3 沿回转台 4 上的导轨滚动，直到铲斗向后翻转到末端位置（图中虚线位置），碰撞缓冲弹簧 5，铲斗内的岩石借助于惯性抛出，卸入连接在机器后部的矿车内。卸载后，铲斗靠自重和缓冲弹簧的反力从卸载位置返回到铲装位置，同时使行走装置再换向，机器又向前冲向岩石堆，铲斗再次插入岩石堆，进行下一个铲装循环。

为了把轨道两边的岩石装走，在铲斗下落过程中，铲斗可向巷道两侧最大摆动 30°，使铲装范围（即装载面宽度）达2.2m。

B 主要部分的结构

a 铲斗工作机构

铲斗工作机构是装载机用以直接装岩的机构，它由铲斗、斗臂、连接轴、稳定钢丝绳等部分组成，如图2-24所示。

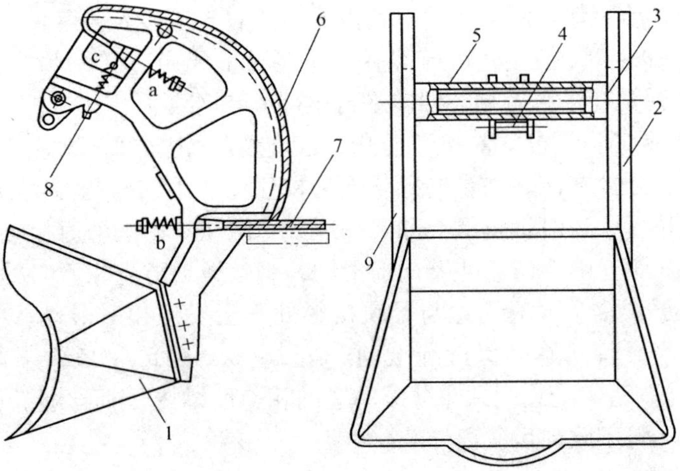

图2-24 铲斗工作机构

1—铲斗；2，9—左、右滚动斗臂；3—连接轴；4—连接销；5—套筒；6，7—稳定钢丝绳；8—短臂拉杆

铲斗1是装岩的容器。铲斗后部两侧焊有左、右滚动斗臂2和9，斗臂上部由连接轴3连接。铲斗升降时，斗臂后面的曲线部分能在回转台两侧的导轨上滚动。轴3上滑装着套筒5，套筒5中部经连接销4与提升链连接。套筒两端伸出短臂拉杆8，经螺钉、弹簧c等与斗臂连接，以减缓提升链的冲击载荷，改善链条受力。连接销的尺寸较小，过载时被拉断，能保护链条，而且更换容易。

b 提升及稳定机构

提升机构的作用是使铲斗从装岩位置提升到卸载位置。ZYC-20B型铲斗装载机的提升机构由提升链、托轮、提升电动机、减速器、卷筒等部分组成，如图2-25所示。

提升电动机7与减速器用法兰连接，减速器出轴端装有卷筒8，其上缠绕提升链5，提升链的一端固定在此卷筒上，另一端绕过导向链轮9、托轮6固定在斗臂上套筒的中部。导向链轮的心轴固定在回轮平台10上。开动提升电动机时，经减速

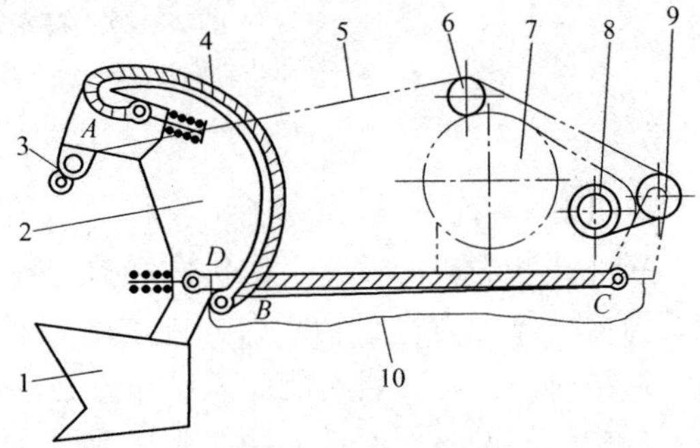

图2-25 提升机构示意图

1—铲斗；2—斗臂；3—连接轴及套筒；4—稳定钢丝绳；5—提升链；6—托轮；7—提升电动机；8—卷筒；9—导向链轮；10—回转平台

器使卷筒回转，提升链不断缠绕在卷筒上，铲斗 1 被逐渐提升，并沿回转台上的导轨滚动。

提升链由并排的多块链板组成，多层缠绕在套筒上，故卷筒的轮缘比较高。为了避免缠绕半径突然变化引起提升速度突变，以改善提升链的受力状况，卷筒的轮毂由几段圆弧面组成。这几段圆弧面的曲率半径是递增的，相邻两端圆弧面连接处的公法面通过这两圆弧面的曲率中心轴，使连接圆滑过渡。

每个斗臂的滚动边都有两条凹槽，其内能嵌入稳定钢丝绳 4（两条）。其中一条的前端与回转平台前端在 *B* 点铰接，后端经弹簧与斗臂上 *A* 点连接。另一条钢丝绳的前端与斗臂上的 *D* 点经弹簧连接，后端与回转平台尾部 *C* 点连接。

图 2 - 26a 表示铲斗装岩位置（即提升开始位置），钢丝绳 1 缠绕在斗臂滚动边的凹槽内，而钢丝绳 2 则顺放在回转平台的导轨上，拉住斗臂不致向前脱离导轨。图 2 - 26b 为铲斗提升过程的位置，这时钢丝绳 1 和 2 一部分缠绕在斗臂滚动边相应的凹槽内，另一部分顺放在导轮上，钢丝绳 2 防止斗臂向前滑动，钢丝绳 1 防止斗臂向后滑动。在这两根钢丝绳的拉力作用下，使斗臂滚动边与导轨接触处不会发生相对滑动，即铲斗在提升过程中，斗臂滚动边与导轨间始终保持纯滚动。图 2 - 26c 是铲斗卸载位置（即提升终了位置），这时钢丝绳 2 已完全缠绕到斗臂滚动边的相应凹槽内，钢丝绳 1 则顺放在回转平台的导轨上，拉住斗臂不致向后脱离导轨。

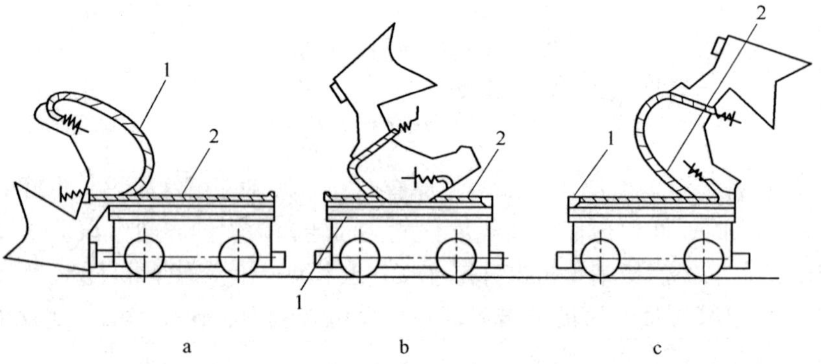

图 2 - 26 稳定钢丝绳的工作情况

a—铲斗装岩位置；b—铲斗提升过程位置；c—铲斗卸载位置

1，2—钢丝绳

c 回中机构

铲斗式装载机的铲斗工作机构和提升提升机构都安装在回转平台上。为了扩大铲斗的装载宽度，靠人力将回转平台向左、右回转一定的角度，使铲斗能铲取工作面两侧的岩石。卸载时，为了使岩石能卸入矿车，必须使铲斗恢复到正中位置。

回中机构的工作原理如图 2 - 27 所示。鼓轮 1 是一个圆柱体，在圆柱面上开有三角槽，而三角槽两侧边是对称的螺旋线。鼓轮轴 11 的两端经轴承（图中未画出）支承在底座 3 上。滚轮 7 处于三角槽缺口处。固定在行走机架 6 上的滚轮轴 2 处于通过上推轴承中心的机器纵轴线上，并通过底座上的圆弧形缺口伸出。图中所示位置表示回转台连同铲斗处于向工作面左侧铲取岩石的位置。当提升铲斗时，铲斗带动连杆 9 和摇杆 8，使鼓轮 1

的三角槽缺口的左侧面与滚轮接触，而滚轮位置是固定不动的，于是迫使鼓轮连同回转平台和铲斗工作机构绕回转中心向右移动，直到滚轮处于三角槽缺口的顶端回到正中位置。这时，铲斗正好处于卸载位置。同理，向右侧铲装时，回转座和铲斗向右回转，在提升铲斗过程中，鼓轮三角槽的右侧面贴紧滚轮，迫使鼓轮和回转平台向左移动，滚轮自动恢复到正中位置。

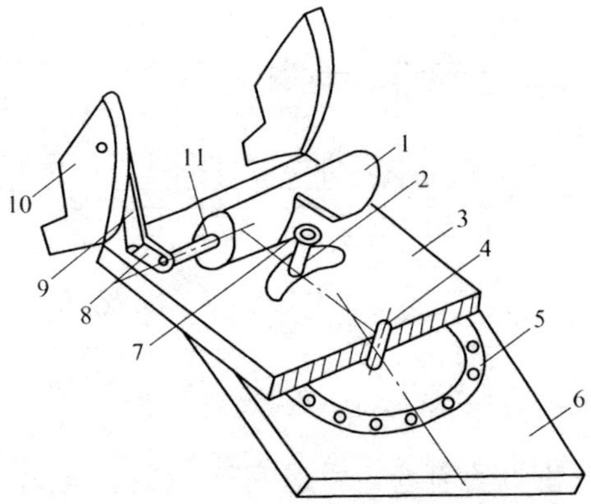

图 2－27 铲斗回中机构的工作原理图

1—鼓轮；2—滚轮轴；3—底座；4—中心轴；5—平面止推轴承；6—行走机架；7—滚轮；8—摇杆；9—连杆；10—斗臂；11—鼓轮轴

d 行走机构

ZYC－20B 型铲斗装载机的行走机构由轨轮、箱体、电动机、回转托盘及铲斗座等部分组成，如图 2－28 所示。

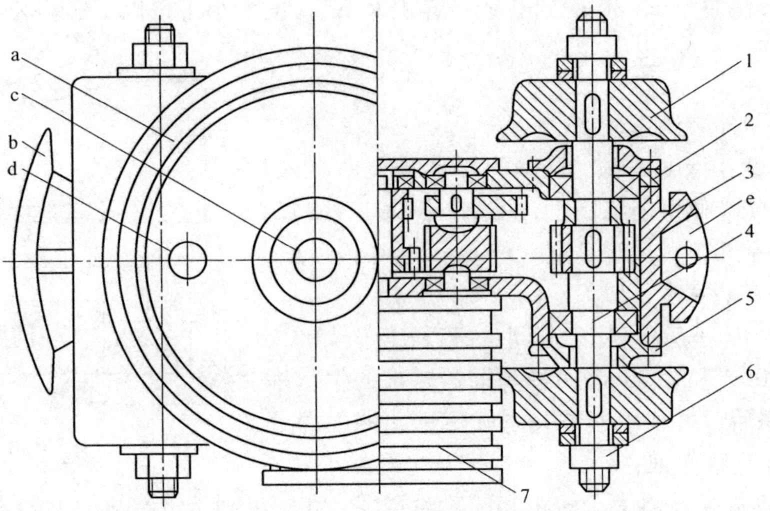

图 2－28 行走机构

1—轨轮；2—箱盖；3—箱体；4—车轴；5—端盖；6—螺母；7—电动机

a—回转托盘；b—铲斗座；c—中心轴轴孔；d—滚轮轴轴孔；e—连接凸块

铸钢箱体 3 既是行走机架，又是行走减速器的箱体。行走电动机 7 与箱体左侧采用法兰连接。箱体右侧用箱盖 2 盖住，并用螺钉彼此连接。箱体前端伸出一块圆弧状铲斗座 b，以便行走机构直接推着铲斗插入岩石堆。箱体后端有连接凸块 e，通过销轴与矿车连接，使矿车在机器工作过程中随装载机一道前进或后退。箱体上部有回转托盘 a，回转机构的大止推滚珠轴承就在此托盘上。托盘上有滚轮轴轴孔 d 和中心轴轴孔 c，分别用于安装滚轮轴和中心轴。两个车轴 4 伸出箱体，车轴两端各装有轨轮 1。

图 2－29 为 ZYC－20B 型铲斗装载机行走机构的传动系统，前后轮轴的传动系统为对称布置，两个车轴都是主动轴，机器的黏着重量等于机器的重量，从而增大了铲斗的插入力，使铲斗插入岩石堆的深度增加，可提高装载机生产率。

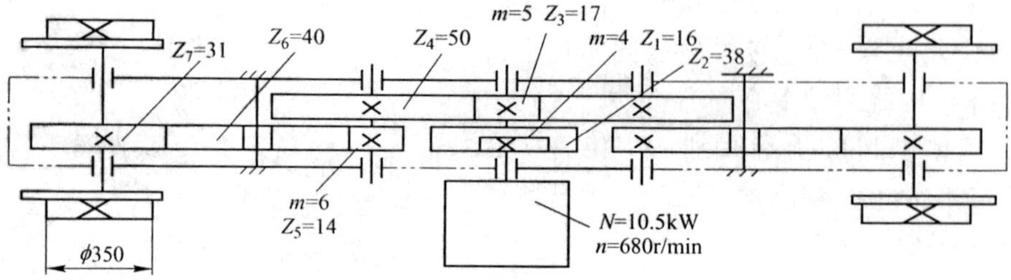

图 2－29 行走机构的传动系统

该机的前进、后退完全由行走电动机的旋转方向决定，通过电控箱上的两个按钮控制。

e 铲斗的形状

铲斗时由底板、侧板、上板及后板焊接而成的。为减小铲斗插入阻力、降低能量消耗和提高装载机的生产率，应合理地设计铲斗的结构形状。

铲斗的形状如图 2－30 所示。铲斗容积 $V(m^3)$ 的大小可按以下经验公式确定：

$$V=\frac{1}{2}KL(H+h)B \tag{2-1}$$

式中 K——铲斗装满系数；

L——铲斗深度，m；

H——铲斗侧壁前缘高度，取 $H=(0.9\sim1.2)L$；

h——铲斗侧壁后缘高度，取 $h=(0.4\sim0.6)L$；

B——铲斗宽度，取 $B=(0.8\sim1.0)L$。

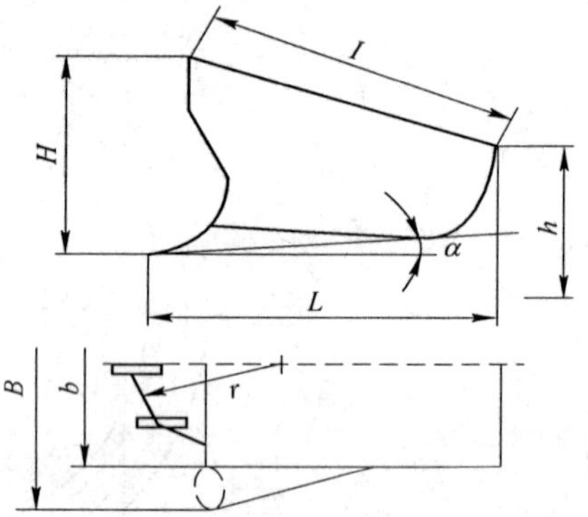

图 2－30 铲斗的形状

标准 JB 1538—76 规定，铲斗的容积有 $0.13m^3$、$0.20m^3$、$0.30m^3$ 和 $0.50m^3$ 四种。根据要求的生产率选定铲斗容积后，可利用上述关系确定铲斗的各部分尺寸。此外，还应保证：

（1）斗底宽度 B 略大于轨距和两轨轮宽度之和，以利于铲装轨面上的岩渣，即

$$B>A+2B_1 \tag{2-2}$$

式中 A——轨距，m；

B_1——轨轮的宽度，m。

（2）铲斗的上壁宽度 b 小于矿车宽度 B_c，以减少抛到矿车外面的岩渣。一般取 $b=(0.6\sim0.7)B_c$。

实验研究和实践经验表明，较合理的铲斗形状应是：

（1）斗底：当铲斗位于最低位置时，斗底与巷道底板的夹角 α 为 5°～8°较好。α 角太小，铲斗插入岩石堆时可能被岩渣顶起；α 角过大，会使插入阻力增加。斗底前缘应做成弧形，以减小铲斗的插入阻力。为了清理轨道间的岩渣，斗底前部中央位置应向下凹，形成斗唇。根据岩渣块度等情况可在斗底前缘安装 3～5 个斗齿，斗齿平行于铲斗中心线布置，齿间距为齿宽的 2.5～3 倍，齿端尖角取 25°左右。

（2）侧壁：为了减小铲斗插入阻力，铲斗侧壁与斗底前缘连接处应做成弧形缺口，并与斗底前缘成平滑的曲线连接，以利岩渣流动。为了增大铲斗口的宽度，侧壁下部应向

外鼓起。侧壁前缘下部可堆焊硬质合金，以提高耐磨性。

（3）后壁与上壁：为减小铲装阻力，后壁与斗底应采用弧面过渡。铲斗的上壁除了要满足上述宽度要求外，还应足够长，以保证岩渣卸入矿车。

f 斗臂工作曲线

斗臂的工作曲线对于装载机的工作高度、铲斗的卸载位置和提升链的载荷等都有很大的影响。可以采用的工作曲线有单段圆弧曲线、特殊曲线（阿基米德螺旋、对数螺线等）和多段圆弧曲线。对于单段圆弧曲线，铲斗开始提升时的运动加速度太大，将使提升链承受较大的动载荷，而卸载时抛射速度又较低。使用特殊曲线时，虽然铲斗的运动特性、提升链的载荷特性等都很好，但其加工比较困难。因此，实际使用中大都采用多段圆弧曲线。

图 2－31 为三段圆弧组成的斗臂工作曲线。各段圆弧的曲率依次为 R_1、R_2 和 R_3。斗臂滚动时，斗齿的轨迹为 $O-1-2-3$。斗尖从铲入位置 O'点到 O 点所走的轨迹是绕 N_0 点转动的圆弧。为使铲斗运动平稳，斗臂曲线的各段圆弧要圆滑连接，所以相邻圆弧段的曲率中心应都位于它们连接点的公法线上，而且这几段圆弧的半径应保持适当的比例，不能相差太大。

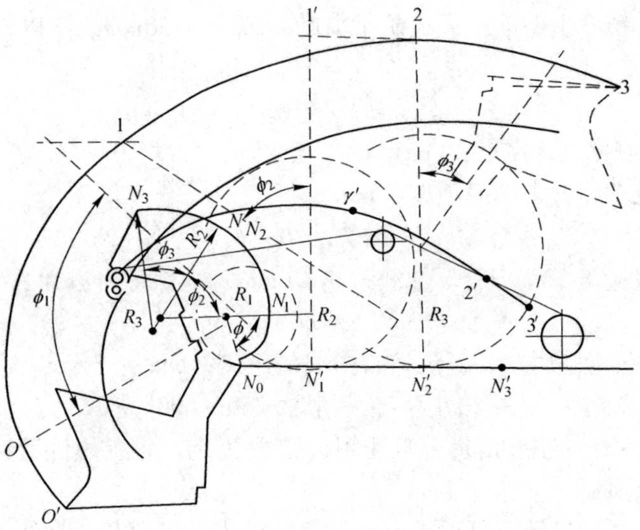

图 2－31 三段圆弧的斗臂工作曲线

铲斗升降时，斗臂在平台导轨上作纯滚动，斗臂曲线的每一段圆弧相当于一个滚圆，斗尖一般位于滚圆外边，因此，斗尖运动轨迹由一段定点转动圆弧 $O'O$ 和三段长幅摆线 $O1$、12 和 23 构成。

根据工作条件，应对该轨迹曲线上的插入点 O'、开始滚动点 O、斗臂横轴掠过提升链托辊点 1、最高工作点 2 和卸载点 3 加以控制。只有找出这些特殊点的位置后，才能确定斗臂曲线上各段圆弧的曲率半径。

如图 2－32 所示，插入点 O'应低于轨面 30～80mm，以利于装净轨道上的岩渣。该尺寸和 O'点至平台前缘 N_0 点的水平距离 a 决定于铲斗容积（受铲斗深度限制）。

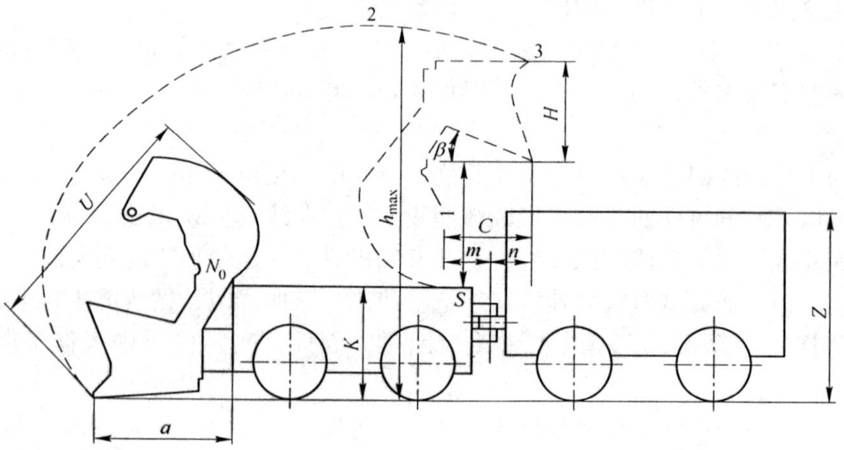

图 2 - 32　对斗臂工作曲线的限制

装载机的最大工作高度 h_{max} 应比巷道高度至少低 150 ~ 250mm，以免铲斗碰到巷道棚子的横梁。如果平台导轨到轨道轨面的距离为 K，则铲斗斗尖到斗臂最远点的距离

$$U = h_{max} - K \tag{2-3}$$

在卸载位置，铲斗上壁前缘应比矿车高度 Z 高 10 ~ 50mm。所以，卸载点 3 的高度 h_3（mm）：

$$h_3 = H + Z + (10 \sim 15) \tag{2-4}$$

式中　H——铲斗侧壁前缘高度，mm。

铲斗侧壁前缘至斗臂末端的距离 l(mm)：

$$l = h_3 - H - K \tag{2-5}$$

卸载角 β 一般应为 22° ~ 35°。卸载距离 C(mm) 应保证岩渣卸入矿车，即

$$C = m + n \tag{2-6}$$

式中　m——卸载位置瞬时中心 S 到接头中线的距离，mm；

n——卸载点到接头中线的距离，一般取 250 ~ 600mm。

1 点（见图 2 - 31）主要由提升链托辊的位置决定，O 点的位置比较灵活，圆弧 OO' 可作为设计的补偿弧。

可见，斗臂曲线的设计就是要求出通过各特殊点的各段长幅摆线的滚圆半径，其作图法求解如图 2 - 33 所示。

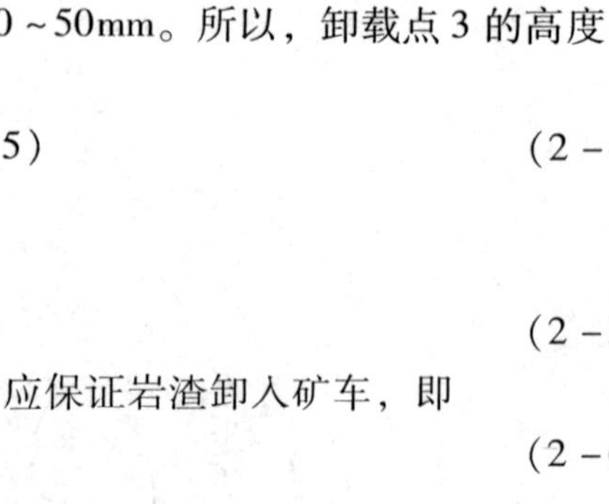

图 2 - 33　滚圆半径的图解法

已知 M_1 点及滚动起始点 N_1，求通过 M_1 和 N_1 两点的长幅摆线的滚圆半径。依据运动分析，当滚圆在平面上纯滚动时，M_1 点和滚圆中心 C_1 的连线由 M_1C_1 移到 M_2C_2，该平面运动可以分解成绕 C_1 点的转动（从 M_1C_1 转到 M'_2C_1）和平行于平面的平移（从 M'_2C_1 平移到 M_2C_2）。显然，圆弧 $R(\phi_2 - \phi_1) = N_1N_2 = M_2M'_2$。过 N_1 点作平面的垂线，先估计出滚圆半径 R，找出滚圆中心 C_1。再过 M_2 点作平面的平行线 $M_2M'_2$，以 C_1 点为中

心、C_1M_1 为半径作圆弧，交 $M_2M'_2$ 于点 M'_2。作直线 $C_1M'_2$，即可找出转角 $\phi_2-\phi_1$ 和圆弧 $R(\phi_2-\phi_1)$。若此圆弧的长度等于线段 M'_2M_2 的长度，即为所求滚圆的半径。若 $R(\phi_2-\phi_1)\neq M_2M'_2$，则应另选滚圆半径，重复上述过程，直至满足为止。

求得滚圆半径 R 后，连接直线 M'_2N_1，过 M_2 点作其平行线 M_2N_2，和平面交点 N_2 即为斗尖在 M_2 点时滚轮和平面的接触点。之后，用同样方法逐段求出各段斗臂曲线的曲率半径。

对于斗臂工作曲面，不仅要分析斗尖的运动轨迹，还要分析斗臂横轴的运动轨迹，因为斗臂横轴的位置对提升铲斗的力臂、对铲斗运动的速度和加速度、对提升电动机和减速器的布置、岩渣离斗时的抛射速度和抛射距离等，都有直接的影响。通过对这两条运动轨迹的分析，检查斗臂工作曲线合理与否。

2.2.3.2 侧卸式铲斗装载机

侧卸式铲斗装载机是一种适用于较大断面巷道的装岩机械，与后卸式铲斗装载机相比，具有以下优点：

(1) 铲斗可以比机身宽，铲斗容积较大；

(2) 铲斗侧壁很低，可以一侧无侧壁，故铲斗的插入阻力小，容易装满铲斗，并能装块度较大的岩石；

(3) 采用履带行走机构，调动灵活，装载面宽度不受限制；

(4) 铲斗的提升和翻转行程较短，有利于提高生产率；

(5) 司机可坐着操作，安全可靠；

(6) 铲斗可用于安装锚杆，处理危石和运送材料，实现一机多用。

A 组成与工作原理

ZLC-60 型侧卸式铲斗装载机由工作机构、行走机构、液压系统和电控系统组成，如图 2-34 所示。

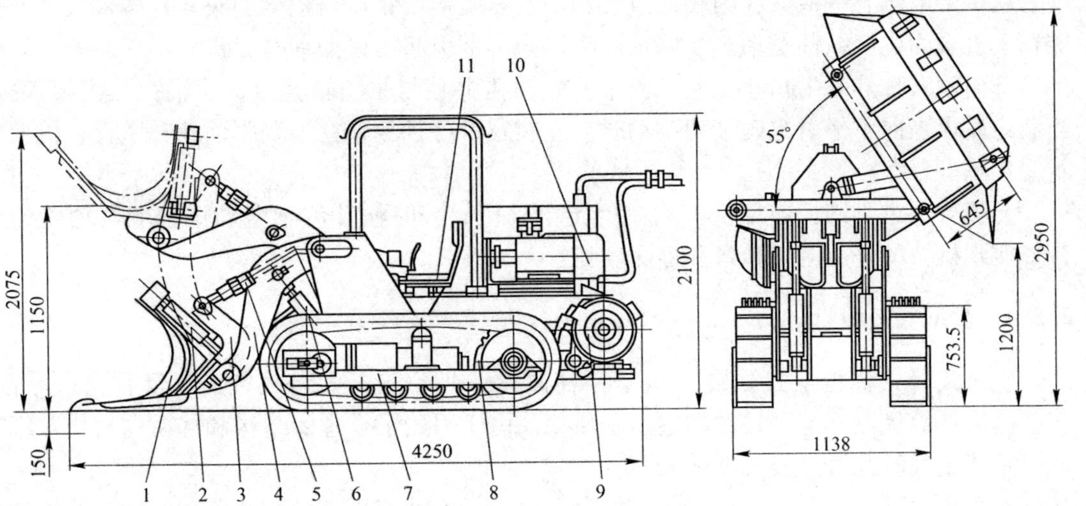

图 2-34 ZLC-60 型侧卸式铲斗装载机

1—铲斗；2—侧卸油缸；3—铲斗座；4—大臂；5—拉杆；6—提升油缸；7—行走机构；8—主动链轮；9，10—电动机；11—司机座

装载机工作时，首先将铲斗 1 放到最低位置，再开动行走机构 7，使机器前进；借助行走机构的力量，使铲斗插入岩石堆；当铲斗插入岩石堆后，在机器前进的同时开动两个提升油缸 6，使铲斗上升装满岩渣；铲斗升到一定高度后，机器退至卸料处，操纵侧卸油缸 2，将斗内岩渣卸掉（直接或通过胶带输送机装入矿车）；然后，使铲斗恢复原位，同时，装载机回到岩石堆处，至此完成一个装载循环。

B　主要部分的结构

a　铲斗工作机构

铲斗工作机构由铲斗 1、侧卸油缸 2、铲斗座 3、大臂 4、拉杆 5 和提升油缸 6 等组成。

铲斗通过右侧（或左侧）的一个销轴铰接在铲斗座上，大臂和拉杆把铲斗座铰接在机身上，组成双摇杆机构。两个提升油缸使大臂上下摆动，升降铲斗。拉杆可以调节长度，以决定铲斗插入岩石堆的角度和下挖深度。侧卸油缸能使铲斗与铲斗座以连接销轴为中心转动，以实现卸载。改变连接销轴的左、右侧位置，可调整铲斗的卸载方向。

b　行走机构

该机采用履带式行走方式。行走机构由电动机、减速器、驱动力、导向轮、支重轮、托带轮、履带、履带架、履带张紧装置及横梁等部件组成。

两条履带采用独立的传动装置分别驱动。电动机经三级齿轮减速后带动驱动轮。履带与驱动轮啮合。导向轮在履带架前端，对履带起导向和张紧作用。托带轮承托上部履带，防止履带侧向滑移和下垂。通过支重轮把整机重量压在下部履带上，并沿履带轨道移动。支重轮间距为履带节距的 1.7 倍，使履带通过性能较好。支重轮采用稀油润滑，有利于注油以及排出废油、岩屑及磨料。

履带张紧装置用于调节履带的松紧程度。通过调节螺母使螺杆轴向移动，经弹簧和保护罩带动导向轮移动来调整履带的松紧。弹簧的作用是缓和履带载荷变化时产生的冲击。

履带架前端有一横梁，两端通过耳轴与左右履带架相连。横梁中央与机架铰接，横梁能在垂直平面内绕纵轴摆动。当巷道底板横向不平引起横梁摆动时，机架不受影响。履带架后部内侧对称焊有牛角状支架。支架的后轴孔中心与驱动轮重合，前轴孔与机架铰接。当巷道底板纵向不平引起履带架跳动时，左右履带可各自独立地绕驱动轮轴回转，机架则不受影响。

司机可通过脚踏板连杆机构启闭行走电动机，同时松开位于电动机轴端制动轮的闸带，实现机器的进、退、转弯和停止动作。

2.2.4　蟹爪式装载机

蟹爪式（又称耙爪式）装载机是一种连续作业的双臂式装载机，它具有生产率高、工作高度低等优点，可在较矮的巷道中使用。由于采用了合理的结构和优质的材料，现在的蟹爪式装载机也可以装较硬的岩石。

按采用的动力划分，蟹爪式装载机分有电动、电动液压、内燃和气动四种；按原动机数目分，有单机和多机两种；按转载运输机的形式分，有整体式（多为刮板输送机）和分段式（前段多为刮板输送机，后端多为胶带输送机）两种。目前应用较为广泛的蟹爪式装载机，是具有整体运输机、履带行走的电动蟹爪式装载机。

2.2.4.1 组成与工作原理

这里以 ZMZ_{2A}－17 型蟹爪式装载机为例（见图 2－35）说明其基本组成与工作原理。

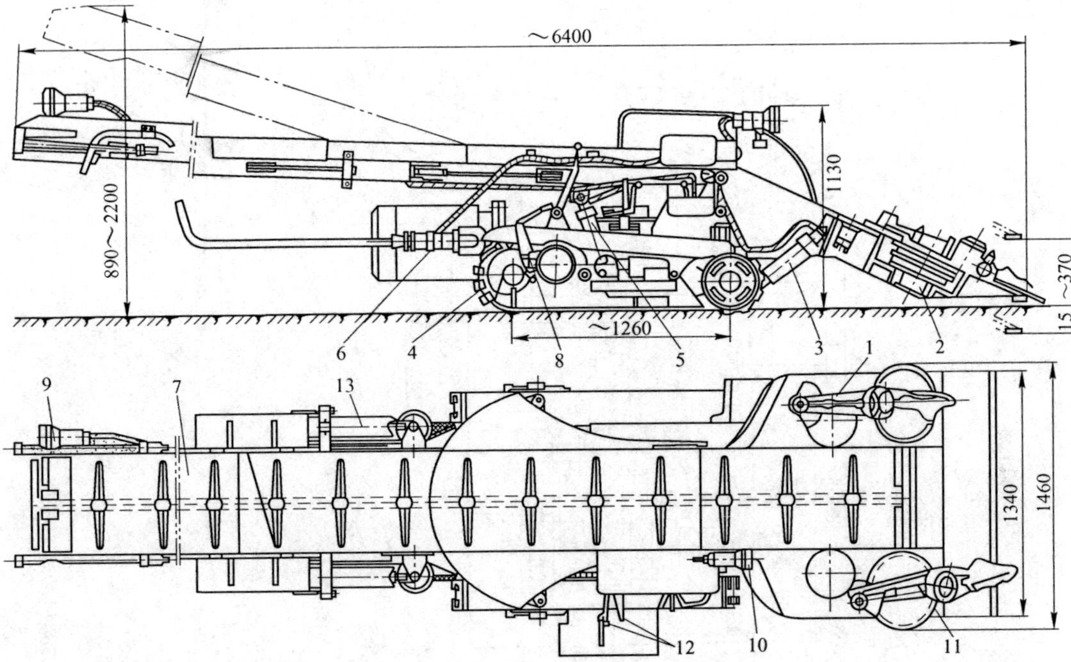

图 2－35　ZMZ_{2A}－17 型蟹爪式装载机

1—蟹爪；2—蟹爪减速器；3—铲板升降油缸；4—履带行走装置；5—装载机升降油缸；6—电动机；7—装载输送机；8—紧链装置；9，10—照明灯；11—铲板；12—操纵手把；13—转载机摆动油缸

蟹爪式装载机主要由蟹爪工作机构、装载机构、行走机构及其动力装置等组成。

机器工作时，先开动蟹爪工作机构和装载输送机 7，并操纵油缸 3 将铲板降至岩石堆的底部，然后开动履带行走装置 4，让机器慢速推进，使铲板前缘逐渐插入岩石堆。此时，蟹爪 1 按预定的耙运轨迹运动，落在铲板上的岩渣被蟹爪送入装载输送机 7 的受料口，由刮板链运送到机器后面停放的矿车或其他运输设备。油缸 3、5 和 13 分别实现装载高度、卸载高度和卸载位置的调整。

该机采用单机驱动。这台电动机经过主减速箱、中间减速箱和左、右蟹爪减速箱等，分别驱动左、右蟹爪、刮板装载机、左右履带和液压系统油泵，其机械传动系统如图 2－36 所示。

A　传动蟹爪的系统

电动机经齿轮 1、2、3 和 4，经摩擦片离合器 M_3 驱动链轮 22，绕套筒滚子链传动链轮 23，经齿轮 24、25、26、27、28 和 29 传动左曲柄圆盘和左蟹爪，同时又经齿轮 31、32 和 33 传动右曲柄圆盘和右蟹爪。

蟹爪装在曲柄摇杆机构的连杆上，连杆分别与曲柄圆盘和摇杆铰接。铲板就是固定杆，曲柄圆盘和摇杆都装在铲板上，蟹爪则按适合装载工作要求的规律运动。

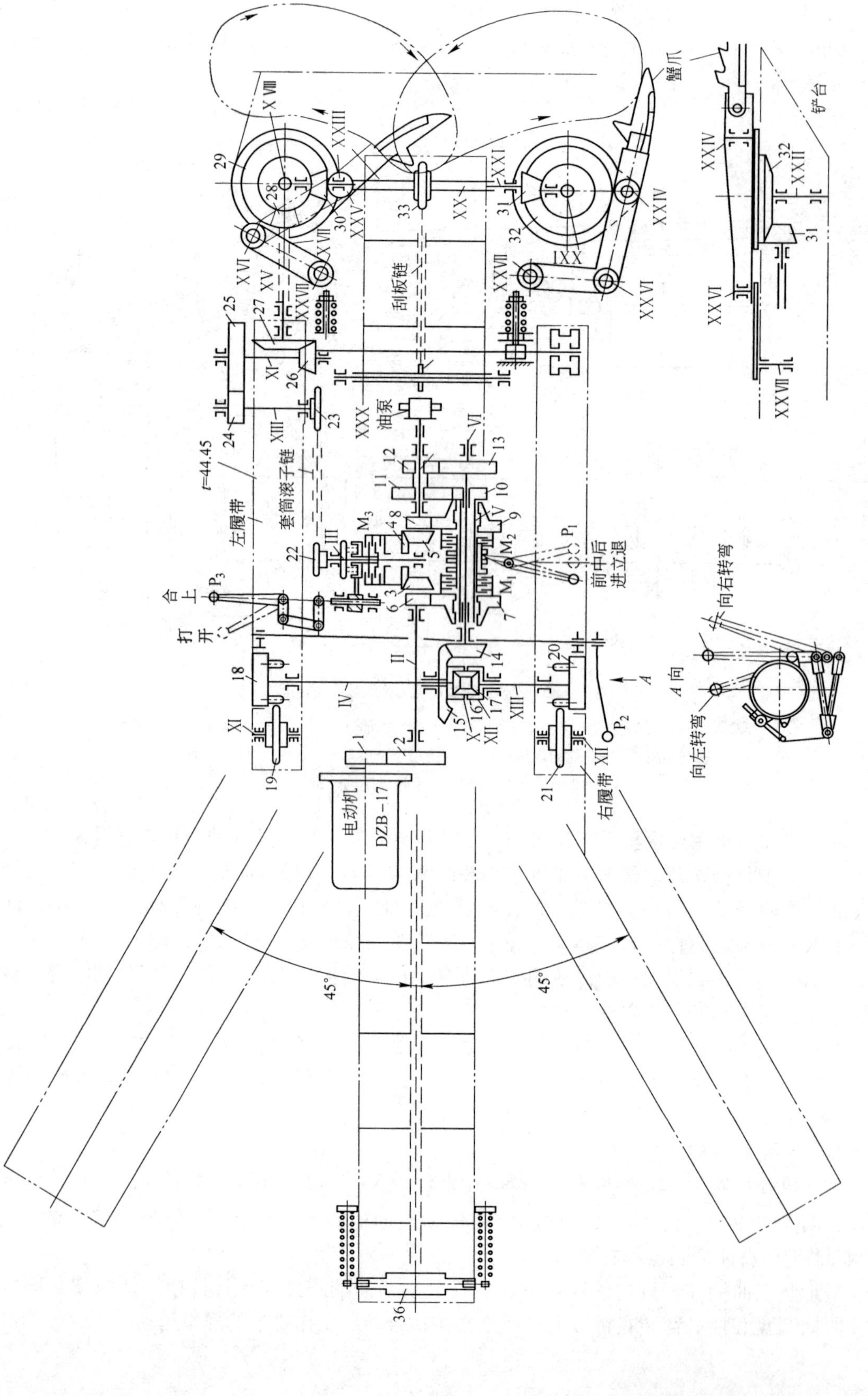

图 2-36 ZMZ_{2A}-17 型装载机的机械传动系统

B 传动刮板链的系统

刮板转载机的主动链轮 35 与齿轮 30 和 31 装在同一根轴上。刮板链的张紧轮是滚子 36。可见，刮板转载和两个蟹爪是同时开动的。扳动操纵手把，使摩擦离合器 M_3 断开，刮板转载机和两个蟹爪就都停止运转。

C 传动履带的系统

电动机经齿轮 1、2、6 和 7 传动摩擦离合器 M_1，同时经与齿轮 2、6 同轴的齿轮 3、齿轮 4、5、8 和 9 传动摩擦离合器 M_2。由于齿轮 3 和 5、6 和 8 及 7 和 9 是模数和齿数对应相同的三对齿轮，所以齿轮 7 和 9 的转速相同而转向相反。扳动操纵手把，合上摩擦离合器 M_1 或 M_2，装载机就前进或后退，并且前进和后退的速度相同。如图 2-36 所示，这两个摩擦离合器是用同一个手把操纵的，不可能同时合上，所以不会因误操作而损坏机器。

当摩擦离合器 M_1 或 M_2 被合上时，就经空心轴传动齿轮 10，再经齿轮 11、12、13、14、15 传动差动轮系。差动轮系由两对圆锥齿轮 16、17 及系杆组成。两个齿轮 17 的轴上分别装有针轮 18 和 20，针轮拨动履带链轮 19 和 21，以传动左、右履带。针轮又兼作制动轮，扳动第三个手把，制动某一侧的针轮，装载机就向另一侧转弯。

当两个针轮都没被制动时，齿轮 15 经系杆和两个齿轮 16 带动两个齿轮 17（图 2-37a 和 b）转动，故针轮 18 和 20 与齿轮同向同速转动，装载机前进或后退。这时，两个齿轮 16 被系杆带动绕齿轮 15 的轴公转，没有绕自身轴的自转。

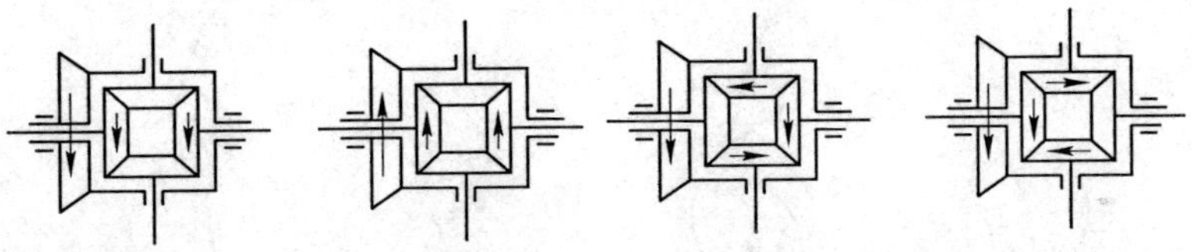

图 2-37 差动轮系的动作

a—前进；b—后退；c—左转弯；d—右转弯

当合上摩擦离合器 M_1 和 M_2，同时制动针轮 18 或 20 时，差动轮系的运动状况如图 2-37c或 d 所示，装载机向左或向右转弯。由于一个齿轮 17 被制动，当系杆带着两个齿轮 16 绕齿轮 15 的轴公转时，两个齿轮 16 必然还要绕自身的轴自转，不被制动的齿轮 17 就与齿轮 15 同向转动，但转速还要比齿轮 15 高一倍。

D 传动油泵的系统

电动机经齿轮 1、2、3、4 和 5 直接驱动油泵。开动电动机后，油泵即供油。扳动相应的手动换向阀，三对油缸可分别动作，以升降铲板、升降和摆动转载机尾部。

2.2.4.2 主要部分的结构

A 蟹爪工作机构

ZMZ_{2A}-17 型蟹爪式转载机的工作机构如图 2-38 所示。在铲板 2 两侧对称布置的左、右蟹爪 4、1，与相应的主动圆盘 3 和偏心盘 5 组成两套曲柄摇杆机构，用来耙集岩渣。两个主动圆盘相向回转的同时，各驱动一个蟹爪在铲板 2 上作平面复合运动。两个蟹爪的运动相位差为 180°，当一个蟹爪在耙取铲板上的岩渣时，另一个蟹爪处于返回行程。

因此左右耙爪交替地耙取，使装载工作连续的进行。蟹爪的爪尖磨损后可更换。

该机的蟹爪工作机构为曲柄摇杆机构，蟹爪是连杆的延伸部分。这种机构的结构很简单，缺点是岩渣可能卡在连杆和摇杆下面将其挤坏。

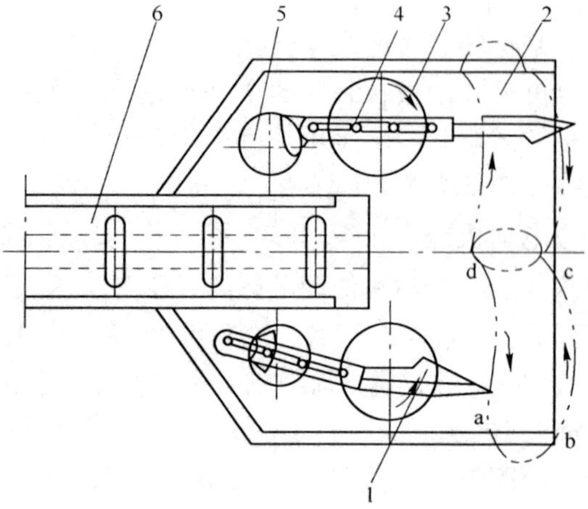

图 2－38　蟹爪装载机的工作机构

1—右蟹爪；2—铲板；3—主动圆盘；4—左蟹爪；5—偏心盘；6—转载输送机

上述蟹爪机构可以改为曲柄导杆机构（见图 2－39），图 2－39a（为曲柄摇杆型）的蟹爪尾部接一圆弧形导杆 2，其圆弧半径相当于摇杆长度，铲板上有一固定销 3，嵌在弧形导杆下面的弧形槽内。当主动圆盘 1 转动时，可产生与曲柄摇杆机构相同的蟹爪运动轨迹；图 2－39b（是曲柄直线导杆型）所示为直线导杆，将蟹爪杆做成相应的弯曲形状，也可得出相同的运动学和动力学特性。这种曲柄摇杆机构可避免曲柄摇杆机构耙装时因摇杆与蟹爪间易卡入岩石而损坏零件。

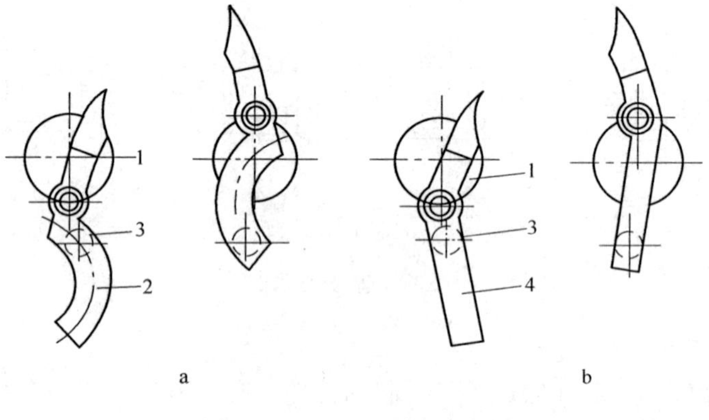

图 2－39　蟹爪曲柄导杆机构

a—曲柄摇杆型；b—曲柄直线导杆型

1—主动圆盘；2—圆弧形导杆；3—固定销；4—直线形导杆

根据经验，蟹爪工作机构的结构参数（见图 2－40）可按下列关系确定（设曲柄长度为 R）：

曲柄回转中心到转载机中心线的距离

$$a_1 = (2.4 \sim 2.5)R \tag{2-7}$$

曲柄回转中心和摇杆摆动中心的纵向距离

$$b_1 = 1.8R \tag{2-8}$$

曲柄回转中心和摇杆摆动中心的中心距

$$l = 2R \tag{2-9}$$

摇杆长度

$$R' = 1.3R \tag{2-10}$$

曲柄回转中心到铲板前缘的距离

$$b_2 = (2.6 \sim 2.8)R \tag{2-11}$$

转载机宽度

$$B_1 \geqslant 3R \tag{2-12}$$

铲板宽度

$$B \geqslant 7R \tag{2-13}$$

爪尖返回轨迹与耙集段轨迹的距离

$$b = (1.5 \sim 1.8)R \tag{2-14}$$

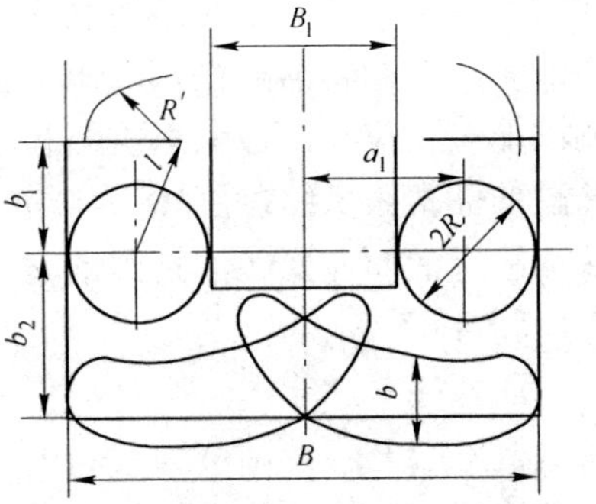

图 2－40　蟹爪工作机构的结构参数

蟹爪高度

$$h_p = \left(\frac{2}{3} \sim 1\right)R \tag{2-15}$$

一般情况下，铲板与履带底面的夹角 $\alpha = 20° \sim 25°$。这样既可减少铲板插入岩石堆的阻力，又能增大铲板下面安装传动装置所需的空间。铲板的合理插入深度为曲柄长度 R 的 2～2.4 倍，这时比能消耗较低，生产率较高。铲板的深度应适当，使耙集段爪尖的轨迹既不超过铲板前缘过多，又尽量减少两蟹爪爪尖都耙不到的死区。

B　转载机构

$ZMZ_{2A}-17$ 型蟹爪式转载机的转载机构是一台单链刮板输送机。它将蟹爪装入的岩渣运到机器后端并卸入矿车。

刮板输送机的水平摆动是通过两个油缸实现的，其工作原理如图 2－41 所示。

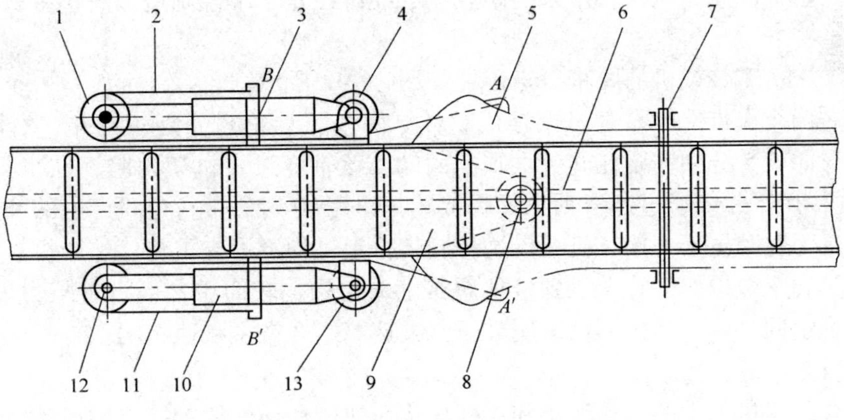

图 2－41　转载机卸载端水平摆动的工作原理

1，12—动滑轮；2，11—钢丝绳；3—左回转油缸；4，13—定滑轮；5—回转座；6—刮板链；7—水平轴；8—立轴；9—回转台；10—右回转油缸

左回转油缸 3 和右回转油缸 10 是两个同样的单作用柱塞式油缸。这两个油缸的缸体固定在刮板输送机的两侧。左、右回转油缸的柱塞端各装有动滑轮 1 和 12，缸体端装有定滑轮 4 和 13，两条长度相等的钢丝绳 2 和 11 的一端固定在左、右缸体的外侧，另一端绕过动滑轮和定滑轮而固定到回转座 5 上的相应位置。此外，刮板输送机的两侧又固定在

回转台 9 上，故能相对回转座 5 绕立轴 8 水平回转。当操作左回转油缸进油而右回转油缸回油时，左回转油缸柱塞伸出，推动动滑轮 1 前移，使左回转油缸外侧段钢丝绳伸长，内侧段缩短，拉动刮板输送机侧板绕立轴向左回转，输送机卸载端左移。与此同时，右回转油缸的柱塞跟着缩进缸体，相应钢丝绳 11 的外侧段缩短，内侧段伸长。反之，操纵右回转油缸进油而左回转油缸回油时，转载机的卸载端就右移。刮板输送机卸载端能绕立轴左右回转各 45°。

回转座 5 还能在两个转载机升降油缸作用下绕水平轴 7 旋转，带动回转台 9 连同刮板输送机尾端升降，调节卸载高度。这两个油缸也是单作用柱塞式油缸，柱塞端杆与回转座底面连接，缸体端与履带行走机架连接。由于刮板输送机溜槽的后半段要水平弯曲，而前半段与铲板连接在一起不动，为此溜槽中间段侧板的材料采用 60Si 弹簧钢板。

C 行走机构

$ZMZ_{2A}-17$ 型蟹爪式装载机采用履带式行走装置。与轨轮式和轮胎式行走装置比较，履带式行走装置有如下优点：

（1）不受轨道限制，机动性好，减少了铺设轨道等一系列辅助作业。

（2）履带与底板之间的黏着系数较大，在相同机重的条件下，能获得比轨轮式、轨胎式更大的牵引力。

（3）履带对带有尖锐棱角的岩渣，比轮胎式具有更好的适应性。由于履带接地面积大，对地压比小，履带的磨损不像轮胎那样严重。此外，履带对于不平的地面和障碍物的通过性好。

（4）具有较好的爬坡能力。

除上述优点外，履带式行走装置还存在着运行阻力大、传动效率低、结构较复杂、零部件磨损严重等缺点，从而会带来运距较小、经济性差、维修制造费高、金属消耗量大等后果。

$ZMZ_{2A}-17$ 型装载机的履带行走装置如图 2－42 所示。

左、右两个履带支架靠主机架连成整体。两个驱动轮 8 分别驱动左、右履带链 6 工作。两个导向轮 5 分别安装在同一根轴的两端，该轴穿过主机架内腔，在张紧螺杆 11 上的弹簧 10 作用下，能通过这根轴张紧履带链，弹簧 10 对履带行走时产生的冲击力起缓冲作用。司机踩在踏板 4 上操纵机器。这种履带行走机构不设支重轮，整个机器重量通过履带上机架 3 和下履带架 7 等支承到接地履带上，结构比较简单，但行走阻力大些。此外，两根履带轴由同一台电动机驱动，履带行走减速箱组合在主减速箱内。

D 爪尖运动轨迹

蟹爪式装载机爪尖的运动轨迹和连杆机构与曲柄和摇杆的铰接点的运动轨迹之间，有一定的几何关系（见图 2－43）。

（1）曲柄 AB 和蟹爪 BE 成一条直线时，爪尖离曲柄的回转中心 A 最远，$\overline{AE}_{pf}=\overline{AB}+\overline{BE}$。而当 AB 与 BE 重合时爪尖离 A 点最近，有 $\overline{AE}_{pn}=\overline{BE}-\overline{AB}$。在 E_{pf} 点和 E_{pn} 点上，爪尖轨迹的法线必都通过 A 点。

（2）为了降低蟹爪的插入阻力，爪尖插入段的轨迹夹角 α_g 和运动倾角 α_p（见图 2－44）之和接近于 90°。所以爪尖插入段轨迹和曲线圆的公切线应接近垂直于铲板的前缘。

（3）以摇杆摆动中心 D_{1-10} 做不同半径的同心圆（见图 2－43），同一个圆与曲柄圆

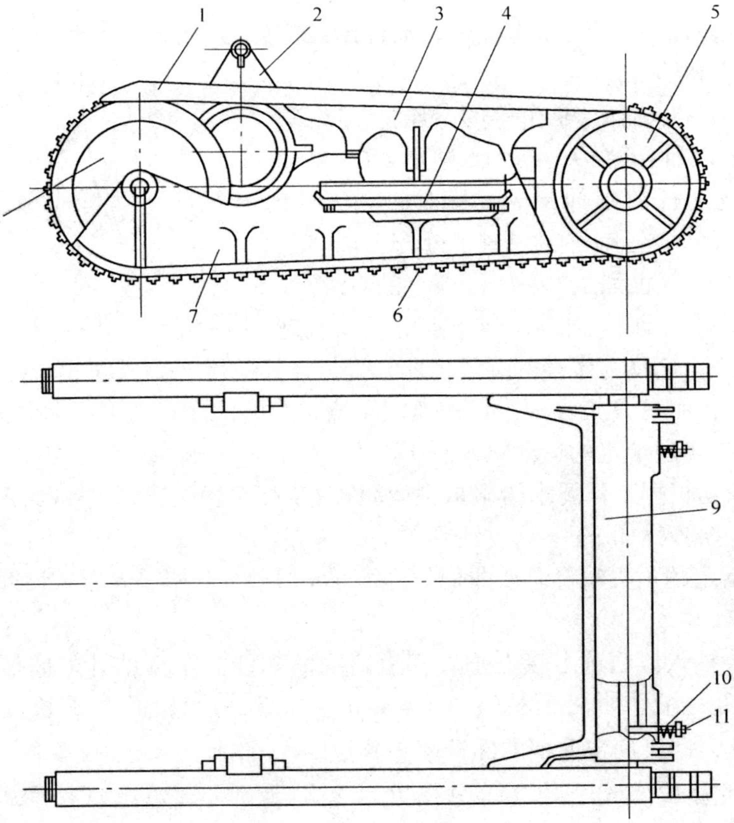

图 2-42 履带行走机构

1—防尘罩；2—轴承盖支架；3—履带上机架；4—脚踏板；5—导向轮；6—履带链；7—下履带架；8—驱动轮；9—主机架；10—弹簧；11—张紧螺杆

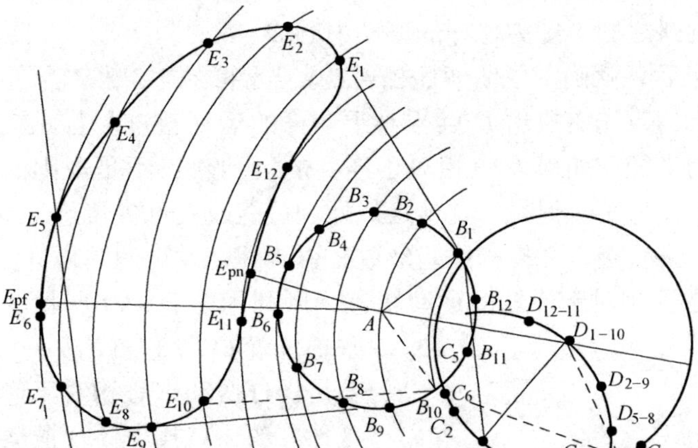

图 2-43 爪尖和动点轨迹间的关系

及爪尖轨迹的交点具有特殊的对应关系。以 B_1 和 B_{10} 两点为例，当曲柄在 AB_1 和 AB_{10} 时，摇杆的相应位置是 $D_{1-10}C_1$ 和 $D_{1-10}C_{10}$。显然，三角形 $D_{1-10}B_1C_1$ 和三角形 $D_{1-10}B_{10}C_{10}$ 是全等的。连杆从 B_1C_1 移到 $B_{10}C_{10}$，可以看作绕 D_{1-10} 点转过角 $\angle C_1D_{1-10}C_{10}$。蟹爪 BE 是连杆的延伸部分，故对应点 E_1 和 E_{10} 也必定在以 D_{1-10} 为圆心的一个圆弧上。同理，E_2 和 E_9，E_3 和 E_8 等也都是同一个圆弧上的对应点。

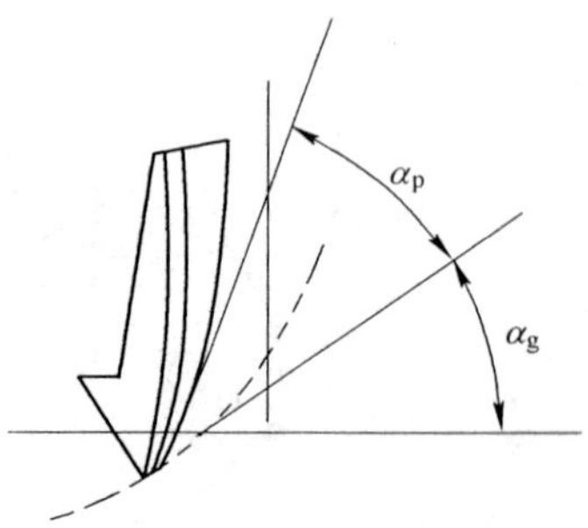

图 2-44　蟹爪的运动倾角与轨迹夹角

（4）如果摇杆摆动中心相对于 C_1 点的运动轨迹是以 C_1 点为圆心、C_1D 为半径的圆弧，那么，把连杆的尾部做成以 C_1 点为圆心、C_1D 为半径的弧形滑槽，而在 D 点设一个可被弧形滑槽包容的滚子，就可以和曲柄摇杆机构 $ABCD$ 等价，使爪尖实现给定的运动轨迹。

综上可知，当根据工作要求给出爪尖运动轨迹后，就可以确定实现给定轨迹的机构参数，其图解的主要步骤如下：

（1）根据给定的爪尖轨迹，取曲柄长度 $R=b/(1.5\sim1.8)$，b 为爪尖返回段轨迹到耙集段轨迹的距离。

（2）作爪尖插入段轨迹上接近垂直铲板前缘的切线。根据估计的曲柄长度，作曲柄圆与此切线相切，并且使曲柄长度，$R=(\overline{AE}_{pf}-AE_{pn})/2$，而蟹爪长度 $\overline{BE}=(\overline{AE}_{pf}+\overline{AE}_{pn})/2$。由此，即可确定曲柄的回转中心 A 点。

（3）将曲柄圆 12 等分，以各等分点 B_1、B_2…为圆心，以蟹爪长度 $\overline{BE}$ 为半径圆弧，确定对应的爪尖位置 E_1、E_2…。曲柄是匀速转动的，根据爪尖轨迹上 E_1、E_2…点的相互间距，可初步判断蟹爪运动的速度和加速度以及蟹爪在各位置上的轨迹夹角和运动倾角是否合理。若不合理，可通过改变 A 点位置、曲柄长度 R 和蟹爪长度 BE 进行调整，直至比较满意位置。

（4）把画有许多同心圆的透明纸罩在图上，移动透明纸，使尽可能多的对应点落在同一圆弧上，该圆弧之圆心即为摇杆的摆动中心 D。

（5）D 点确定后，就确定了曲柄摇杆机构的全部结构参数。为了演变出实现给定爪尖轨迹的曲柄槽机构，先要找出 D 点相对于连杆的运动轨迹。若此轨迹是圆弧，则摇杆长度就是该圆弧的半径。如果 D 点相对于连杆的运动轨迹不是规则的弧线，可以按均值法用圆弧代替，以便加工。但是，这样近似处理可能改变爪尖轨迹，所以应该根据确定的结构参数，画出爪尖轨迹，并检查这些参数是否合理，发现问题再进一步调整。

摇杆摆动中心 D 相对于连杆的运动轨迹，可利用图 2-45 所示的方法求出。若已知蟹爪位置 E_1B_1 作 $\triangle E_1B_1D_2\cong\triangle E_2B_2D_1$，点 D_2 就是摇杆摆动中心相对于连杆的一个位置。用这种方法逐点找出摇杆摆动中心在蟹爪不同位置时相对于连杆的位置，最后就得到摇杆摆动中心相对于连杆的运动轨迹。

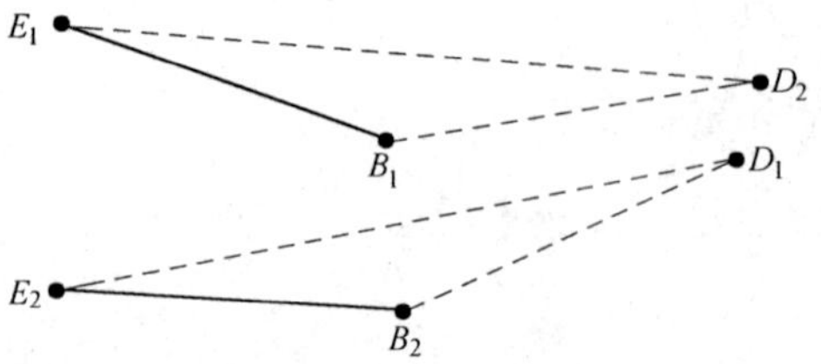

图 2-45　摇杆摆动中心相对于连杆的轨迹

上述问题也可以利用电子计算机通过优化设计的方法来解决。

2.2.5 立爪式装载机

立爪式装载机是一种上取式半连续作业的装载机。在煤矿和金属矿山的巷道中，可用于将崩落的、半煤岩和岩石装入矿车、梭车或其他运输设备中。该机可与凿岩台车及运输设备组成机械化作业线。

立爪式装载机是依靠两只立爪模仿人的手臂动作进行耙装的。该机具有结构紧凑、体积小、装载效率高、工作阻力小、装载功率低等特点。

按照立爪的结构形式划分，有立爪式装载机和蟹爪式装载机。

2.2.5.1 立爪式装载机

下面以 ZMY－1 型装载机为例，说明立爪式装载机的工作原理和基本结构。

A 组成与工作原理

ZMY－1 型立爪式装载机如图 2－46 所示，它由工作机构、行走机构和转载机构等组成。

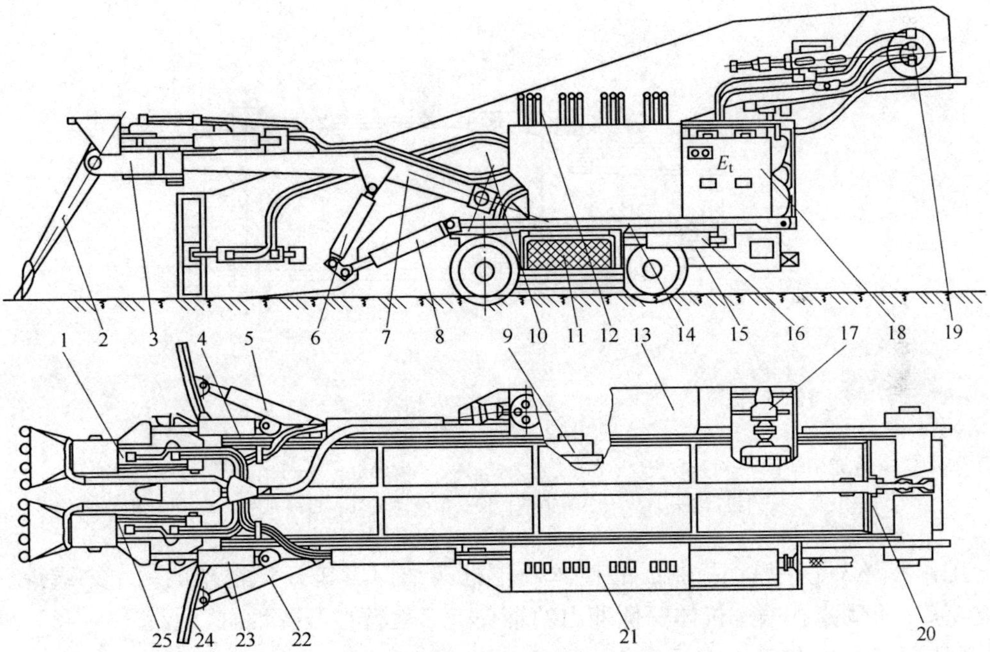

图 2－46 ZMY－1 型立爪式装载机

1，2，25—耙取油缸；2—立爪；3—小臂；4，23—小臂油缸；5，22—积渣油缸；6—大臂油缸；7—工作大臂；8—支承油缸；9—行走马达；10—输送机；11—脚踏板；12—操纵手柄；13—油箱；14—转盘；15—减速器；16—转盘油缸；17—泵站；18—电控箱；19—输送机马达；20—刮板链；21—操纵箱；24—积渣板

装岩时，首先启动油泵；然后通过操作手动换向阀，使刮板输送机的升降油缸动作，以调整卸载高度（即装车高度）；之后，开动转载输送机和行走机构，使机器移至装载位置。

操作手动换向阀，通过油缸使立爪作耙装运动。立爪把煤、岩耙入转载输送机，经过转载输送机尾部装入矿车或其他输送设备。

B 主要部分的结构

a 工作机构

ZMY－1 型立爪式装载机的工作机构由工作大臂、左右工作小臂、左立爪、右立爪、回转油缸和耙取油缸等组成，如图 2－47 所示。

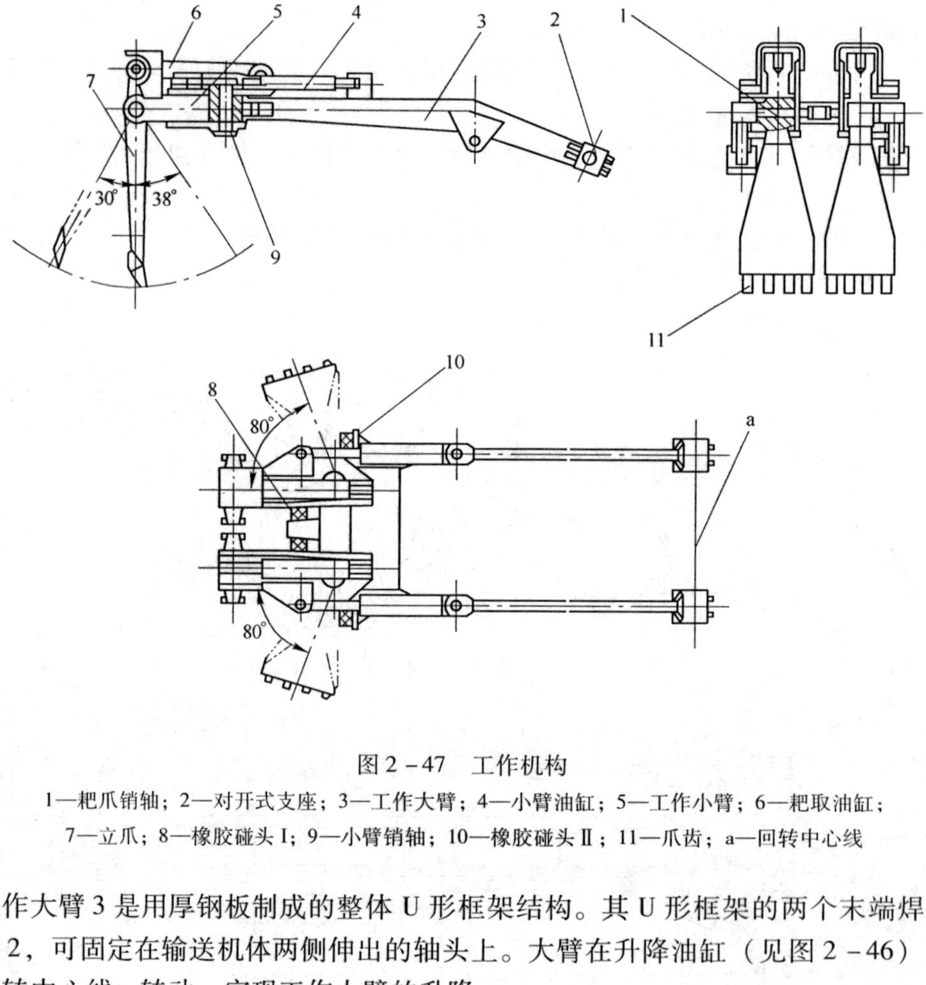

图 2－47 工作机构

1—耙爪销轴；2—对开式支座；3—工作大臂；4—小臂油缸；5—工作小臂；6—耙取油缸；7—立爪；8—橡胶碰头 I；9—小臂销轴；10—橡胶碰头Ⅱ；11—爪齿；a—回转中心线

工作大臂 3 是用厚钢板制成的整体 U 形框架结构。其 U 形框架的两个末端焊有对开的支座 2，可固定在输送机体两侧伸出的轴头上。大臂在升降油缸（见图 2－46）的作用下绕回转中心线 a 转动，实现工作大臂的升降。

在工作大臂上，对称地装有工作小臂 5。在回转油缸的作用下，工作小臂可绕销轴 9 向外、向内回转，工作转角为 80°。小臂的起讫点在工作大臂上均设有硬橡胶碰头 8 和 10，当小臂转动时。起外定位及缓冲作用。

左、右小臂分别安装有左、右立爪 7。立爪下端带有爪齿 11，爪齿磨损严重时可以方便地更换。左、右立爪在耙取油缸 6 的作用下，能向外摆动 30°、向内摆动 38°，以耙取煤、岩，并把输送机积渣板上积聚的煤、岩装进刮板输送机。

工作机构装载时的工作过程是：大臂升起；利爪张开（小臂回转也可同时进行）；大臂落下；立爪耙取煤、岩（小臂回转也可以同时进行）。四个动作依次交替进行，也可以两个动作同时进行。

大臂升降油缸、小臂回转油缸和立爪耙取油缸均由多路换向阀控制。

b 行走机构

该机的行走机构有行走马达（IJQM21－0.63 型）、减速器、输送机、回转油缸和回转盘等组成（见图 2－48）。

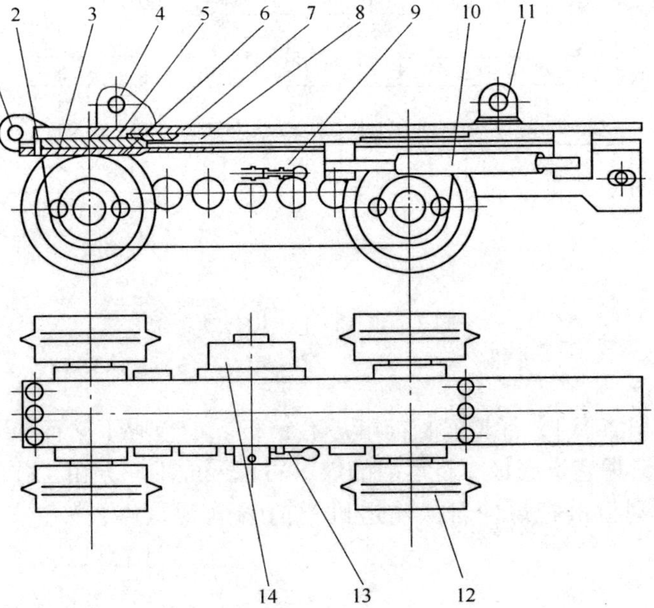

图 2－48 行走机构

1，4，11—铰接支座；2—螺栓；3—平键；5—中盘；6—钢球；7—上盘；8—下盘；9—减速器；10—回转油缸；12—车轮；13—离合器手柄；14—行走马达

回转盘的上盘 7 上有三对铰接支座 1、4 和 11，分别由铲板升降油缸、拐臂和调高丝杠与输送机机体相连接。下盘体与减速器 9 的箱体用平键 3 和螺栓 2 固定成一体。上、下盘体间装有钢球 6，它分别与上、下盘体的滚道相接触而组成平面轴承。在上、下盘之间装有输送机回转油缸 10，在该油缸的作用下，上、下盘 7 和 8 可相对转动，能使铰接在上盘 7 上的输送机机体左、右摆动各 15°。

行走马达 14 驱动减速器 9，减速器输出轴带动车轮 12 实现机器的前进和后退。通过操纵阀控制机器装载和快速推进或快速后退时的行走速度。

行走减速器是一个非标准的两级圆柱齿轮减速器，其传动系统如图 2－49 所示。

油马达 2 通过花键套与 I 轴（花键轴）相连，经牙嵌离合器 3 结合带动齿轮 Z_1，再经齿轮 Z_2、Z_3、Z_4、Z_5 两级减速后，由Ⅳ轴带动车轮 1 转动。

当机器需要外部牵引设备驱动时，应扳动离合器手柄使牙嵌离合器脱开，车轮即可自由转动。而要用油马达驱动时，须扳动离合器手柄，使牙嵌离合器与齿轮 Z_1 结合。

c 输送机

输送机由积渣板 1、机尾 2、机体 3、刮板链 4 和机头 8 等部件组成，如图 2－50 所示。ZMY－1 型立爪式装载机的机体 3 是一个坚固的、全部采用钢板焊接的溜槽。溜槽侧

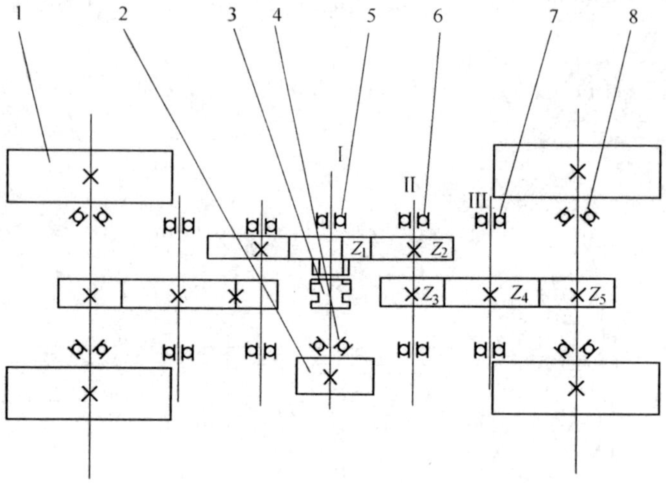

图 2－49 行走机构传动系统

1—车轮；2—油马达；3—牙嵌离合器；4～8—滚动轴承

帮的前端有两块积渣板 1，溜槽底板前端焊有铲板。铲板卧下轨面 40mm 与左、右积渣板配合使用，可以清理巷道底板。将零散的煤、岩积聚成堆，并由工作机构装入刮板输送机的溜槽，再通过刮板链把煤、岩从输送机的前端运到末端，装进转载设备或直接装入矿车。

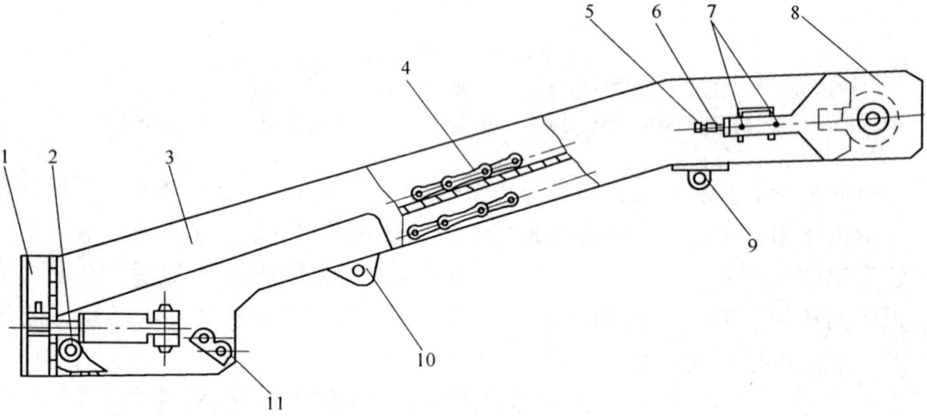

图 2－50 输送机

1—积渣板；2—机尾；3—机体；4—刮板链；5—张紧螺钉；6—背冒；7—固定螺栓；8—机头；9～11—铰接支座

输送机的形式基本上是一台刮板输送机，它有一根套筒链（节距为 66.2/76.675mm，双节距链条），上面装有刮板，大节距链节与链轮齿相啮合，小节距链节在链轮的齿档内，不与链轮齿相啮合。带有主动轮的机头装在输送机机体卸料端。主动轮由两台 IQJM21－0.16 型油马达驱动，马达通过操作箱上的多路换向阀控制。输送机的受料口端装有带导向链轮的机尾。机尾用内六角螺栓固定在输送机机体的机尾架板上。机头能在输送机机体两侧帮板的 U 形滑道内滑动，以调节刮板套筒链的松紧。

2.2.5.2 蟹立爪式装载机

蟹立爪式装载机是在具有单一工作机构的蟹爪式装载机的基础上发展起来的一种新型高效连续作业的装载设备。它有蟹爪和立爪两套工作机构，其中蟹爪起取料和送料的作用，而立爪则只起松动岩石堆和向蟹爪喂料的作用。它既改善了蟹爪插入岩石堆时受阻较大的不良工况，减少了对铲板插入深度的要求，又保证了蟹爪的满载作业。立爪机构还可以将岩石堆上的悬石块耙下，可能攫取巷道两端的岩渣喂给蟹爪，也可以获得较大的装载宽度。当装载黏结性较大的煤岩时，立爪机构将完成岩石拨动、松散、集料和送料工作，从而减少蟹爪机构可能受到的较大阻力。当底板炮眼没有爆下、铲板无法插入岩石堆时，由于立爪是超前工作，因此该机仍能正常装岩，并为再爆底板创造了良好的条件。

由于机器采用两套工作机构，所以设备的结构复杂。为保证机体的纵向平衡，需要加长机身和配重，导致设备在井下调度的灵活性降低。

蟹立爪式装载机如图2-51所示，其基本结构与蟹爪和立爪式装载机大致相同，其突出的特点有以下几个方面。

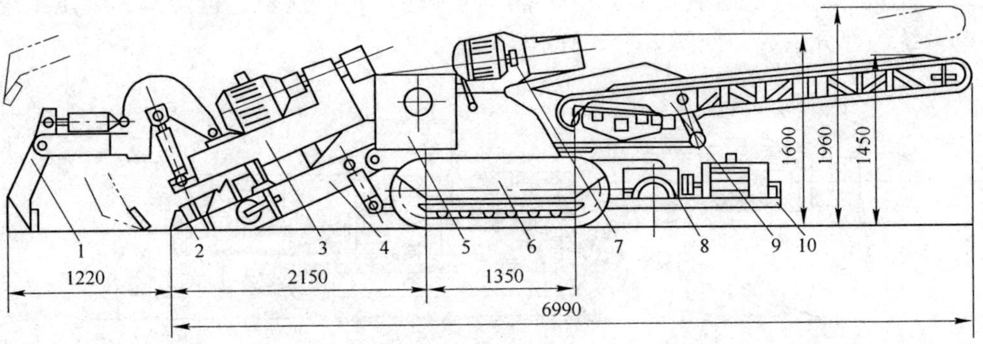

图2-51 ZMY-1型蟹立爪式装载机

1—立爪机构；2—蟹爪机构；3—蟹爪减速器；4—机头部；5—电器箱；6—履带行走装置；7—刮板输送机减速器；8—行走减速器；9—胶带输送机；10—电动机

（1）蟹爪机构。蟹爪的传动机构安装在机头部4的上方，利于维护检修，能防止泥水侵入。

（2）立爪机构。立爪机构1在垂直平面内的运动由立爪耙取油缸和立爪升降油缸来完成，两个立爪在水平面内的回转是在通过回转油缸推动齿轮齿条实现的。立爪的升和张、降和收是顺序动作的，由单向顺序阀来控制。

（3）转载输送机。转载输送机由两部分组成。前一部分是采用双排套筒滚子链牵引的刮板输送机，保证在25°倾角时仍能正常运输；后一部分采用胶带输送机，其卸载高度通过升降油缸调节，左右摆动是靠一对水平布置的柱塞式油缸推动齿轮和弧形齿条来实现。

2.3 掘 进 机

2.3.1 概述

掘进机是巷道掘进和隧道施工的重要设备，它具有截割、装载、转运、独立行走、喷雾降尘的功能。根据所掘断面的形状大小分，有部分断面掘进机和全断面掘进机；根据截割对象的性质划分，有煤巷掘进机、半煤岩巷掘进机和岩巷掘进机三种，按照截割头的布置方式划分，部分断面掘进机分有纵轴式和横轴式掘进机。

2.3.2 部分断面掘进机

2.3.2.1 纵轴式掘进机

纵轴式掘进机是截割头的轴线与悬臂轴线共线或平行的一种部分断面掘进机，目前在国内外产品有很多，而且是使用最多的一种掘进机。下面以 EBZ－160 型掘进机为例介绍其结构原理。

A 组成与工作原理

EBZ－160 型掘进机（E 表示掘进机，B 表示悬臂式，Z 表示纵轴式）是一种能够实现连续截割、装载、运输的掘进设备，可用于煤巷或半煤岩巷以及软岩的巷道掘进，也可以在公路、铁路、水利工程等隧道掘进。

EBZ－160 型掘进机由截割部、装载部、刮板输送机、机架、行走部、液压系统、喷雾冷却系统等部分组成，如图 2－52 所示。

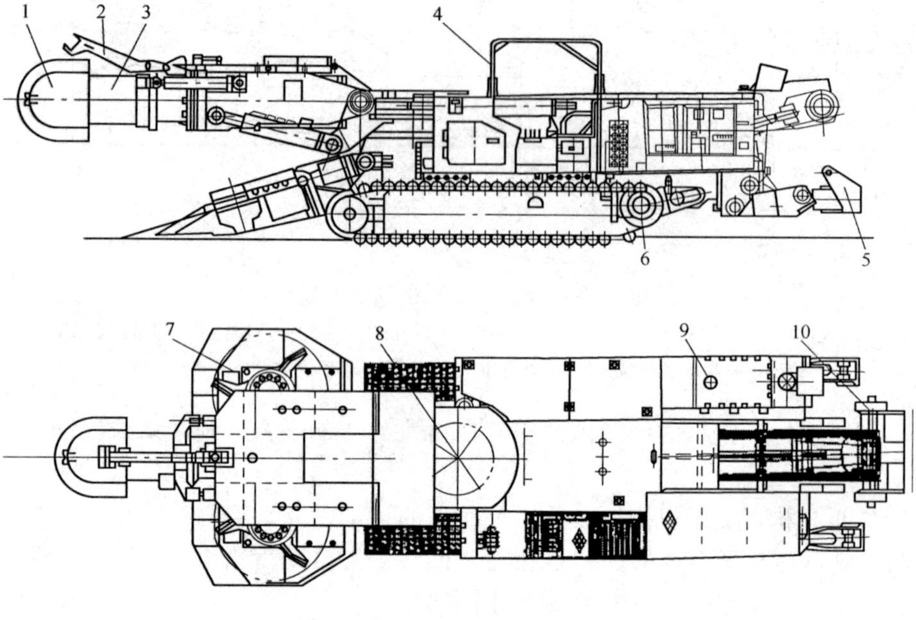

图 2－52 EBZ－160 型掘进机

1—截割头；2—托梁机构；3—悬臂工作机构；4—司机室；5—后支承；6—行走机构；7—装载机构；8—回转机构；9—油箱；10—转运机构

该机按先软后硬，由下而上的原则截割巷道断面。在煤巷中，应首先在断面的右下角钻进煤壁，达到截深后沿底板横向摆动截割，开出一个槽（该工序称为掏槽），形成的自由面便于后续截割。接着，悬臂上抬一定高度，横扫截割第一条带，如此往复，自下而上一个条带一个条带地截割，直到巷道顶部，最后挑顶，刷帮，清底和挖柱窝，完成了一个截割循环。由于掘进机每次只截割断面的一部分，所以称其为部分断面掘进机。截割头截落的煤岩由装载机构耙装，经转运机构卸往掘进机后面的运输设备。托梁装置通过悬臂的升降，举起棚梁，减少支护架棚的劳动强度。

该机截割电动机为水冷电动机，有热敏保护；截割头可以伸缩，能平整巷道、挖柱窝和水沟；采用后支承装置，提高了机器工作的稳定性；转载机构和装载机构都采用低速大扭矩液压马达直接驱动，传动系统简单，故障环节少；行走机构也采用液压马达驱动，履带由油缸张紧；刮板链的张紧采用弹簧与油缸组合的张紧装置；在液压系统中为液压锚杆钻机留有液压接口。该机除了各种电器保护装置外，还设有瓦斯报警断电仪和煤矿用低浓度甲烷传感器。该机截割效率高，机器稳定性好，操作与维护方便，运行安全可靠。

B 主要技术参数

EBZ－160 型掘进机主要有如下技术参数：

(1) 截割机构

可截割硬度	≤80MPa
截齿	36 把，镐形截齿
截割头转速	47/23r/min
截割头伸缩量	500mm
截割电动机功率	160kW（隔爆、水冷、三相异步）
截割面积	23m^2，高：2.4～4.5m，宽：3.0～5.5m

(2) 装载机构

装载形式	三齿星轮
装载宽度	2.8/3m
星轮转速	32r/min
装载能力	230m^3/h
铲板卧底深度	300mm
铲板抬起高度	340mm

(3) 转运机构

运输形式	双边链刮板输送机
溜槽宽度	540mm
链速	0.96m/s
龙门高度	420mm

(4) 行走机构

形式	履带式
接地比压	0.14MPa
行走速度	0～5.9m/min

(5) 液压系统

电动机功率	110kW
总流量	414L/min
变量轴向柱塞泵排量	140mL/r
变量轴向柱塞泵额定压力	32MPa
油箱容量	625L
油缸回路	油缸 14 个，工作压力 18MPa
装载回路	马达 2 台，额定压力 16MPa，排量 1400mL/r
转载回路	马达 2 台，额定压力 16MPa，排量 600mL/r

行走回路	马达2台，额定压力16MPa，排量107mL/r
液压锚杆机接口	2组，额定压力12～14MPa

（6）冷却喷雾系统

灭尘形式	内外喷雾
外来水量	100L/min
外喷雾水压力	1.5MPa
内喷雾水压力	3MPa

（7）总体

卧底深度	250mm
爬坡能力	±16°
长×宽×高	9.5m×2.25m×1.64m
质量	48t

C　主要结构

a　截割机构

截割机构又称工作机构，主要由截割电动机、叉形框架、截割减速器、伸缩机构、伸缩油缸、截割头等组成，如图2－53所示。

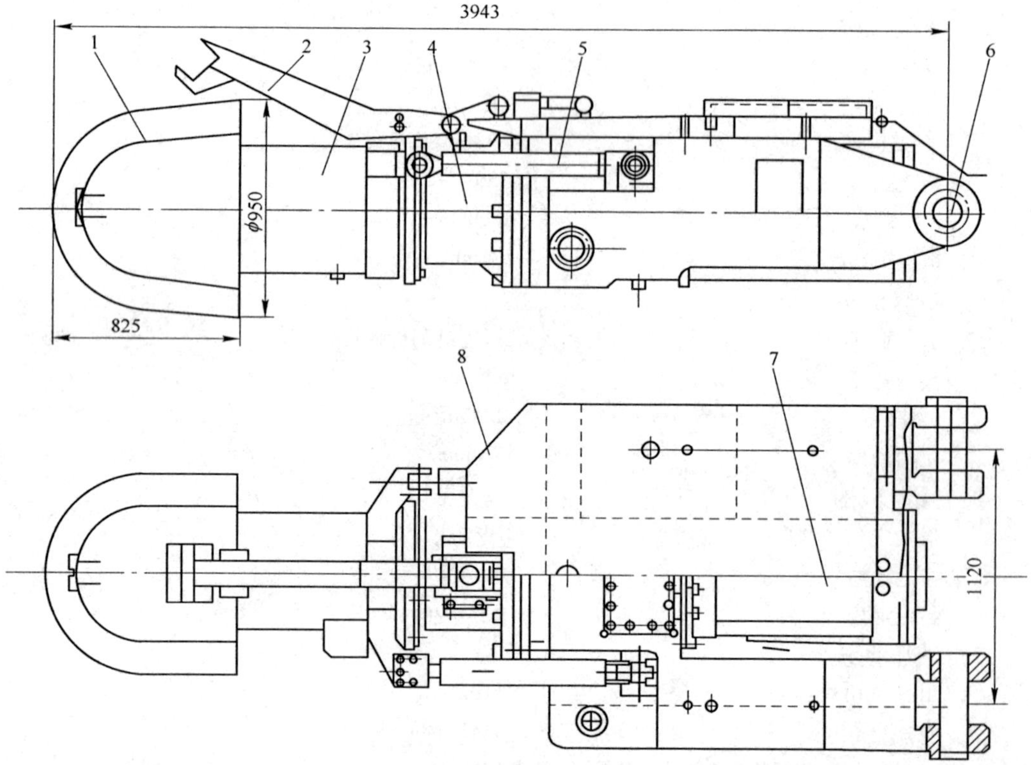

图2－53　悬臂工作机构

1—截割头；2—托梁机构；3—伸缩机构；4—截割减速器；5—伸缩油缸；6—销孔；7—截割电动机；8—盖板

整个截割机构通过一个叉形框架、两个支承轴铰接于回转台上，借助安装于悬臂和回转台之间的两个升降油缸，以及安装于回转台与机架之间的两个回转油缸实现整个悬臂的升降和横向摆动。截割机构由一台160/80kW的电动机输入动力，经二级行星减速器、伸缩部将动力传递给截割头，从而达到破碎煤岩的目的。

有两种直径的圆锥台型截割头，一种最大直径为1120mm，另一种最大直径为950mm，截割头通过花键套和2个M30的高强度螺栓与截割头轴相连，如图2－54所示。

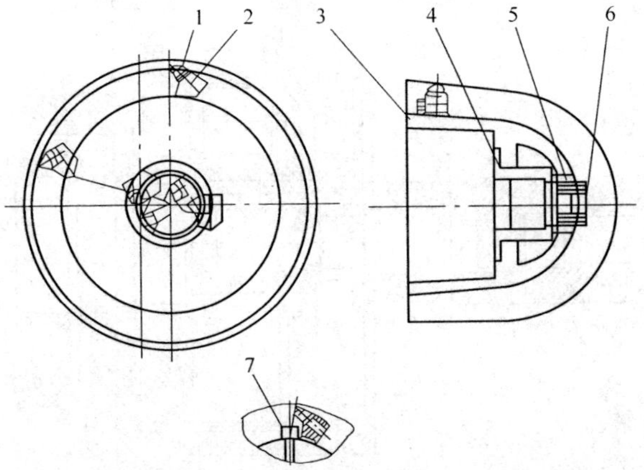

图2－54 截割头

1—截齿；2—齿座；3—头体；4—销轴；5—螺栓；6—钢丝；7—喷嘴

伸缩机构位于截割头和截割减速箱中间，通过伸缩油缸使截割头具有500mm的伸缩行程，其结构见图2－55。

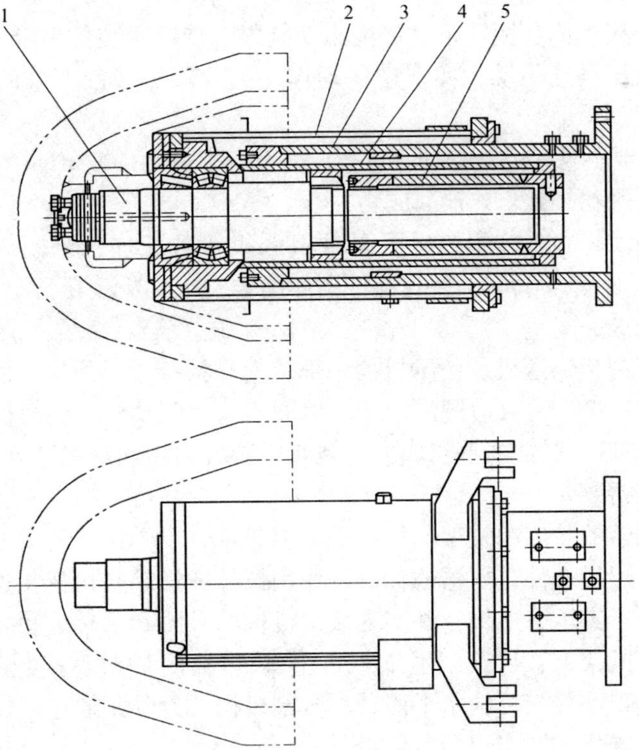

图2－55 伸缩机构

1—截割头主轴；2—伸缩保护筒；3—伸缩外筒；4—伸缩内筒；5—花键套

截割减速器采用两级行星齿轮传动，它和伸缩机构用17个M30的高强度螺栓相连，见图2－56。

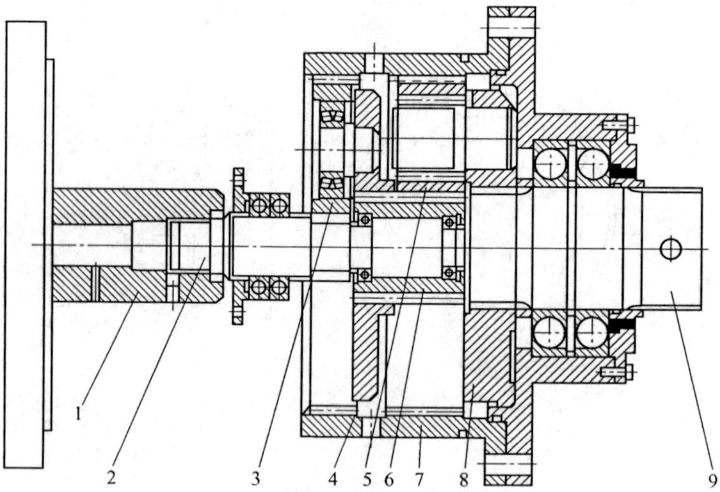

图2－56 截割减速器

1—花键套；2—太阳轮Ⅰ；3—行星轮Ⅰ；4—行星架Ⅰ；5—行星轮Ⅱ；6—太阳轮Ⅱ；7—内齿轮；8—行星架Ⅱ；9—输出轴

b 装载机构

装载机构由铲板本体、侧铲板、铲板驱动装置、从动轮装置等组成。

星轮由两个液压马达驱动，实现耙装动作，把截割头截割下来的煤岩装到刮板输送机内。

两个装载马达通过多路手动换向阀分别向两个排量为400mL/r的液压马达供油，确保星轮工作基本上平稳一致。

铲板由侧铲板、铲板本体组成，用M24高强度螺栓相连，铲板在油缸作用下可向上抬起340mm，向下卧底300mm。装载部件图如图2－57所示，其驱动装置见图2－58。

c 转运机构

转运机构是一刮板输送机，位于机器中部，前端铰接于铲板上，后部托在机架上，刮板输送机（见图2－59）为双边链刮板式，由液压马达驱动，主要由机前部、机后部、驱动装置（见图2－60）、脱链器等组成。链条张紧装置采用油缸张紧方式。

d 机架和回转台

机架是整个机器的基础和骨架，如图2－61所示，承受机器的重力、截割载荷及其他作用力。机架为铸焊接合件，机器的各部件作用螺栓或销轴与机架相连。

回转台主要用于支承、连接，并实现截割机构的升降和回转运动，结构如图2－62所示。回转台位于在机架上，与机架用$\phi1100$止口、36个高强度螺栓相连。工作时，在回转油缸的作用下，带动截割机构水平摆动，截割机构的升降是通过回转台支座上左、右耳轴铰接相连的两个升降油缸实现的。

e 行走机构

该机采用履带式行走机构，左右对称布置，各由10个螺栓与机架相连，左右行走机

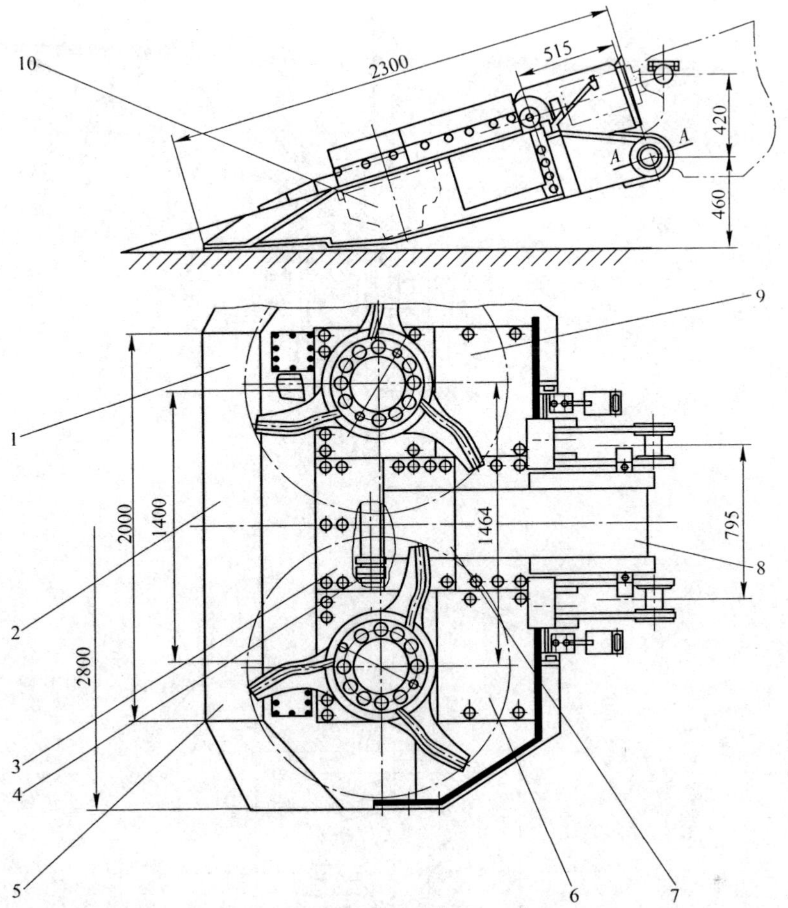

图 2－57 装载机构

1，5—侧铲板；2—铲板主体；3，7，8—连接板；4—转运机构从动装置；6，9—铲板；10—驱动装置

构由两台液压马达分别驱动，经四级圆柱齿轮和二级行星齿轮减速，将动力传给主动链轮。

左行走机构的组成部分及传动系统如图 2－63 所示，主要由导向张紧装置、左履带支架、履带链、左行走减速器（见图 2－64）等组成。

行走部工作速度为 0～5.9m/min，履带链采用液压油缸张紧，通过油管向油缸注油对履带链张紧，再装入锁板，泄掉油缸内压力。

D 液压系统

本机除截割头的旋转运动外，其余各部分的动作均采用液压传动，由一台 110kW 的电动机驱动两台 V30D－140/V30D－140 变量轴向柱塞泵，分别向油缸回路、行走回路、装载回路、运输回路供压力油，系统如图 2－65 所示。

（1）油缸回路。油缸回路采用 V30D－140/V30D－140 变量轴向柱塞泵的其中一个泵，通过多联多路换向阀分别向 7 组油缸（截割升降、回转、伸缩，铲板升降、后支承油缸、紧履带链油缸、运输张紧油缸）供压力油，完成掘进机的各种动作。该泵的排量为 140mL/r，系统工作压力为 18MPa。为防止悬臂、铲板下降过快，使截割头能在任何位

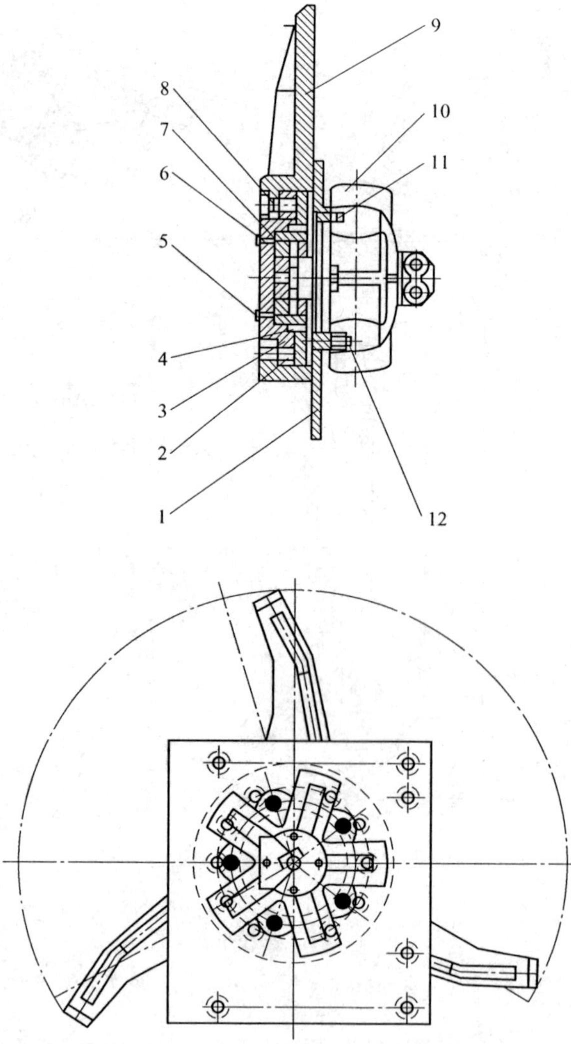

图 2-58 装载机构驱动装置

1—马达座；2，11—销；3—转盘座；4—浮动环与 O 形密封；5—螺塞；6—油杯；7—轴承；8，12—螺栓；9—三星转盘；10—马达

置上定位，不致因换向阀的漏损而改变其位置或因油管破裂发生事故，在悬臂升降回路中设有平衡阀，在铲板升降回路、回转油缸回路、后支承回路也设有平衡阀。所设的锚杆钻机接口使得在使用锚杆钻机时不需另设单独的泵站，可减少工作面的设备，提高工作效率。

（2）行走回路。行走回路由主泵向两个排量为 107mL/r 的液压马达供油，驱动机器左右行走，行走速度为 0～5.9m/min。防滑制动由行走减速器上的摩擦片制动，制动安全可靠。但在机器行走时，必须同时操纵两片换向阀。

（3）装载回路。装载回路由主泵通过手动换向阀分别向 2 个排量为 1400mL/r 液压马达供油，系统工作压力为 16MPa。由主泵输出的油液经手动换向阀的动作，来控制马达的正反转。

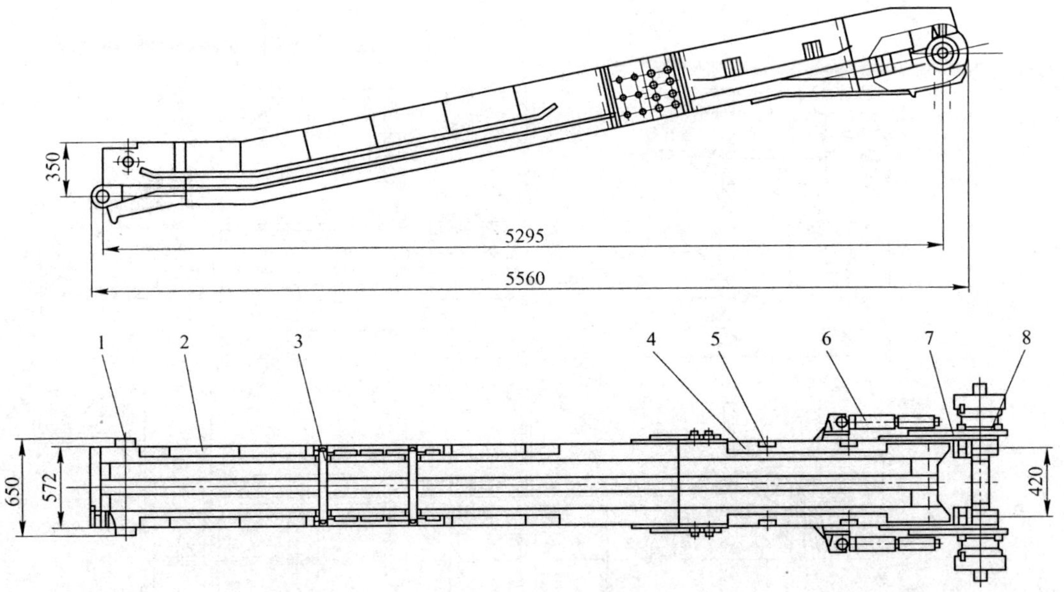

图2-59 刮板输送机

1—从动链轮轴；2—机前部；3—刮板链；4—机后部；5—压链板；6—紧链油缸；7—主动链轮；8—驱动马达

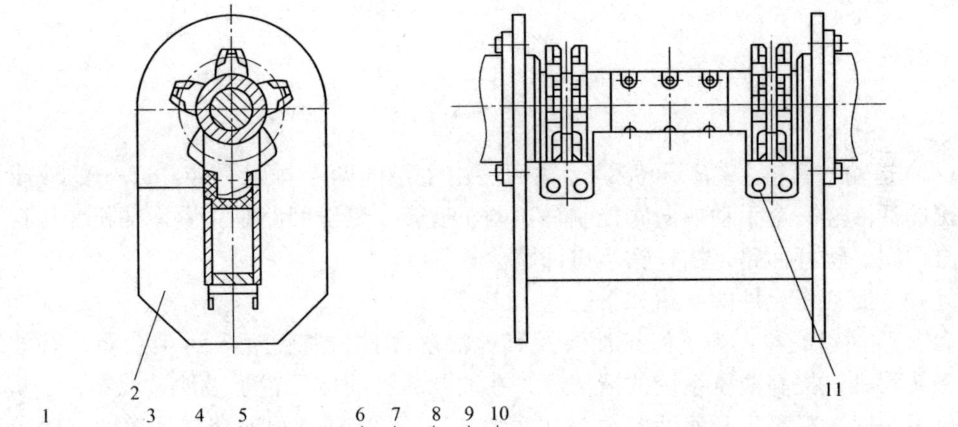

图2-60 转运机构驱动装置

1—马达；2—驱动架；3—马达座；4—油杯；5—距离套；6—小轴Ⅰ；
7—链轮；8—上盖；9—下盖；10—中轴；11—脱链器

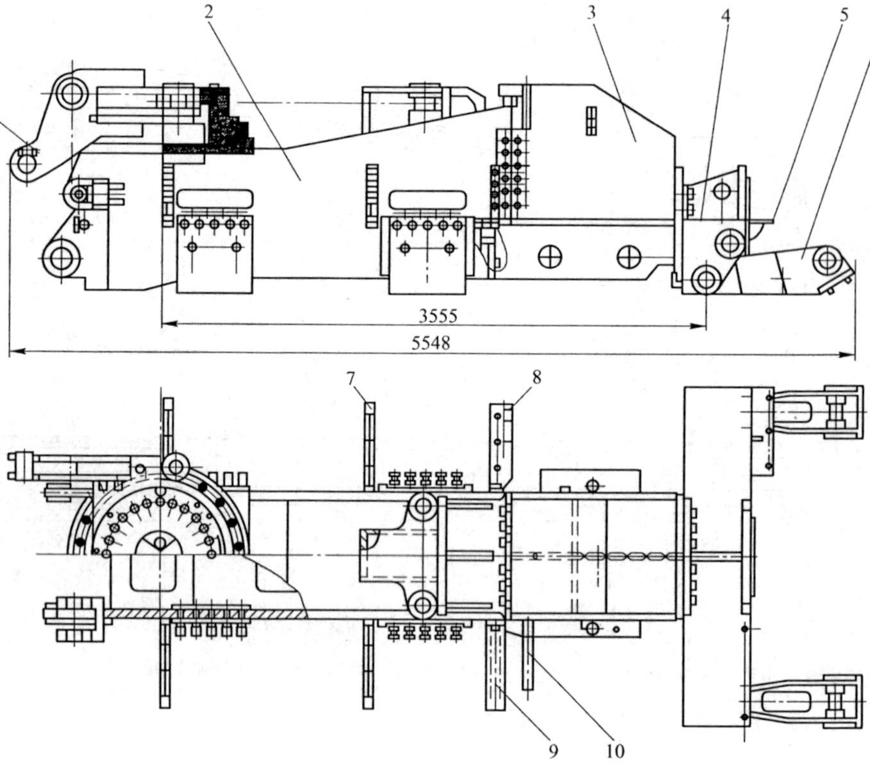

图 2－61 机架
1—回转台；2—机架体Ⅰ；3—机架体Ⅱ；4—横梁；5—托架；
6—后支承腿；7—支承架Ⅰ；8～10—支承架

（4）运输、紧链、锚杆回路。运输回路由主泵向两个排量为 400mL/r 的液压马达供油输出的油液经一个手动换向阀控制马达的正反转。紧链回路是张紧运输机刮板链张紧度的油缸回路。锚杆回路是锚杆钻接口回路。

几种主要液压元件的介绍如下。

（1）吸油过滤器：为了保护油泵及其他液压元件，避免吸入污染杂质，有效地控制液压系统污染，提高液压系统的清洁度，在油泵的吸油口设置了吸油过滤器，当更换滤芯或维修系统时，只需旋开滤油器端盖（清洗盖），此时自封阀就会自动关闭，隔绝油箱回路，使油箱内油液不会向外流出，这样使清洗，更换滤芯及维修系统变得非常方便。另外，当滤芯被污染物堵塞时，设在滤芯上部的油路旁通阀就自动开启，以避免油泵出现吸空等故障，提高液压系统的可靠性。

（2）回油过滤器：为了保持流回油箱的油液清洁，在液压系统中设置了回油过滤器，当滤芯被污染物堵塞或系统液温过低，流量脉动等因素造成进出口压差为 0.35MPa 时，应及时更换滤芯或提高油液温度。更换滤芯时，只需旋开滤油器滤盖（清洗盖）即可更换滤芯或向油箱加油。若不能停机排除以上故障时，设在滤芯下部的旁通阀就自动开启（开启压力为 0.4MPa），以保护滤油器及液压系统正常工作。

（3）多联比例换向阀：多联比例换向阀通过摆动手柄的角度控制流量大小，实现油缸及液压马达的动作，并可实现无级调速。

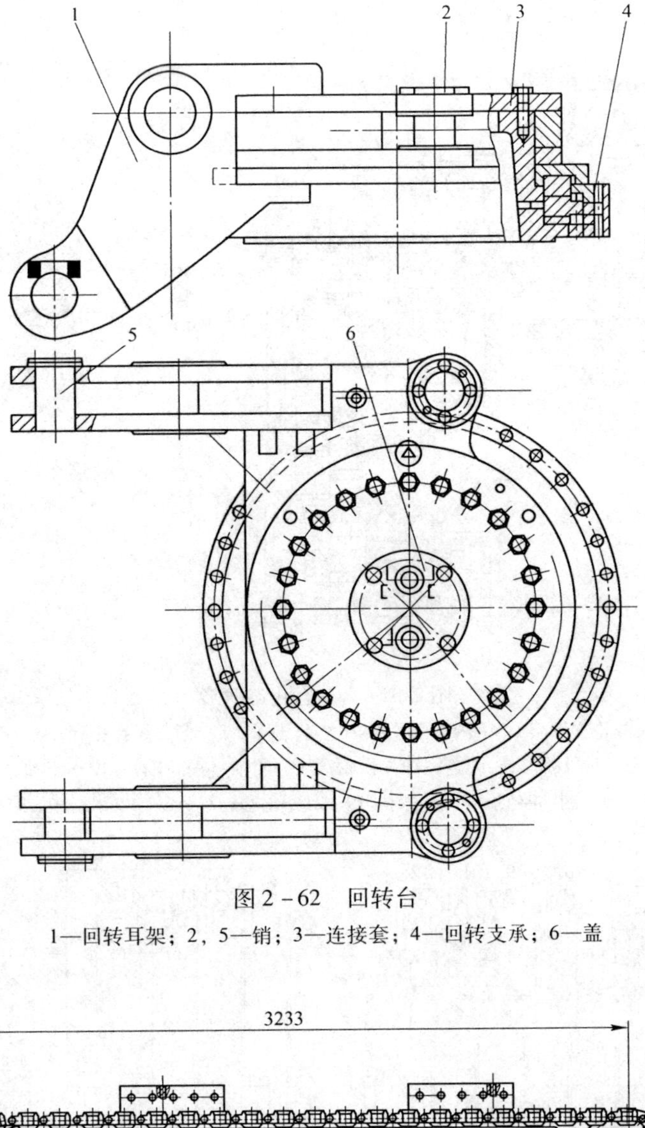

图 2-62 回转台

1—回转耳架；2，5—销；3—连接套；4—回转支承；6—盖

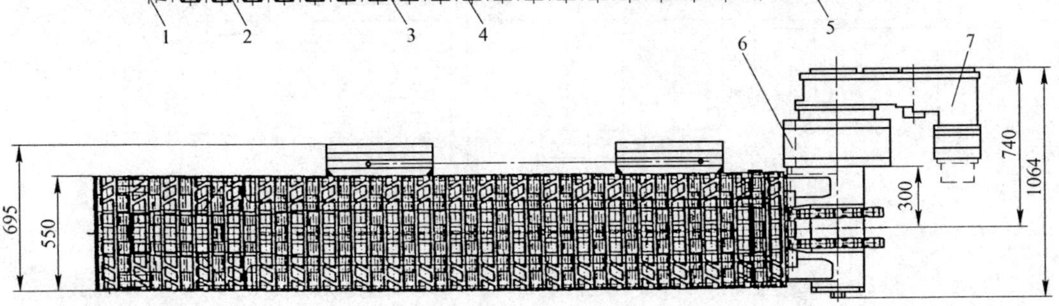

图 2-63 左行走机构

1—导向轮；2—张紧装置；3—左履带支架；4—履带链；5—主动链轮；6—左行走减速器；7—马达

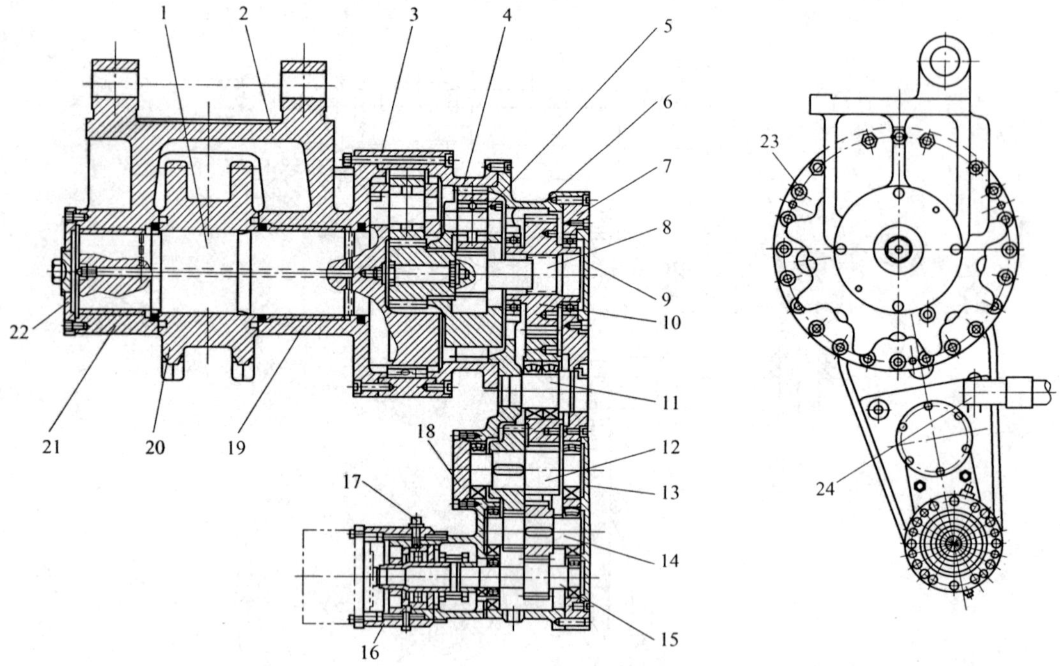

图 2-64 左行走减速器

1—输出轴；2—链轮支承架；3—内齿圈Ⅱ；4—内齿圈Ⅰ；5—第四级行星架；6—箱体；7—箱盖；8—五轴；9，13，18，22—端盖；10—齿轮；11—四轴（惰轮轴）；12—三轴；14—二轴；15——轴；16—制动装置；17—油封；19，21—铜套；20—链轮；23—销；24—接头座

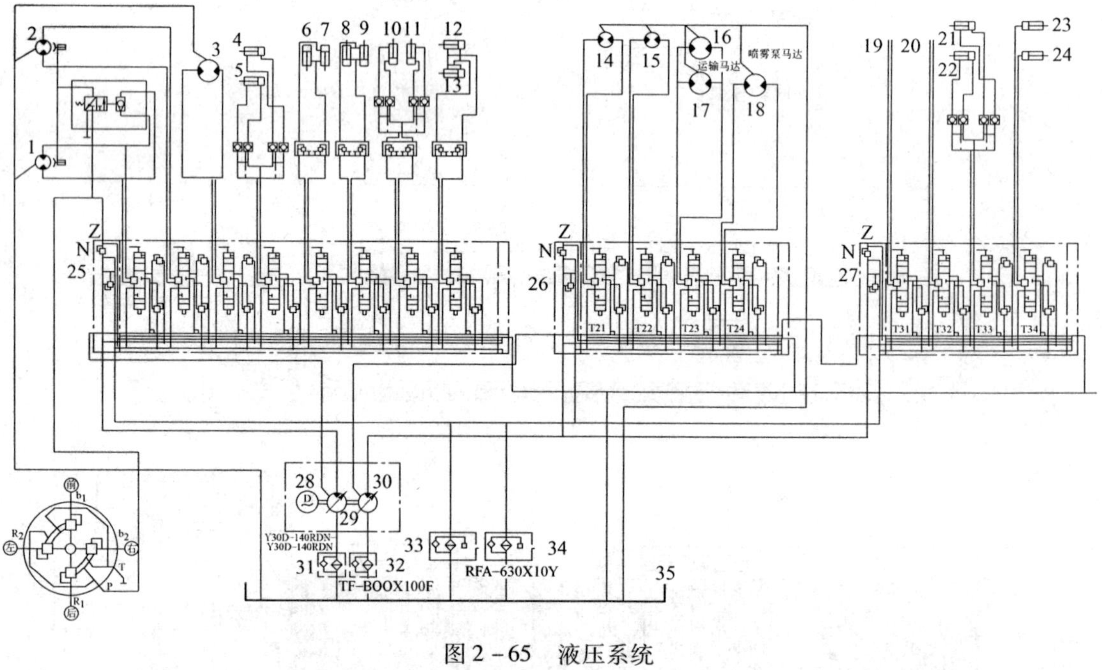

图 2-65 液压系统

1，2—行走马达；3—转载马达；4，5—截割头伸缩油缸；6，7—后支承油缸；8，9—铲板升降油缸；10，11—悬臂升降油缸；12，13—悬臂回转油缸；14，15—装载马达；16，17—转运马达；18—喷雾泵马达；19，20—锚杆钻机接口；21，22—刮板链张紧油缸；23，24—履带张紧油缸；25~27—阀组；28—油泵电动机；29，30—油泵；31，32—吸油过滤及保护回路；33，34—回油过滤及保护回路；35—油箱

(4) 油缸：本机共有7种油缸，悬臂升降油缸（见图2-66）、回转油缸、伸缩油缸、铲板升降油缸、支承油缸、履带张紧油缸、刮板链张紧油缸（见图2-67）。除伸缩油缸、升降油缸、履带张紧油缸、刮板链张紧油缸外，其余油缸结构相同。

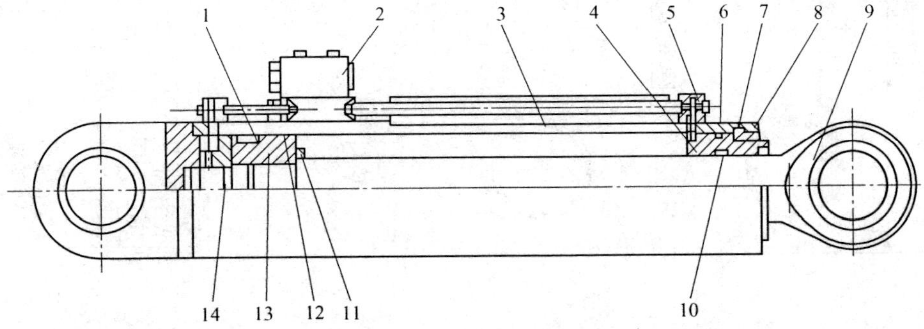

图2-66 悬臂升降油缸

1—导向环；2—液控单向阀；3—缸体；4—支承环；5—排气螺孔；6—导向套；7—挡圈；8—卡环；9—活塞杆；10—挡圈；11—套；12—滑动环；13—活塞；14—压紧螺母

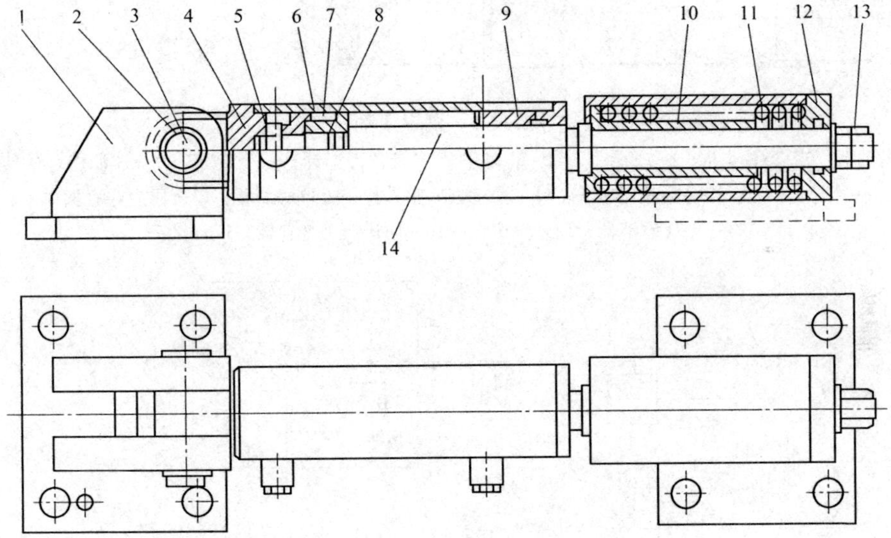

图2-67 刮板链张紧油缸

1—缸座；2—套；3—销轴；5，13—螺母；6—导向环；7—活塞；8—挡圈；9—导向套；10—短套；11—弹簧；12—导向架组；14—活塞杆

(5) 油箱：本液压系统采用封闭式油箱（见图2-68），采用二级过滤，吸油粗滤器，回油精过滤器，能有效地控制油液的污染，提高油液的清洁度，减少故障。油箱上还配有液位液温计和温度保护装置，当液位低于工作油位应停机加油，油温超过规定值时会自动报警，应停机降温，油箱冷却器采用了热交换量大的板翅式散热器，总热交换量达 1.67×10^{8} J/h，以保障系统正常油温和黏度的要求。

E 喷雾冷却系统

该机的冷却喷雾系统主要用于喷雾降尘、冷却掘进机油箱及截割电动机、泵站电动机、截齿，提高工作面能见度，改善工作面环境，喷雾冷却系统如图2-69所示。

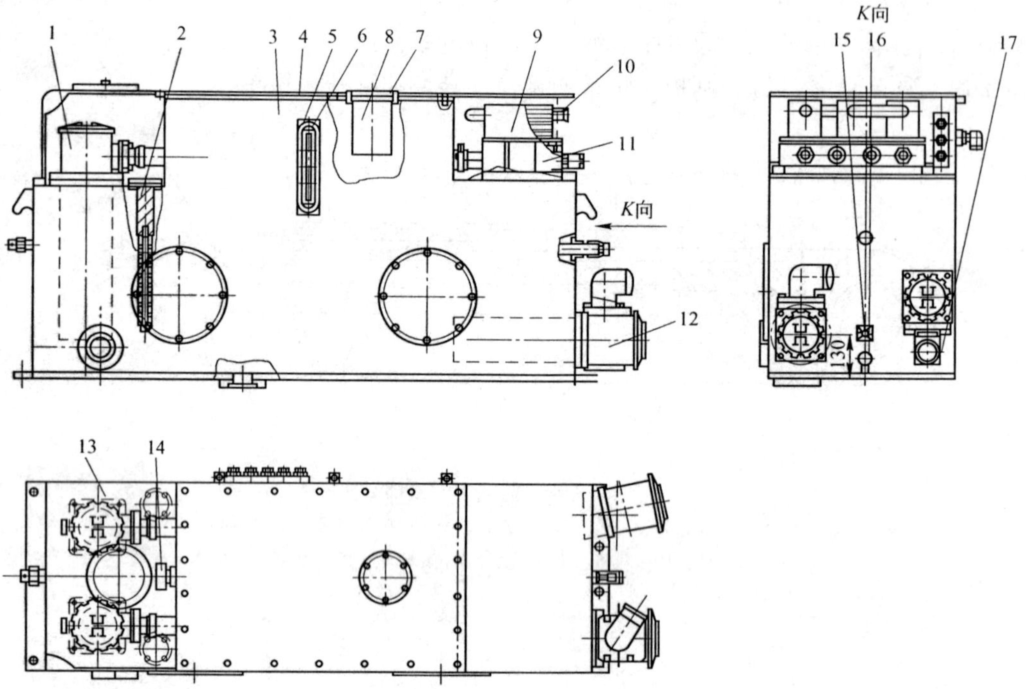

图2-68 封闭式油箱

1—回油滤油器；2—磁铁组件；3—油箱体；4—油箱盖；5—液位液温计；6—玻璃窗；7—加油盖；8—加油滤网；9—冷却器外壳；10—冷却器芯子；11—冷却器底板；12—吸口滤油器；13—压力式表发讯器；14—空气滤清器；15—温度仪；16—防爆压力变速器；17—接头

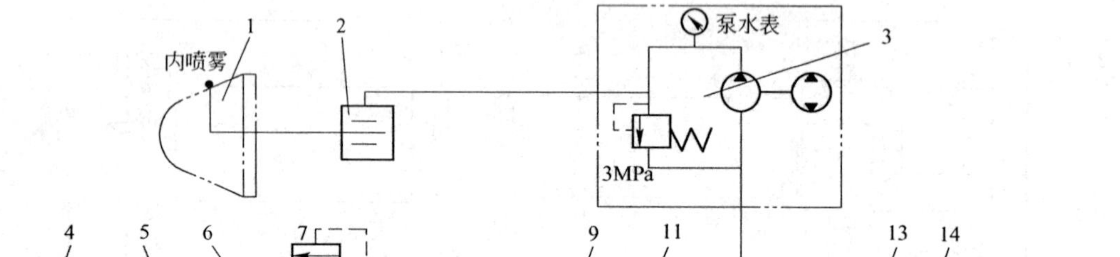

图2-69 喷雾冷却系统

1—截割头；2—水密封；3—喷雾水泵总成；4—喷嘴；5—截割电动机；6—油泵电动机；7—溢流阀；8—板式；9—耐振压力表；10—变送器；11—减压阀；12—水表；13—反冲洗过滤器；14—球阀；15—油箱冷却器

水从井下输水管通过总进液球阀进入过滤器进行粗过滤，然后分两路进入机组，一路经减压器减压后进入截割水冷电动机；另一路经减压器减压后进入油箱冷却器、泵站水冷电动机到前后喷嘴架冷却截齿，压力为1.5MPa。最后一路直接进入内喷雾到截割头，冷却截齿。

该机装有PAA－1.6/60雾状喷嘴63个。

2.3.2.2 横轴式掘进机

横轴式掘进机的截割头轴线与悬臂轴线相垂直，工作时先进行掏槽截割，掏槽进给力来自行走机构，最大掏槽深度为截割头直径的2/3。掏槽时，截割头须做短幅摆动，以截割位于两个截割头中间部分的煤岩，因而操作较为复杂。掏槽可在工作面的上部或下部进行，但截割硬岩时应尽可能在工作面上部掏槽。摆动方式与纵轴式相同。

横摆截割时，截齿齿尖的运动轨迹近似为空间螺旋线。截割力的方向沿着悬臂的轴线，进给力的方向和截割力的方向一致，与摆动方向近乎垂直，摆动力不作用在进给方向上，进给力主要取决于截割力，所以，掏槽截割时所需要的进给力较大，横摆时需要的进给力较小。由于进给力来自于行走履带，所以行走机构需要较大的驱动力。且需频繁开动，磨损加剧。

由于截割反力使机器产生向后的推力以及作用在截割头上向上的分力可被机器的重力所平衡，因而不会产生倾覆，机器工作时的稳定性较好。

横轴式截割头的形状近似为双半球形，不易切出光滑轮廓的巷道，也不能利用截割头开水沟和挖柱窝。横轴式截割头上多安装镐形截齿，齿尖的运动方向和煤的下落方向相同，易将切下的煤岩推到铲板上及时装载运走，装载效率高；由于截齿较多，且不被煤岩体所包埋，因而产尘量较多。

下面以EBH－132型掘进机为例介绍横轴式掘进机的组成原理。

A 组成和工作原理

EBH－132型掘进机（E表示掘进机，B为悬臂式，H表示横轴式）主要由截割机构、回转机构、装运机构（包括刮板输送机）、转载机构、行走机构、电控箱、液压系统、喷雾降尘系统等8部分组成，如图2－70所示。

B 主要技术参数

（1）工作机构

截割方式	轴向截割，外伸缩式
功率	132kW
截割头转速	80r/min
伸缩行程	420mm
截齿形式	镐形
截齿数量	2×46

（2）装运机构

装运形式	星轮，双边链刮板输送机
驱动方式	液压
装载宽度	2.2mm，2.8mm（带有铲板）
运输链速	1.3m/s
装运能力	160m^3/h

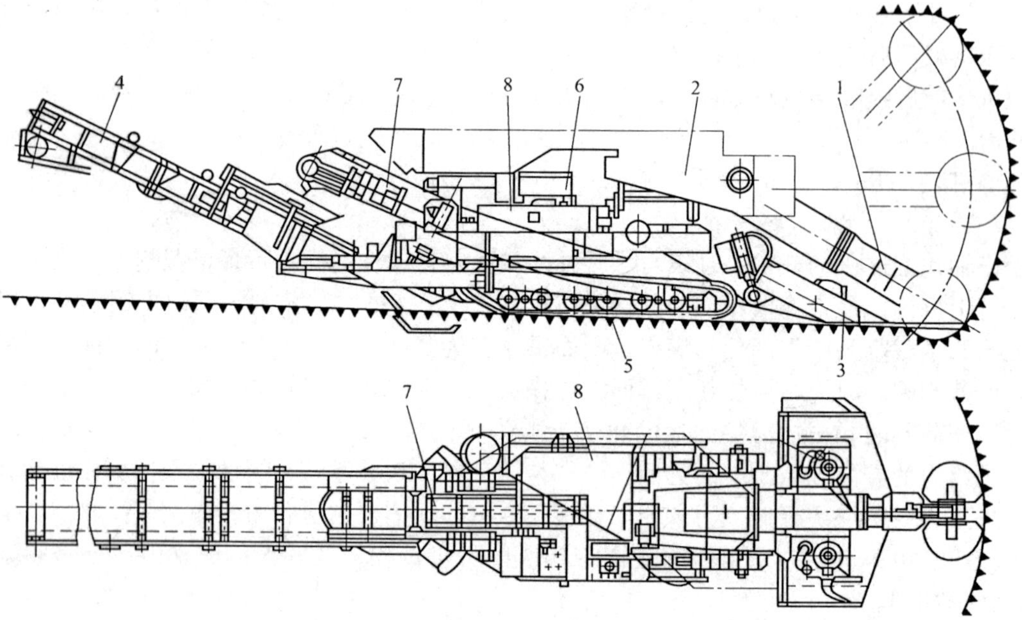

图 2－70　EBH－132 型掘进机总体机构

1—截割机构；2—回转机构；3—装运机构；4—转载机构；5—行走机构；
6—电控箱；7—刮板输送机；8—液压系统

(3) 行走机构

行走形式	履带
驱动方式	液压
最大功率	2×35kW
行走速度	5.11m/min
调运速度	9.18m/min
履带板宽度	480mm

(4) 液压系统

泵站驱动功率	90kW
油泵型号及数量	CBZ2063/050，2 个；CBZ2063/050/040，3 个
泵站总流量	380L/min
系统工作压力	23.15MPa
马达型号及数量	A2F160W2P2，2 个；NHM16－1400B，2 个；NHM11－700I，1 个
油缸数量	10 个（含第二输送机，13 个）

(5) 供水系统

喷雾及冷却水压力	1.5MPa
喷雾耗水量	45L/min
喷雾喷嘴数量	9 个

(6) 电气系统

防爆型式	隔爆型
供电电压	1140V
控制电压	AC：190，36，24，18DC：24

（7）整机

外形尺寸（长×宽×高）	24m×2m（2.8m，3.2m）×1.8m
质量	42.612t
总功率	222kW（含第二输送机，233kW）
卧底深度	280mm

C 主要结构

a 截割机构

截割机构是掘进机工作过程中截割煤岩的执行机构，属轴向截割外伸缩式，主要由电动机、框架、减速箱和左右截割头等组成，如图 2－71 所示。

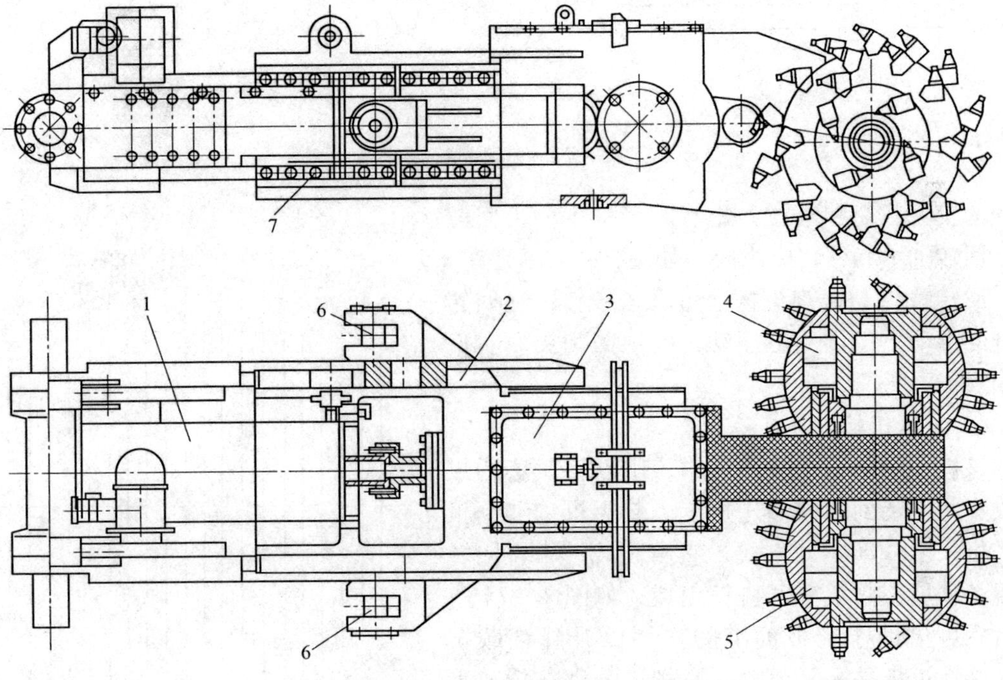

图 2－71 截割机构

1—电动机；2—框架；3—减速箱；4—左截割头；5—右截割头；6—伸缩油缸连接销；7—滚子

电动机 1 通过减速箱 3 驱动截割头 4、5 旋转，利用装在截割头上的截齿破碎煤岩。截割头借助于升降、回转、伸缩油缸使其在垂直、水平、轴线方向运动，完成整个巷道的截割。框架 2 由左右导轨和后悬臂组成，它同电动机、减速箱组成直线运动副，在两个伸缩油缸的作用下实现轴向给进运动。电动机为 13kW 隔爆型外水冷式四级电动机。

减速箱由箱体、圆弧伞齿轮副、斜齿轮副和直齿轮副构成，如图 2－72 所示。$Z_1=14$，$Z_2=33$，$Z_3=13$，$Z_4=49$，$Z_5=13$，$Z_6=42$（为惰轮），$Z_7=27$，其传动比为 18.45，使其寿命不低于 1000h。

左右截割头为对称布置的旋转体，其上均匀地布置了 46 把镐形截齿，如图 2－73 所示。

b 回转机构

回转机构是使工作机构左右摆动和垂直升降的支承机构，它承担工作机构截割煤岩时

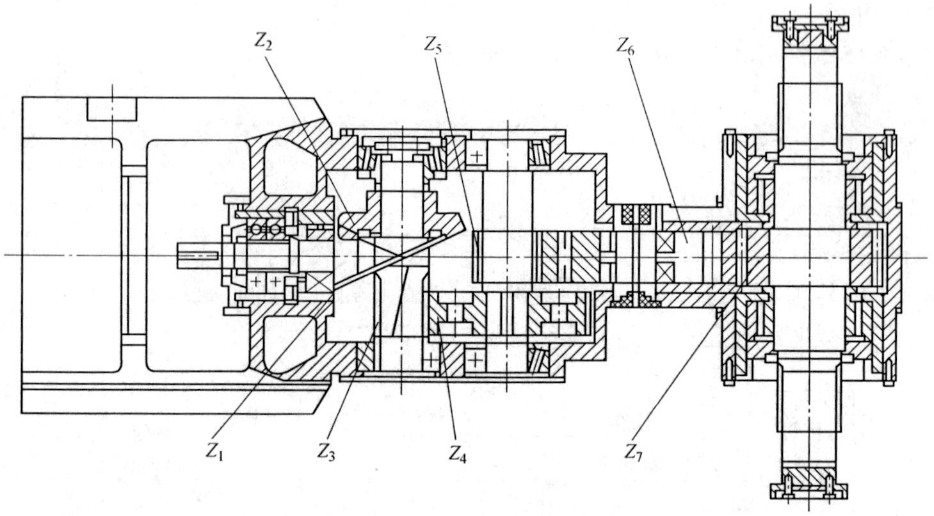

图 2－72　截割机构减速箱

产生的较大载荷和倾覆力矩。其结构主要由回转臂、回转轴承和回转座组成，如图 2－74 所示。

回转臂 1 与截割机构通过耳子铰接，在回转油缸的推动下，可左右摆动，实现截割头左右偏摆割煤。

c　装运机构

该机采用星轮式装运机构，用以将截落的煤岩收集并耙装到刮板输送机上。装运机构和刮板输送机采用分动驱动方式，它由装载铲板、回转装置、耙爪、刮板输送机等组成，如图 2－75 所示。它可借助于铲板油缸的作用以升降装载铲板。装载铲板是个平面，左右耙爪分别在低速大功率马达的驱动下作等速正反向回转，耙装煤岩。

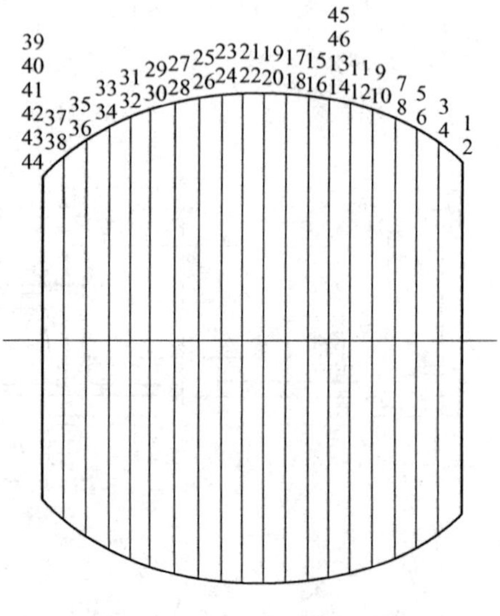

图 2－73　截齿布置示意图

d　行走机构

行走机构是掘进机行走的执行机构，也是整机连接支承的基础，用于驱动悬臂式掘进机前进、后退和转弯，并能在掘进作业时使机器向前推进。EBH－132 型掘进机的两条履带分别由 A2F160W2P2 液压马达驱动，它由左右减速器、左右张紧装置、左右履带架、履带、驱动轮、后支承及导轨组成。行走机构传动系统如图 2－76 所示。

左右减速器为由箱体、三级直齿、一级行星传动所组成的四级减速器。$Z_1=19$，$Z_2=51$，$Z_3=21$，$Z_4=56$，$Z_5=21$，$Z_6=54$，$Z_7=13$，$Z_8=22$，$Z_9=59$，其传动比为 99.934，使用寿命正反向均不低于 400h。

左右张紧装置由伸缩头、柱塞、导向轮、轴、轴套和浮动密封等组成，它是履带的张紧装置。伸缩头有空腔，空腔内装有一个柱塞。柱塞顶于履带架固定板上，伸缩头装在可活动的履带架导向槽内。当空腔内注入润滑脂时伸缩头在压力作用下伸出，在其后装上张

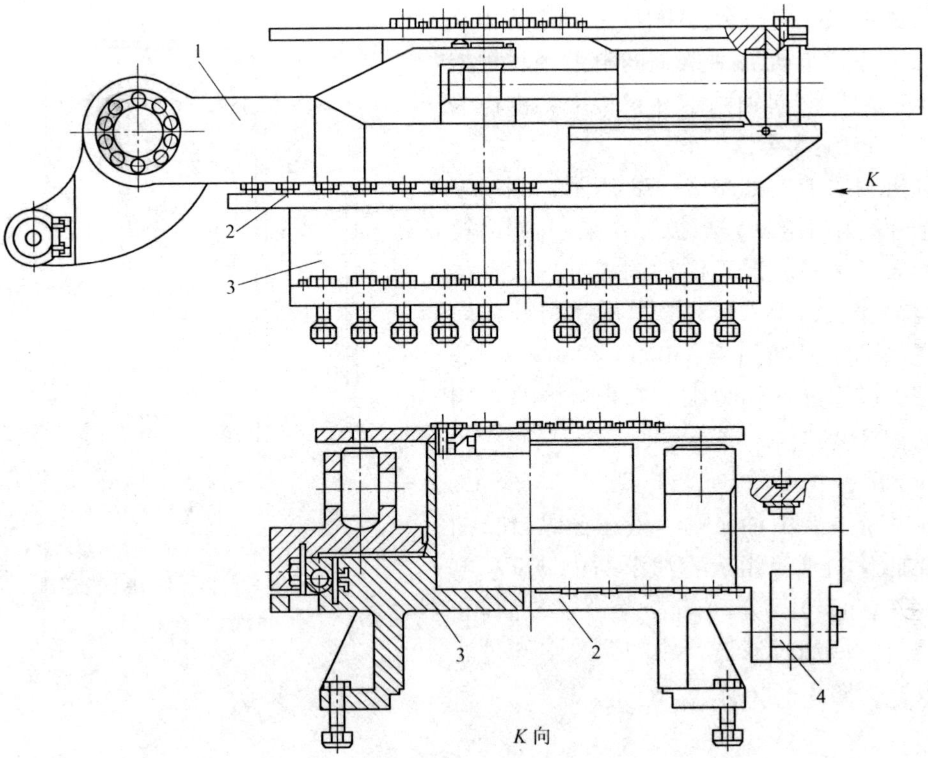

图 2－74 回转机构

1—回转臂；2—回转轴承；3—回转座；4—回转油缸连接销

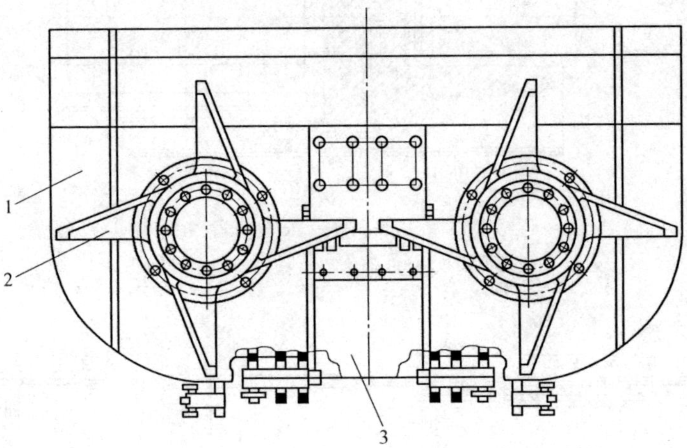

图 2－75 装运机构

1—铲板；2—星轮式耙爪；3—刮板输送机

紧垫铁，以张紧履带链，如图 2－77 所示。左右履带架包括机架和履带架体，履带由履带板、轴和销构成。

e 转载机构

转载机构为后转载输送机，布置在机器中间部位，由驱动轴、改向轴、机前部、机后部和刮板链组成，由一台 NHM11－700I 液压马达驱动。马达置于机后部架上的滑道中，机架由后支承支承。该向轴固定在铲板上，链速为 1.3m/s。

转载机构的结构如图 2－78 所示，驱动轴 3 上的链轮 2 为齿链轮，刮板链 4 采用圆环链，其规格为 $\phi18\times64$。采用这种刮板链形式，能有效地运输煤岩，无卡链现象。输送机与回转台底面之间的通过断面为 350mm×450mm，能够满足较大煤岩的运输要求。刮板链的张紧用机后部的丝杆调整。

D 液压系统

液压系统主要由油泵站、液压操纵台、油马达、油缸及油管等组成。油泵站由 90kW 电动机（1470r/min）、分动箱、齿轮泵、油箱、吸油过滤器、回油过滤器、冷却器及空气过滤器等组成，如图 2－79 所示。

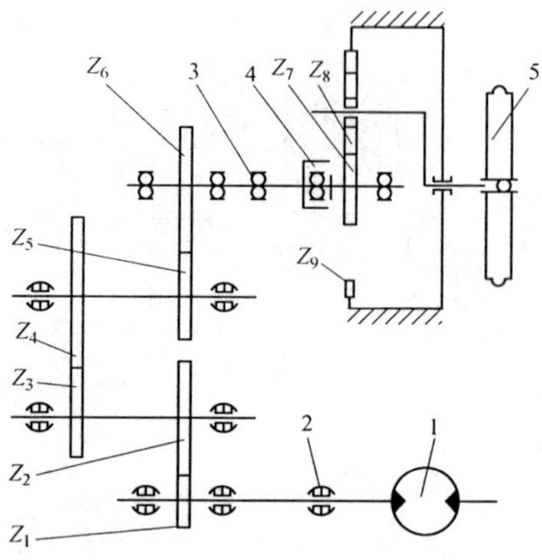

图 2－76 行走机构传动系统

1—液压马达；2—液压摩擦减速器；3—齿轮联轴器；4—中心轮浮动装置；5—驱动轮

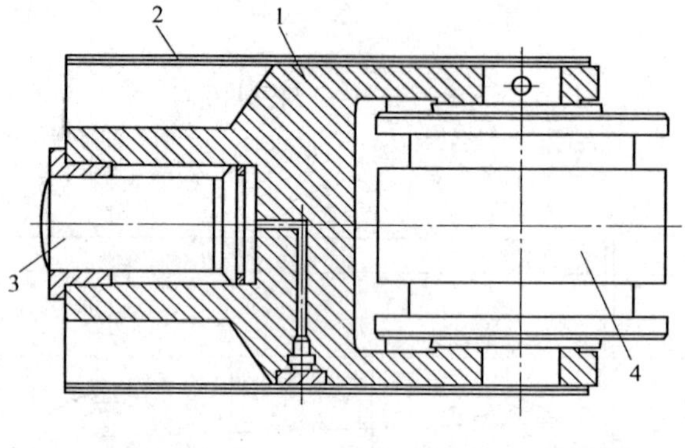

图 2－77 履带张紧装置

1—履带架；2—伸缩头；3—柱塞；4—导向轮

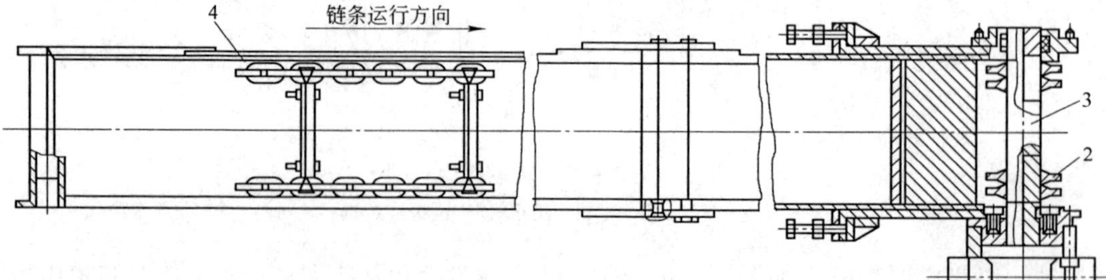

图 2－78 转载机构

1—油压马达；2—链轮；3—驱动轴；4—刮板链

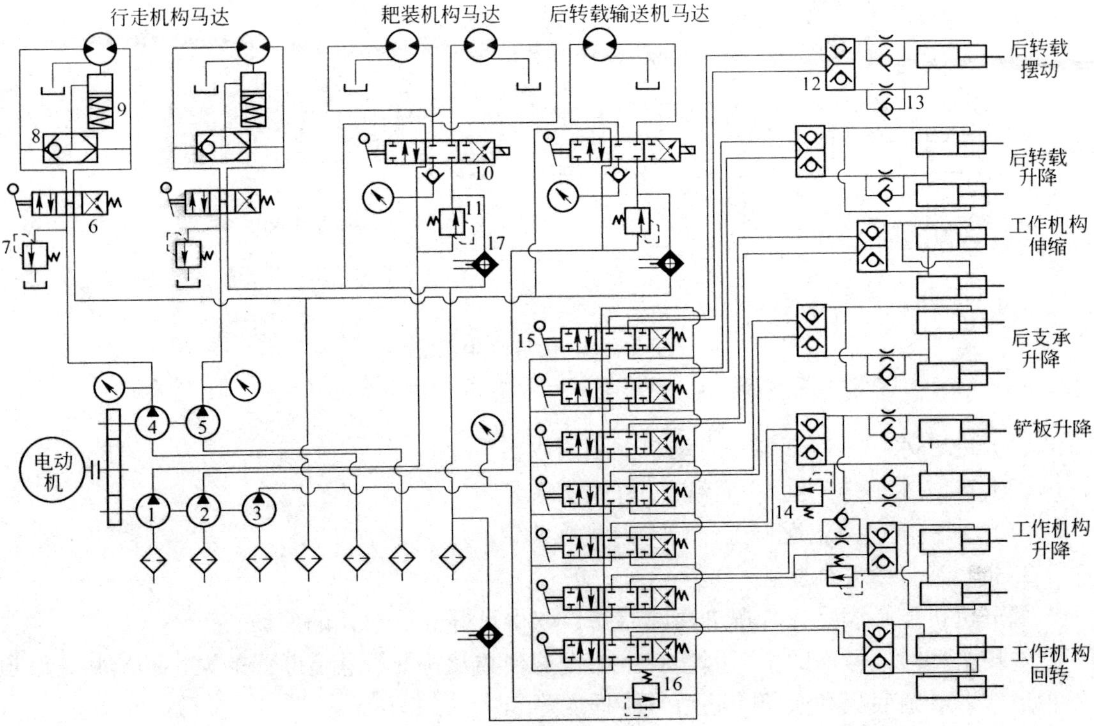

图 2-79 液压系统

1~5—油泵；6，10，15—转向阀；7—高压溢流阀；8—梭动阀；9—马达制动装置；
11，14，16—安全阀；12—双向液控单向阀；13—平衡阀；17—冷却器

油泵 1（流量 50mL/r）经手动（或电磁）转向阀 10 给装运机构马达供油，回油经冷却器 17、回油过滤器流回油箱。安全阀 11 起油泵过载保护作用，转向阀 10 的中位是油泵无负荷启动装置。

油泵 2（流量 50mL/r）给后转载输送机马达供油，油路系统与油泵 1 的油路相同。

油泵 3（流量 40mL/r）通过七联多路换向阀给各油缸供油，分别控制工作机构的回转、升降、伸缩，装运机构的铲板升降，后支承的升降，转载机构（后转载机）的升降、摆动。七联多路转向阀组由 7 个三位六通手转向阀 15 组成，安全阀 16 对油泵 3 起过载保护作用。双向液控单向阀 12 具有液压锁紧作用；平衡阀 13 由节流孔和单向阀组成，使油缸运行平稳、准确。安全阀 14 在铲板受力下沉时保护油缸，工作机构升降油缸油路中的安全阀也是同样作用。

油泵 4（流量 63mL/r）经三位四通手动换向阀 6 给行走机构马达供油，回油经转向阀 6、回油过滤器流回油箱。高压溢流阀 7 给油泵 4 卸载，保护油泵。梭动阀 8 保证高压油进入马达制动装置 9，使马达在启动前解除制动。

油泵 5（流量 40mL/r）的作用、油泵系统与油泵 4 的作用、油路系统相同。

E 喷雾降尘系统

图 2-80 所示为 EBH-132 型掘进机的喷雾降尘系统，包括内喷雾、外喷雾和冷却—引射喷雾 3 部分。

水泵输出的压力水经水门后分成以下 3 条水路同时工作：

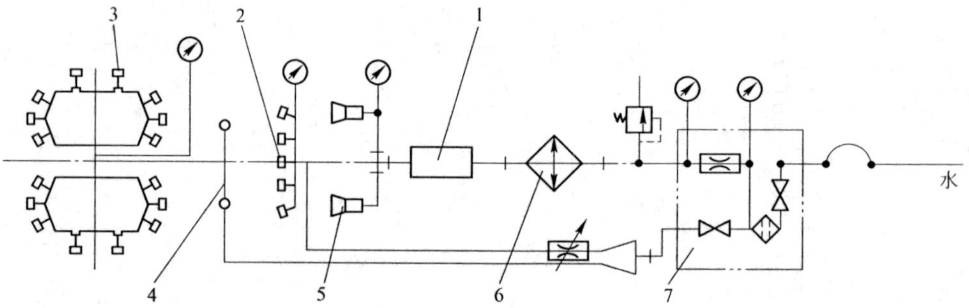

图 2－80 喷雾降尘系统

1—截割电动机；2—外喷雾；3—内喷雾；4—悬臂；5—引射喷雾器；6—冷却器；7—水门

（1）水→水门→冷却器→电动机→引射喷雾器。

（2）水→水门→三通→节流阀→外喷雾装置。

（3）水→水门→三通→工作臂→内喷雾装置。

2.3.2.3 掘进机选型

掘进机机型是满足综合掘进速度需要、取得良好经济效益的前提。

选择机型时要考虑的主要因素有：煤岩的种类及特征、巷道断面的大小和形状、巷道支护形式、巷道底板和倾角、巷道弯曲程度等。

（1）煤岩的种类及特征。

考虑煤岩的可截割性，必须考虑煤岩的特性：抗压强度，抗拉强度，比能耗，抗磨蚀性，坚固性系数（普氏系数 f），以及层理、断层、岩层厚度等。

（2）巷道断面大小及形状。

各种机型都有截割尺寸范围，及其断面大小，应满足下列条件：

$$S_{1\min} \leqslant S_2 \leqslant S_{1\max} \tag{2-16}$$

式中 $S_{1\min}$——机型可掘最小断面，m^2；

$S_{1\max}$——机型可掘最大断面，m^2；

S_2——巷道断面，m^2。

关于断面形状，煤巷掘进断面通常为梯形或矩形，各种掘进设备均可适用。但因矿井深部开采或围岩较弱，从支护角度需要较大的支承强度，则巷道布置为拱形断面，因此有必要选用能截割出大小不同的拱形断面巷道的机型。

（3）巷道支护系统。巷道需要支护，掘进机必须具有装备适合支护系统的结构和与支护系统相适应的截割工艺过程。如巷道支护为锚杆支护系统，那么掘进机应当装备有供锚杆钻机作业的动力源，如果是金属支架，掘进机必须截割出正确的巷道断面形状，以利于支护架的安装。除此之外，掘进机应该配备有助于支护金属梁的机构（如在悬臂上附加托梁器等）。当然最好是采用掘锚机组，它本身具有掘、支、运综合功能。

（4）巷道底板和倾角。掘进机非作业状态的履带接地比压称为工程比压，即计算平均比压，但机器在作业时的真实比压常常是公称比压的 3～5 倍。所以，在设计中应按机器作业情况校验器真实比压，使它小于或等于工作巷道底板允许的最大比压值，按 MT138—91 标准规定，一般接地比压量不大于 0.14MPa，否则，遇到松软地板，应向掘进机制造厂提出特殊要求，选择加宽履带类型的机型。

掘进机要适用掘进上、下山的坡度，在不同倾角下作业，按我国标准，要求其爬坡能力在正负16°范围内。若超过此值，掘进行走马达的功率要特殊设计，并且要校核工作稳定性。

（5）巷道弯曲程度。巷道的拐弯半径必须与所选机型拐弯半径相吻合。伸缩带式输送机的最小铺设长度为80m，在初始80m巷道中只能采用矿车或其他简易的输送方式。当巷道长度超过80m时，方能安装伸缩带式输送机，或其他输送设备。

2.3.3 全断面掘进机

全断面掘进机主要用于掘进圆形断面的岩石巷道，因此又称为岩巷掘进机。

2.3.3.1 *破岩原理*

全断面掘进机是通过盘形滚刀对岩石进行挤压与剪切来破碎岩石的，其工作原理如图2－81所示。

当盘形滚刀1受到退压力p时，首先把刀刃前面的岩石破碎，形成处于三向挤压状态的粉碎区3，并使其周围的岩石内部产生裂纹。在推压力的作用下，裂纹伸长加大，使岩石碎裂，形成小块的岩石破碎体，并同粉碎区内的岩粉一起，沿滚刀刀刃两侧进出。由于滚刀有楔形的刀刃，若适当布置滚刀间距L，相邻滚刀之间的岩石就可因裂纹的不断扩大而成片的被剪切崩落。

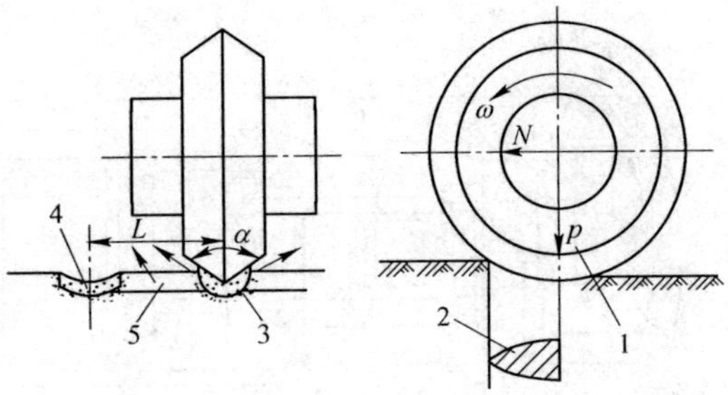

图2－81 盘形滚刀破岩机理

1—盘形滚刀；2—挤压痕；3—粉碎区；4—相邻滚刀中心；5—破碎区

试验证明，滚刀间距是一个重要参数。在具体条件下，存在着破岩最多，能耗最少，掘进速度最快，能够充分发挥机器效能的最佳间距。在一定的滚刀几何形状、推压力和岩石种类等条件下，最佳间距是一定的。当刀具变钝、岩石情况有变化时，可以通过调整推压力保证刀具破岩较多、能耗较少。为了达到较好的破岩效果，盘形滚刀的推压力必须足够大，而且应根据具体工作条件适当加以调整。

2.3.3.2 TBM32型掘进机

TBM32型掘进机主要由刀盘工作机构、传动与导向机构（机头架）、水平支承与推进机构、大梁、液压锚杆钻机、主皮带机、操纵室、后支承等部分组成，如图2－82所示。

TBM32型掘进机主要技术参数如下：

（1）刀盘工作机构

刀盘形式	球面
刀盘直径	3.2m
刀盘转速	7.8r/min
盘形滚刀数量	31把，其中：中心刀4把，正刀19把，边刀8把
刀盘驱动功率	2×125kW
水平支承力	7840kN

总推进力	3040kN
推进行程	1m

(2) 转载机构

皮带宽度	500mm
驱动功率	4kW

(3) 除尘器

类型	旋风水膜吸尘
通风机功率	11kW

(4) 整机

适应岩石的抗压强度	52～140MPa
最小转弯半径	100m
方向控制方法	激光指向，浮动支承
装机功率	364kW
外形尺寸	ϕ2.3m×42.7m
质量	77.4t

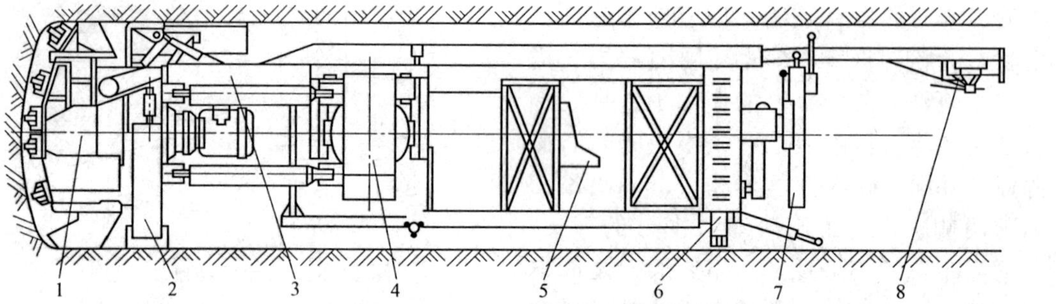

图 2－82 TBM32 型岩石掘进机

1—刀盘工作机构；2—传动与导向机构；3—大梁；4—水平支承与推进机构；5—操纵室；6—后支承；7—液压锚杆钻机；8—主皮带机

2.3.3.3 刀盘工作机构

岩石掘进机一般采用滚压方法破碎岩石，使用的刀具有盘形滚刀和球齿滚刀两类，其中盘形滚刀使用比较广泛。

TBM32 型岩石掘进机使用的是盘形滚刀结构（正滚刀），如图 2－83 所示。刀圈 1 和刀体 5 采用紧配合连接，通过钢球 2 和滚子 3 等组成的轴承装在心轴 4 上，心轴固定在工作机构刀盘的刀座上，刀体两端采用双边金属浮动型断面密封。

刀具一般采用轻度高、耐磨、有一定韧性、能承受冲击载荷的材料制造。TBM32 型岩石掘进机的滚刀刀圈采用 3Cr4W2Mo2V 合金钢制造。

刀盘结构如图 2－84 所示，刀盘 9 的球形表面上按螺旋线形状，以一定的间距布置 31 把盘形滚刀。其中中心刀 4 把，刀圈直径 280mm；正刀 19 把，边刀 8 把，正刀与边刀结构相同，刀圈直径 300mm。刀盘后部与组合轴承 6 的内齿圈 7 通过螺栓连接成一体，内齿圈同时也是组合轴承的内座圈。组合轴承的外座圈用螺栓固定在机头架上。工作时，刀盘在机器推进力的作用下将盘形滚刀紧压在岩壁上，同时由电动机通过减速器和内齿圈带动刀盘旋转，使岩壁被滚刀碾压出一系列同心圆的凹槽，凹槽之间的岩石也不断地被剪切破碎成碎片。刀盘外缘均匀地装有6个铲斗。当铲斗4转到工作面底部时将破碎的岩碴装入斗内，然后提升到顶部，卸入主皮带机受料槽而运出工作面。刀盘表面上布置有喷嘴，由刀盘中心的供水管8引入压力水，供喷雾灭尘。在刀盘和机头架的相对运动表面处，设置有组合密封圈，以防止煤渣和水进入刀盘内部。

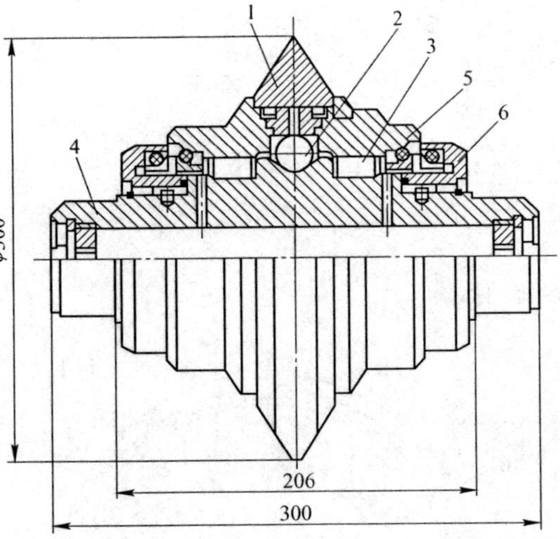

图2-83 盘形滚刀（正滚刀）

1—刀圈；2—钢球；3—滚子；4—心轴；5—刀体；6—端面密封环

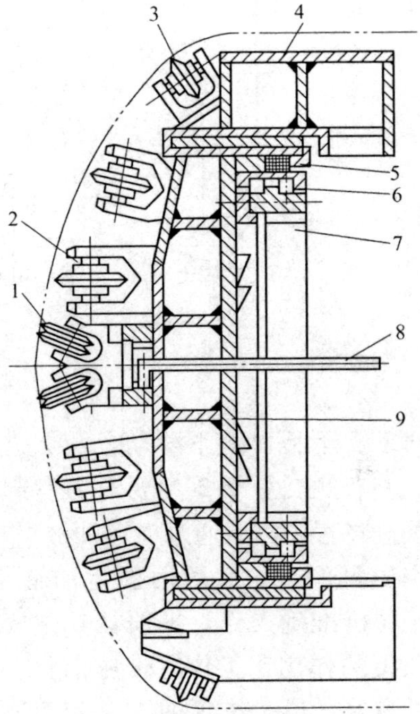

图2-84 刀盘结构

1—中心刀；2—正刀；3—边刀；4—铲斗；5—密封圈；6—组合轴承；7—内齿圈；8—供水管；9—刀盘

2.3.3.4 传动与导向机构

传动与导向机构的作用是将电动机功率经减速器传送到刀盘上，产生回转扭矩，并组成机器的前支承部，对刀盘工作起定位和稳定作用。

A 刀盘传动系统

刀盘由装在传动与导向机构中的导向壳体上的两台125kW电动机和减速器共同驱动，其传动系统如图2-85所示。减速器由两级行星齿轮传动组成，用螺栓和圆锥销固定在导向壳体上，减速器出轴上的齿轮Z_7与刀盘内齿圈Z_8啮合，驱动刀盘旋转。两台电动机中有一台为双出轴，装有液压驱动的摩擦离合器和油马达组成的刀盘点动装置，供刀盘空转、定位之用。利用点动装置可实现刀盘的微动，以找准刀盘入口位置，使操作者可进入刀盘前面进行检查及更换刀具。

B 导向机构

导向机构的结构如图2-86所示，导向壳体9前面通过组合轴承支承刀盘，后面与掘进机大梁连接，并与下支承板1和侧支承板3及护顶板6构成一个圆形支承环。导向壳体与下支承板间用螺栓紧固，成为固定支承。必要时也可去掉螺栓，借助下油缸2使导向壳

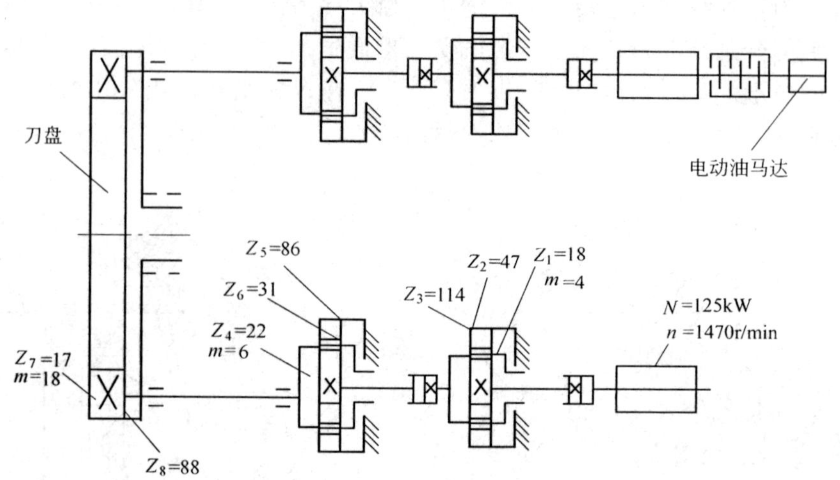

图 2-85 刀盘传动系统

体相对下支承板作上下移动，使掘进头可以升降。左右侧支承板 3 主要对刀盘起稳定作用，掘进过程中可以通过楔形油缸 11 使侧支承板作微量调整，然后用锁定油缸 4 锁定，以便于司机准确操作。护顶板 6 主要起临时支护顶板的作用，工作时带压前移，以保证支护的良好。通过护顶油缸 7 和四连杆机构 8，可使护顶板平行升降。

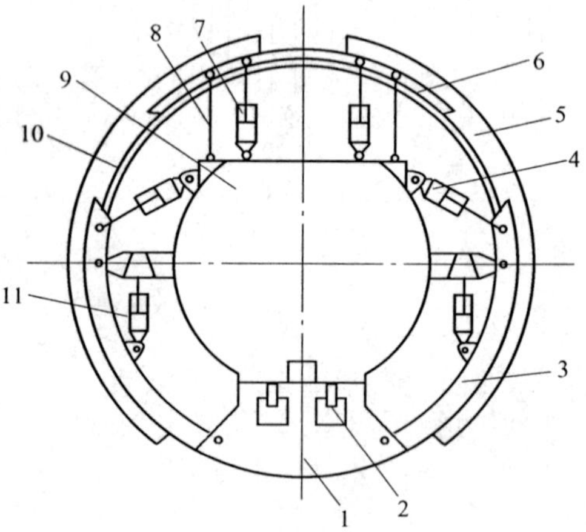

图 2-86 导向机构

1—下支承板；2—下油缸；3—侧支承板；4—锁定油缸；5—密封橡胶板；6—护顶板；7—护顶油缸；8—四连杆机构；9—导向壳体；10—防尘板；11—楔形油缸

2.3.3.5 水平支承与推进机构

水平支承与推进机构给刀盘工作机构以所需的推进力，并使掘进机实现液压迈进行走，其结构如图 2-87 所示。

A 水平支承

水平支承油缸 7 可把水平支承板 3 撑紧在巷道两帮上，其活塞杆端与支承板间用球头连接，以适应巷道两帮不平行和不平整的情况。鞍座 4 与水平支承油缸 7 之间通过 4 个斜油缸 2 和十字销相连接。掘进机大梁上的滑轨插入鞍座上的滑道内，使整个水平支承与推进机构可沿大梁的尾部上下、左右移动，或使大梁左右回转。

B 推进机构

机器的推进由 4 个推进油缸 1 完成，每个油缸的两端分别与水平支承板和导向壳体铰接。掘进机工作时，水平支承油缸把支承板撑紧在巷道两帮，支承住掘进机后半部的重量。然后收缩掘进机后部的支承油缸，再利用推进油缸把机头架、大梁、司机室等和刀盘一起推进工作面。借助推进油缸的推进力和刀盘的旋转，使机器向前掘进。当一个推进行程结束时，将掘进机后部的支承油缸活塞杆伸出，支承住机器后半部的重量，然后收缩水

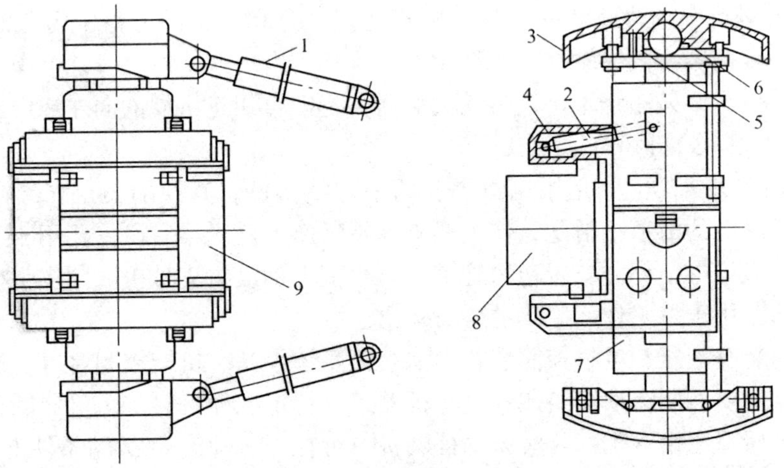

图 2-87 水平支承与推进机构

1—推进油缸；2—斜油缸；3—水平支承板；4—鞍座；5—复位弹簧；6—球头压盖；7—水平支承油缸；8—滑道；9—导向壳体

平支承油缸，再收缩推进油缸，使水平支承机构向前移动一个行程，完成一个迈步行走过程。不断重复上述过程，机器即以液压迈步的方式向前掘进。

C 工作控制

掘进机的推进方向直接影响到掘进机的正常工作，TBM32 型岩石掘进机采用激光定位器来指示和检测掘进方向。当发生有偏差时，可利用浮动支承机构进行纠偏，以确保掘进机按预定方向和规定坡度向前推进。

掘进机的调向纠偏主要依靠 4 个斜油缸和水平支承油缸完成，其操作有以下 3 种方式：

（1）水平调向。在水平支承油缸撑紧（即中间活塞腔进压力油）时，如在左活塞杆腔送入低压油，右活塞杆腔放出低压油，则缸体向左移，并带动鞍座和大梁，使大梁以机头架下支承板为支点向左转动，掘进方向右转弯（图 2-88a）；反之，则向左转弯（图 2-88b）。

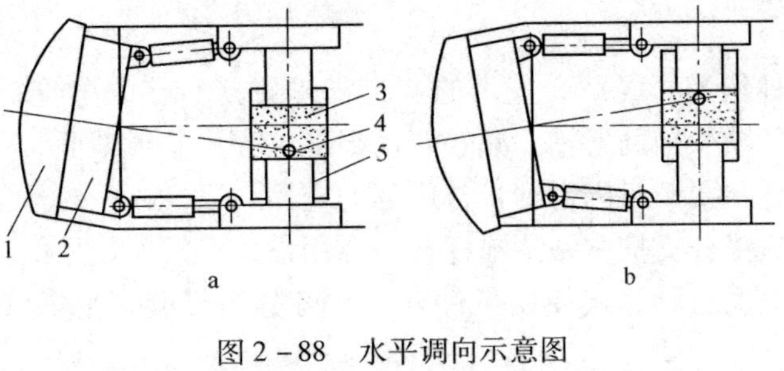

图 2-88 水平调向示意图

a—掘进方向右转弯；b—掘进方向左转弯

1—刀盘；2—机头导向机构；3—活塞；4—缸体上铰链；5—缸体

（2）垂直调向。在水平支承油缸撑紧的情况下，上面两个斜油缸同时伸（或缩），下面两个斜油缸同时缩（或伸），鞍座带动大梁腰部上升（或下降），使掘进轴线向下（或向上）倾斜，可掘出下坡或上坡巷道。

（3）机器运行中轴线偏转的调整。机器在掘进过程中，因刀盘旋转截割岩石而产生的反扭转常导致机器绕其纵轴（见图2－88）偏转。出现这种情况时，可操作左右两侧的斜油缸反向动作，使鞍座绕十字销带动大梁回转，即可纠正机器的向左或向右倾斜。

2.3.3.6 其他结构

TMB32型掘进机的大梁是用钢板焊成的中空结构件，其前端固定在导向壳体上，中间的滑轨与鞍座上的滑道相滑配，使大梁支承在鞍座上。大梁后段主要用于悬挂操作室和后支承机构。大梁中空部分安置通风管道，大梁上部铺设主皮带机。主皮带机由液压马达驱动，可调速，用于将工作面破碎的岩石运出。

操作室内装有液压和电气控制装置，如液压系统泵站、机器控制台等。操作室后面设有支承机构，主要由两个油缸组成，用于机器迈步行走或停机时支承机器的重量。

主机机身后部还设置了一台液压锚杆钻机，可在岩石硬度$f<7$的条件下钻凿锚杆孔。

2.3.3.7 配套系统

除主机外，TBM32型岩石掘进机工作时还需要其他一些配套设备，如皮带转载机、除尘器、水泵以及移动变电站和电动机控制开关箱等。

皮带转载机紧接主皮带机，岩碴通过转载机装入矿车。转载机全长约40m，其机架下面设有电动机控制开关箱、除尘器及其风机、喷雾水泵等机电设备。另外，机架下面还可存放10～20辆1.1m^3的矿车，利用电动机车，可一次将掘进机一个行程所破碎的岩碴运出。

TMB32型岩石掘进机采用综合除尘措施，以降低巷道中空气的含尘浓度。除采用专用喷雾泵站供水，在刀盘处喷雾降尘外，在机头架处设有一道隔尘板，它的周围与硐壁贴紧，把含尘空气阻留在它的前方，并利用轴流式通风机将其经抽风管抽出。抽出的含尘空气经一台卧式旋风水膜除尘器和过滤层净化后排入巷道，另一台轴流式通风机则经送风管不断地将新鲜空气送入工作面。

2.4 锚杆钻机

2.4.1 概述

锚杆支护是一种快速、经济、安全的巷道支护方式，在改善支护效率、降低支护成本、加快成巷速度、减少辅助运输、减轻劳动强度、提高巷道断面利用率等方面具有突出的优点，正在世界各主要产煤国得到日益广泛的应用。

锚杆钻机是巷道锚杆支护中钻凿锚杆孔的专用设备。按所使用的动力划分，锚杆钻机分为液压、气动和电动三种；按使用条件划分，可分为煤巷、半煤（岩）巷和岩巷锚杆钻机。

电动锚杆钻机是由防爆电动机驱动，进行旋转切削，形成钻孔，其结构多为便携式。特点是动力源单一，不需二次能量转换，能耗低、效率高，特别适于煤巷和回采巷道的支护。

气动锚杆钻机是以压气为动力，由气马达驱动，实现旋转切削，具有安全性好、重量轻的优点，但钻孔效率较低。液压锚杆钻机是通过油马达驱动，旋转切削破岩的，其优点是：粉尘小，噪声低，操作简单，钻孔速度快，所以得到了较多的应用。

2.4.2 工作原理

锚杆钻机一般由旋转钻机、支承机构和操作机构等组成。下面以液压锚杆钻机为例，介绍其基本组成和工作原理。

液压锚杆钻机主机的结构组成如图2－89所示。

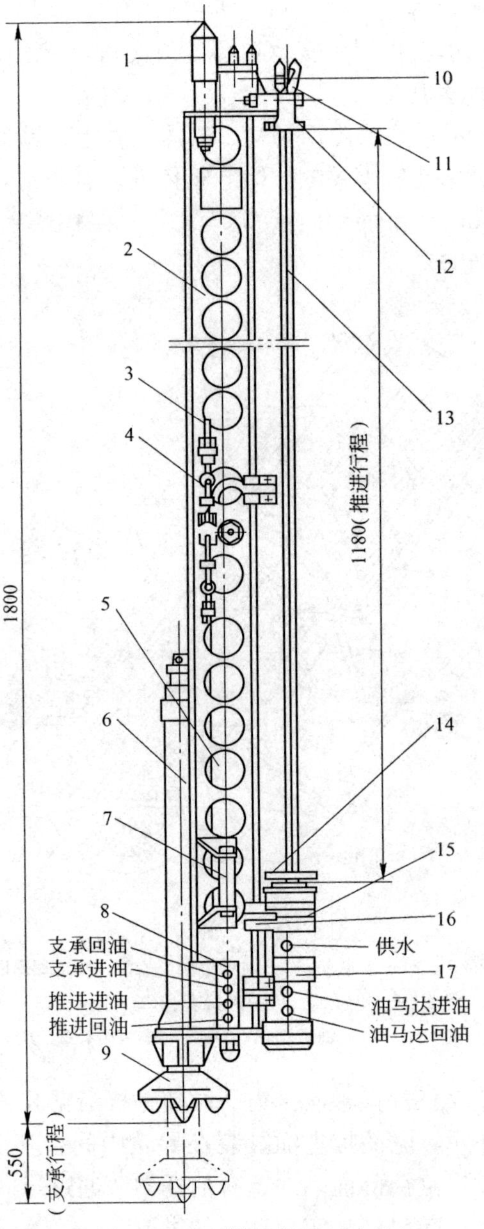

图2－89 液压锚杆钻机（主机）

1—弹簧顶尖；2—导轨；3—拉杆；4—钢丝绳；5—推进机构；6—支承油缸；7—手柄；8—接头座；9—支承座；10—固定顶尖；11—钻头；12—开启式夹钎器；13—钻杆；14—挡水橡皮；15—旋转供水机构；16—导向块；17—液压马达

推进架是由两根轻型槽钢组焊而成的框架结构，它的中间安装推进机构，后侧安装支承缸，既作为主机的主体，又是锚杆定向推进的导轨。其顶部装有一个立顶尖盘和两个可以伸缩的副顶尖。推进机构中的推进油缸可通过钢丝绳带动旋转机构（马达和钻杆）沿导轨移动，对钻杆施加一定的轴向力，使钻杆进入和退出钻机。钻杆在摆线马达的带动下，可连续旋转，利用安装在其前不得钻头切削破碎岩石。此种推进机构采用侧式供水，以实现湿式钻孔。

泵站和操作阀架为独立通用部件，与主机用高压软管连接，以实现离机安全操作。工作时，利用支承油缸和支承板将主机支承在巷道顶板和底板之间，将主机定位。支承高度可调，以适应不同高度的巷道。

旋转机构（见图 2－90）主要由油马达、箱体、轴承、钻杆连接套等组成。马达通过连接套带动钻杆，并提供钻孔所需要的扭矩。箱体内装有 46108 和 46208 型球轴承，用以支承连接套，并承受钻孔时产生的轴向推力。动力均采用摆线油马达，以满足结构紧凑、外形尺寸小、输出扭矩高的要求。

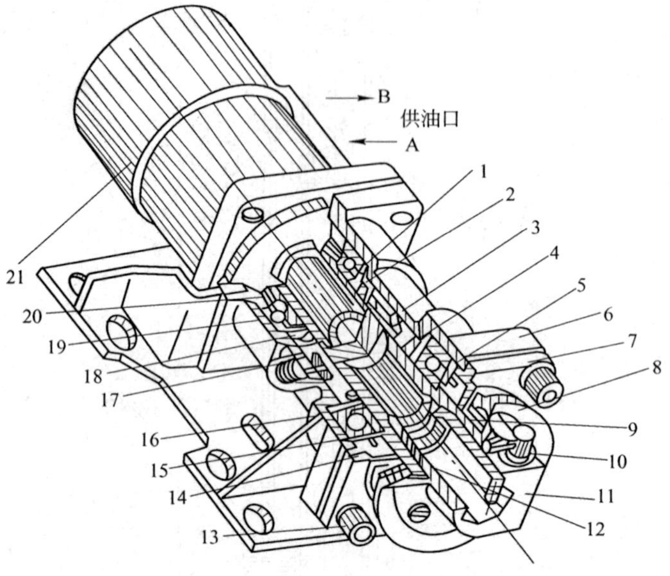

图 2－90 旋转机构

1—轴承垫圈Ⅱ；2—毛毡；3—支承环；4—轴承垫圈Ⅰ；5—轴承垫圈Ⅱ；6—箱体；7—前盖；8—防尘盖；9—定销簧片；10—定钎销；11—连接套；12—主轴；13—内六角螺钉；14—油封；15，17—密封圈；16，19—轴承；18—毡圈；20—圆螺母；21—摆线液压马达

推进机构在工作时给钻杆提供轴向压力，并使钻杆沿钻孔轴线方向推进和退回。推进机构的结构如图 2－91 所示，它的推进油缸装在导轨中间，其活塞杆与推进架底板连接，缸筒的两端装有两组滑轮。缸筒的前端固定有前托架，通过导向块可在导轨上滑移。缸筒移动时，通过钢丝绳拉动旋转机构，实现钻杆的进退。

推进系统采用单缸钢丝绳行程倍增机构（见图 2－92）。两根钢丝绳分别绕过前后两组滑轮，固定在旋转机构上。钢丝绳的张紧程度可通过安装在推进架上的拉紧螺栓调节。应用动滑轮原理，可使钻机深度为推进缸行程的 2 倍。

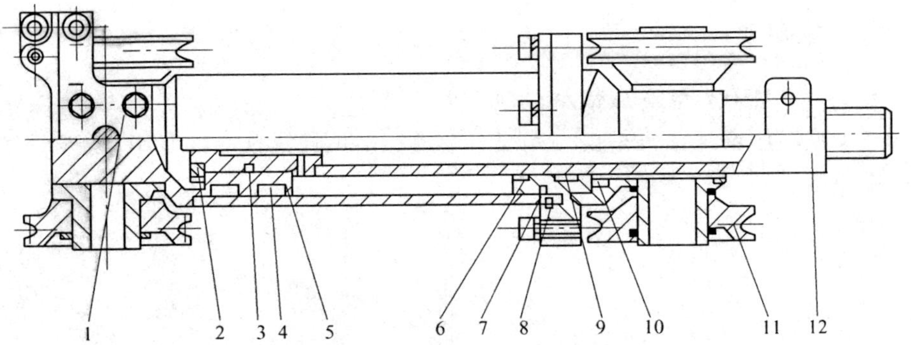

图 2－91 推进机构

1—前托架；2—圆螺母；3，4，7，9—密封圈；5—推进活塞；6—导向套；8—半环Ⅰ；10—防尘圈；11—滑轮；12—推进活塞杆

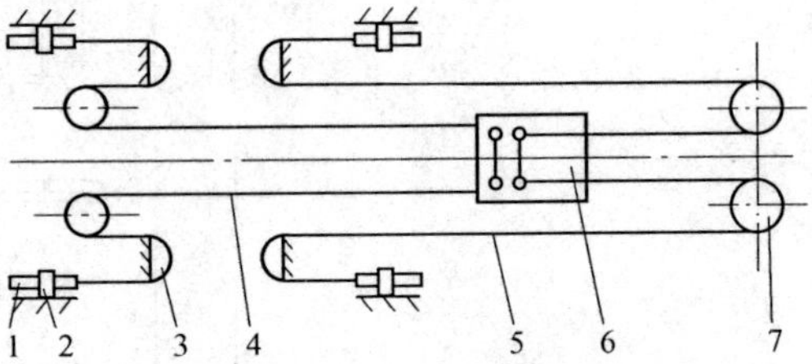

图 2－92 钢丝绳行程倍增机构

1—张紧螺栓；2—导轨；3—半滑轮；4—前钢丝绳；5—后钢丝绳；6—旋转供水机构；7—推进钢绳轮

气动锚杆钻机是采用气腿推进。为减小整机的总体尺寸，一般采用多级伸缩式气腿，并采用高强度非金属材料制作飞腿以减轻重量。

操纵机构为一独立的操纵阀架，由液压阀体和水阀柜架等组成（见图 2－93）。液压阀体由一个手动三联多路换向阀和 2 个节流阀组成。该三联阀分别控制支承油缸、液压马达和推进油缸，2 个节流阀分别用来调节液压马达和推进油缸的速度，以适应岩石硬度的变化，取得最佳钻孔效率。

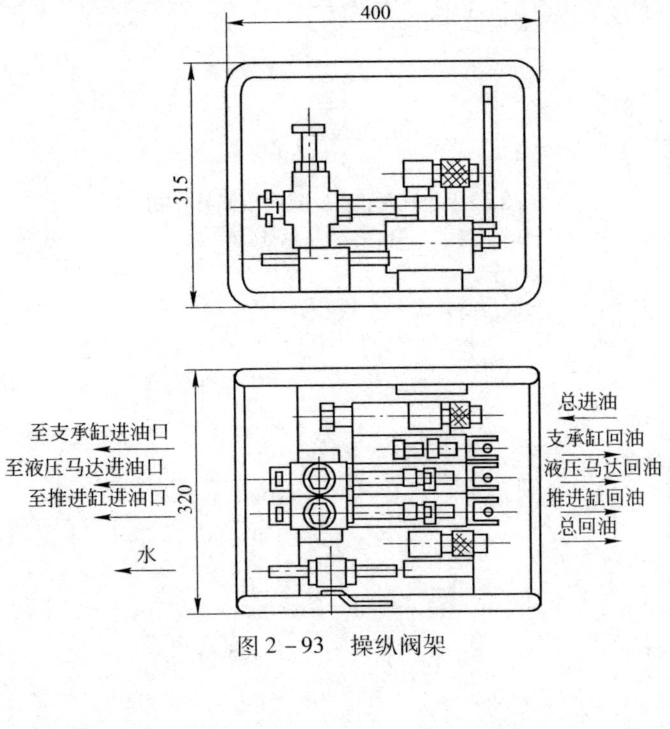

图 2－93 操纵阀架

2.4.3 典型锚杆钻机

2.4.3.1 QYM30A 型液压锚杆钻机

QYM30A 型液压锚杆钻机是煤、半煤岩巷道钻凿顶板锚杆孔的专用设备，其结构组成如图 2－94 所示。

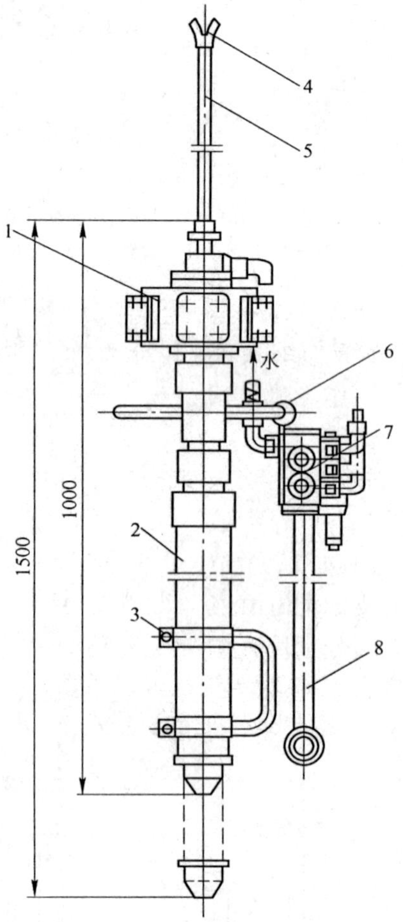

图 2－94 QYM30A 型液压锚杆钻机

1—油马达；2—油缸；3—提手；4—钻头；5—钻杆；6—钻架；7—组合阀；8—操纵架

A 主要技术参数

(1) 钻机

适于围岩抗压强度	≤80MPa（f≤8）
适于巷道断面形状	矩形、梯形
适于巷道高度	1.8～3.2m
额定压力	10MPa
额定转速	430r/min
额定转矩	40N·m
最大推力	6000N
一次推进行程	1000mm

最小外形尺寸（长×宽×高）	1050mm×200mm×300mm
质量	47～48kg

（2）泵站

额定压力	13MPa
额定流量	15L/min
电动机功率	4kW（380V，660V）
外形尺寸（长×宽×高）	840mm×490mm×540mm
油箱容积	45L
工作介质	68号普通液压油，68号机油
质量	175kg（含油）

B 主要结构

QYM30A型液压锚杆钻机采用全液压传动，由钻机和专业配套动力源液压站组成。泵站输出的液压油经两根进、回油软管送至钻机，软管用快速接头连接。压力油通过组合阀分配给推进油缸和油马达，实现钻孔所需的各种动作。湿式钻孔用水由工作面的水管引至钻机，水路的开关也通过组合阀控制。

（1）钻机。钻机由油马达、推进油缸、组合阀、操纵阀等部件组成。钻机的回转机构油马达为径向柱塞式低速大扭矩马达。为适应不同高度巷道的使用要求，推进油缸有单级和双级两种形式结构。组合阀由两个滑阀和一个减压阀组成，完成控制油马达的开启、系统卸载、油缸升降和调节推进力大小的功用。操纵架是钻机开始钻孔前的扶持机构和钻孔中对组合阀的操纵机构。

（2）泵站。泵站是液压锚杆钻机的动力源，它由隔爆电动机、齿轮泵、溢流阀、压力表、油箱、机架等部分组成，见图2－95。

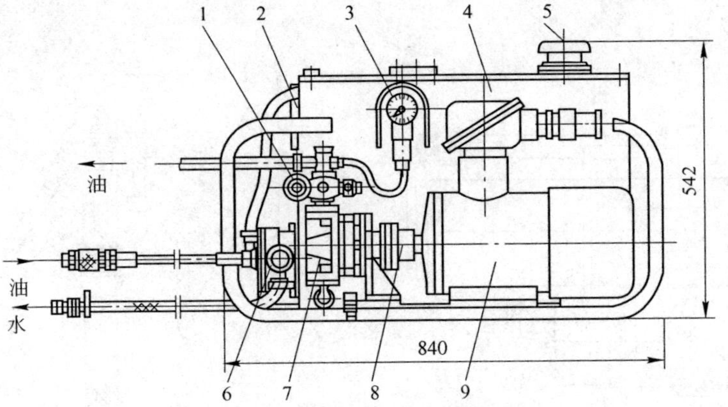

图2－95 GBZ15/13型液压泵站

1—溢流阀；2—液位计；3—压力表；4—油箱；5—空气滤清器；6—冷却器；7—齿轮泵；8—联轴器；9—隔爆电动机

（3）电气设备。泵站的隔爆电动机需要隔爆型磁力启动器配套使用。

2.4.3.2 MDS3型电动锚杆钻机

MDS3型电动锚杆钻机由推进机构、动力机构、减速机构、操作把手等组成，如图2－96所示。

MDS3 型电动锚杆钻机采用电动旋转湿式钻孔，以井下压力水作为双级缸推进动力，主要用于煤巷、半煤岩巷钻顶板锚杆孔及安装水泥锚杆和树脂锚杆。

A　技术参数

额定转速	444r/min
额定转矩	66N · m
推力	4166 ~ 8332N（水压在 0.5 ~ 1MPa）
电动机功率	3kW
主机高度	1080mm（收缩状态），2540mm（伸长状态）
主机质量	48kg

B　主要结构

推进机构（伸缩推）由双级玻璃钢缸体和配水阀组成。推进机构的动力取自井下水（不需泵站），一部分用于推进，另一部分用于湿式除尘。推进机构上还设有放水阀，当钻机推进时，放水阀自动关闭；当钻机下降时，放水阀自动打开，使钻机快速下降。

动力机构由 3kW 的电动机及其开关，以及防爆壳体组成。

减速机构采用二级直齿轮减速，使钻机输出转速控制在 444r/min，并保证输出转速和输入转速合理匹配。

操作把手由操纵阀、连杆及左、右手柄等组成。左手柄直接控制电动机开关，右手柄通过连杆控制推进速度。

减压过滤机构由水路上的减压阀和管道过滤器组合而成。液压阀可使供应到钻机的水压保持在 0.5 ~ 10MPa，管道过滤器用于保证钻机用水的清洁。

2.4.3.3　WOMBAT 型气动锚杆钻机

WOMBAT 型气动锚杆钻机是澳大利亚克莱姆公司生产的一种单体锚杆钻机，其结构如图 2 – 97 所示。

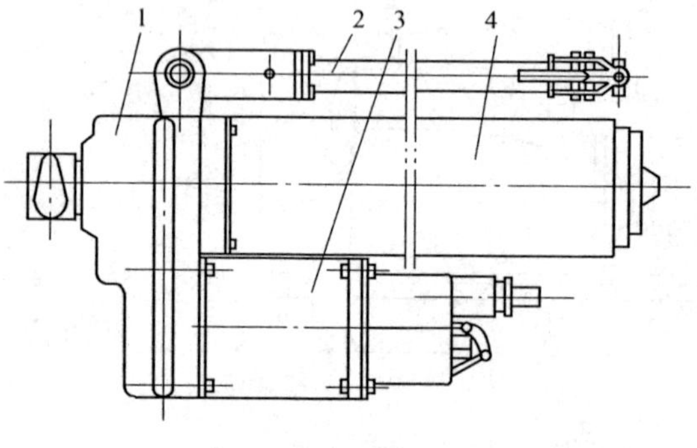

图 2 – 96　MDS3 型电动锚杆钻机
1—减速机构；2—操作把手；
3—动力机构；4—推进机构

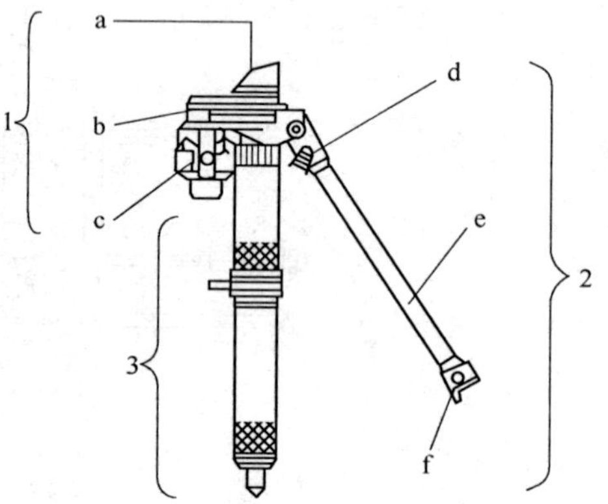

图 2 – 97　WOMBAT 型气动锚杆钻机
1—动力头（夹具组件，齿轮箱，气马达）；2—控制臂（配力块，控制管，控制把手）；3—气腿

主要技术参数如下：

适应围岩	$f \leqslant 8$
适于巷道断面形状	矩形、梯形
适应巷道高度	1.8 ~ 3.6m

压气压力	0.4MPa
额定转速	550r/min
额定转矩	130N · m
压气消耗	50L/s
推力	一级5.3kN
二级	4.1kN
三级	3.05kN
伸缩高度	100mm，1100mm，250mm
伸长高度	2560mm，2960mm，3560mm
质量	33~37kg

WOMBAT 型气动锚杆钻机由动力头、控制臂、气腿等部分组成。

动力头包括六角卡套（钎座）、齿轮箱、柱塞式气马达几个部分。

控制臂（见图2-98）由配力块、控制管、钮等组成。右控制钮控制供、停水，左控制钮旋转钮旋转到“ON”位置时，气腿伸长；旋转到“OFF”位置时，气腿“放气”收缩。左手柄启动阀控制气马达旋转，左手握紧启动阀，气马达旋转；扳开启动阀，气马达停转。

气腿由两级或三级碳素玻璃钢制成，工作时，外管不动，内管向上伸。

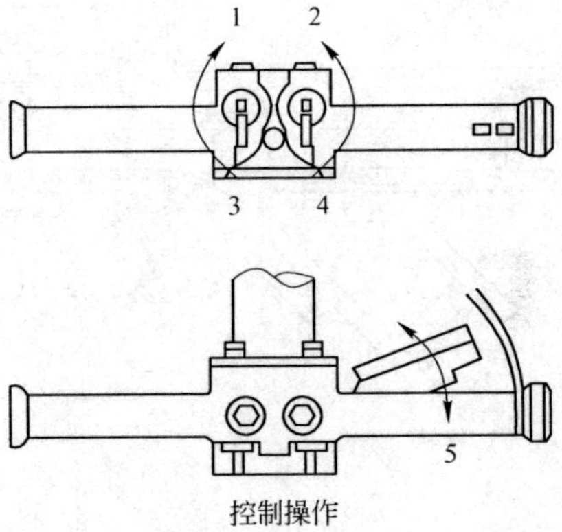

图2-98 控制臂
1—气腿供气；2—供冲洗水；3—气腿放气；4—停冲洗水；5—气马达旋转

2.5 掘锚机组

2.5.1 概述

多年来，世界主要产煤国一直在探索、研究，使掘进机和锚杆机组合二为一，用一台设备来完成巷道掘进的落煤、装煤及锚杆打眼、安装功能，从而实现了掘锚机组。

掘锚机组就是在部分断面掘进机上和连续采煤机的的基础上发展起来的集掘锚于一体的综掘设备，即在掘进机或连续采煤机上装设锚杆转机，由于它能较好地实现掘进与支护的平行作业，能提高开机率、生产效率和安全性，所以，掘锚机组将会是今后掘进技术的一种发展方向。

目前，美国、英国、澳大利亚、德国等国已经生产有多种型号的掘锚机组，我国现在还没有定型的产品。

2.5.2 ABM20 型掘锚机组

2.5.2.1 主要组成及特点

ABM20 型掘锚机组的主要组成如图2-99 所示。

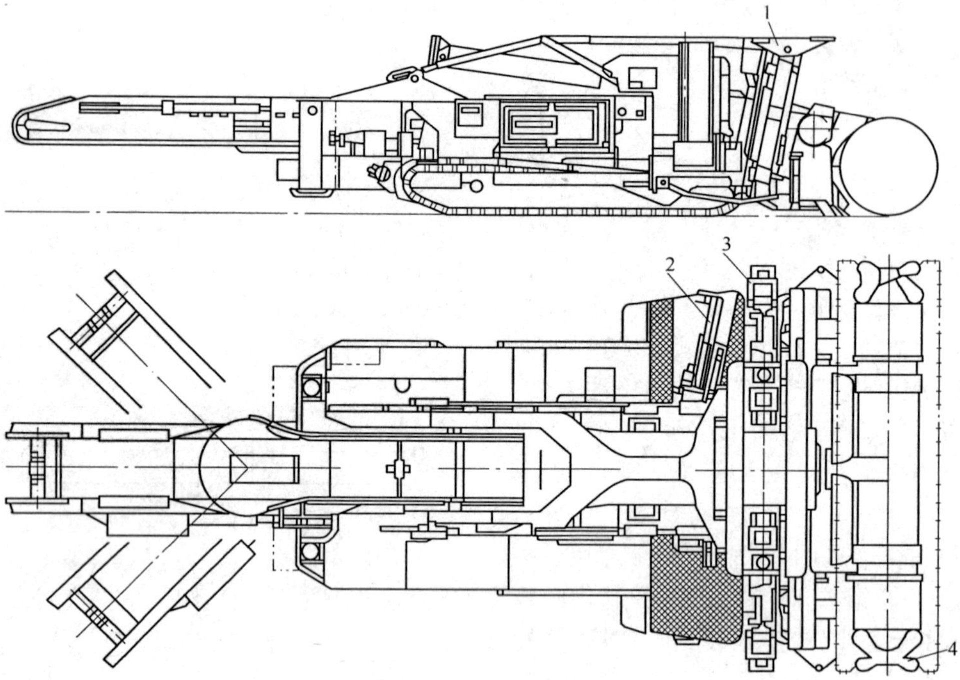

图 2－99　奥钢联 ABM20 型机组

1—可升降临时支护；2—侧帮锚杆机（2 台）；3—顶板锚杆机（4 台）；4—截割滚筒伸缩部分

为了实现在掘进割煤的同时可以打锚杆钻孔作业，机器总体结构上由两大部分组成，如图 2－100 所示。其一是截割悬臂机构 1、2 和装载运输机构 4、6，通过平移滑架 3 连接成一个上部组件，依托其下部的平移滑架（落在主机架上）和前部的装载板（落在地面上）支承；其二是履带行走机构 7、12、13 和锚杆钻臂 10、顶梁 9，通过主机架 5 连接下部组件（下部组件上还装设液压泵站阀组 16、电控箱 15 及附属装置 8、17、18）等。两大组件通过主机架上的滑道与平移滑架互相滑合联结，并靠铰接在主机架和平移滑架上的液压千斤顶推移上部组件切入割煤，最大推移量为 1m。

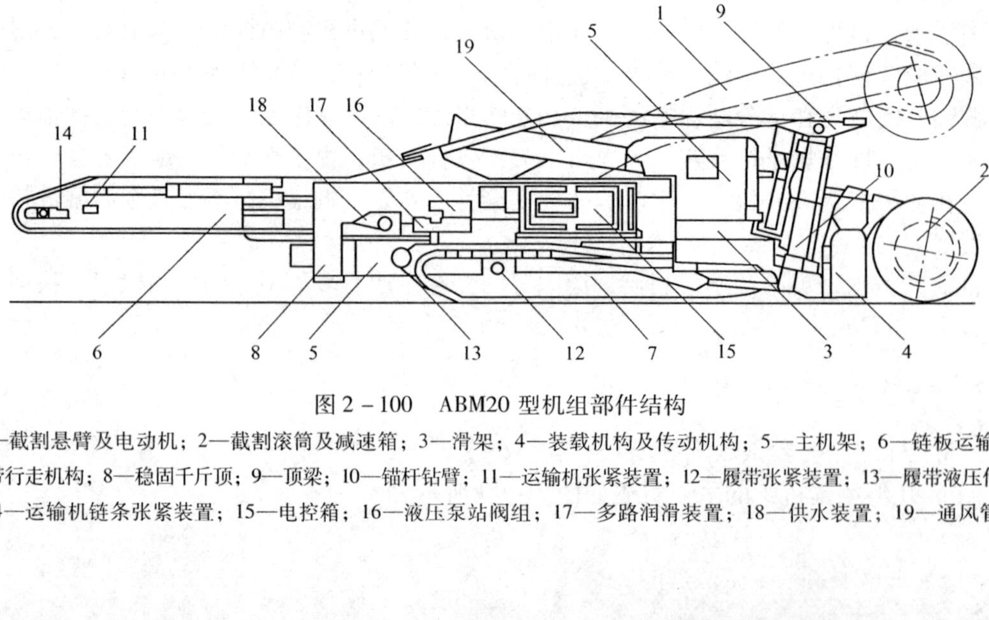

图 2－100　ABM20 型机组部件结构

1—截割悬臂及电动机；2—截割滚筒及减速箱；3—滑架；4—装载机构及传动机构；5—主机架；6—链板运输机；7—履带行走机构；8—稳固千斤顶；9—顶梁；10—锚杆钻臂；11—运输机张紧装置；12—履带张紧装置；13—履带液压传动装置；14—运输机链条张紧装置；15—电控箱；16—液压泵站阀组；17—多路润滑装置；18—供水装置；19—通风管道

ABM20 型掘锚机组主要技术参数如下：

（1）截割系统

断面形状	矩形
截割高度范围	2.2～3.5m
截割高度	4.9（5.2）m
截割滚筒伸缩量	2×0.25m（液压）
截割滚筒直径	1.15m
截割滚筒转速	25r/min
截割能力	11t/min（最大 22）
切入速度	20～50mm/s 可调
最大垂直切入力	300kN
截割滚筒电动机功率	270kW（250）
切入推移机构	纵向液压滑道
滚筒截齿	镐形齿（直径 30mm）
截线间距	65mm

（2）掘锚机系统

支护顶梁到煤面距离	1.12m
掘锚机中心到煤面距离	1.6m
中间两锚杆间距	1.26m
每架 W 梁可装设锚杆数	2～8 根
锚杆长度（一次钻进）	1.8～2.1m
截割高度	2.2～2.5m
侧帮锚杆	左右两侧
锚杆形式	化学树脂
装设锚杆机台数	顶板 4 台，侧帮左右各 1 台
钻孔机形式	液压回转式
钻孔直径	20～50mm
钻机转矩	270～380N·m
钻进推力	15kN
支护顶梁最大支承力	2×200kN

（3）装载运输系统

装运系统电动机功率	2×36kW
装载机构形式	4 只四星轮
装载能力	25t/min
装载宽度	4.3～4.9m
装载板伸缩装置行程	2×300mm
输送机形式	中心单刮板链（强力套筒链）
输送机槽宽	0.76m
输送机链速	2m/s
输送机最大悬空高度	3.4m（滚筒切入时为 2.85m）
卸载最大高度	2.5m
卸载最小高度	1.07m

（4）履带行走装置

驱动液压马达功率	2×20.5kW
行走速度	0~5~13m/min（可调）
离地间隙	230mm
公称接地比压	180kPa
履带板宽度	570mm
行走牵引力	2×300kN

（5）液压系统

轴向柱塞泵驱动的电动机功率	2×100kW
液压系统最大工作压力	18MPa

（6）总体参数

总重量	约75t
总长度	10.7m
总装机功率	542kW（1050V，50Hz）
工作室总宽度	4.9m
运输宽度	2.89m
履带宽度	2.89m
工作时总高度	1.65m（顶梁2.15）
运输高度	1.45m

ABM20型掘锚机组具有以下特点：

（1）以连续采煤机基本结构为基础，加装多台顶板和侧板锚杆机，其相互连接关系要保证掘进割煤与锚杆打眼安装同时平行作业，互不干扰，以实现采区煤巷快速掘进一次成巷。

（2）为适应煤矿长臂工作面平巷的开掘需求，本机使用条件为：成巷断面宽6m左右，高2.2~3.5m，倾角不大于±18°，煤层硬度不大于40MPa，顶底板岩石及夹矸硬度不大于80MPa。

（3）可钻凿及装设顶板锚杆每排4~8根，排距0.6~1m，侧帮锚杆每侧1~3根。第一排锚杆距巷道迎头控制在1.5m左右，临时支护顶梁距煤面1.2m左右，以保证及时支护掘进暴露出的顶板，尽量缩小控顶距。

（4）提高机器安全性、可靠性和可用率，符合有关煤矿安全规程和国际防爆标准；选用成熟元部件；电动机电器、传动系统、液压系统等有足够的备用安全裕度；健康监控、安全保护装置齐全。

（5）采用低转速小直径滚筒和高压水相位控制内喷雾系统，装设高效粉尘抑制系统和瓦斯通风稀释系统，实现综合防治。

（6）提高机器的机电一体化自动化程度，配装电子计算机可编程控制器和无线电遥控系统，可进行切入和截割速度恒功率自动系统，截割断面高度和方向电子控制，工况记录和故障诊断显示。

2.5.2.2 主要结构原理

A 截割机构

截割机构由截割滚筒、截割电动机、截割减速箱、悬臂及调高千斤顶等组成，如图2-101所示。悬臂回转轴套3与滑架铰链，并通过销套与调高千斤顶相连接。

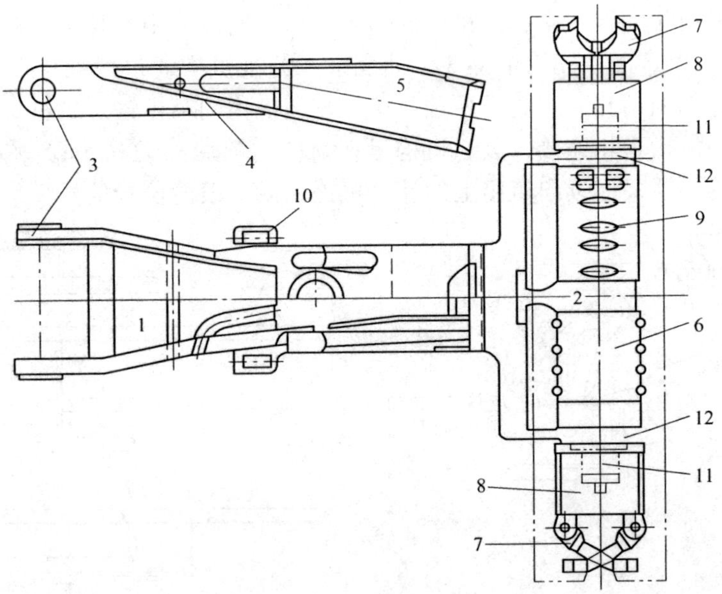

图 2-101 截割机构

1—悬臂；2—减速箱；3—悬臂回转轴套；4—悬臂调高千斤顶；5—截割电动机护罩；6—截割滚筒中段；7—滚筒左右伸缩段；8—截割滚筒左右侧段；9—滚筒中段联结螺栓；10—调高千斤顶轴承；11—左右侧段滚筒内传动轴；12—悬臂传动架左右轴承

（1）驱动截割滚筒电动机为 1 台 270kW、三相交流专用防爆水冷型电动机，具有启动力矩高、启动电流低、结构紧凑、耐高温防潮的技术特点，纵向布置在悬臂壳内前端。

（2）截割滚筒传动齿轮箱共五级，两级正齿轮，一级圆锥齿轮和两级行星齿轮，传动轴 11 带动两侧截割滚筒。截割减速箱壳为铸钢件，各动静配合面均经妥善密封。

（3）截割滚筒由左右中段 6、左右侧段 8 和左右伸缩段 7 共 6 段组成。截割滚筒总宽度有两档供选用，即 4.9m 及 5.2m；当伸缩滚筒缩回则为 4.4m 及 4.7m。左右伸缩段通过液压缸可外伸 0.25m。液压缸的高压水由机载加压泵供给，额定压力为 9MPa。

（4）高压水喷雾灭尘系统装有回转相位自控阀，即只有滚筒前面截割煤的那些截齿的喷嘴才有高压水喷出，喷水过程为脉冲式。这种系统有下述优点：以最小的水量达到高效抑尘的目的；节约压力水，降低能源电耗；脉冲射流有利于润滑截割，冷却齿尖，降低磨损，延长截齿寿命；使煤的水分含量降低；在截割砂岩和硬岩时，防止摩擦火花引爆瓦斯。

（5）本机组要求供水系统压力为 1.5MPa，流量 100L/min，经过滤（100μm）后由机载三柱塞液压泵驱动的加压水泵增压至 11MPa（送至内喷雾及液压缸大约降至 9MPa），供截割滚筒内喷雾回转脉冲相位控制阀，脉冲频率为 50Hz，流量为 50L/min。每个截齿一个喷嘴，孔直径为 0.8mm，耗水量为 1L/min。机载增压水泵为三柱塞式。

（6）悬臂结构件是箱形断面，中间空心作为风流通道，其后端通过挠性接头与通风吸尘管道相连，排除滚筒割煤产生的粉尘。

B 平移滑架

平移滑架将截割机构与装运机构联为一体，并通过其下部镶在两侧的抗磨黄铜垫板与主机架上导轨滑道相配合，由截割机构的切入千斤顶通过下中部耳板的销孔推移滑动，如图2-102所示。配合面由润滑油嘴8注油润滑，截割机构通过滑架顶部两侧的轴套2相铰接，并通过前部的销孔与调高千斤顶连接。装运机构的刮板输送机机身则通过平移滑架顶部后端两侧的滑槽5相连接，装运机构可在滑槽内前后移动0.5m。平移滑架上还装有悬臂位置同步传感器，连续向机组上的计算机提供截割滚筒位置信号。

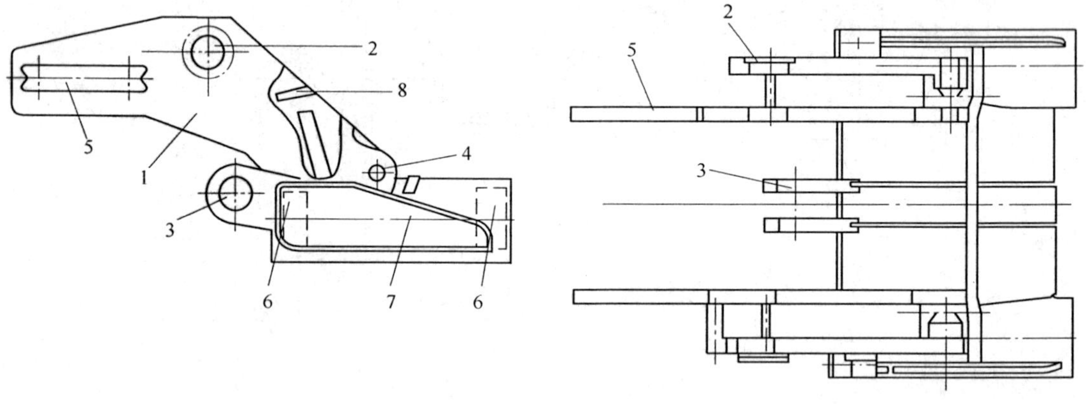

图2-102 机组平移滑架

1—滑架；2—截割悬臂轴套；3—切入千斤顶轴套；4—调高千斤顶轴套；5—输送机滑槽；6—滑动支承；7—切入装置；8—润滑油嘴

C 装载机构

（1）装载机构为常规的星轮扒爪式，如图2-103所示。在宽4.2~4.8m的可伸缩铲板上左右各布置2个四星轮，回转扒装由截割滚筒采落的煤炭，装载能力最大为25t/min。

（2）装载机构由铲板1、四星扒爪轮2、左右伸缩摆板3、7及伸缩板千斤顶4、左右升降千斤顶5、左右电动机6、齿轮减速箱10、传动轴9及传动行星轮的圆锥齿轮12等组成。装载机构通过斜面法兰用螺栓11与刮板输送机相联结，通过底滑板8落在主机架上前后滑动导向。铲板在伸开时最大装载宽度为4.8m。

（3）左右电动机驱动装载机构和刮板输送机，电动机功率为2×36kW防爆水冷三相交流鼠笼式，用法兰连接在左右齿轮减速器外侧上端。

（4）左右齿轮减速箱结构相同，立式对称布置，其内各装一对带中间惰轮的正齿轮副，水平输出轴再分别带动各星轮的圆锥齿轮副。输出轴中部通过链轮传动单链刮板输送机。

（5）装载机构与刮板输送机通过斜面法兰用螺栓连接为一体，这样整个装载运输机构通过两个导向支点：1）刮板机尾两侧凸块与平移滑架；2）装载机构底滑板主机架，由切入千斤顶推移平移滑架而前后移动，并可与平移滑架相互移动调整定位。

D 刮板输送机

（1）刮板输送机为1台单中链可上下左右折曲的刮板输送机，见图2-104，运输能力最大为25t/min，链速2m/s，槽宽760mm，与装载机构共用2台36kW电动机，经装于铲板下的减速箱输出轴带动链轮转动。

（2）刮板输送机由前部组件1、中部组件2、尾部组件3、摆动段铰点4和水平摆动千斤顶8、升降千斤顶9、刮板链11和机尾回链辊轮7等组成。其前端部与装载机构合为

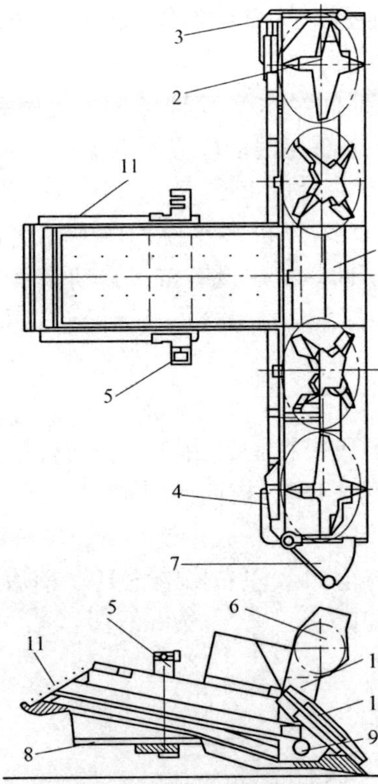

图 2-103 装载机构

1—铲板；2—四星扒爪轮；3—左伸缩摆板；4—伸缩板千斤顶；5—升降千斤顶；6—电动机；7—右伸缩摆板；
8—底滑板；9—链轮传动轴；10—齿轮减速箱；11—联结螺栓；12—圆锥齿轮

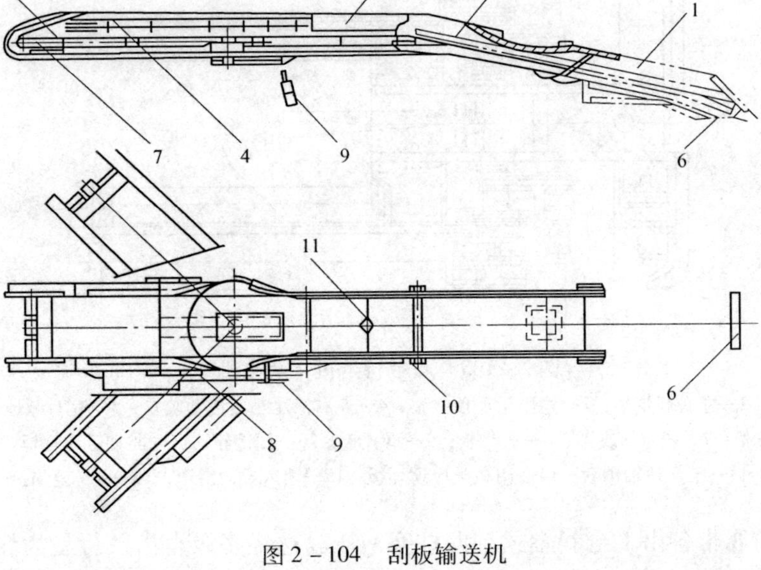

图 2-104 刮板输送机

1—前部组件；2—中部组件；3—尾部组件；4—摆动段铰点；5—传动张紧装置；
6—传动链轮；7—回链辊轮；8—水平摆动千斤顶；9—升降千斤顶；
10—输送机滑块；11—专用输送机套筒刮板链

一体，经斜面法兰螺栓与中部连接；中部经两侧输送滑块10在平移滑架的滑槽配合支承，并可相对平移定位。

（3）刮板输送机中部与尾部间经水平铰轴搭接，使尾部卸载端可通过升降千斤顶9调高，使卸载端调高约1.1m。尾部与摆动段经平转盘与立枢轴铰接，通过水平摆动千斤顶8拉动，可使刮板机尾水平左右各摆45°。

（4）刮板链采用美国式连续采煤机多年使用的专用套筒链，节距66.7mm，刮板宽749.3mm，可水平和垂直双向折曲。机尾设有链条自动张紧装置。

（5）刮板输送机机身为焊接结构的螺栓连接组合件，具有足够的强度、刚度及抗扭曲能力。

E 履带行走机构

（1）AM75型重型掘进机的履带机构，由2台轴向柱塞液压马达经减速齿轮箱驱动。履带行走装置适应巷道纵向倾角±18°，横向倾斜8°。

（2）履带行走机构由履带架2、左右履带链板8、左右液压马达传动装置4、带制动器的左右减速箱5、左右驱动链轮11、左右回链轮10、前后履带支架6和7、履带滑托板9及张紧装置等组成，见图2-105。

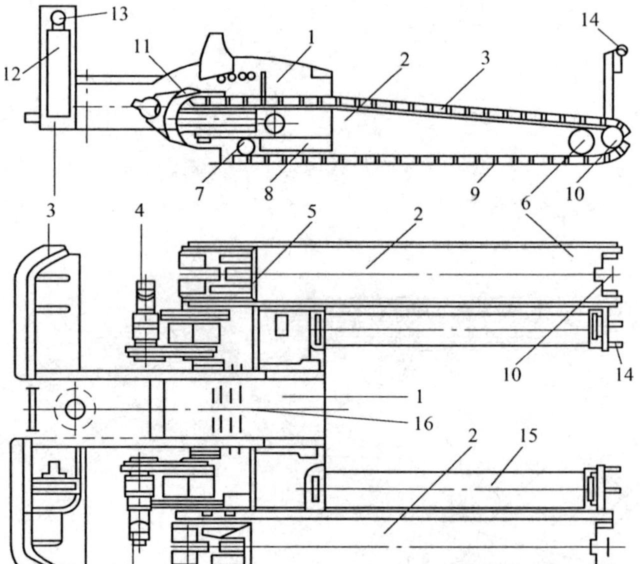

图2-105 履带行走机构及主机架

1—主机架；2—左右履带架；3—稳固千斤顶立架；4—左右液压马达传动装置；5—左右减速箱及制动器；6—履带前支架；7—履带后支架；8—履带板；9—滑托板；10—回链轮；11—驱动链轮；12—稳固千斤顶；13—千斤顶轴销套；14—调高千斤顶耳板；15—切入导向滑道；16—切入千斤顶

（3）左右履带各由1台斜轴式轴向柱塞液压马达经多级直齿及行星齿轮减速箱驱动。

（4）左右齿轮减速器上均装有湿式多片制动器，该制动器为弹簧自动施闸，液压松闸。当液压系统出现故障压力降低时，弹簧自动将闸片压紧进行制动，保证在坡度上可靠停车。

F 主机架

（1）主机架是一个整体钢结构件，由主机架 1、履带架 2、左右稳固千斤顶立架 3 及稳固千斤顶 12、调高千斤顶 14、切入导向滑道 15 等组成，见图 2－105。

（2）左右后立架内各装有 1 只垂直布置的稳固支承用的液压千斤顶 12。当机组割煤打锚杆眼时，稳固支承千斤顶伸出，托板落于巷道地板上，将机组顶起稳固生根，以保证滚筒切入和上下割煤时机器的稳定性并吸收其反作用力。稳固千斤顶机构和后立架背面还可防止机组后面来往的梭车碰撞，损伤机组。稳固液压千斤顶伸缩行程为 530mm，伸出后可低于履带底平面 350mm，通过控制阀左右稳固千斤顶可分别单独动作升降。当机器检修时，稳固千斤顶还可作为抬高机身之用。

（3）左右前立柱顶端有销孔连接装载机构调高千斤顶，通过升降调整铲板与巷道底板关系。

（4）在履带支架两外侧通过螺栓连接固装锚杆机构底托弹簧板，并在主机架顶端与锚杆机构顶梁连接桁架铰链。

（5）主机架上面装设液压泵站、控制阀组、电控箱、司机室和锚杆机器操作台以及其他附属装置等。

G 锚杆机构

（1）锚杆机构由 4 台顶板锚杆机、两台侧帮锚杆机、两只前支承千斤顶组成的稳固装置、支护顶梁、2 只底托板、2 个操作平台及两套控制盘组成，见图 2－99。

（2）钻机一般为回转式液压钻。根据用户要求也可配套冲击回转式液压钻。钻头直径为 20～50mm，钻进扭矩为 270～300N·m，钻进推力为 15kN，在一般抗压强度 80MPa 左右岩石中钻进速度可达 1m/min。

（3）在机组的截割滚筒与履带之间，悬臂和装运机构的两侧各装有 2 台打顶板锚杆的锚杆机和 1 只前支承千斤顶，其后面装有左右各 1 台侧帮锚杆机及钻臂推进装置。两外侧顶板锚杆机可左右前后摆动，两内侧锚杆机连接在左右支承千斤顶上可左右摆动，从而可在 5m 左右巷宽内均能方便地打孔装设锚杆，每排 2～8 根。2 台内侧顶板锚杆机由于中部机器结构（悬臂及装运机构）的限制，在其巷道中心 2 个锚杆的最小间距（当巷高 2.4m 左右时）为 1.26m；而 2 台外侧锚杆机所打外侧锚杆间距可在 3.19～4.46m 范围内调整。侧帮锚杆机装在左右操作平台上可上下摆动，在距底板 0.8～1.6m 范围内，每侧每排打 1～2 根锚杆。锚杆机一次钻进不换钻杆的情况下可装设长度为 2.1m 锚杆（当巷高 2.5m 左右时）。顶板锚杆机构的支承千斤顶有长短两挡，可根据所掘巷道高度选用。在使用时应特别注意滚筒截割高度，它应低于锚杆机可够及的打眼安装高度，以免造成巷道支护困难。

（4）顶板锚杆机构配套的前支承千斤顶高度工作范围如下：

高度范围	短行前支承千斤顶	长行前支承千斤顶
最小行走通过高度	2035mm	2279mm
锚杆机最小工作高度	2085mm	2329mm
锚杆机最大工作高度	3049mm	3538mm
打 2.1m 长度锚杆最小高度	2565mm	2810mm

（5）左右 2 只前支承千斤顶顶部装有支护顶板的顶梁，顶梁全长 3.4m。

在机组工作时由支承千斤顶伸出撑紧顶板，既可保持锚杆机构主机体稳定，免除滚筒割煤振动对锚杆打眼安装作业的影响，又可防护顶板脱落冒落，保证锚杆的操作安全。顶梁前缘距巷道迎头煤壁在未切入割煤前最小距离（即控顶距或无支护空间宽度）为1.2m左右。此时可装第一排锚杆，距煤壁1.5m左右。

（6）左右前支承千斤顶的底托板通过弹簧钢板与左右履带架连接。在机组行走时，弹簧板将锚杆机构托起离地；当千斤顶伸出支承顶板时，弹簧板被压下使底托板落地。支护顶梁顶部通过与之铰接连接架与主机架相连，保证锚杆机构在工作和升降过程的稳定性。

2.5.2.3 液压系统

（1）本机组共装有6台轴向柱塞液压泵，分别由2台100kW、4P防爆水冷电动机双端出轴驱动，其中4台泵供锚杆机和履带的液压马达（履带行走和锚杆不同时作业），2台泵供各液压千斤顶及机载高压水泵。

（2）液压泵均选用德国Rexroth公司A6V型通轴泵，最大峰值压力为45MPa。本机液压系统最大工作压力为18~25MPa，液压系统为开式回路，可使用矿物油（液压油）或水-乙二醇等难燃液作介质。

（3）本机液压系统共分5个液压回路：1）左侧履带及左侧3台锚杆机液压回路；2）右侧履带及右侧3台锚杆机液压回路；3）液压千斤顶工作回路；4）增压水泵和润滑工作回路；5）液压先导控制与冷却回路。

（4）液压马达和液压千斤顶控制阀组均为电磁滑阀，可进行按钮控制和离机无线遥控。

（5）机组液压系统压力、流量、温度等安全保护齐全，液压管路和附件均选用性能可靠的产品。

2.5.2.4 电控系统

（1）ABM20掘锚机组的电控装置可以在煤矿井下高瓦斯和煤与瓦斯突出的采区工作。

（2）本机装有5台电动机，总装机功率542kW，由1根95mm^{2}电缆供电。其中截割电动机1台，防爆水冷三相交流鼠笼式2×36kW。机上装有3台真空接触器，分别控制截割、泵站及装载机构电动机。

（3）本机设有完善的保护和监控装置，通过微型电子计算机进行数据采集、处理显示、传输自控等，其主要功能有：过电流、超温、断相、漏电保护；健康监控，故障诊断查找，通过液晶显示截割电动机和装运电动机恒功率控制；通过电磁比例阀调整千斤顶行程，从而自动调节滚筒切入和升降割煤速度；无线电离机遥控，瓦斯浓度监控，截割断面轮廓控制。

（4）本机司机操作一般采用无线电离遥控系统，主要包括：由司机随身携带的无线电离机遥控发射机及装在机体上的无线电接收机和监控器。

无线电发射机连同其微处理机装在1个高强度聚氯乙烯型塑料盒内，其面板为不锈钢，上面装有12个操作按钮开关，分别控制机器开停、行走进退、转向及速度，截割滚筒开停、切入和升降，装运机构开停，铲板升降伸缩，左右稳固千斤顶升降，输送机尾升降及左右摆动，机器紧急全停等动作。这些操作通过微机处理为数码信号经发射机无线传输到机载接收机和监控器执行。无线电发射机电源为1只7.2V、1.2A·h的镉镍充电电池，发射机可连续16h工作。无线电遥控系统还有自动停车功能，当连续2min未发出或收不到操作信号时（即当司机走神或因故不能操作时或离机太远时），自动将发射机关停并使掘进锚杆机组停车。

无线电接收机和监控器装在机体侧面。它接收遥控发射机发出的无线电数码信号并将其处理转换后输出指令，操作各电器开关继电器和电磁阀等执行动作。监控器的液晶显示面板可连续循回显示机器工况、悬臂滚筒位置、电动机负载、瓦斯浓度以及任何运行警告及故障检测信息等，使操作人员及时了解机器运行情况，保证正常工作。

复习要点

2.1　掘进机械的分类方法及其适用条件。

2.2　凿岩机钻孔的原理。

2.3　气动凿岩机的类型、基本组成。

2.4　气动凿岩机转钎机构的工作原理。

2.5　液压凿岩机的特点。

2.6　凿岩台车的结构组成、工作原理及特点。

2.7　装载机的工作机构种类、取料方式、卸载方式、适于物料的类型及巷道情况。

2.8　耙斗式装载机的结构原理。

2.9　铲斗式装载机稳定钢丝绳的作用、原理。

2.10　铲斗式装载机铲斗回中机构的工作原理。

2.11　侧卸式铲斗装载机的结构特点。

2.12　蟹爪式装载机的结构特点。

2.13　蟹爪式装载机工作机构的类型、特点。

2.14　ZMZ2A－17型装载机卸载端水平摆动的工作原理。

2.15　ZMZ2A－17型装载机传动系统的工作原理与特点。

2.16　立爪式装载机的类型、特点。

2.17　部分断面掘进机的类型及其各自特点。

2.18　部分断面掘进机的基本组成、工作过程。

2.19　EBZ－160型掘进机各机构的类型、驱动方式、传动系统、工作原理及特点。

2.20　EBH－132型掘进机各机构的类型、驱动方式、传动系统、工作原理及特点。

2.21　全断面掘进机的用途、破岩原理。

2.22　TBM32型掘进机的基本组成、各部结构、驱动方式、传动系统与工作原理。

2.23　锚杆钻机的用途、类型、工作原理。

2.24　掘锚机组的基本组成、各部结构、工作原理。

3 采煤机械

采煤机械是煤炭开采的重要设备，直接决定采煤工作面的产量和煤炭开采的经济效益。

采煤机械可分为适用于薄煤层、中厚煤层和厚煤层开采的滚筒采煤机，用于薄煤层开采的刨煤机，螺旋钻采煤机和适用于短臂开采（也可用于巷道掘进）的连续采煤机。目前，使用较多的是滚筒式采煤机。

3.1 滚筒式采煤机

3.1.1 概述

滚筒式采煤机具有如下优点：采高范围大，对各种煤层适应性强，能截割硬煤，并能适应复杂的顶底板条件，有利于实现综采设备配套和自动控制。因而，在国内外的煤炭开采中，应用非常普遍。

现代滚筒式采煤机具有如下特征：装机功率满足采煤生产率要求；截割机构适应煤层厚度变化并能可靠地工作；牵引机构能随时根据需要改变牵引速度大小，并能实现无级调速，以适应煤层硬度变化；机身所占空间小，对薄煤层尤为重要；便于拆、装和检修；防爆性能好，能在有煤尘、瓦斯的工作面安全工作；具有防滑装置和内外喷雾降尘装置；工作稳定可靠，操作简单方便，维修容易。

3.1.2 采煤机的组成与分类

3.1.2.1 采煤机的基本组成

采煤机的种类有很多，但其基本组成大体相同。各种类型的滚筒式采煤机一般都由截割部、牵引部、电气系统、辅助装置等几部分组成。

图 3－1 所示为双滚筒采煤机。两个滚筒对称地布置在机器的两端，采用摇臂 8 调高。这样布置不但有较好的工作稳定性，对顶板和底板的起伏适应能力强，而且只要滚筒具有横向切入煤壁的能力，就可以自开工作面切口。这一类采煤机的截割部多采用齿轮传动，并且为了加大调高的范围，多采用惰轮以增加摇臂的长度；电动机 7 和采煤机的纵轴相平行，采用单电动机传动时，通常要用一根长轴穿过牵引部；采煤机的牵引部 4 和截割部 2 通常各自独立，用底托架 11 作为安装各部件的基体。

电动机 7 是采煤机的动力部分，它通过两端出轴驱动滚筒和牵引部。牵引部通过其主动链轮与固定在工作面两端的牵引链 5 相啮合，使采煤机沿工作面移动，因此牵引部是采煤机的行走机构。左右截割部 2 减速箱将电动机的动力经齿轮减速传到摇臂 8 的齿轮，以驱动滚筒 1。滚筒 1 是采煤机直接进行落煤和装煤的机构，称为采煤机的工作机构。滚筒上焊有端盘及螺旋叶片，其上装有截煤用的截齿，由螺旋叶片将落下的煤装到刮板输送机

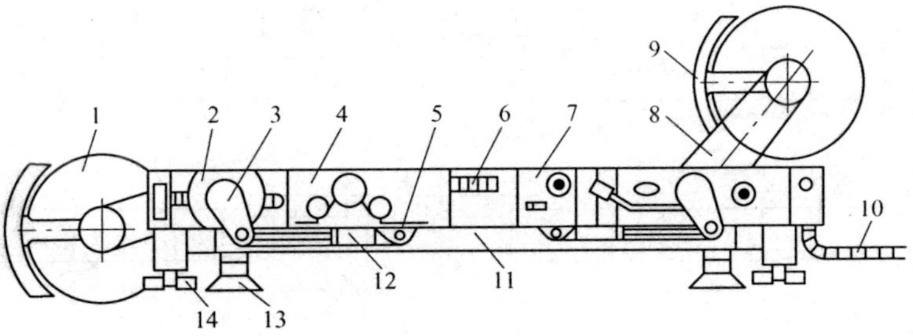

图 3-1 双滚筒采煤机

1—滚筒；2—截割部；3—调高小摇臂；4—牵引部；5—牵引链；6—电气控制箱；7—电动机；8—摇臂；9—弧形挡煤板；10—拖缆装置；11—底托架；12—调高油缸；13—煤壁侧滑靴；14—采空区侧滑靴

中。为了提高螺旋滚筒的装煤效果，滚筒侧装有弧形挡煤板 9，它可以根据不同的采煤方向来回翻转 180°。底托架 11 用来固定整个采煤机，并经其下部的 4 个滑靴 13 和 14 使采煤机骑在刮板输送机的槽帮上。采空区侧两个滑靴 14 套在输送机的导向管上，以保证采煤机的可靠导向。底托架内的调高油缸 12 和推拉调高小摇臂 3 用来升降摇臂 8，以调整采煤机的采高。采煤机的电缆和供水管用拖缆装置 10 夹持，并由采煤机拖着在刮板输送机的电缆槽中移动。电气控制箱 6 内装有各种电控元件，以实现各种控制及电气保护。为降低电动机和牵引部的温度并提供喷雾降尘用水，采煤机上还设有专门的供水系统和内外喷雾系统。

3.1.2.2 采煤机的总体布置

滚筒式采煤机常见的总体布置方式有两种。

(1) 电动机沿轴向（纵向）布置方式。有链牵引采煤机的总体布置方式如图 3-2 所示，其中图 3-2a 为单滚筒采煤机，图 3-2b 是双滚筒采煤机，图 3-2c 为双滚筒双电动机采煤机。无链牵引采煤机的总体布置方式如图 3-3 所示，其中图 3-3a 为双滚筒单电动机采煤机，图 3-3b 是双滚筒单电动机（牵截合一）采煤机，图 3-3c 为双滚筒双电动机采煤机，而图 3-3d 是双滚筒双电动机（牵截合一）采煤机。

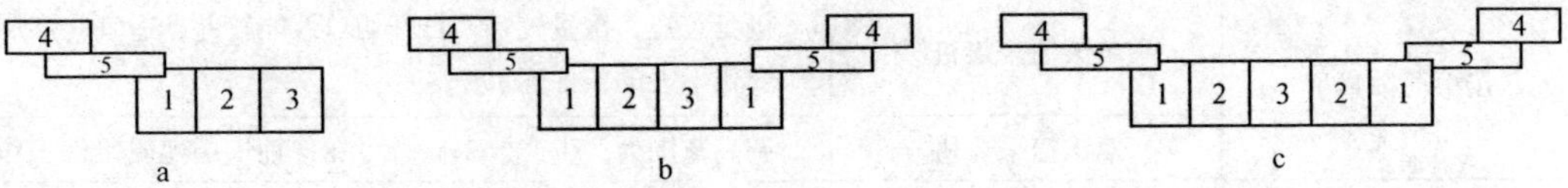

图 3-2 有链牵引采煤机的总体布置方式

1—截割部；2—电动机；3—牵引部；4—滚筒；5—摇臂

(2) 多电动机横向布置方式。多电动机驱动的采煤机总体布置方式如图 3-4 所示，其中图 3-4a 为双滚筒多电动机（有链液压牵引），图 3-4b 是双滚筒多电动机（无链液压牵引），图 3-4c 为电牵引（无链牵引）。

3.1.2.3 采煤机的分类

目前，国内外滚筒式采煤机的种类很多，分类方式也各不相同。各种类型采煤机的分类方式、特点及适用范围见表 3-1。

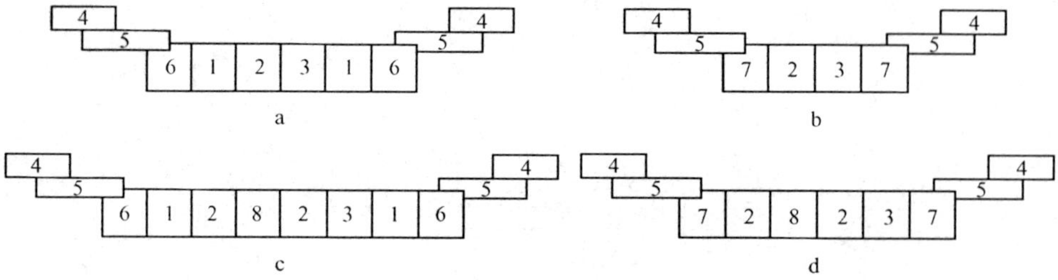

图 3-3 无链牵引采煤机的总体布置方式

1—截割部；2—电动机；3—牵引部；4—滚筒；5—摇臂；6—行走部；7—行截合一截割部；8—电控箱

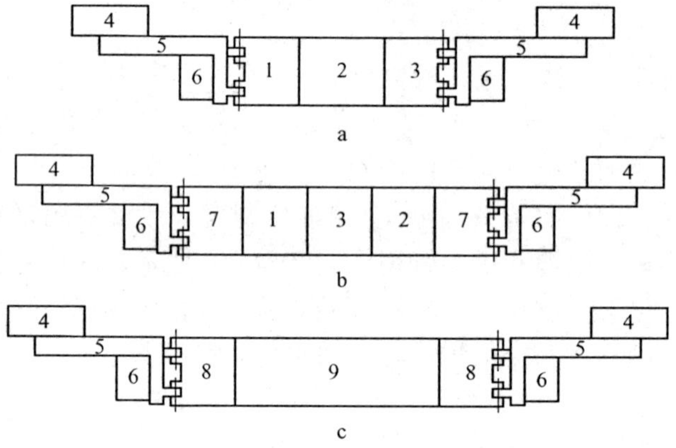

图 3-4 多电动机驱动采煤机总体布置方式

1—电控箱；2—牵引部电动机；3—牵引部；4—滚筒；5—摇臂；6—截割部电动机；7—行走部；8—行牵合一牵引部；9—变频调速及电控箱

表 3-1 采煤机的分类方式、特点及适用范围

分类方式	采煤机类型	特点及适用范围
按滚筒数目	单滚筒采煤机	机身较短，重量较轻，自开切口性能较差，适宜在煤层起伏变化不大的条件下工作
	双滚筒采煤机	调高范围大，生产效率高，可在各种煤层地质条件工作
按煤层厚度	厚煤层采煤机	机身几何尺寸大，调高范围大，采高大于 3.5m
	中煤层采煤机	机身几何尺寸较大，调高范围较大，采高为 1.3～3.5m
	薄煤层采煤机	机身几何尺寸较小，调高范围较小，采高小于 1.3m
按调高方式	固定滚筒式采煤机	靠机身上的液压缸调高，调高范围小
	摇臂调高式采煤机	调高范围较大，卧底量大，装煤效果好
	机身摇臂调高式采煤机	机身短窄，稳定性好，但自开切口性能差，卧底量较小，适应煤层起伏变化小、顶板条件差等特殊地质条件
按机身设置方式	骑输送机采煤机	适用范围广，装煤效果好，适用于中煤及其以上煤层
	爬底板采煤机	适用各种薄和极薄煤层的地质条件

续表 3 - 1

分类方式	采煤机类型	特点及适用范围
按牵引传动方式	机械牵引采煤机	操作简单，维护检修方便，适应性强
	液压牵引采煤机	控制、操作简单，可靠，功能齐全，适用范围广
	电牵引采煤机	控制、操作简便，传动效率高，适用各种地质条件
按牵引工作机构	钢丝绳牵引采煤机	牵引力较小，一般适用于中小型矿井的普采工作面
	锚链牵引采煤机	中等牵引力，安全性较差，适用于中厚煤层工作面
	无牵引采煤机	工作平稳、安全，结构简单，适应倾斜煤层开采
按牵引机构设置	内牵引采煤机	结构紧凑，操作安全
	外牵引采煤机	机身短，维护和操作方便
按使用煤层条件	缓倾斜煤层采煤机	设有特殊的防滑装置，适用于倾角 15°以下煤层工作面
	倾斜煤层采煤机	牵引力较大，具有特殊设计的制动装置，与无链牵引机构相配，适用于倾角 15° ~ 45°的倾斜煤层工作面
	急倾斜煤层采煤机	牵引力较大，具有特殊设计工作机构和牵引导向装置，适用于倾角 45°以上的急倾斜煤层工作面
按截割电动机布置方式	横向布置	传动系统中设置锥齿轮，可靠性差
	纵向布置	系统中设置锥齿轮，寿命长

3.1.3 工作方式与基本参数

3.1.3.1 工作方式

A 采煤机的工作原理

采煤机的割煤是通过螺旋滚筒上的截齿对煤壁进行截割实现的。

采煤机的装煤是通过滚筒螺旋叶片的螺旋面进行装载的，利用螺旋叶片的轴向推力，将从煤壁上截割下的煤抛到刮板输送机的溜槽内运走。

单滚筒采煤机（见图 3 - 5a、图 3 - 5b）滚筒一般位于采煤机下端，以使滚筒割落下的煤不经机身下部就运走，从而可降低采煤机机面（由底板到机身上表面）高度。单滚筒采煤机上行工作（见图 3 - 5a）时，滚筒割顶部煤并把落下的煤装入刮板输送机，同时跟机悬挂铰接顶梁，割完工作面全长后，将弧形挡煤板翻转 180°；机器下行工作（见图 3 - 5b）时，滚筒割底部煤及装煤，并随之推移刮板输送机。这种采煤机沿工作面往返一次进一刀的采煤法称为单向采煤法。

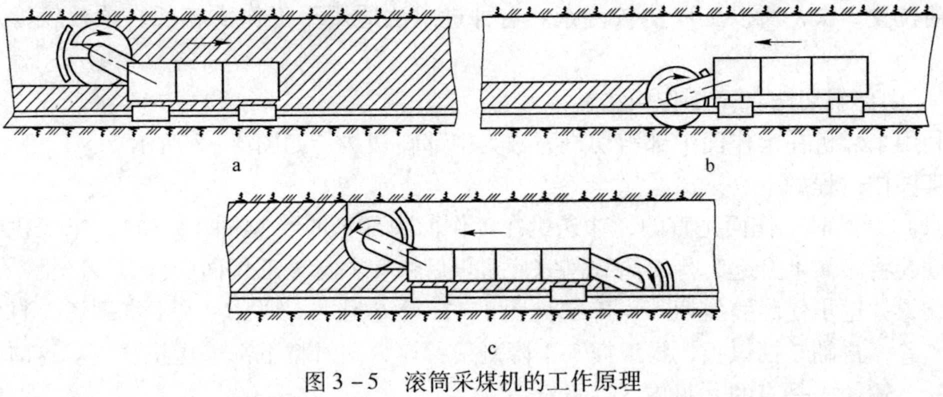

图 3 - 5 滚筒采煤机的工作原理

双滚筒采煤机（见图3－5c）工作时，前滚筒割顶部煤，后滚筒割底部煤。因此，双滚筒采煤机沿工作面牵引一次，可以进一刀，返回时，又可进一刀，即采煤机往返一次进两次刀，这种采煤法称为双向采煤法。

必须指出，为了使滚筒落下的煤能装入刮板输送机，滚筒上螺旋叶片的螺旋方向必须与滚筒旋转方向相适应。对顺时针旋转（人站在采空区侧看）的滚筒，螺旋叶片方向必须右旋；逆时针旋转的滚筒，螺旋叶片方向必须左旋，可归结为“左转左旋，右转右旋”。

B 采煤机的进刀方式

当采煤机沿工作面装双向采煤时，每次截割完工作面全长后，工作面就向前推进一个截深的距离。在采煤机重新开始截割下一刀之前，首先要使滚筒切入煤壁，推进一个截深，这一过程称为进刀。综采工作面两端巷道的断面较大，刮板输送机的机头和机尾一般可伸进巷道。当采煤机截割到工作面端头时，其滚筒可截割至巷道，因此不需要人工预开切口，而由采煤机在进刀过程中自开切口。采煤机的进刀方式主要有斜切式进刀和正切式进刀两种。

a 端部斜切法

利用采煤机在工作面两端25～30m范围内斜切进刀称为端部斜切法，如图3－6所示。

其操作过程如下：

（1）采煤机下行正常割煤时，滚筒2割顶部煤，滚筒1割底部煤（见图3－6a），在离滚筒1约10m处开始逐段移输送机。当采煤机割到工作面运输巷处（输送机头）时，将滚筒2逐渐下降，以割底部残留煤，同时将输送机移成如图3－6b所示的弯曲状。

（2）翻转挡煤板，将滚筒1升到顶部，然后开始上行斜切（见图3－6b中虚线），斜切长度约为20m，同时将输送机移直（见图3－6c）。

（3）翻转挡煤板并将滚筒1下降割煤，同时将滚筒2上升，然后开始下行截割（图2－6c中虚线），直到工作面运输巷。

（4）翻转挡煤板，将滚筒位置上下对调，由滚筒2割残留煤（见图3－6d），然后快速移过斜切长度（25～30m）开始上行正常割煤，随即移动下部输送机，直到工作面回风巷时又反向牵引。重复上述进刀过程。

可见，端部斜切法要在工作面两端近20m地段使采煤机往返一次，翻转挡煤板及对调滚筒位置3次，所以工序比较复杂。这种进刀法适用于工作面较长、顶板较稳定的条件。

b 中部斜切法（半工作面法）

利用采煤机在工作面中部斜切进刀称为中部斜切法，如图3－7所示。

其操作过程如下：

（1）开始时工作面是直的，输送机在工作面中部弯曲（见图3－7a），采煤机在工作面运输巷将滚筒1升起，待滚筒2割完残留煤后快速上行至工作面中部，装净上一刀留下的浮煤，并逐步使滚筒斜切入煤壁（见图3－7a中虚线）；然后转入正常割煤，直到工作面回风巷；再翻转挡煤板，将滚筒1下降割残留煤，同时将下部输送机移直。这时工作面是弯的，输送机是直的（见图3－7b）。

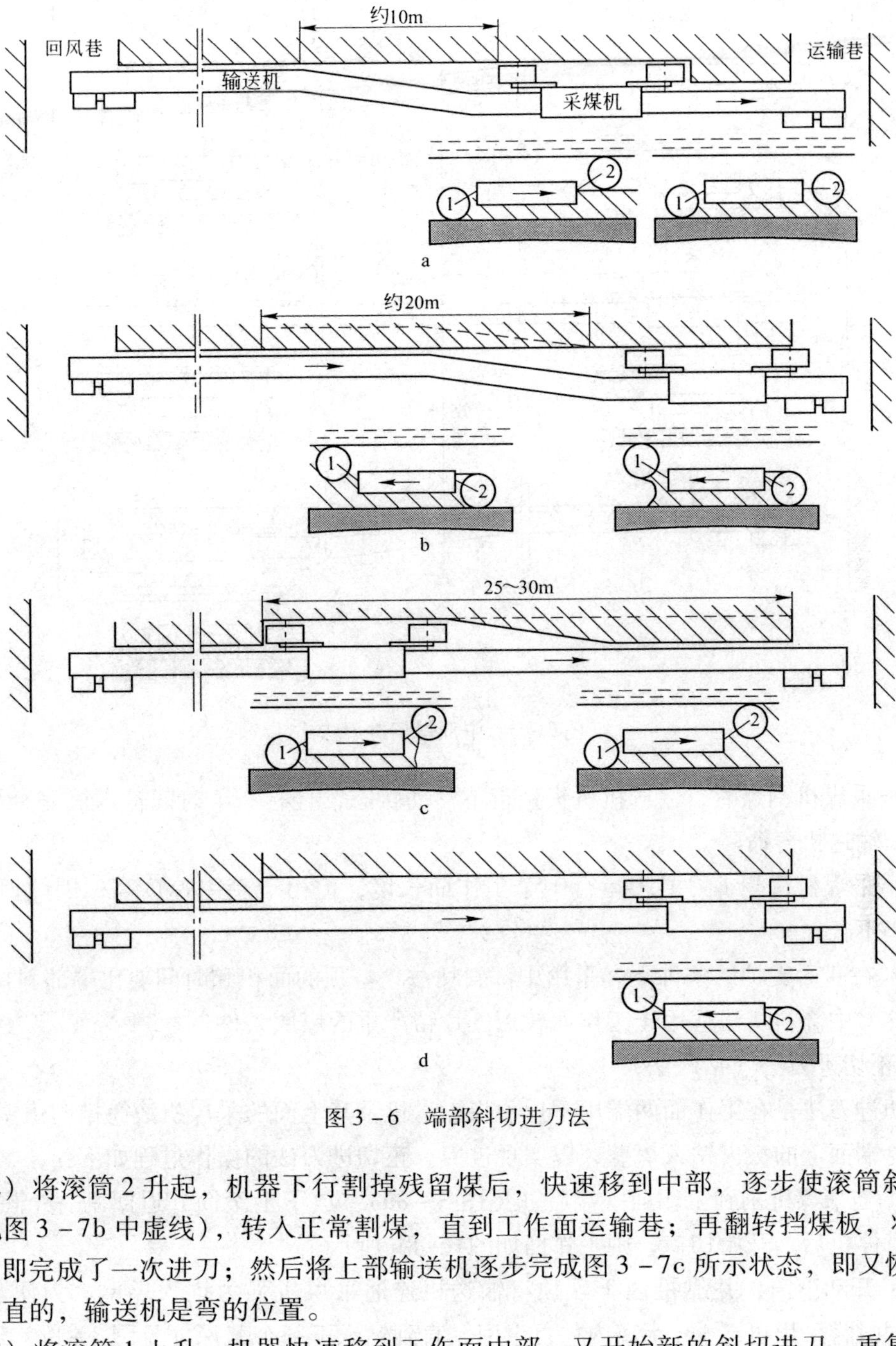

图3－6　端部斜切进刀法

（2）将滚筒2升起，机器下行割掉残留煤后，快速移到中部，逐步使滚筒斜切入煤壁（见图3－7b中虚线），转入正常割煤，直到工作面运输巷；再翻转挡煤板，将滚筒2下降，即完成了一次进刀；然后将上部输送机逐步完成图3－7c所示状态，即又恢复到工作面是直的，输送机是弯的位置。

（3）将滚筒1上升，机器快速移到工作面中部，又开始新的斜切进刀，重复上述过程。

中部斜切进刀法有以下特点：

（1）每进两刀只改变牵引方向（包括翻转挡煤板及对调滚筒位置）4次，工序比较简单，节省了时间。

（2）采煤机快速移动时可以装净上次进刀留下的浮煤，装备效果好。

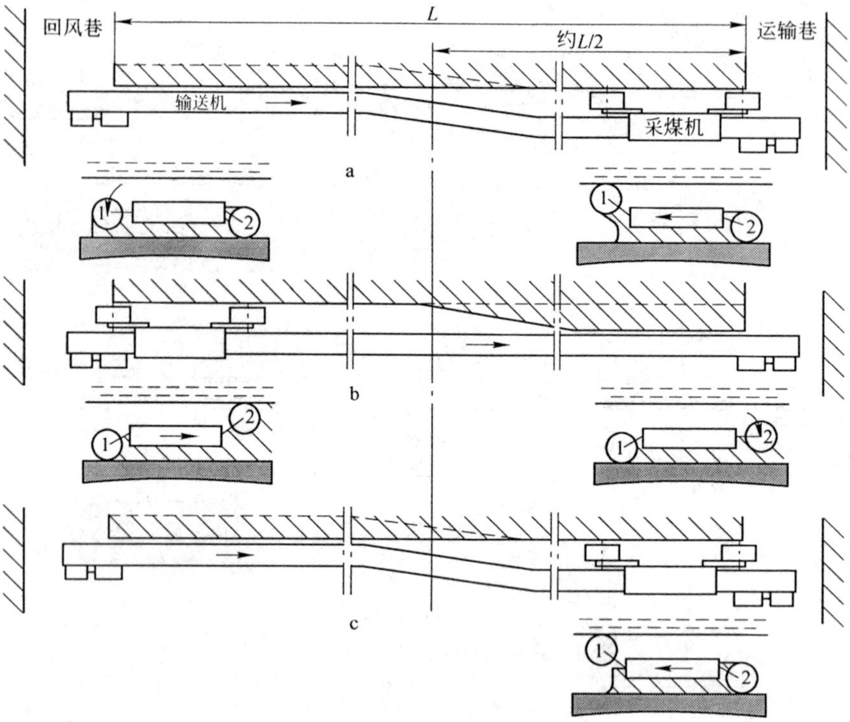

图3－7 中部斜切进刀法

（3）采煤机割煤时，输送机机头处于不移动状态，且有一半时间输送机完全呈直线，故能延长输送机寿命。

（4）采煤机每割1刀要多运行1个工作面长度，但由于牵引速度高，因此所花费的总时间仍不长。

（5）在滞后支护的条件下，采用中部斜切法，空顶的面积和时间要比端部斜切法大。

因此，中部斜切法适用于工作面较短、片帮严重的煤层条件。

c　正切进刀法（钻入法）

正切进刀法是在工作面两端用千斤顶将输送机及其上面的采煤机滚筒推向煤壁，利用滚筒端盘端面上的截齿钻入煤壁，以实现进刀。正切进刀法的操作过程如下：

（1）当采煤机割到工作面一端后（见图3－8a），放下上滚筒，返回割一个机身长的底部煤，停机后，开始切口，则工作面如图3－8b所示。

（2）开动滚筒，并靠推溜千斤顶将输送机连通采煤机强力推入煤壁。为便于钻入，在推溜同时将采煤机在1m距离内往复牵引，直到钻入下一个截深（见图3－8c）。

（3）滚筒切入后，变换前、后滚筒高度，割去端面剩余残煤（见图3－8d），再转入正常割煤状态。

正切入刀法的优点是工作面空顶面积小，切入时间短，可提高功效，但此法只适于用无挡煤板的采煤机，且千斤顶推力大，并要求输送机、采煤机摇臂强度大，因此一般很少采用。

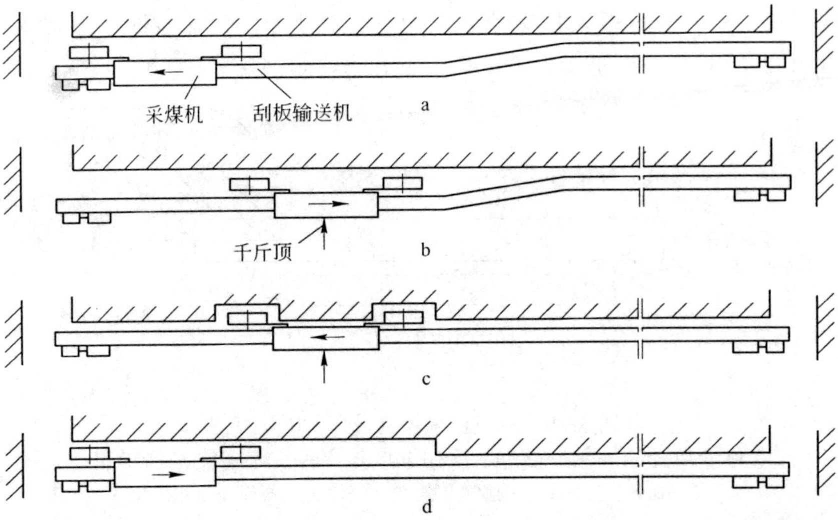

图3-8　正切进刀法

3.1.3.2　采煤机的工作参数

采煤机的工作参数规定了滚筒采煤机的适用范围和主要技术性能，它们既是设计采煤机的主要依据，又是综采成套设备选型的依据。

A　生产率

采煤机的工作条件不同，其生产率也不同。技术特征给出的值是指可能的最大生产率，即理论生产率 Q_t（应大于实际生产率）。

$$Q_t = 60HBv_q\rho \tag{3-1}$$

式中 Q_t——理论生产率，t/h；

H——工作面平均采高，m；

B——截深，m；

v_q——采煤机截割时的最大牵引速度，m/min；

ρ——煤的实体密度，$\rho = 1.3 \sim 1.4\mathrm{t/m^3}$，一般取 $1.35\mathrm{t/m^3}$。

实际生产率要与配套运输设备的运输能力相适应，用下式计算：

$$Q = k_1 k_2 Q_t \tag{3-2}$$

式中 k_1——采煤机辅助工作时间（如调动机器、更换截齿、开切口、检查机器和排除故障等）折算系数，一般取 0.5 ~ 0.7；

k_2——停机时间（如处理输送机和支架的故障、处理顶底板事故等）折算系数。一般取 0.6 ~ 0.65。

B　采高

采煤机的实际开采高度称为采高，采高的概念不同于煤层厚度。分层开采厚煤层，或有顶煤跨落，或有底煤残留时，煤层厚度就大于采高；反之，在薄煤层中，由于截割顶板或底板，采高也可能大于煤层厚度。考虑煤层厚度的变化、顶板下沉和上浮煤等会使工作面高度缩小，因此煤层（或分层）厚度不宜超过采煤机最大采高的 90% ~95%；不宜小于采煤机最小采高的 110% ~120%。采高对确定采煤机整体结构有决定性影响，既规定了采煤机使用的煤层厚度，也是与支护设备配套的一个重要参数。

双滚筒采煤机的采高范围主要决定于滚筒的直径，但也与采煤机的某些结构参数有关，如机身高度、摇臂长度及其摆动角度范围等。对于双滚筒采煤机，其最大采高一般不超过滚筒直径的2倍。双滚筒采煤机的采高范围计算如图3－9所示。

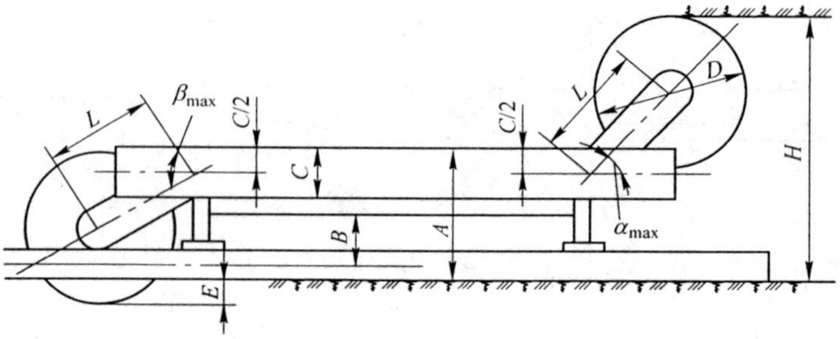

图3－9 双滚筒采煤机采高范围计算图

A—机面高度；B—过煤高度；C—机箱厚度；D—滚筒直径；E—卧底量；

L—摇臂长度；α_{max}—摇臂上摆最大角；β_{max}—摇臂下摆最大角

最大采高：

$$H_{max}=A-\frac{C}{2}+L\sin\alpha_{max}+\frac{D}{2} \tag{3-3}$$

最小采高：

$$H_{min}=A-\frac{C}{2}+L\sin\alpha_{min}+\frac{D}{2} \tag{3-4}$$

最大卧底量：

$$E_{max}=\frac{C}{2}+L\sin\beta_{max}+\frac{D}{2}-A \tag{3-5}$$

最小卧底量：

$$E_{min}=\frac{C}{2}+L\sin\beta_{min}+\frac{D}{2}-A \tag{3-6}$$

对于一定直径的滚筒，采煤机的采高范围是一定的。如果需要在大范围内改变采高，则必须改变滚筒直径，必要时还需相应的改变机身的高度（即改变底托架的高度）和改变摇臂长度及其摆角范围。

在选用采煤机时，为了满足采高的要求，需要合理地选择滚筒直径和机身高度，还要考虑卧底量要求，卧底量一般为100～300mm。

C 截深

采煤机截割机构（如滚筒）每次切入煤体内的深度B为截深。它决定着工作面每次推进的步距，是决定采煤机装机功率和生产率的主要因素，也是支护设备配套的一个重要参数。

截深与煤层厚度、煤质软硬、顶板岩性以及支架移架步有关。在薄煤层中，由于工作条件困难，采煤机牵引速度受到限制，为了保证适当的生产率，宜用较大的截深（可达0.8～1.0m）；反之，在厚煤层中，由于受输送机能力和顶板易冒顶片帮条件的限制，宜用较小的截深。

采煤机截深应与支护设备的推移步距相适应，以便于顶板控制。当用液压支架支护时，要求采煤机截深略小于液压支架的移架步距（考虑片帮影响），保证采煤机每截完一个截深后液压支架可以推进一个步距。当用单体支柱支护顶板时，金属顶梁的长度应是采煤机截深的整数倍。

滚筒采煤机的截深一般小于1m，多采用0.6m，大功率采煤机可取0.8m左右。

D　截割速度

滚筒上截齿齿尖所在圆周的切线速度称为截割速度。截割速度决定于截割部传动比、滚筒直径和滚筒转速，对于采煤机的功率消耗、装煤效果、煤的块度和煤尘大小等有直接影响。为了减少滚筒截割时产生的细煤和粉尘，增加大块煤，应降低滚筒转速。滚筒转速对滚筒截割和装煤过程的影响都比较大，但对粉尘生成和截齿使用寿命影响较大的是截割速度，而不是滚筒转速。截割速度一般为3.5～5.0m/s，少数机型只有2.0m/s左右。滚筒转速是设计截割部的一项重要参数，新型采煤机直径2.0m左右的滚筒转速多为25～40r/min左右，直径小于1.0m的滚筒转速可高达80r/min。截割速度可用下式计算：

$$v_j = \frac{\pi D n}{60} \tag{3-7}$$

式中　v_j——截割速度，m/s；

D——滚筒直径，m；

n——滚筒转速，r/min。

E　牵引速度

采煤机截煤时的运行速度称为牵引速度。采煤机截煤时，牵引速度越高，单位时间内的产煤量越大，但电动机的负荷和牵引力也相应增大。为使牵引速度与电动机负荷相适应，牵引速度应能随截割阻力的变化而变化。当截割阻力变小时，应加快牵引，以获得较大的截割厚度，增加产量和增大煤的块度；当截割阻力变大时，则应减速牵引，以减小截割厚度，防止电动机过载，保证机器正常工作。为此，牵引速度因采用无级调速，至少是多级调速，并且能随截割阻力的变化自动调速。目前，液压牵引采煤机的最大截割牵引速度可达10～12m/min，电牵引采煤机最大牵引速度高达18～25m/min；而较大的牵引速度只能用于调动机器和装煤。

选择工作牵引速度时，应考虑采煤机的负荷、生产能力，以及运输设备的运输能力。

F　牵引力

牵引力是牵引部的另一个重要参数，是由外载荷决定的。影响采煤机牵引力的因素很多，如煤质、采高，牵引速度、工作面倾角、机器自重及导向机构的结构和摩擦系数等。采煤机的工作条件很不稳定，因而精确计算采煤机所需要的牵引力既不可能，也没必要。据统计，装机功率P不超过200kW的有链牵引采煤机牵引力T约为$(1\sim1.3)P$(kN)，无链牵引采煤机的牵引力约为$(2\sim2.5)P$(kN)；装机功率P超过300kW，有链和无链牵引采煤机的牵引力分别约为$1P$和$2P$（kN）。

牵引力与牵引速度的关系为

$$T = C + k v_q \tag{3-8}$$

式中　C——牵引力的不变分量，它取决于采煤机质量、倾角、摩擦系数及有结构引起的附加阻力状况；

k——系数，取决于煤质及压张程度。煤愈硬，k值愈大。

G　装机功率

采煤机所装备电动机的总功率，称为装机功率。装机功率越大，采煤机可采越坚硬的煤层，生产能力也越高。滚筒采煤机总装机功率 P 包括截割消耗功率 P_j、牵引消耗功率 P_q、辅助泵站等消耗功率 P_f 三部分，即为

$$P = P_j + P_q + P_f \tag{3-9}$$

3.1.4 采煤机的结构

3.1.4.1 截割部

滚筒式采煤机的截割部一般包括割煤滚筒、摇臂、固定减速箱等工作机构（不同的机型其截割部的组成不尽相同，如多电动机驱动的电牵引采煤机）。割煤滚筒承担截煤和装煤任务，是采煤机截割部主要部件之一。一个完善的割煤滚筒应满足以下要求：

(1) 能适应不同的煤层和有关地质条件；

(2) 能充分利用煤壁的压张效应，降低能耗，提高块煤率，减少煤尘；

(3) 能装煤和自开切口；

(4) 载荷均匀分布，机械效率高；

(5) 结构简单，工作可靠，拆装、维修方便。

A 螺旋滚筒

螺旋滚筒是目前采煤机使用最广泛的截割机构。这种工作机构简单，工作可靠，但截煤的块度小，煤尘较多。

a 基本结构

螺旋滚筒的基本结构如图 3－10 所示。在螺旋叶片的顶端及端盘周边上装有许多截齿，筒毂与滚筒轴固定在一起。滚筒转动时截齿截割和剥落煤体，螺旋叶片将碎煤运至滚筒的采空侧，装入输送机。在叶片上和端盘上齿座的旁边还装有内喷雾用的喷嘴。

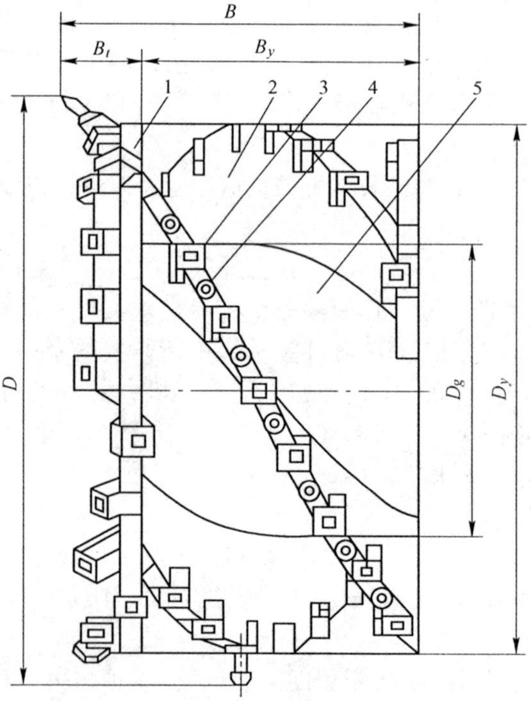

图 3－10 螺旋滚筒的结构

1—端盘；2—螺旋叶片；3—齿座；4—喷嘴；5—筒毂

大多数采煤机采用焊接滚筒，一般用 20 ~ 30mm 厚的 45Mn 或 16Mn 钢板锻压成螺旋叶片，再和齿座、轮毂等焊接而成。若采用铸造滚筒，则齿座是在加工后焊接到叶片上的。

b　滚筒的转向

滚筒旋转方向对截煤过程来说有顺转和逆转两种。

（1）顺转。转向和牵引方向相同，如图 3 – 11a 所示。大部分煤被螺旋叶片从滚筒轮毂下面带到滚筒后面，挡煤板把煤挡住，按自然安息角 φ 堆积。

（2）逆转。转向与牵引方向相反，如图 3 – 11b 所示。截落的煤不断被螺旋叶片向工作面输送机推动，大部分煤按自然安息角 φ 堆积在滚筒前半部。

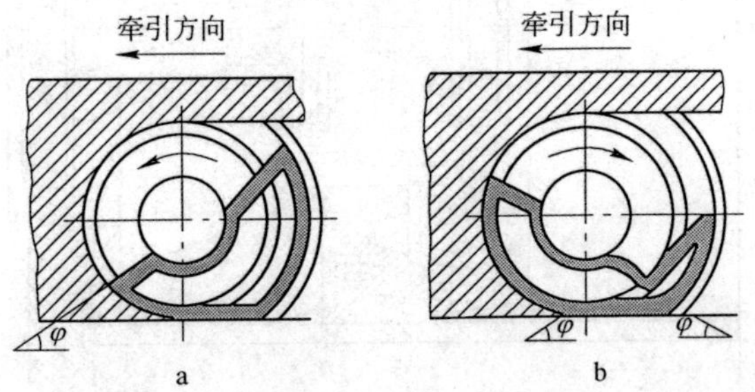

图 3 – 11　滚筒旋转方向与装煤关系示意图

顺转时，煤在装煤的过程中二次破碎较严重，装煤能耗较大。采煤机后面滚筒不仅担负截割前滚筒余留的煤，而且要将这些煤连同前滚筒未装出的煤全部装入输送机。为了有较好的装煤效果，一般将后滚筒定为向上截煤的旋转方向，而将前滚筒定为向下截煤的旋转方向。对于单滚筒采煤机，一般在左工作面用右螺旋滚筒，在右工作面用左螺旋滚筒。

c　滚筒与滚筒轴的连接方式

滚筒与滚筒轴的连接结构有：锥形轴端与平键连接，内齿轮副与锥形盘复合连接，轴端凸缘与楔块连接，方头连接（中、大功率的采煤机多用）等。

较小功率的采煤机采用其他三种连接结构。图 3 – 12 所示为 MLS_3 – 170 型采煤机的连接结构。滚筒中部是圆锥套 1，其内孔有 1∶6 的锥度，圆锥盘 2 由挡板 6 和螺钉 5 固定在滚筒轴上，并用卡环 9 和螺钉 8 将其与圆锥套 1 紧锁在一起。圆锥盘 2 由内齿轮 3 与滚筒轴连接。高压水通过内喷雾接口 7 和内喷雾分流器 4 进入喷嘴实现内喷雾。由于配合圆锥较短，锥角和配合直径都较大，故滚筒拆装方便，连接可靠。

d　滚筒的结构参数

（1）滚筒的三个直径。滚筒的 3 个直径是指滚筒直径 D、叶片直径 D_y 和筒毂直径 D_g（图 3 – 10）。滚筒直径是截齿齿尖的截割圆直径。目前采煤机的滚筒直径大都在 0.65 ~ 2.3m 范围内。单滚筒采煤机的滚筒直径应按煤层厚度来选择，一般比煤层厚度小 0.1 ~ 0.2m。双滚筒采煤机则按照采高来选，滚筒直径应稍大于采高的一半，以便采煤机能够一次采全高。

筒毂直径 D_g 愈大，滚筒内容纳碎煤的空间愈小，碎煤在滚筒内循环和重复破碎的可靠性愈大。在满足筒毂安装轴承和传动齿轮的条件下，应保持叶片直径和筒毂直径适当

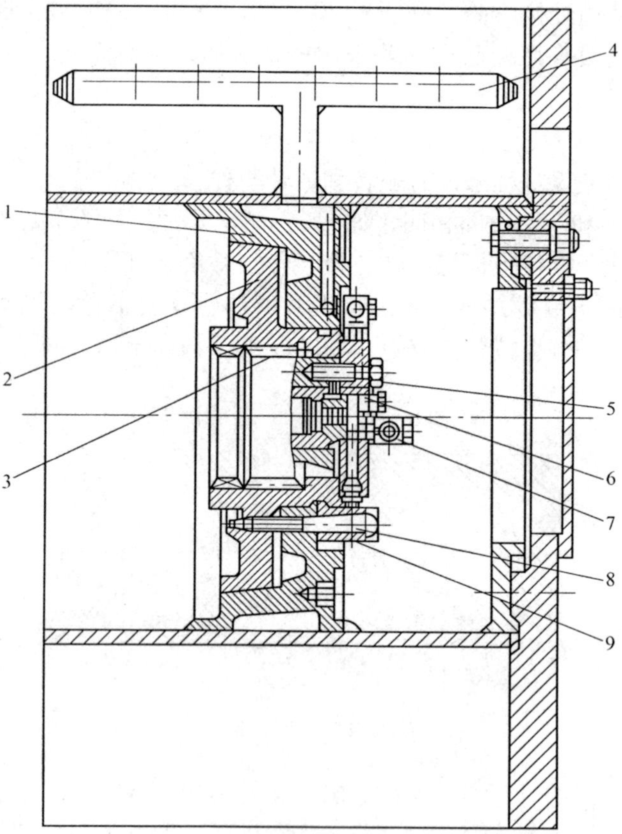

图 3－12 内齿轮副与锥形盘复合连接结构

1—圆锥套；2—圆锥盘；3—内齿轮；4—内喷雾分流器；

5，8—螺钉；6—挡板；7—内喷雾接口；9—卡环

的比例。对于 $D>1$m 的大直径滚筒，$\frac{D_y}{D_g}\geqslant 2$；对于 $D<1$m 的小直径滚筒，$\frac{D_y}{D_g}\geqslant 2.5$。

（2）滚筒宽度

滚筒宽度 B 为端盘宽度 B_t 和叶片导程 B_y 之和，应等于或大于采煤机的截深。滚筒的宽度一般为 0.6～0.8m。对于较薄的煤层，为了提高采煤机的生产率，滚筒宽度可为 0.8～1.0m；对于较厚的煤层，为了改善顶板的支护性能，滚筒宽度可取 0.5m。

（3）螺旋升角

单头螺旋叶片及其展开后的形状如图 3－13a、图 3－13b 所示。D_y 和 D_g 分别表示螺旋叶片的外径和内径，B_y 为螺旋叶片的导程。不同直径上的螺旋升角不同，螺旋叶片的外缘升角和内缘升角分别为 α_y 和 α_g。显然，螺旋叶片在外缘的升角小于内缘的升角，即 $\alpha_y<\alpha_g$。

$$\alpha_y=\tan^{-1}\frac{B_y}{\pi D_y}\text{小于}\ \alpha_g=\tan^{-1}\frac{B_y}{\pi D_g} \tag{3-10}$$

螺旋升角的大小直接影响滚筒的装煤效果。升角较大时，排煤能力强，装煤速度快，但升角过大会把煤抛到溜槽的采空侧；升角过小，煤在螺旋叶片内循环，造成煤的重复破

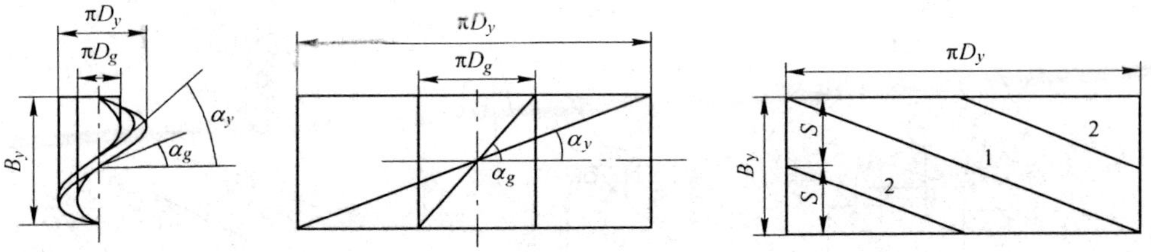

图 3－13 叶片螺旋升角及其头数

碎。国内外对螺旋升角曾进行过大量试验，我国一般认为 $\alpha=20°$。$\frac{\alpha_y+\alpha_g}{2}=30°\sim35°$时装煤效果较好。对于双头螺旋叶片（图 3－13c），螺旋升角为

$$\alpha=\tan^{-1}\frac{nS}{\pi D_y} \tag{3-11}$$

式中 n——螺旋头数；

S——螺距。

螺距的大小应保证煤从滚筒中顺利排出，一般为 0.25～0.4m。螺旋叶片头数主要是按截割参数的要求确定的。直径 $D<1250$mm 的滚筒一般用单头，$D<1400$mm 的滚筒可用双头或三头，$D<1600$mm 的滚筒可用三头或四头。

B 截齿

截齿装在螺旋滚筒上，是采煤机截煤的刀具。由于煤质软硬不同和煤层所含夹矸情况，截齿截煤时受力就有所不同，采用的截齿几何形状和尺寸就应有区别，对制造所用材料和工艺也有相应的要求。对截齿的基本要求是；强度高，耐磨性好，截割比能耗低，能适应较多的煤层条件，在齿座上安装可靠，易于拆装。

a 截齿类型

目前采煤机使用的截齿主要有扁截齿和锥形截齿两种。

扁截齿的刀体是沿滚筒的半径方向安装的，故常称为径向截齿。这种截齿适用于截割各种硬度的煤，包括坚硬煤和黏性煤，使用较多。其刀体端面呈矩形，固定方式如图 3－14所示。图 3－14a 中，销钉和橡胶套装在齿座侧孔内，装入截齿时靠刀体下端斜面将销钉压回，对位后销钉被橡胶套弹回至刀体窝内而将截齿固定；图 3－14b 中，销钉和橡胶套装在刀体孔中，装入时，销钉沿着斜面压入齿座孔中而实现固定；图 3－14c 中，销钉和橡胶套装在齿座中，用卡环挡住销钉并防止橡胶套转动，装入时，刀体斜面将销钉压回，靠销钉卡住刀体上缺口而实现固定。

锥形截齿的刀体安装方向接近于滚筒的切线，又称为切向截齿。这种截齿一般在脆性煤和节理发达的煤层中具有较好的截割性能。工作时，截齿在截割阻力作用下可在齿座内回转，达到自动磨锐齿尖的效果。其截齿形状及固定方式如图 3－15 所示。它的下部为圆柱形，上部为圆锥形（或带有扁刃）。将截齿插入齿座后，只要在尾部环槽内装入弹簧圈即可固定。

b 截齿在滚筒上的配置

螺旋滚筒上截齿的排列规律称为截齿配置。基本要求是：截割块煤多，煤尘少，截割比能耗小，滚筒受力较均衡，所受载荷变动小，机器运行稳定。

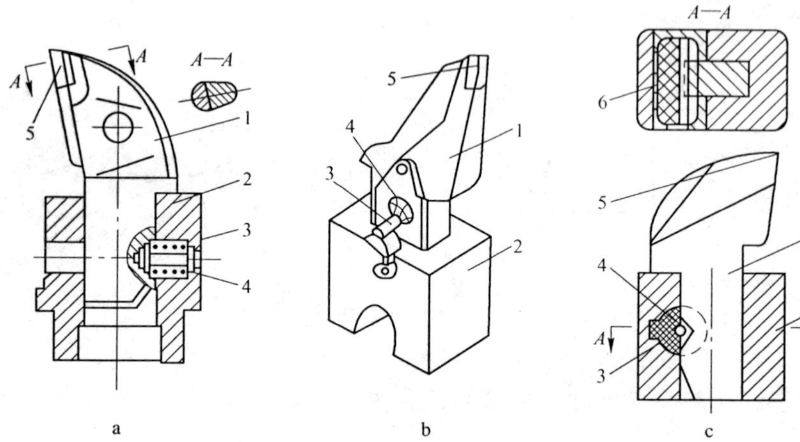

图3-14　扁形齿及其固定方式

1—刀体；2—齿座；3—销钉；4—橡胶套；5—硬质合金头；6—卡环

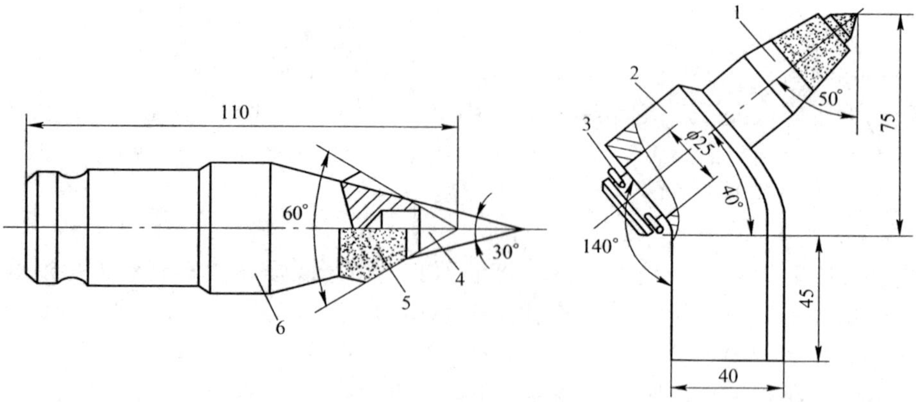

图3-15　锥形截齿及其固定方式

1—锥形截齿；2—齿座；3—弹簧圈；4—硬质合金头；5—碳化钨合金层；6—刀体

截齿配置情况可用截齿配置图来表示。截齿配置图表示了截齿在工作机构形成表面上的坐标位置，螺旋滚筒上工作机构的截齿配置图是滚筒上截齿齿尖所在圆柱面的展开图，如图3-16所示。图中水平线称为截线，是截齿齿尖的运动轨迹；相邻两条界限之间的距离称为截距，竖线表示截齿的位置坐标。螺旋滚筒上的截齿配置包括如下3部分。

(1) 端盘上的截齿配置。

端盘贴近煤壁工作，用以切出整齐的煤壁，为叶片工作开出自由面，并防止滚筒端面与煤壁摩擦。煤壁出煤的压张程度差，并处于半封闭截割条件，故工作条件恶劣，因此，端盘上齿密度大，截距小。端盘上的截距都是靠调节齿座倾角来获得的，向煤壁倾斜用“+”号，向采空区倾斜用“-”号。截齿向两侧倾斜，可以抵消作用在滚筒上的侧向力，安装的平均截距 t' 应为叶片部分平均截距 t 的一半。端盘上的截线数通常为4~7，端盘每条截线上的截齿数为 $m = m + (2\sim3)$ 个（m 为叶片上每条截线上的截齿数）；贴近煤壁的截线上截齿可以更多，以减小截齿的磨损。截齿沿圆周方向应均匀分布，以减小滚筒上的扭矩脉动。端盘上的截齿一般分为2~4组，每组由0°、-5°、+35°、+20°、+35°、-15°、0°、+35°、+20°及+35°10个齿组成。

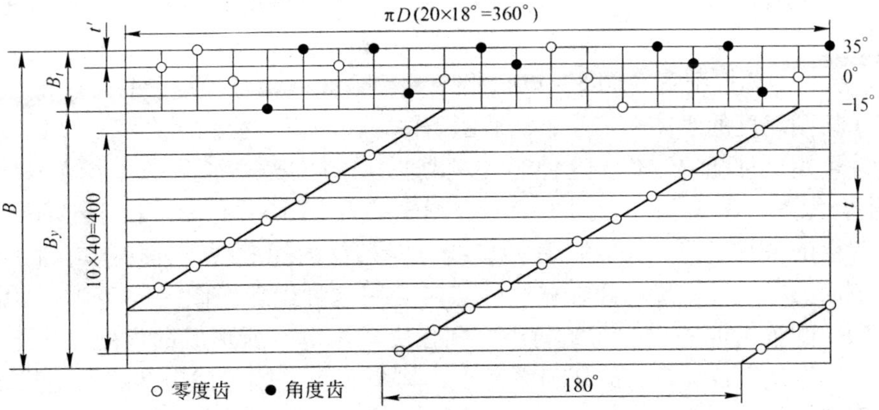

图 3 - 16 双头螺旋滚筒截齿配置图

端盘截割宽度一般为 70 ~ 130mm，最大倾角的截齿应伸出端面 35 ~ 50mm。

（2）叶片上的截齿配置

叶片上截齿的截线间距（简称截距）t 一般为 32 ~ 65mm，对硬、韧性煤，t 可小于此值，但是 t 太小则煤太碎，截割比能耗增大；对脆性煤使用切向截齿时，t 可大于此值。叶片上每条截线的截齿数 $m = 1 \sim 3$，可根据螺旋头数选取。为使滚筒上的载荷均匀，两相邻截齿沿圆周分布的角度（或距离）应该相等。

根据每条截线上截齿数 m 与叶片头数 z 的比值不同，截齿在叶片上的配置方式可分为以下 4 种（见图 3 - 17）。

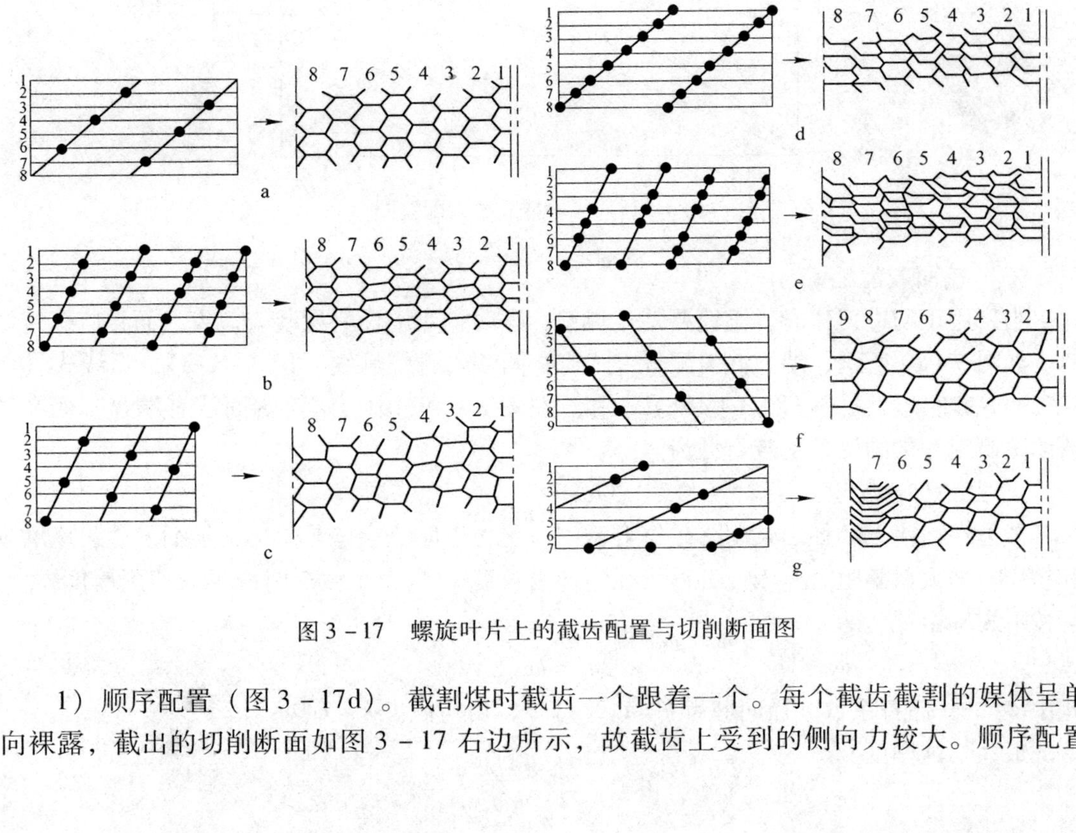

图 3 - 17 螺旋叶片上的截齿配置与切削断面图

1）顺序配置（图 3 - 17d）。截割煤时截齿一个跟着一个。每个截齿截割的媒体呈单向裸露，截出的切削断面如图 3 - 17 右边所示，故截齿上受到的侧向力较大。顺序配置时，$m/z=1$，叶片头数与同一截线上的截齿数相等。这种配置方式用得最普遍，适用于硬煤。

2）交差（棋盘）配置（图3－17a，图3－17b）。截煤时，每个截齿在相邻两截齿超前开出半个切削厚度的煤体上工作，故截割条件好，截齿不受侧向力。一般双头螺旋和四头螺旋叶片可用这种配置方式。这种配置方式适用于脆性煤。

3）混合配置（图3－17c、图3－17e、图3－17f、图3－17g）。图3－17c，图3－17f中不同叶片上的截线组成一条与叶片螺旋线方向相反的螺旋线，其切削端面接近交差配置，但有侧向力。三头螺旋叶片在截脆性煤时可用这种配置。图3－17c中，叶片上每3个截齿按顺序配置组成一组，而组与组之间按交差配置，所形成的切削厚度不等。在图3－17g中，边缘截齿数加多，故切削厚度小，其余截线上截齿截出接近交差配置的断面。切屑断面图可以使我们直观地看出每个截齿的工作顺序和切屑断面形状，从而判断截齿配置是否合理。

4）不等截距配置前3种叶片上的截齿配置均采用等截距，故截齿沿圆周方向分布均匀，螺旋叶片的升角是保持不变的，截煤效果不理想。而理想的截距应从煤壁向外逐渐加大，即采用不等截距（图3－18）。这种配置方式的截齿沿圆周均匀分布，叶片升角由煤壁向外逐渐加大（图3－18中实线），装煤效果好，但叶片的制造较难。在不等截距配置情况下，如果采用等升角叶片（图3－18中虚线），势必使截齿沿圆周分布不均，导致载荷变化较大。

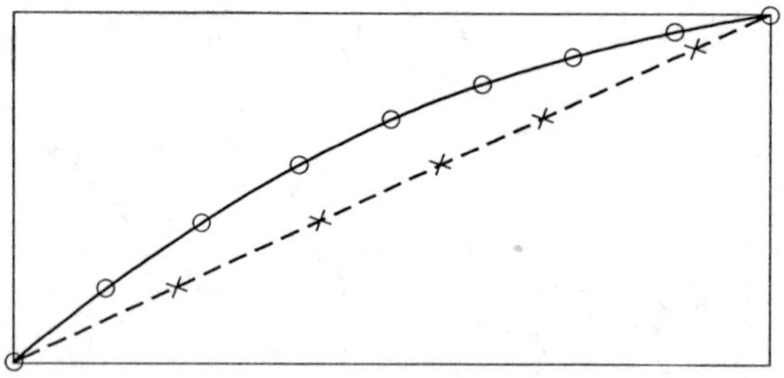

图3－18　不等截距截齿配置图

（3）端面截齿配置

当采用正切进刀法时，滚筒要钻入煤壁，这时端盘端面必须装有截齿，而且应有排煤口。如图3－19所示，端面截齿配置方式有：阿基米德螺旋线（图3－19a）、弧线式（图3－19b）、直线辐条式（图3－19c）3种。在图3－19c中，滚筒端面没有端盘，而在铸造的滚筒叶片端的辐条上装有截齿。

c　截齿伸出长度

截齿在齿座上的伸出长度必须符合截割工况，以防止齿座与煤体接触而发生齿座磨损和挤煤，增大截割阻力，因此，截齿径向伸出长度 l_p 应大于截煤时的最大切削厚度 h_{max}，可按下式确定：

$$l_p = kh_{max} \tag{3-12}$$

式中　k——储备系数，径向截齿 $k=1.3\sim1.6$，切向截齿 $k=1.0\sim1.2$。

最大切削厚度

$$h_{max} = \frac{1000 v_{qmax}}{nm} \tag{3-13}$$

式中 v_{qmax}——最大牵引速度，m/min；

n——滚筒转速，r/min；

m——同一截线上的截齿数。

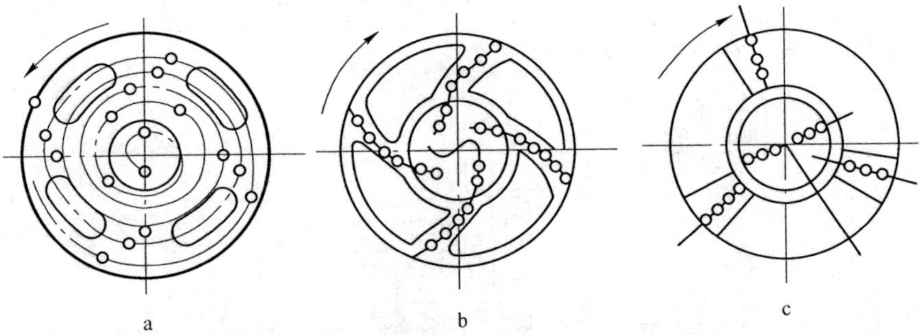

图3-19 端盘的排煤孔和截齿配置

d 截齿材料

截齿刀体的材料一般为40Cr，35CrMnSi，35SiMnV等合金钢，经调质处理后获得足够的强度和韧性。扁形截齿的刀体镶有硬质合金核或片，镐形截齿的刀头堆焊硬质合金层。硬质合金是一种碳化钨和钴的合金。碳化钨硬度极高，耐磨性好，但性质脆，承受冲击载荷的性能差。在碳化钨中加入适量的钴，可以提高硬质合金的强度和韧性，但硬度稍有降低。截齿上的硬质合金常用YG-8C或YG-11C，YG-8C适用于截割软煤或中硬煤，而YG-11C适于截割坚硬煤。

e 截齿的失效形式及寿命

截齿的失效形式有磨损、弯曲、崩合金片、掉合金层、折弯、丢失等，其中主要是磨损。截齿磨损程度主要取决于煤层及夹矸的磨蚀性，磨损后齿端与煤的接触面积增大，截割阻力急剧上升。一般规定截齿齿尖的硬质合金磨去1.5~3mm或与煤的接触面积大于$1cm^2$时应及时更换。其他失效形式出现时，也必须及时更换。

截齿的消耗量一般为10~100个/kt煤，在生产中应尽量修复截齿，降低消耗。

C 传动方式及传动特点

滚筒采煤机截割部传动装置的作用是将采煤机电动机的动力传递到滚筒上，以满足滚筒转速及扭矩的需要；同时传动装置还要适应滚筒调高的要求，使滚筒保持适当的工作位置。

采煤机截割部的功率消耗占装机功率的80%~90%，并且承受很大的负载及冲击载荷，因此，要求截割部传动装置具有高的强度、刚度和可靠性，以及良好的润滑、密封、散热条件和高的传动效率等。

a 传动方式

采煤机截割部大多采用齿轮传动，主要有以下4种方式（见图3-20），其中：图3-20a为DY-150型采煤机，图3-20b是AM-500型采煤机，图3-20c为DTS-300型采煤机，图3-20d是3LS采煤机。

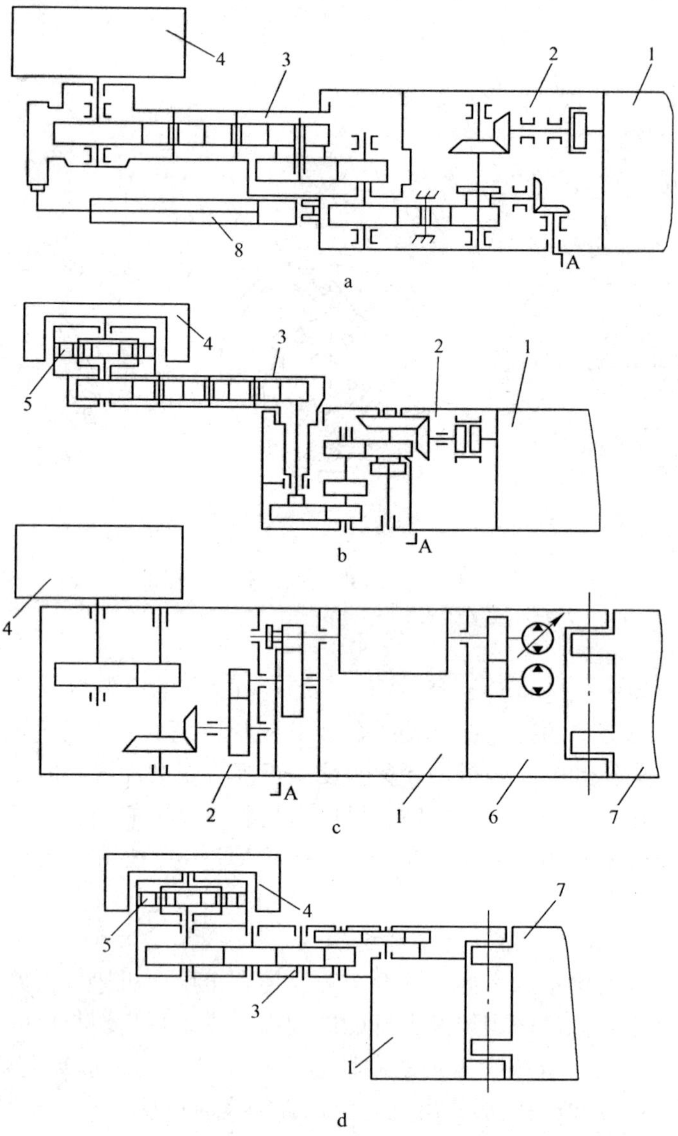

图 3 -20 截割部传动方式

1 —电动机；2 —固定减速箱；3 —摇臂；4 —滚筒；5 —行星齿轮传动；

6 —泵箱；7 —机身及牵引部；8 —调高油缸；A —离合器把手

（1）电动机 - 机头减速器 - 摇臂减速器 - 滚筒。这种传动方式（见图 3 -20a）应用较多，DY -150，MZS_2 -150，BM -100，SIRUS -400 等型采煤机都采用这种传动方式。它的特点是传动简单，摇臂从机头减速箱端部伸出（称为端面摇臂），支承可靠，强度和刚度好，但摇臂下限位置受输送机限制，卧底量较小。

（2）电动机 - 机头减速箱 - 摇臂减速箱 - 行星齿轮传动 - 滚筒

由于行星齿轮传动比较大，因此可使前几级传动比减小，系统得以简化，并使行星齿轮的齿轮模数减小。但行星齿轮的采用使滚筒筒毂尺寸增加，因而这种传动方式（见图 3 -20b）适应在中厚煤层以上工作的大直径滚筒采煤机。大部分中厚煤层采煤机如 AM -

500，BJD－300，MLS3－170，MXA－300，MCLE－DR65656 等机型都采用这种方式。这里摇臂从机头减速箱侧面伸出（称为侧面摇臂），所以可获得较大的卧底量。

在以上两种传动方式中都采用摇臂调高，获得良好的调高性能，但摇臂内齿轮较多，要增加调高范围必须增加齿轮数，加长摇臂。由于滚筒上受力大，摇臂及其与机头减速箱的支承比较薄弱，所以只有加大支承距离才能保证摇臂的强度和刚度。

（3）电动机－机头减速箱－滚筒

这种传动方式（见图 3－20c）取消了摇臂，而靠由电动机、机头减速器和滚筒组成的截割部来调高，使齿轮数大大减少，机壳的强度、刚度增大，可获得较高的调高范围，还可使采煤机机身长度大大缩短，有利于采煤机开切口等工作。

（4）电动机－摇臂－行星齿轮传动－滚筒

该传动方式（见图 3－20d）主电动机采用横向布置，使电动机轴与滚筒轴平行，取消了承载大、易损坏的锥齿轮，使截割部更为简化。采用这种传动方式可获得较大的调高范围，并使采煤机机身长度进一步缩短。新型的电牵引采煤机，如 3LS、EDW－150－2L、R550 等均采用这种传动方式。

b 传动特点

（1）采煤机截割部的电动机多采用四级电动机，其转速为 $n_d=1460\sim1475\mathrm{r/min}$，即滚筒转速为 $n=20\sim50\mathrm{r/min}$，因此截割部总传动比为

$$i=\frac{n_d}{n}=\frac{1460\sim1475}{20\sim50}=75\sim30$$

一般采用 3～5 级齿轮减速。由于采煤机机身高度受到严格限制，所以各级传动比不能平均分配，一般前级传动比较大，而后级逐渐减小，以保持尺寸均匀。各圆柱、圆锥齿轮的传动比一般不大于 3～4，当末级采用行星齿轮传动时，其传动比可达 5～6。

（2）采煤机电动机轴心与滚筒轴心垂直时，传动装置中必须装有圆锥齿轮。为减小传递扭矩和便于加工，圆锥齿轮一般放在高速级（第一级或第二级），并采用弧齿锥齿轮。两锥齿轮在安装时应使两轮的轴向力将两轮推开，以增大齿侧间隙，避免轮齿楔紧造成损坏。弧锥齿轮的轴向力方向取决于齿轮转向及螺旋线方向。

（3）采煤机电动机除驱动截割部外还要驱动牵引部时，截割部传动系统中必须设置离合器，使采煤机在调动工作或检修时将滚筒与电动机脱开。离合器一般放在高速级，以减小尺寸和便于操纵。

（4）为适应不同煤质要求，滚筒有两种以上转速，因此截割部应有变速齿轮（常利用离合手把 A 来变速）。没有变速齿轮时，至少应当设置配对变速齿轮，以获得两种以上转速。

（5）为加长摇臂、扩大调高范围，摇臂内常装有一串惰轮，从而使截割部齿轮数较多。

（6）由于行星齿轮传动为多齿啮合，传动比大，效率高，可减少齿轮模数，故末级采用行星齿轮传动可简化前几级传动。

（7）因采煤机承受大的冲击载荷，为保护传动件，某些采煤机（如 MG－300 及 MCLE－DR6565）的传动系统设置了安全剪切销。当外载荷到了 3 倍额定载荷时，剪切销被剪断，滚筒停止工作。剪切销一般放在高速级。

D 截割部减速器

液压牵引采煤机的截割部一般包括机头减速箱和摇臂减速箱。但也并非所有的采煤机都包括这两个部分，如 MG－475 型液压牵引采煤机和 MG300/720－AWD 型电牵引采煤机，只有摇臂减速箱而无机头减速箱。

a 机头减速箱

MG－300 型液压牵引采煤机截割部机头部固定减速箱如图 3－21 所示。

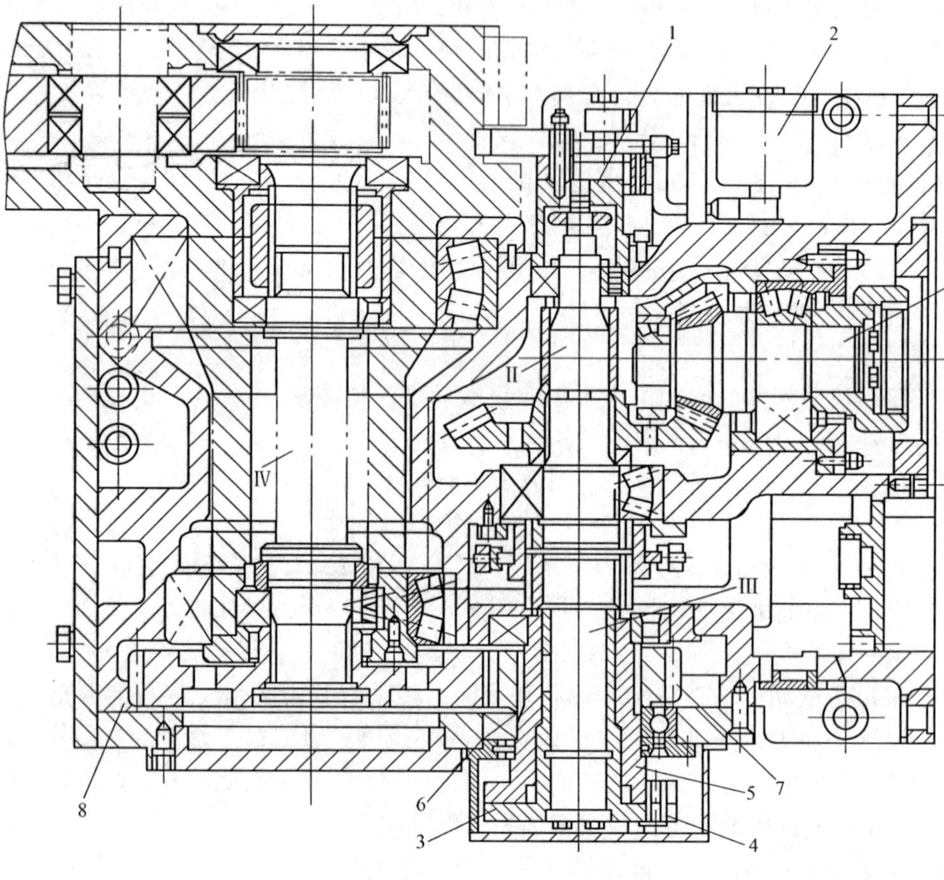

图 3－21 机头部固定减速箱

1—润滑泵；2—冷却泵；3—过载保护套；4—安全销；5—轴套；6—轴承；7，8—齿轮；Ⅰ，Ⅱ，Ⅲ，Ⅳ—轴件

机头减速箱的箱体为一铸造矩形结构，箱体内主传动轴承孔、离合器安装孔、放油孔、放气孔、加油孔与底托架的定位孔、螺栓孔等位置都是上、下对称的。因此，在减速箱进行组装时，箱体没有左、右之分，可以翻转 180°使用。但已经装好的左、右机头减速箱不能互换。

Ⅰ轴：锥齿轮轴Ⅰ装入轴承杯中，由轴承 3613 及 7524（两个）支承，联轴节压紧 7524 轴承内圈。采用这种结构是为了使轴锥齿轮处于两支座的中间，可改变其受力状态。轴承杯上开有缺口，使小锥齿轮外露，确保大、小锥齿轮的啮合。轴承 3613 只承受径向力，而轴承 7524 不仅承受径向力还要承受轴向力，左轴承受拉，右轴承受推，依靠调整垫来调整两轴承的轴向间隙保持在 0.08～0.15mm 之间。

Ⅱ轴：大锥齿轮通过矩形花键安装在轴上，而轴由轴承 3613 和 3622 支承在箱体内。轴承 3613 只承受径向力，而轴承 3622 承受径向力和轴向力。锥齿轮副的间隙保证在 0.3～0.4mm 之间，由左、右垫片来调整。轴的上端安装一对直齿圆柱齿轮（$m=3$，$Z_1=37$，$Z_2=15$）来驱动润滑泵。轴的下端为渐开线花键，并有花键滑套。花键上有滑环嵌在拨叉的拨块里，滑环通过平键及挡圈与花键套固定。当拨叉拨动时，花键套向下或向上移动，使Ⅱ轴与Ⅲ轴脱开或啮合，以达到离合的目的。

Ⅲ轴：该轴下端是剪切盘，上端是渐开线花键轴。花键与过载保护套 3 连接，中间部分装入轴套 5 中，轴套与齿轮 7 用花键连接，两端靠轴承 42232 及 42140 分别支承在箱体和大盖板上。过载保护套及轴套之间装有过载剪切销 4。电动机动力靠齿轮离合器传到Ⅲ轴，经过载保护套、剪切销传给轴套，再由轴套与花键连接的齿轮传到Ⅳ轴。当滚筒过载严重时，剪切销剪断，从而保护电动机及传动部件。过载保护装置位于采空区侧箱体外，轴承 42232 及 42140 的轴向间隙保证在 0.2～1.3mm 之间。

Ⅳ轴：该轴轴承 32226 和 3524 支承在摇臂内，下端齿轮通过矩形花键与轴连接；上端为渐开线花键，上有花键套。该轴组件要在摇臂与固定减速箱连接后再装入。

b　摇臂减速箱

MG－300 型液压牵引采煤机摇臂减速箱如图 3－22 所示。

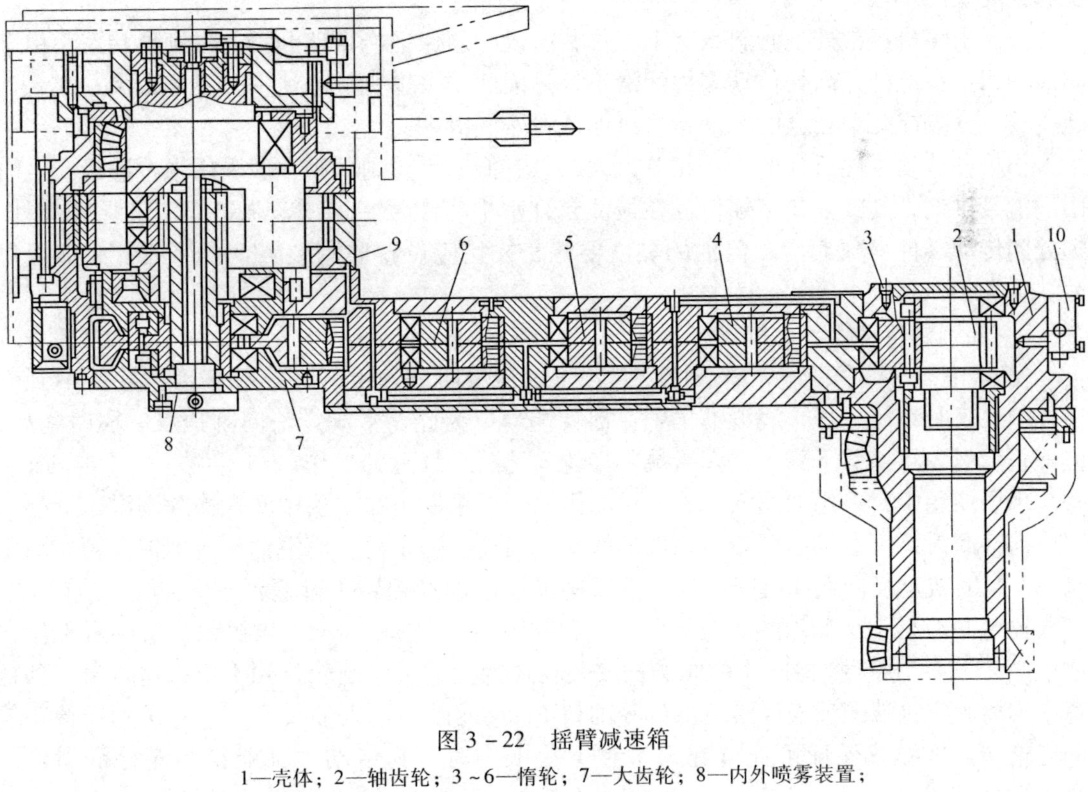

图 3－22　摇臂减速箱

1—壳体；2—轴齿轮；3～6—惰轮；7—大齿轮；8—内外喷雾装置；
9—行星传动装置；10—转向阀

该机采用弯摇臂整体结构的摇臂套，有利于装煤。摇臂壳外还焊有一水套层，用以冷却摇臂。左、右摇臂不能互换。

摇臂减速箱由壳体1，轴齿轮2，惰轮3、4、5、6和大齿轮7，内外喷雾装置8，行星传动装置9及转向阀10等组成。

动力由机头减速箱的Ⅳ轴（图3－21）传入摇臂齿轮，而轴齿轮由2个轴承42230和42528支承在摇臂壳体上。装配时应保持轴承端面间隙在0.15～0.20mm之间。动力经惰轮3，4，5，6传到大齿轮7及行星传动装置9来驱动滚筒。大齿轮7由2个轴承32236分别通过轴承套及大端盖固定在摇臂壳体上，应保持2个轴承端面间隙在0.15～0.20mm之间。行星齿轮传动装置的中心轮是浮动结构，它通过中心轮花键侧隙来保证浮动。行星齿轮装置的内齿圈及轴承架用16根M24螺栓及6根ϕ30圆柱销紧固在摇臂箱上。

E　截割部的润滑

采煤机截割部因传递功率大而发热严重，其壳体温度可高达100℃，因此，截割部传动装置的润滑十分重要。

a　固定减速箱的润滑

减速箱中最常用的润滑方法是飞溅润滑，即将一部分传动零件浸在油池内，靠它们向其他零件供油和溅油；同时，油被甩到箱壁上，以利散热，并使轴承获得必要的飞溅润滑。油面位置在同一水平或接近同一水平时，飞溅润滑具有良好效果。

飞溅润滑的优点是：润滑强度高，工作零件散热快，不需润滑设备，对润滑油中的杂质和黏度敏感降低。

由于采煤机经常处在倾斜状态下工作，所以必须保证能自然润滑。在倾斜状态下由于润滑油积聚在低处，高处传动零件润滑不好。因此，采煤机的油池一般不能太大，或人为地将油池分隔成几个独立的小油池，以保证自然润滑。

如果各传动零件所在的水平相差太大，具有低速齿轮副，则一般采用强迫润滑。这时由润滑泵供油，其吸油口必须保证在最低允许水平时能浸在油中。强迫润滑能保证高处、远处的传动零件得到润滑。但油的黏度要好，并且应设置监测装置，以保证各润滑点供油。

b　摇臂内传动零件的润滑

摇臂内传动零件的润滑是个特殊问题。割顶煤时滚筒上升，摇臂端部齿轮得不到润滑；割底煤时滚筒下降，润滑油集中在摇臂端部。为此，常规定滚筒割顶煤一段时间后，应停止牵引，将摇臂下降，以润滑端部齿轮，然后继续上升工作。

现场使用中，采用如图3－23所示的供油润滑系统可在牵引中实现连续润滑。

摇臂润滑泵5专供摇臂箱传动件的润滑。当摇臂上举时，润滑油都流到摇臂箱靠固定箱端，这时机动换向阀4处于Ⅱ位，摇臂中的润滑油经摇臂下部吸油口3、机动换向阀4进入摇臂润滑泵5，排出的油经管道送到摇臂中润滑齿轮和轴承。当摇臂下落到水平位置或下倾22°时，机动换向阀4的阀芯被安装在摇臂上的一个凸轮打到Ⅰ位，这时集中到摇臂中远离固定箱端的油液经滚筒端的吸油口1、换向阀4进入油泵后，又被送到摇臂箱靠固定箱端。这样就保证了摇臂在上举和下落工作时，其传动件都能得到充分润滑。图3－23中的摇臂润滑泵5和油冷却泵6靠固定减速箱中Ⅱ轴的齿轮带动（见图3－21）。

3.1.4.2　牵引部

牵引部是采煤机的重要组成部件，它不但负担采煤机工作时的移动和非工作时的调动，而且牵引速度的大小直接影响工作机构的效率和质量，并对整机的生产能力和工作性能产生很大影响。

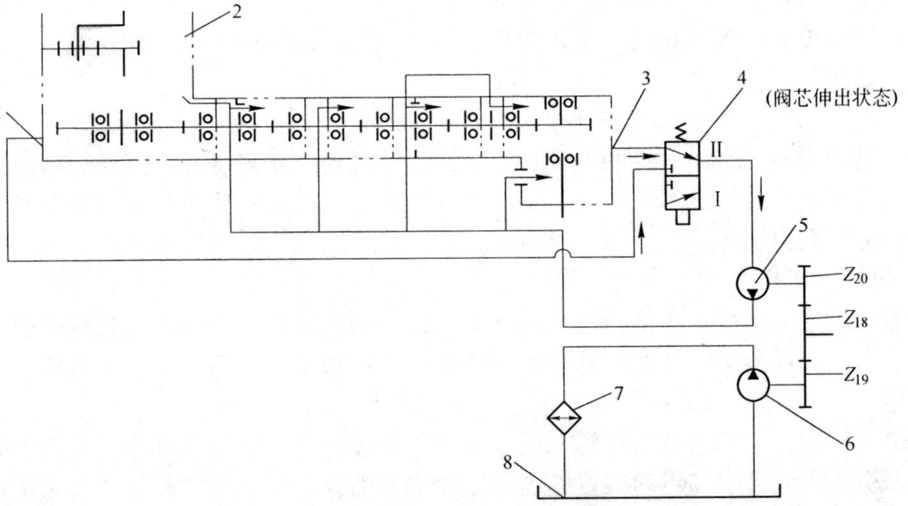

图 3-23 截割部润滑系统

1，3—吸油口；2—摇臂；4—机动换向阀；5—摇臂润滑泵；6—油冷却泵；7—冷却器；8—固定箱油池

牵引部由传动装置和牵引机构两大部分组成。传动装置的重要功能是进行能量转换，即将电动机的电能转换成传动主链轮或驱动轮的机械能。牵引机构是协助采煤机沿工作面行走的装置。传动装置装于采煤机本身的为内牵引，装在采煤工作面两端的为外牵引。绝大部分采煤机采用内牵引，仅在薄煤层中为了缩短机身长度才采用外牵引。随着高产高效工作面的出现以及采煤机功率和牵引力的增大，为了工作面更加安全可靠，无链牵引机构逐渐取代了有链牵引。

对牵引部的要求：

（1）传动比大。在液压传动或机械传动的牵引部中，因为采煤机牵引速度一般为$v_q = 0 \sim 10$m/min，所以传动装置的总传动比在 300 左右。如果采用可调速的电动机，则传动比可相对减小。

（2）牵引力大。随着工作面生产能力的提高，采煤机必须具有很大的牵引力。为了提高牵引力，在液压牵引方式中常采用双牵引方式，即液压泵向两个液压马达同时供油，但牵引速度随之下降；而在电牵引采煤机中则无此问题，牵引力最大可达 1050kN。

（3）能实现无级调速。采煤机在割煤时，外载荷在不断变化，要求牵引速度能随着截割载荷的变化而变化。在液压牵引采煤机中通过控制变量泵的流量来实现；在电牵引采煤机中则通过控制牵引电动机的转速来实现。

（4）能实现正反向牵引和停止牵引。在液压牵引采煤机中常采用单电动机，即截割和牵引共用一台电动机，因此牵引方向的改变或停止牵引是通过液压泵供油方向的改变或停止供油来实现的。电牵引采煤机采用多电动机驱动，截割电动机和牵引电动机是分开的，因此易于实现牵引部正反向牵引和停止牵引，而且在采煤机各种工况下的操作方法也大为简化。

（5）有完善可靠的安全保护。在液压牵引采煤机中，主要根据电动机的负荷变化和牵引阻力的大小来实现自动调速或过载回零（停止牵引），先进的液压牵引采煤机中还设有故障监测和诊断装置。在电牵引采煤机中主要是通过对牵引电动机的控制来保证牵引部的安全可靠运行。

（6）操作方便。牵引部应有手动操作、离机操作及自动调速等装置。

（7）零部件应有高的强度和可靠性。虽然牵引部只消耗采煤机装机功率的10%～15%，但因牵引速度低、牵引力大、零部件受力大，所以必须要有足够的强度和可靠性。

A 牵引机构

a 链牵引机构

虽然采煤机的装机功率不断增大，对牵引机构的要求越来越高，而且链牵引本身也存在断链、卡链和反链敲缸、速度脉动等一些缺点，但链牵引作为一种牵引机构，现在仍被广泛应用。

链牵引机构包括牵引链、链轮、链接头和紧链装置等。链牵引的工作原理如图3－24所示。牵引链3与牵引部传动装置的主动链轮1相啮合，绕过导向链轮2与紧链装置4连接，两个紧链装置分别固定在工作面刮板输送机的机头和机尾上。紧链装置的作用是使牵引链具有一定的初拉力，使吐链顺利。当主动链轮逆时针方向旋转时，牵引链从右段绕入，这时左段链为松边，其拉力为p_1，右段链为紧边，其拉力为p_2，因而作用于采煤机的牵引力为

$$p = p_2 - p_1 \tag{3-14}$$

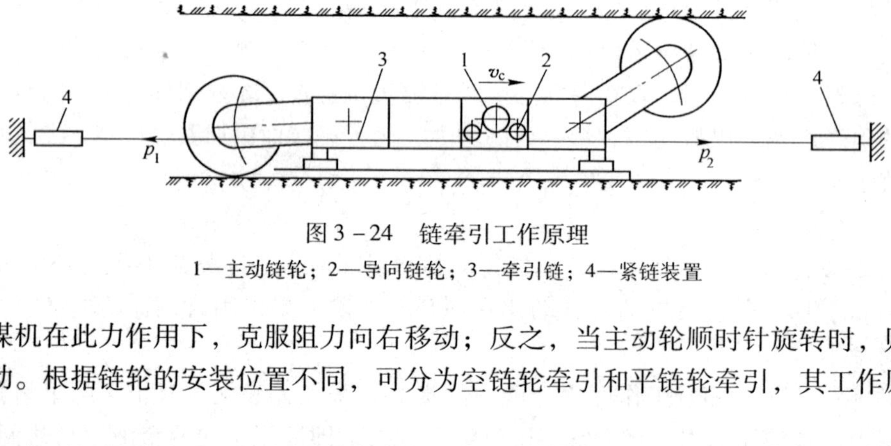

图3－24 链牵引工作原理

1—主动链轮；2—导向链轮；3—牵引链；4—紧链装置

采煤机在此力作用下，克服阻力向右移动；反之，当主动轮顺时针旋转时，则采煤机向左移动。根据链轮的安装位置不同，可分为空链轮牵引和平链轮牵引，其工作原理是相同的。

（1）牵引链及其接头。牵引链采用高强度（C级或D级）矿用圆环链（图3－25），它是用23MnCrNiMo优质钢棒料压弯成形后焊接而成的。采煤机常用的牵引链为ϕ22mm×86mm圆环链。

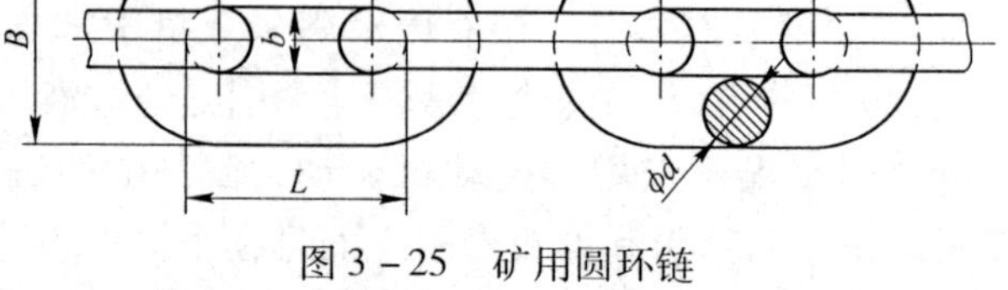

图3－25 矿用圆环链

矿用圆环链已有颁部标准（MT36—80）。圆环链一般为奇数个链环组成的链段，以便于运输，使用时将这些链段用链接头（图7－26）连成所需的长度。图3－26所示链接头由两个半圆环1侧向扣合而成，用限位块2横向推入并卡紧，再用弹性销3紧固。这种接头破断拉力大，是我国常用的一种。

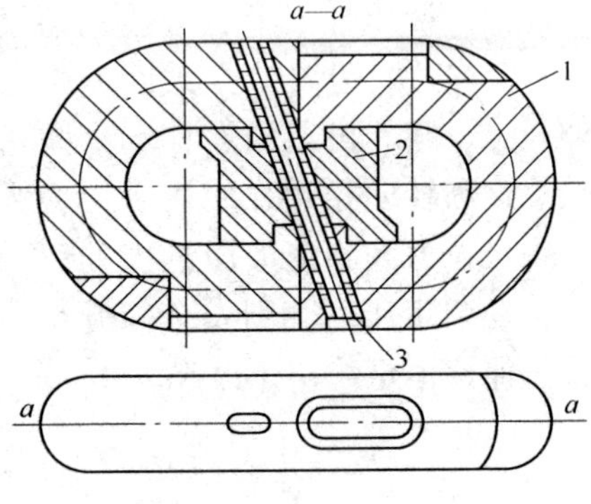

图3－26 圆环链接头

1—半圆环；2—限位块；3—弹性销

此外，还有锯齿式、插销式、卡块式等链接头。

（2）链轮。图3－27所示的链轮形状比较特殊，通常用35CrMnSi钢制成。圆环链缠绕到链轮上后，平环链棒料中心所在的圆称为节圆（其直径为D_0），各中心点的连线在节圆内构成了一个内接多边形。若链轮齿数为z，则内接多边形边数为$2z$，边长分别为（$t+d$）和（$t-d$），故链轮旋转一圈，绕入的圆环链长度为

$$z(t+d)+z(t-d)=2zt \tag{3-15}$$

因此，链牵引采煤机的平均牵引速度为

$$v_q=\frac{2ztn_s}{1000} \tag{3-16}$$

式中 v_q——牵引速度，m/min；

z——链轮齿数；

t——圆环链节距，mm；

n_s——链轮转速，r/min。

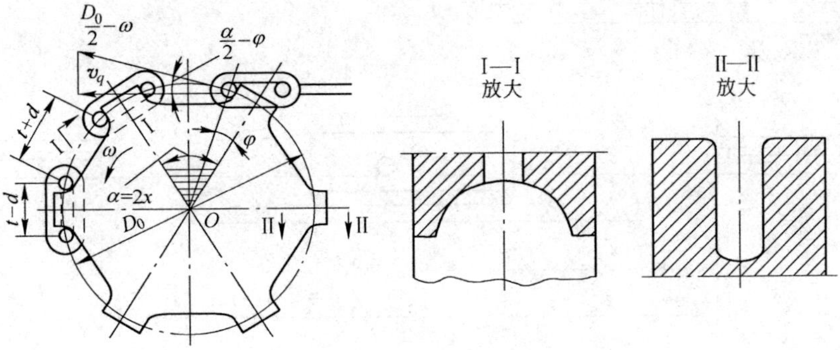

图3－27 链轮结构及其啮合关系

链牵引的缺点是牵引速度不均匀，这将导致采煤机的负载不平稳。牵引速度的变化如图3－28所示，齿数越少，速度波动越大。主动链轮的齿数一般为5～8。

（3）紧链装置。通常，牵引链通过紧链装置固定在输送机两端。紧链装置产生的初拉力可使牵引链拉紧，并可缓和因紧边链转移到松边时弹性收缩而增大紧边的张力。

液压紧链器（见图3－29a）利用支架泵站的乳化液工作。高压液经截止阀4、减压阀5、单向阀6进入紧链缸3，使连接在活塞杆端的导向轮2伸出而张紧牵引链。其预紧力

为活塞推力的一半。将紧边液压缸活塞全部收缩，松边液压缸使牵引链达到预紧力（见图3-29b）。紧边因拉力大而产生很大的弹性伸长量，随着机器向右移动，紧边的弹性伸长量逐渐转向松边，使松边拉力大于预紧力，一旦拉力大到使液压缸内的压力超过安全阀7的调定压力，则安全阀开启，从而使松边链保持恒定的初拉力 P_0。

$$P_0 = \frac{1}{2} p_a \frac{\pi}{4} D^2 \qquad (3-17)$$

式中 D——液压缸缸径。

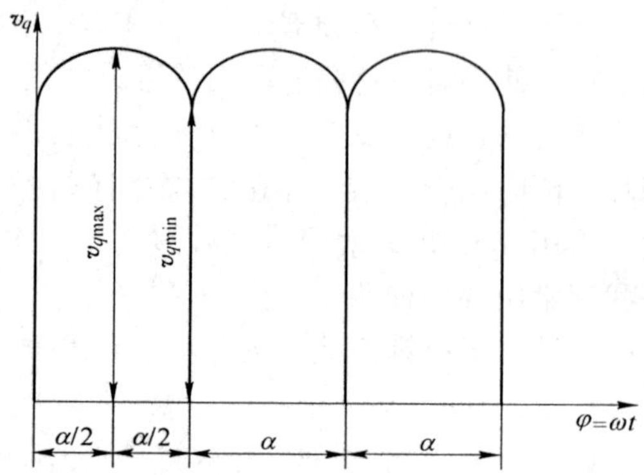

图3-28 链速变化规律

调节安全阀压力 P_0，可使初拉力达到30~60kN。

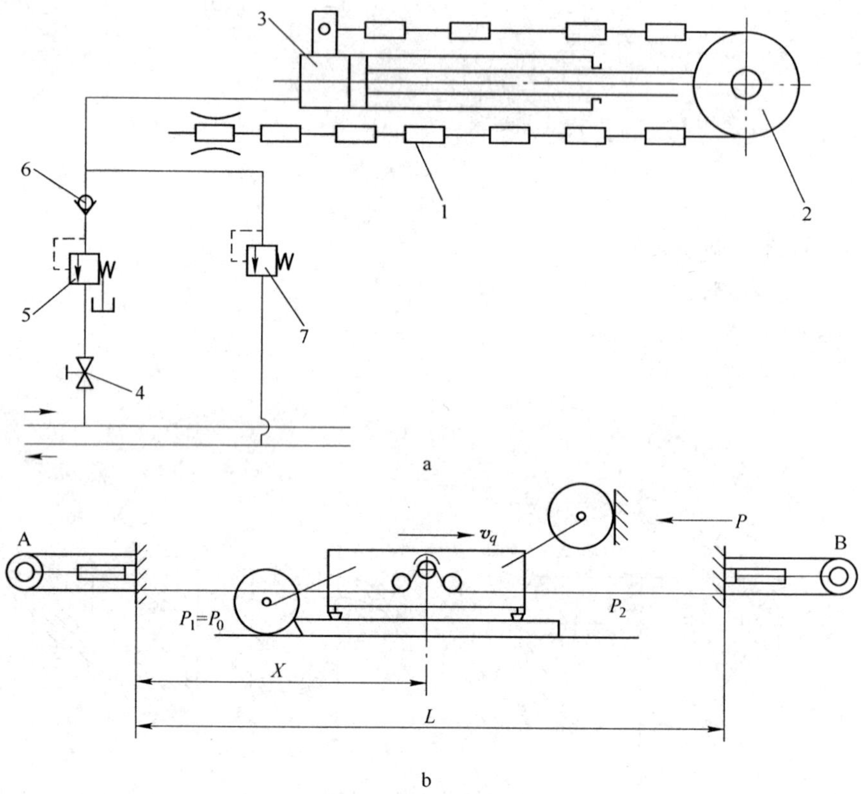

图3-29 液压紧链器原理

1—牵引链；2—导向轮；3—紧链缸；4—截止阀；5—减压阀；6—单向阀；7—安全阀

液压紧链器的优点是松边拉力恒为常数（$P_1 = P_0$），从而紧边拉力（$P_2 = P_0 + P$）也能维持较稳定的数值。

b 无链牵引机构

采煤机向大功率、重型化和大倾角方向发展以后，链牵引机构已不能满足需要，因此，从20世纪70年代开始，链牵引已逐渐减少，无链牵引得到了很大发展。

（1）工作原理和结构形式。无链牵引机构取消了固定在工作面两端的牵引链，以采煤机牵引部的驱动轮或再经中间轮与铺设在输送机槽帮上的齿轨相啮合，从而使采煤机沿工作面移动。无链牵引的结构形式很多，主要有以下4种。

1）齿轮－销轨型。这种无链牵引机构是以采煤机牵引部的驱动齿轮经中间齿轨轮与铺设在输送机上的圆柱销排式齿轨（即销轨）相啮合（见图3－30）使采煤机移动。驱动轮的齿形为圆弧曲线，中间轮为摆线齿轮。销轨由圆柱销（直径55mm）与两侧厚钢板焊成节段（销子节距125mm），每节销轨长度是输送机中部槽长度的一半（750mm），销轨接口与溜槽接口相互错开。当相邻溜槽的偏转角为α时，相邻齿轨的偏转角只有$\alpha/2$，以保证齿轮和销轨的啮合（见图3－31）。如MXA－300型和EDW－300L型采煤机就是采用的这种牵引机构。

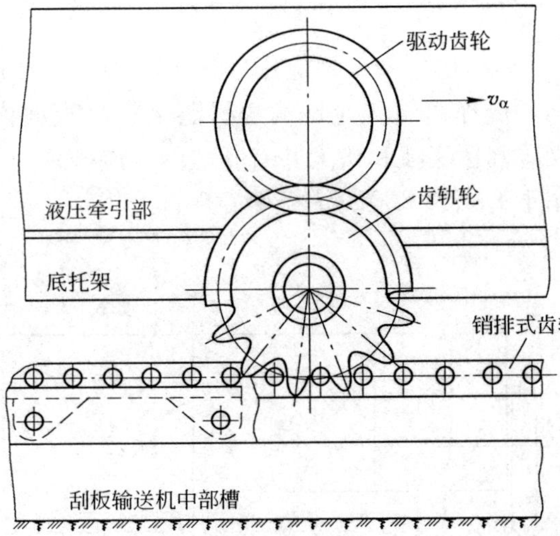

图3－30 齿轮－销轨型无牵引链牵引机构

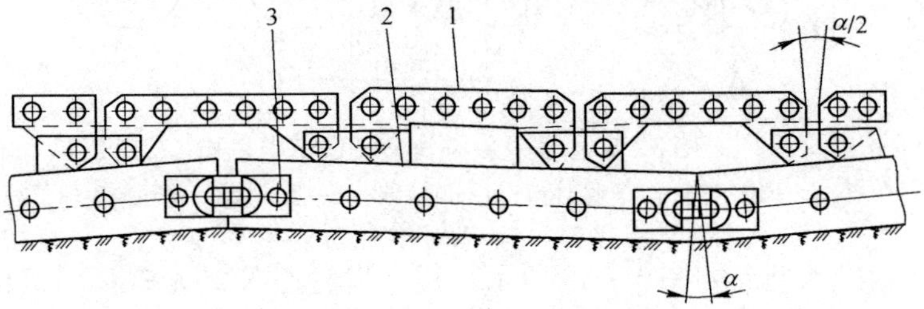

图3－31 销轨及其安装

1—销轨；2—销轨座；3—输送机溜槽

2）滚轮－齿轨型。这种无链牵引机构（图3－32）由装在底托架内的两个牵引传动箱分别驱动两个滚轮（即销轮），滚轮与固定在输送机上的齿条式齿轨相啮合而使采煤机移动。滚轮由5个直径为100mm的圆柱销组成。牵引部主泵经两个液压马达分别驱动牵引传动箱，因此，这是一种无链双牵引系统。这种牵引机构的牵引力大，可用于大倾角煤层工作。MG－300型和AM－500型采煤机都采用这种无链牵引机构。

3）链轮－链轨型。图3－33所示的这种牵引机构由牵引部传动装置1的驱动链轮2与铺设在输送机采空侧挡板5内的圆环链3相啮合而移动采煤机。与链轮同轴的导向滚轮

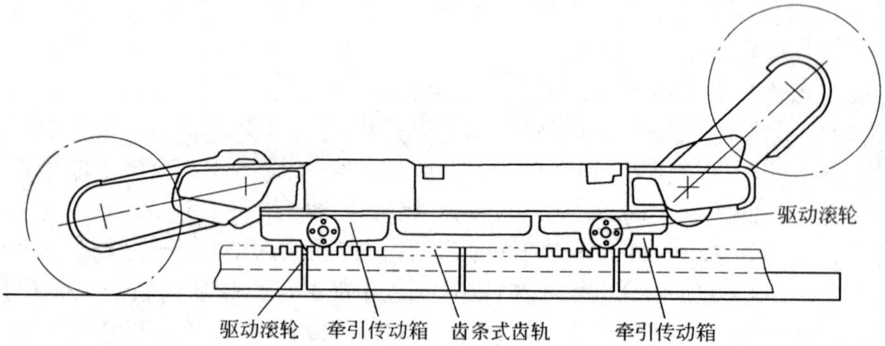

图 3－32 滚轮－齿轨型无链牵引机构

6 支承在链轨架 4 上用以导向。底托架 7 两侧用卡板卡在输送机相应槽内定位。这种牵引机构因采用了挠性好的圆环链作齿轨，允许输送机溜槽在垂直面内偏转 6°，水平面偏转 1.5°而仍能正常啮合，故适合在底板起伏大并有断层的煤层条件下工作，是一种有发展前途的无链牵引机构，已用于 EDW－300L 型等采煤机中。

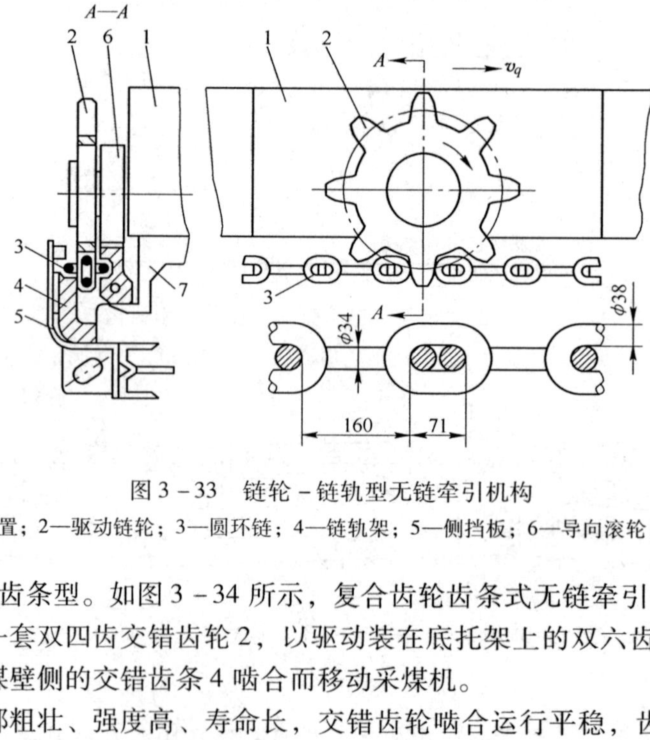

图 3－33 链轮－链轨型无链牵引机构

1—传动装置；2—驱动链轮；3—圆环链；4—链轨架；5—侧挡板；6—导向滚轮；7—底托架

4）复合齿轮齿条型。如图 3－34 所示，复合齿轮齿条式无链牵引机构在采煤机牵引部 1 的出轴上装一套双四齿交错齿轮 2，以驱动装在底托架上的双六齿交错齿轮 3，后者与固定在输送机煤壁侧的交错齿条 4 啮合而移动采煤机。

这种机构齿部粗壮、强度高、寿命长，交错齿轮啮合运行平稳，齿轮端面互相靠紧，能起横向定位和导向作用。齿条间用螺栓连接，其下部由扣钩连接，以适应输送机垂直和水平偏转。英国 BJD 系列采煤机采用这种机构。

（2）无链牵引的优缺点。无链牵引具有以下优点：

1）采煤机移动平稳，振动小，降低了故障率，延长了机器使用寿命。

2）可采用多级牵引，使牵引力提高到 400～600kN，实现在大倾角（最大达 54°）条件下工作（但应有可靠的制动器）。

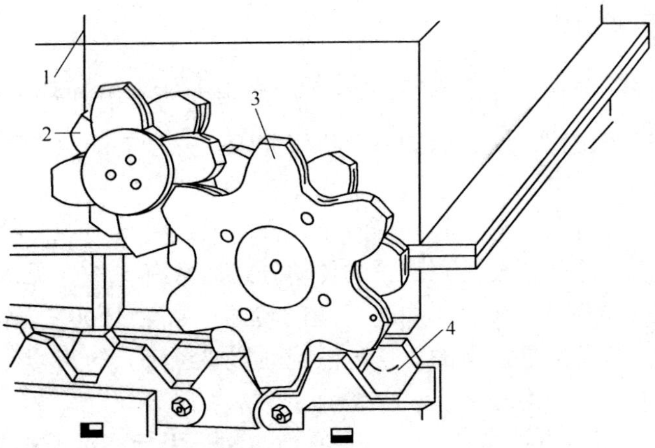

图 3-34 复合齿轮齿条型无链牵引机构

1—牵引部；2—双四齿交错齿轮；3—双六齿交错齿轮；4—交错齿条

3）实现工作面多台采煤机同时工作，提高了产量。

4）消除了断链事故，增大了安全性。

无链牵引的缺点是：对输送机的弯曲和起伏不平要求高，输送机的弯曲段较长（约15m），对煤层地质条件变化的适应性差。此外，无链牵引机构使机道宽度增加约100mm，加长了支架的控顶距离。

B 牵引部传动装置的类型

牵引部传动装置的功用是将采煤机电动机的动力传到主动链轮或驱动轮并实现调速。现有的牵引部传动装置按传动形式可分为3类：机械牵引、液压牵引和电牵引，如图3-35所示。

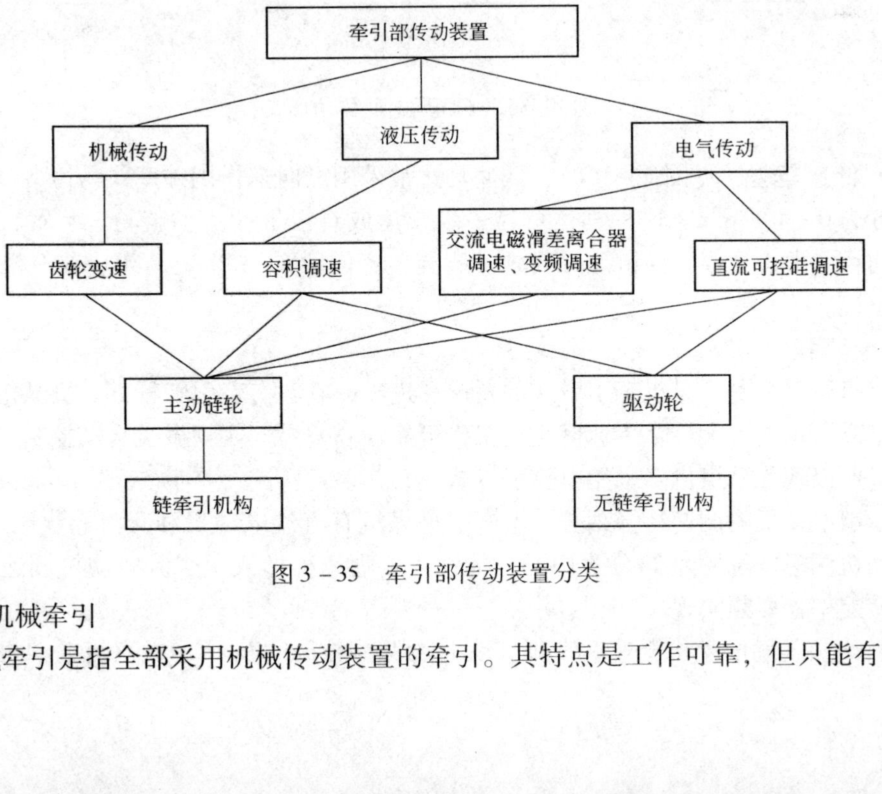

图 3-35 牵引部传动装置分类

a 机械牵引

机械牵引是指全部采用机械传动装置的牵引。其特点是工作可靠，但只能有级调速，结构复杂，目前已很少采用。

b 液压牵引

液压牵引是利用液压传动来驱动的牵引。液压传动的牵引部可以实现无级调速，变速、换向和停机等操作比较方便，保护系统比较完善，并且能随负载变化自动地调节牵引速度。

液压牵引传动装置由泵、马达和阀等液压元件组成，将压力油供给液压马达。从马达到链轮采用机械传动。其马达及其到链轮的传动方式通常有3种（见图3－36）。

（1）高速马达（见图3－36a）。高速马达的转速一般为1500～2000r/min，其结构形式往往与主泵相同，但马达是定量的。这种系统马达要经较大的传动比的齿轮减速带动链轮，但传动易于布置，故使用较多。

（2）中速马达（如图3－36b所示）。中速马达常采用行星转子式摆线马达（如AM－500型采煤机），其额定转速为160～320r/min。这种系统马达需经一定减速带动驱动滚轮。这种系统齿轮传动比不大，马达及减速装置尺寸较小，便于用在无链双牵引传动中，可以根据需要把传动装置装在底托架上。图3－36中B为制动器，停机时靠弹簧力制动，防止机器下滑。

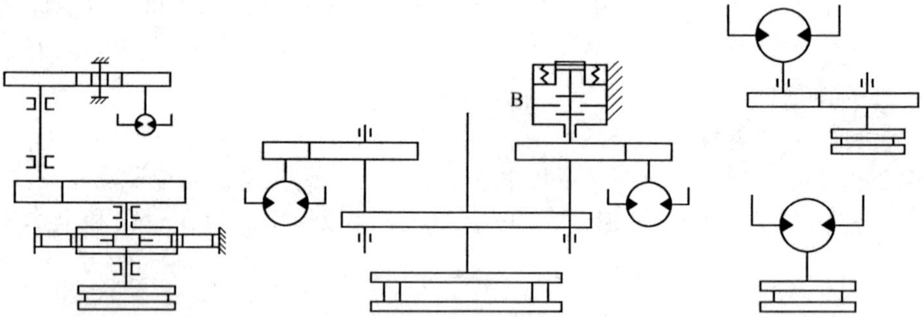

图3－36 不同马达的传动形式

（3）低速马达（见图3－36c）。低速马达常采用径向多作用柱塞式马达，马达的出轴转速一般为0～40r/min。这种马达可经一级减速或直接带动主动链轮。装置较简单，但马达径向尺寸大，且存在回链敲缸问题。我国生产的DY－150型，MD－150型采煤机采用这种系统。

c 电牵引

采煤机电牵引是采煤机牵引方式的发展和进步，它具有牵引特性好、机械传动结构简单、效率高、牵引力大、牵引速度高、工作可靠性高、易于实现微机自动控制、生产率高等优点，所以现代采煤机多采用电牵引方式。

按牵引电动机的调速特性划分，电牵引采煤机有直流电动机和交流异步电动机两种。直流电动机调速按励磁不同分为串励、他励、复励三种形式，交流电动机调速可通过变极、变转差率、变频实现。

（1）直流他励电动机调速。直流电动机接线如图3－37a所示，直流电动机的机械特

性方程式为

$$n=\frac{U_D}{C_e\Phi}-\frac{R}{C_eC_T\Phi^2}T \tag{3-18}$$

式中 U_D——加在电枢回路上的电压，V；

R——电动机电枢电路总电阻，Ω；

Φ——电动机磁通，Wb；

C_e——动势常数；

C_T——转矩常数。

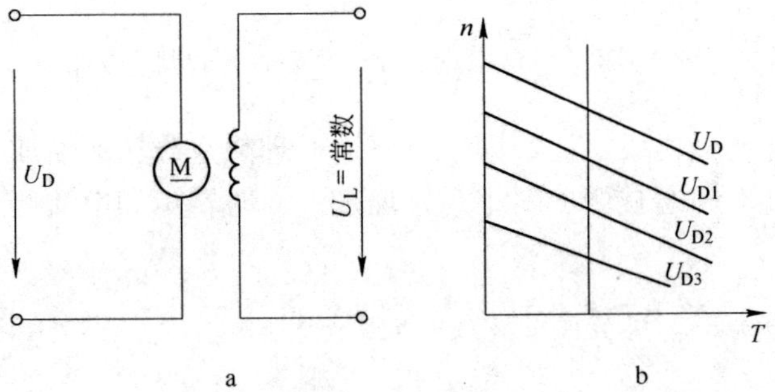

图 3-37 直流电动机改变电枢电压调速

a—线路图；b—机械特性图

式（3-18）也是直流电动机的调速公式，改变加在电枢回路的电阻 R，外加电压 U_D 及磁通 Φ 中的任何一个参数，就可以改变电动机的机械特性，从而对电动机进行调速。采煤机中不采用改变电枢回路附加电阻的方法调速，以避免电阻发热带来的问题，而只采用改变外加电压 U_D、磁通 Φ 的调速方案。

1）改变电枢电压调速。从式（3-18）可知，当改变电枢电压 U_D（其他参数不变）时，理想空载转速 n_0 也将改变，而机械特性的斜率不变，此时机械特性方程为

$$n=\frac{U_D}{C_e\Phi}-\frac{R}{C_eC_T\Phi^2}T=n_0-K_mT \tag{3-19}$$

其特性曲线是一族以 U_D 为参数的平行直线，如图 3-37b 所示。由此可知，在整个调速范围内均有较大的硬度，在允许的转速变化率范围内可以获得较低的稳定转速，故此种方法的调速范围较宽，一般可达 10～12。如采用各种反馈或稳速控制系统，调速范围可达几百至几千。

改变电枢电压调速方式属于恒转矩调速，并在空载或负载转矩时也能得到稳定转速，通过电压正反向变化，使电动机能平滑地启动和工作在 4 个象限。能实现回馈制动，效率较高，配上各种调节器可组成性能指标较高的调速系统。但改变电枢电压调速时，由于电枢电压的最大值不能超过电动机的额定电压，故电动机输出的最大转速受到了限制。

2）改变磁通调速。在电动机励磁回路中，用专门的励磁调节器来控制励磁电压（图 3-38），可以改变励磁电流和磁通。此时保持电动机的电枢电压为额定值，因为

$$n=\frac{U_D}{C_e\Phi}-\frac{R}{C_eC_T\Phi^2}T=\frac{U_N}{C_e\Phi}-\frac{R}{C_e\Phi}I \tag{3-20}$$

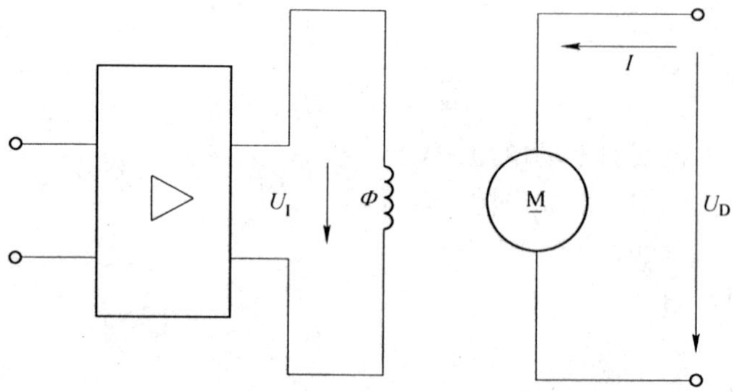

图 3－38 直流电动机改变励磁磁通的调速线路

所以，理想空载转速与磁通成反比，即减弱磁通时理想空载转速增加；机械特性斜率与磁通平方成正比，即随着磁通减弱，斜率急剧增加。此时转矩和电流与转速的关系如图 3－39 所示。

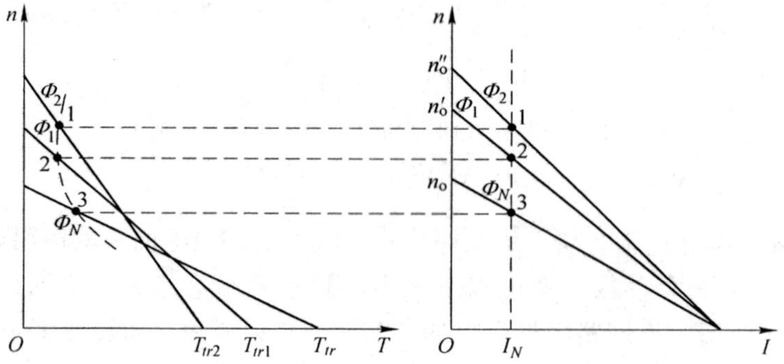

图 3－39 调 Φ 时的 $n-f(T)$ 与 $n-f(I)$ 曲线
a—$n-f(T)$ 曲线；b—$n-f(I)$ 曲线

在调速过程中，为使电动机容量得到充分利用，应该使电枢电流一直保持在额定电流 I_N 范围内，如图 3－39b 中所示垂直虚线。此时磁通与转速成双曲线关系为 $\Phi \propto \frac{1}{n}$，即 $T \propto \frac{1}{n}$。

如图 3－39a 中用虚线表示的双曲线所示，在虚线左边各点工作时，电动机负载不足，容量没有充分利用；在虚线右边各点工作时，电动机过载，不能长期运行，因此改变磁通调速适合于带恒功率负载，实现恒功率调速。

采用调节励磁进行调速时，在高速下由于电枢电流去磁作用增大，使转速特性变得不稳定，换向性能也会下降。因此，采用改变磁通来调速的范围是有限的。无换向极电动机的调速范围为基速的 1.5 倍，有换向极电动机的调速范围为基速的 3～4 倍，有补偿绕组电动机的调速范围为基速的 4～5 倍。

3）调压、调磁、调速。为了扩大调速范围，在采煤机上，除采用调压、调速外，同时还采用弱磁调速。为此，就要求将调压和调磁两者结合起来，并且能在两者的分界线上

(基速)实现自动切换。图 3-40 所示为同时采用两种调速方法后在整个调速范围内的电动机调速特性。

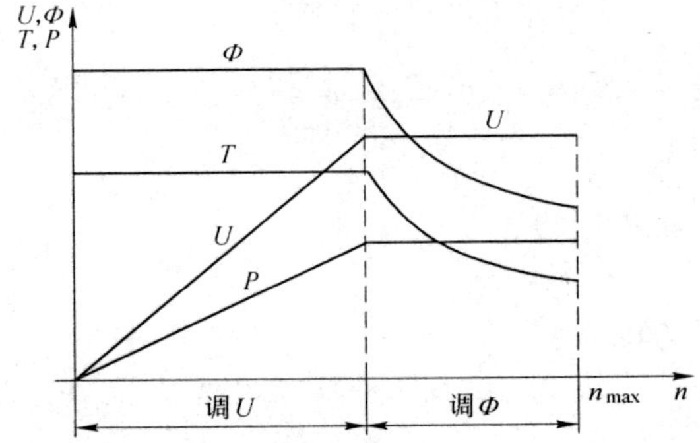

图 3-40 调压与调磁时的调速特性

在基速以下，电动机的调速是用恒磁调压来实现的，此时励磁电流给定值恒定不变，电枢电压最大可调到电动机的额定电压，而在基速以上的调速，则是用恒压调磁来实现的。这样可以满足采煤机牵引特性的要求。

(2) 直流串励调速。串励电动机的接线如图 3-41 所示。串励电动机的励磁绕组与电枢绕组串联，励磁电流就是电枢电流。磁通将随电枢电流变化。

串励电动机的机械特性方程仍用式 (3-18) 表示，由于串联励磁的特点：式中磁通 Φ 是电枢电流的函数。由于电动机磁路的饱和，Φ 和 I 的关系不能用准确的方程表示，因而也就不能求出准确的机械特性方程。为便于计算和应用，电动机制造厂应提供具体电动机的实验曲线，包括机械特性曲线 $n-f(T)$ 与转矩电流关系曲线 $T-f(I)$。图 3-42 所示为串励直流电动机的通用机械特性曲线。

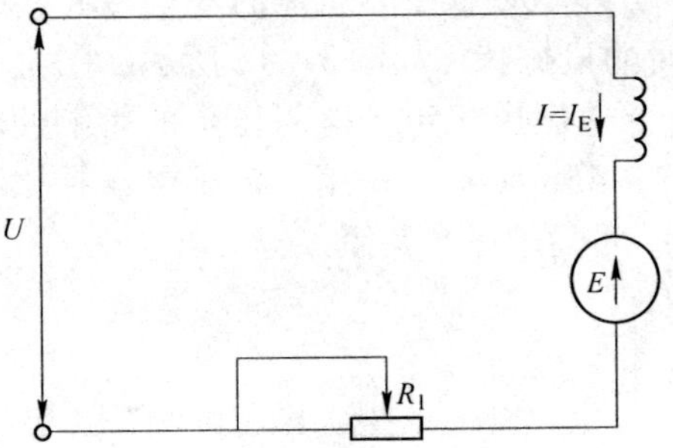

图 3-41 串励电动机接线图

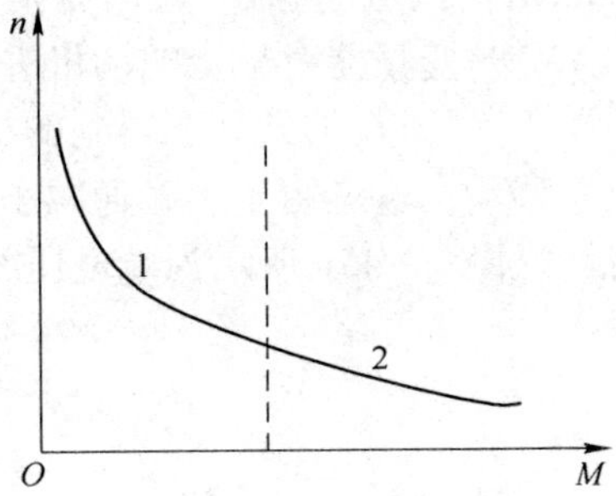

图 3-42 串励电动机机械特性曲线

由图 3-42 可看出，串励电动机机械特性属于软特性，即当负载变化时转速有较大的变化，这是由于励磁磁通随电枢电流变化而造成的。当电动机负载转矩增加时，转速迅速下降，因而电动机的输出功率变化不大，因此电动机不易由于负载转矩增加而过载；反之，当负载变小时，电动机转速会自动上升，有利于提高生产效率。

串励电动机用在采煤机牵引系统中，需要人为控制转速，即要求电动机有好的调速性能。由式 (3-18) 可知，改变电动机转速可用以下方法之一：如电枢回路串附加电阻、降低供电电压、磁场并联分路电阻、电枢并联电阻等。在采煤机上用改变供电电压的方法调节串励电动机的转速。当降低电压时可得到串励电动机的一族向下平移的机械特性曲线，如图 3 - 43 所示。

（3）交流变频调速。交流异步电动机的转速公式为

$$n = n_1 \ (1-s) \ = \frac{60f_1}{p} \ (1-s) \tag{3-21}$$

式中 n——异步电动机轴转速，r/min；

n_1——同步转速，Hz；

p——磁极对数；

s——异步电动机的转差率。

由式（3 - 21）可知，交流电动机有 3 种基本调速方式：1）改变极对数 p；2）调节转差率 s。

（4）改变供电电源频率

变换异步电动机绕组的磁极对数，从而改变电动机同步转速进行调速称为变极调速，变极调速主要用于笼形异步电动机，这种调速方式为有级调速，在采煤机上应用较少。在转子外电路上接入可变电阻来改变异步电动机机械特性的斜率，是改变绕线式异步电动机转差率的一种调速方式，这种调速方式效率低，电阻散热不好解决，在采煤机上也未采用。绕线转子异步电动机改变转差率调速的另一种方式是串级调速，采煤机上也未采用。目前随着电力电子器件、微电子技术、电动机和控制理论的发展，交流笼形异步电动机的变频调速近年来有了很大的发展。变频调速的电牵引采煤机在煤矿广泛应用，而且发展前景广阔。

异步电动机变频调速的基本控制方式如图 3 - 44 所示，图中 f_{IN} 为电动机额定功率。异步电动机的变频调速必须按照一定的规律同时改变其定子电压和频率，即必须通过变频装置获得电压、频率均可调节的供电电源，实现所谓的 VVVF +（Variable Voltage Variable Frequency）调速控制。通用变频器可适应这种异步电动机变频调速的基本要求。

用 VVVF 变频器对异步电动机进行变频控制时的机械特性如图 3 - 45 所示。图 3 - 45a 所示为在 $U_1/f_1 = C$ 的条件下得到的机械特性。在低速区由于定子电阻压降的影响使机械特性向左移动，这是由于主磁通减小的缘故。图 3 - 45b 所示为采用了定子电压补偿时的机械特性。图 3 - 45c 所示为端电压补偿的 U_1 与 f_1 之间的函数关系。

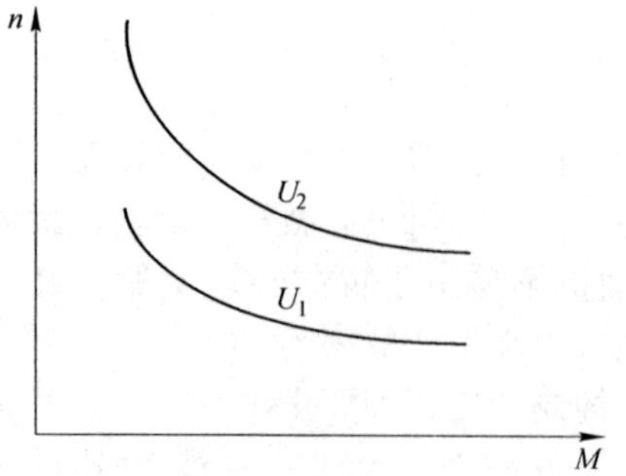

图 3 - 43 串励电动机降压时的机械特性曲线

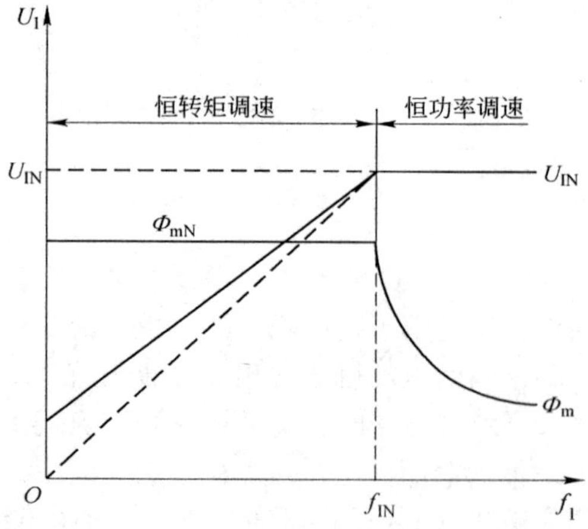

图 3 - 44 异步电动机变频调速时的控制特性

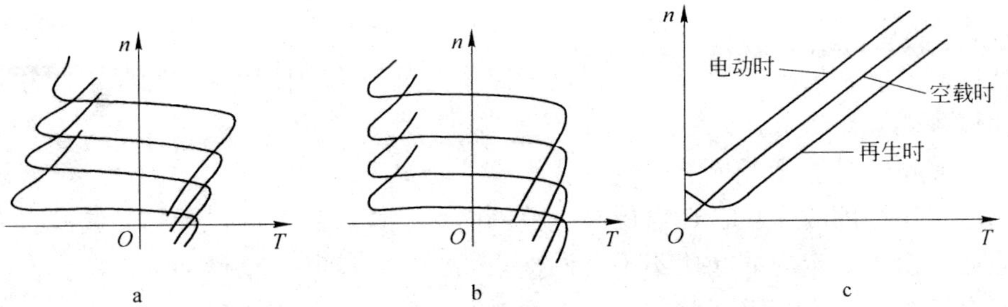

图 3－45 异步电动机变频调速的机械特性

变频器分为交－交和交－直－交两种形式。交－交变频器可将工频交流直接变换成频率、电压均可控制的交流，又称直接式变频器，而交－直－交变频器则是先把工频交流电通过整流器变成直流电，然后再把直流电变换成频率、电压均可控制的交流电，它又称为间接式变频器。电牵引采煤机上所用的变频器基本上是后者。

交－直－交变频器（以下简称为变频器）的基本构成如图 3－46 所示，由主电路（包括整流器、中间直流环节、逆变器）和控制电路组成，分述如下：

电网侧的变流器是整流器，它的作用是把三相（也可以是单相）交流电整流成直流电。

负载侧的变流器为逆变器。最常见的结构形式是利用 6 个半导体主开关器件组成的三相桥式逆变电路。通过有规律地控制逆变器中主开关器件的通与断，可以得到任意频率的三相交流电输出。

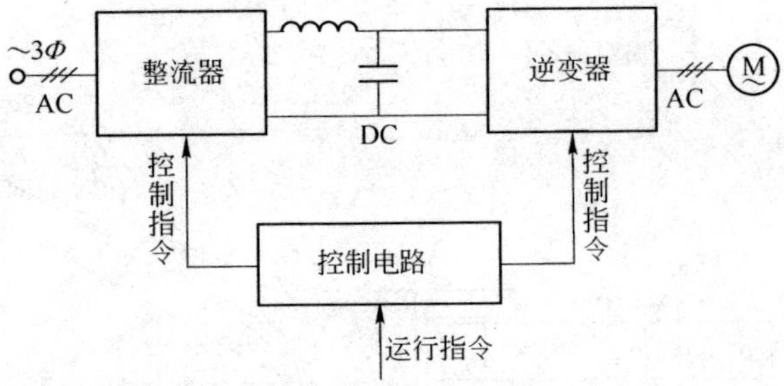

图 3－46 变频器的基本构成

由于逆变器的负载为异步电动机，属于感性负载，无论电动机处于电动或发电制动状态，其功率因数总不会为 1。因此，在中间直流环节和电动机之间总会有无功功率的交换。这种无功能量要靠中间直流环节的储能元件（电容器或电抗器）来缓冲，所以又常常称中间直流储能环节。

控制电路常由运算电路，检测电路，控制信号的输入、输出电路和驱动电路等构成。其主要任务是完成对逆变器的开关控制、对整流器的电压控制以及完成各种保护功能等。控制方法可以采用模拟控制或数字控制。高性能的变频器目前已经采用微型计算机进行全数字控制，采用尽可能简单的硬件电路，主要靠软件来完成各种功能。由于软件的灵活性，数字控制方式常可以完成模拟控制方式难以完成的功能。

3.1.4.3　辅助装置

采煤机辅助装置包括调高和调斜装置、底托架、降尘装置、拖缆装置、破碎装置、挡煤板、防滑装置和辅助液压装置等。根据滚筒采煤机的不同使用条件和要求，各辅助装置可以有所取舍。

A　调高和调斜装置

为适应煤层厚度的变化，在煤层高度范围内上下调整滚筒的位置称为调高。为了使滚筒能适应底板沿煤层走向的起伏不平，调整采煤机机身绕其纵轴摆动称为调斜。调斜通常采取调整在底托架下靠采空区侧的两个支承滑靴上的液压缸来实现。

采煤机调高有摇臂调高和机身调高两种类型，都是依靠液压缸来实现滚筒位置的改变。采用摇臂调高时，多数将调高千斤顶1装在采煤机底托架内（图3－47a），通过小摇臂2与摇臂轴3使摇臂4升降，也有将调高千斤顶1放在端部（图3－47b）或截割部固定箱内的（图3－47c）；采用机身调高时，调高千斤顶有安装在机身上部（图3－48）的，也有安装在机身下部的，如MXP－240型采煤机的调高装置。

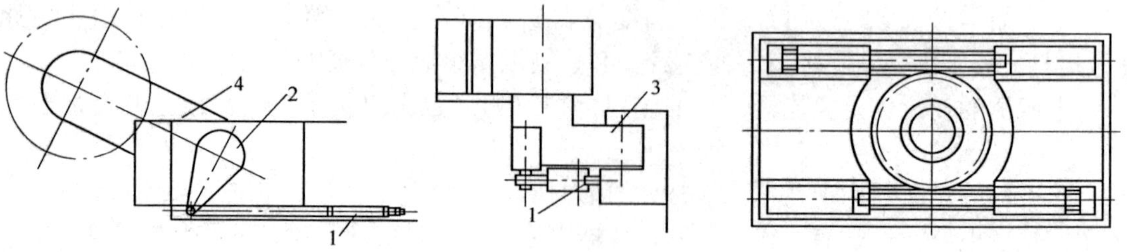

图3－47　摇臂调高方式

1—调高千斤顶；2—小摇臂；3—摇臂轴；4—摇臂

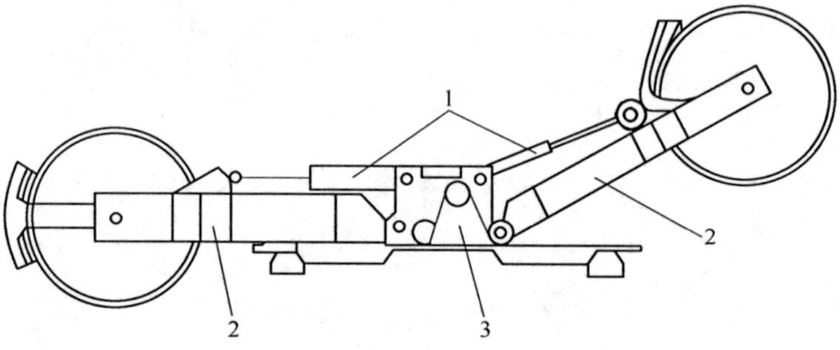

图3－48　机身调高方式

1—千斤顶；2—机身；3—托架

典型的调高液压系统如图3－49所示。调高泵2经滤油器1吸油，靠操纵换向阀3，通过双向液压锁4使调高千斤顶5升降。双向液压锁用来锁紧千斤顶活塞的两腔，使滚筒保持在所需的位置上。安全阀6的作用是保护整个系统。

B　挡煤板

挡煤板配合螺旋滚筒以提高装煤效果、减少煤尘飞扬。采煤机工作时，挡煤板总是离截齿一定距离紧靠于滚筒后面，根据机器的不同牵引方向，需将其转换至滚筒的另一侧。

挡煤板有门式挡煤板和弧形挡煤板两种结构形式。门式挡煤板为平板状，不能翻转，但可绕垂直轴折叠成与机身平行的形状，早期的滚筒采煤机曾使用过门式挡煤板。弧形挡煤板为圆弧形，可绕滚筒轴线翻转 180°，有专用翻转机构和无翻转机构两种翻转方法。这是目前广泛使用的一种结构形式（图 3－50）。

弧形挡煤板 6 安装在摇臂 1 上，翻转时，可利用装在摇臂采空区侧的两个液压油缸 2 来实现。液压油缸 2 的活塞 3 与滚子链 4 相连，带动连接块 5，连接块通过离合装置与弧形挡煤板的轮毂相连。翻转结束后，使离合装置脱开。现在有些大功率采煤机取掉了挡煤板。

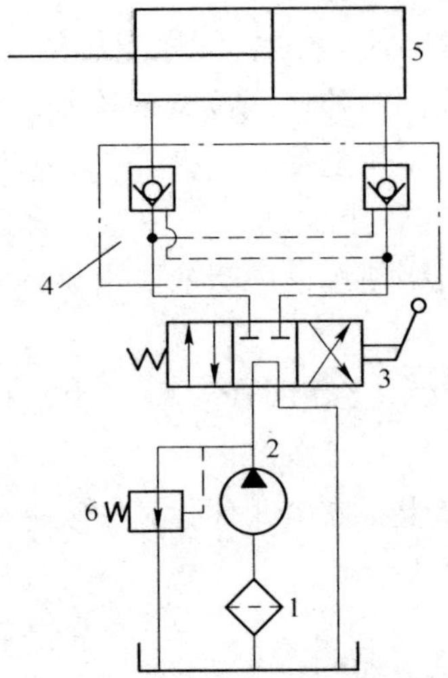

图 3－49 调高液压系统

1—滤油器；2—调高泵；3—换向阀；4—双向液压锁；5—调高千斤顶；6—安全阀

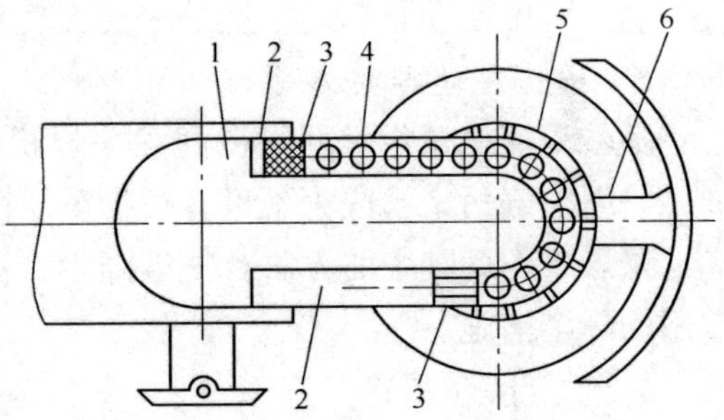

图 3－50 弧形挡煤板及其翻转装置

1—摇臂；2—液压油缸；3—活塞；4—滚子链；5—连接块；6—弧形挡煤板

C 底托架

底托架是滚筒采煤机机身和工作面输送机相连接的组件，由托架、导向滑靴、支承滑靴等组成。电动机、截割部和行走部组装成整体固定在托架上，通过其下部的 4 个滑靴（分别安装在前后左右）骑在工作面输送机上，并沿输送机滑行。靠采空区侧的两个滑靴称为导向滑靴，套装在工作面输送机中部槽的导轨或无链牵引的行走轨上，防止其运行时掉道。靠煤壁侧的滑靴称为支承滑靴，用以支承采煤机，亦起导向作用，有滑动式和滚轮式两种。底托架与工作面输送机中部槽之间需具有足够的空间，以便于煤流从中顺利通过。有的滚筒采煤机机身（主要是薄煤层采煤机）通过导向滑靴和支承滑靴直接骑坐在工作面输送机上，以增大机身下的过煤空间。

D 破碎装置

破碎装置用来破碎将要进入机身下的大块煤，安装在迎着煤流的机身端部，由破碎滚筒及其传动装置组成。有由截割部减速箱带动或专用电动机传动两种驱动方式。在本书有关章节中将详细介绍。

E 防滑装置

防滑装置用于煤层倾角大于机器自滑坡度（规定为15°）的工作面。在行走机构意外损坏或机器停车又无制动保护的情况下，为防止机器失速下滑而造成人身和设备重大事故，必须采取安全保护措施。防滑装置有插棍式、抱轨式、安全绞车式和制动器式等4种形式。

（1）插棍式。在滚筒采煤机底托架下铰接一根倾斜向下的插棍，当机器下滑时插棍插在输送机刮板链的刮板上，使机器以与刮板链相同的速度向下滑行，及时停止输送机，则采煤机随即也被制动。这种装置仅适用于中、小型采煤机。

（2）抱轨式。在滚筒采煤机导向滑靴附近安装抱闸，当采煤机下滑时抱住导向轨（管）。由于抱闸安装位置工作条件差，影响工作的可靠性，故未获推广。

（3）安全绞车式。在滚筒采煤机的上方固定一根安全钢丝绳，配以专用的安全绞车，安全绞车固定在工作面回风巷内并以与采煤机行走速度同步的速度拉紧钢丝绳，当采煤机下滑时安全绞车制动。这种结构形式在中、小型滚筒采煤机上使用较多。

（4）制动器式。用于无链牵引滚筒采煤机。当两套行走驱动装置中有一套意外损坏时，另一套由制动器制动。这是现代大功率滚筒采煤机中使用最广泛的防滑装置。

F 喷雾降尘与冷却系统

随着采煤机械化程度的提高和采煤机生产率的加大，工作时产生的煤尘量也急剧增加，井下空气污染已成为不可忽视的重要问题。

采煤工作面降尘的方法有喷雾降尘、泡沫灭尘、吸尘器捕尘3种，其中喷雾降尘是最常用的降尘措施。

a 喷雾降尘装置

喷雾降尘的原理是用喷嘴把压力水高度扩散，使其雾化，形成包围尘源的水幕（即喷雾）来拦截飞扬的粉尘而使其沉降。

喷雾降尘装置的配置方式有外喷雾和内喷雾两大类。《煤矿安全规程》中规定采煤机都必须安装有效的内、外喷雾装置。

喷嘴在滚筒以外部位的喷雾方式，称为外喷雾。喷嘴配置在滚筒上的喷雾方式，称为内喷雾。外喷雾一般把喷嘴布置在机身两端和摇臂上，使喷出的水雾覆盖住滚筒的出煤口和粉尘扬起的部位；也可在适当部位布置引射式喷雾器以提高雾化程度。内喷雾喷嘴将压力水直接喷射于截割区和截齿上，使粉尘消除在刚刚生成尚未飞扬起来之前，降尘效率较高，耗水量小。但供水管要通过滚筒轴和滚筒，需要可靠的回转密封，而喷嘴容易堵塞和损坏。这种喷雾方式除有抑制粉尘功能外，还具有冲淡瓦斯、冷却截齿、湿润煤层和防止截割火花等作用。

喷雾降尘包括机内输配水系统和降尘器配置系统两部分。输配水系统按使用水压分为低压喷雾（0.5～2MPa）、中高压喷雾（8～10MPa）和高压喷雾（15～20MPa）。低压喷雾系统结构简单，装备和维护费用较低，但降尘效果稍差。中高压和高压喷雾系统的装备和维护费用高，但降尘效果较好（一般比低压喷雾的降尘效率高50%～80%），适用于现代化程度高的采煤机。

典型的采煤机喷雾降尘和冷却系统如图3－51所示，供水由喷雾泵站顺槽钢管、工作面拖移软管接入，经截止阀、过滤器及水分配器分配到4路：1路和4路供左、右截割滚筒内、外喷雾；2路供牵引部冷却及外喷雾；3路供电动机冷却及外喷雾。

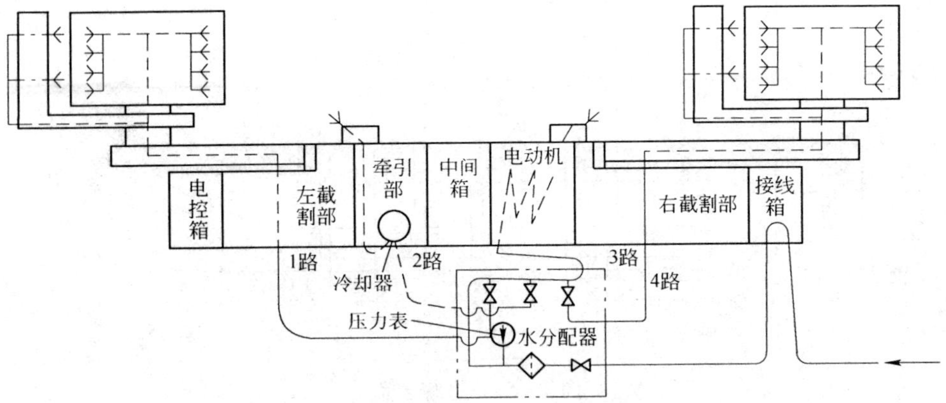

图 3－51 喷雾降尘与冷却系统

b 喷嘴

喷嘴安装在滚筒的截齿附近或直接装在截齿上，配置形式有一个截齿配一个喷嘴或几个截齿配一个喷嘴两类，目前多数滚筒采用一齿一嘴的配置形式。喷射方向有对着齿面和两齿间径向喷射两种，但也有采取对着截齿齿背喷射的发展趋势。目前普遍使用低压喷雾，较佳水压为 1.5MPa；喷水量按开采煤层赋存状况、煤质、采煤工艺、通风等条件而定，一般每吨煤喷水量在 15～25L 之间。

喷嘴的结构形式很多，采煤机常用的喷嘴结构如图 3－52 所示。图 3－52a 所示为平射型喷嘴，由于受到直槽的约束，喷雾断面呈扁平的矩形。图 3－52b 所示为旋涡型喷嘴，由于装有双头螺旋槽的旋轮，使喷雾具有旋转力，喷雾断面为圆形。图 3－52c 所示为冲击型喷嘴，压力水进入喷嘴后分成两路，分别从喷嘴内梯形槽的两端相向流入，在喷嘴中央碰撞后从正方形小口喷出。由于受到孔外一条梯形槽的约束，喷雾断面呈矩形。图 3－52d 所示为引射型喷嘴，从喷嘴中心孔喷出的高速水流，把喷嘴周围的空气经引风孔吸入喷嘴，水汽混合的结果使喷雾效果得到改善。

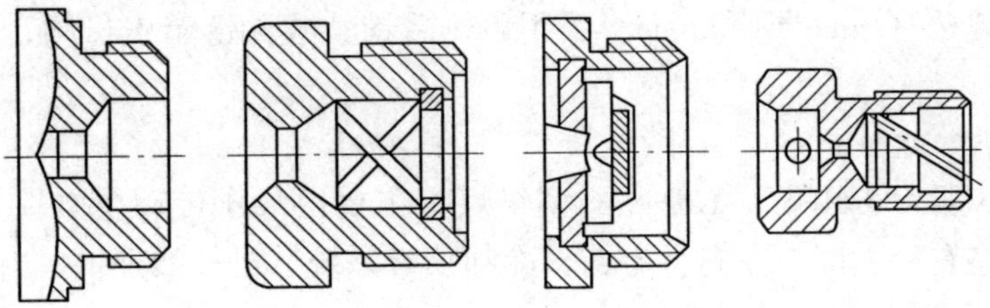

a b c d

图 3－52 喷嘴的结构

G 拖缆装置

滚筒采煤机沿工作面行走时，拖动电缆和水管以实现不间断地给采煤机提供电源和水源，完成这种功能的装置称为拖缆装置。拖缆装置（图 3－53）的主要功能如下：

（1）使电缆心线不受拉力和过度的折弯，以免折断。

（2）使滚筒采煤机引入口处的电缆不致承受异常拉力而拔脱，或发生拔脱时会自动切断电源，防止失爆事故。

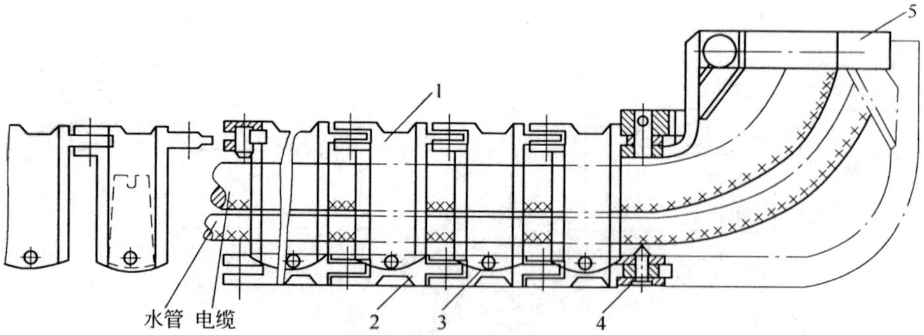

图 3-53 拖缆装置

1—框形链环；2—板式链；3—挡销；4—销轴；5—弯头

(3) 避免因受大块矸石和煤块砸碰及机械损伤而引起电缆心线折断或破坏外层橡胶而失去防爆性。

(4) 夹持降尘水管。

电缆夹由框形链环 1 用铆钉连接而成，各段之间用销轴 4 连接。链环朝采空区侧是开口的，电缆和水管从开口处放入，并用挡销 3 挡住。拖缆装置的一端用一个可回转的弯头 5 固定在采煤机的电气接线箱上。为了改善靠近采煤机机身这一段拖缆装置的受力情况，其开口一边装有一条节距相同的板式链 2，使链环不致发生侧向弯曲或扭绞。

为了使拖动部分的长度最短，电缆和水管进入采煤机工作面后，先固定铺设在工作面输送机的采空区侧，直至工作面中部，再进入电缆槽内来回拖动。

3.1.5 典型采煤机

3.1.5.1 MG300/690-W 型采煤机

MG300/690-W 型采煤机是多电动机横向布置的液压牵引采煤机，主要适用于煤层厚度为 1.9~3.8m，煤质硬度 $f \leqslant 4$，煤层倾角 ≤40°综合机械化采煤工作面，可与多种刮板输送机配套。截深 600mm 或 800mm，采用齿轮-销轨式无链牵引机构，设计生产能力为 1200t/h。

A 采煤机的组成

如图 3-54 所示，MG300/690-W 型采煤机主要由液压传动及电控部（合为一体）、左右截割部、左右牵引部、左右行走箱、冷却喷雾系统、机外油管组、支承组件和拖缆装置等组成。

左右牵引部分别与中间液压传动及电控部两端杆式对接，左右行走箱分别固定在左右牵引部的壳体上，上述 5 个部件共同构成该机机身。左右牵引部与液压传动及电控部对接面采用高强度螺栓、螺母以及长丝杠及液压螺母紧固连接，同时各用两个圆柱销定位。

左右行走箱与左右牵引部的连接方式，采用高强度螺栓和螺母板连接，同时各设有两个圆柱销定位加固，使整机机身具有很强的刚性和防松可靠度。左右截割部为整体弯摇臂箱式结构，通过铰接副分别与左右牵引部铰接，形成主连接支承，并与机身成为一体，同时摇臂部与调高液压缸铰接，实现截割部调高。

采煤机由煤壁侧的两组支承组件和采空侧的两只导向滑靴分别支承在工作面刮板输送

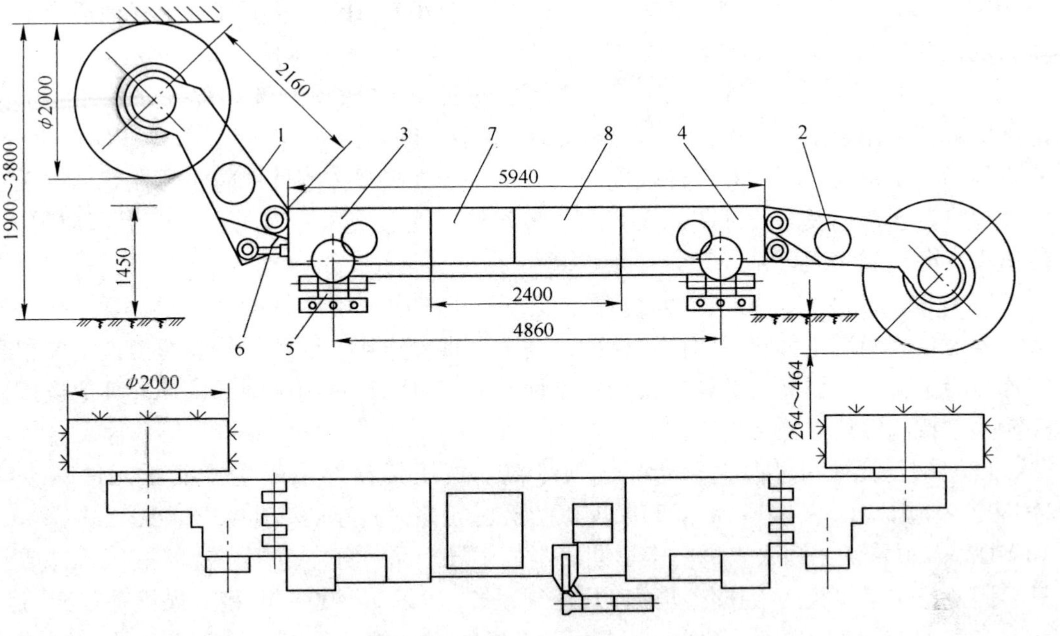

图 3-54 MG300/690-W 型采煤机

1—左截割部；2—右截割部；3—左牵引部；4—右牵引部；5—支承组件；
6—调高油缸；7—液压传动及电控部；8—拖缆装置

机的铲煤板和销轨上，通过左右行走箱中的行走轮与输送机销轨啮合，使采煤机沿工作面刮板输送机行走。同时截割部电动机通过截割机构的机械传动带动滚筒旋转，完成落煤和装煤作业。

B 采煤机的特点

(1) 多电动机横向布置。采煤机采用多电动机横向布置的传动形式，各部件之间纵向没有直接的动力传动，完全取消了单电动机纵向布置传动形式中的螺旋锥齿轮传动及通轴结构等纵向布置传动环节，各部件的传动分别独立，简单直接，从而大大提高了机械传动效率，降低了机体发热程度，从根本上克服了电动机纵向布置传动形式的诸多不足。

(2) 长摇臂、短机身。为了增大采高范围和下切深度，采煤机采用长摇臂结构，摇臂有效长度为2160mm，实现采高范围1.9～3.8m，最大下切深度可达464mm；同时为了增强摇臂润滑，摇臂内设有强迫润滑系统。另外，为了更好地适应底板起伏变化、输送机水平弯曲以及提高爬行输送机端头能力，设计了较短机身，机身总长为5940mm，两行走轮跨距为4860mm。

(3) 左右牵引部可实现电液互换。左右牵引部可实现电液互换，动力输入部位可安装液压马达，也可安装40kW牵引电动机，两种形式连接尺寸相同，使牵引部机械传动系统本身电液完全互换。

(4) 截割电动机容量调整范围宽。为了加宽截割电动机的调整范围，采煤机截割部设计强度为300kW，电动机容量调节范围为200～300kW，行星传动机构基本借用MG300-W型采煤机结构，通过调整截割电动机容量，可实现一机多型。液压牵引派生机型为MG200/490-W、MG250/590-W和MG300/690-W，改造成电牵引后，派生机型为 MG200/500 - DW、MG250/600 - DW 和 MG300/700 - DW，从而能够更好地适应不同工作面煤质变化的要求。3 种容量截割电动机的连接尺寸完全相同。

（5）液压传动及电控部合二为一。为了增强机身的整体刚性和部件强度，液压传动部和电控部采用合二为一设计，其结构采用厚钢板组焊结构，组焊后箱体整体回火处理，有效地增强了机身的刚性和部件强度。为了进一步提高整体刚性，防止弹性变形过大、机体开焊，液压传动及电控部底部设有两条长丝杠，通过液压螺母与左右牵引部加固连接，使机身纵向更加牢固可靠。

（6）取消底托架。为了增大过煤高度，采煤机取消了底托架，过煤高度为 600mm。机身各对接之间采用大直径圆柱销定位，高强度螺栓连接，取消了传统的楔铁定位和底座螺栓。为了进一步提高大部件连接的可靠性，采煤机除行走箱个别部位外，其他连接环节一律采用特制螺栓或螺母板连接。

（7）液压元件与过去主导产品互换率高。液压传动部中的主要液压元件基本选用 MG300 - W 和 MG2 ×400 - W 系列采煤机的液压元件，其互换率达 96%。由于 MG300 - W 和 MG2 ×400 - W 系列采煤机属于早期研制的主导产品，分布范围广泛，液压元件成熟可靠，因此，该采煤机的液压传动原理及控制系统与 MG2 ×400 - W 型采煤机基本相同。

（8）具有很好的可维护性。为提高采煤机的可维护性，液压传动各主要控制阀均设于箱体外，以便于调整。另外，行走箱与牵引部采用杆式连接方式，除设计出整体结构外，还设计出上下分体结构，以便于行走机构易损元部件的拆装维护，此两种行走箱供用户选用。

（9）操纵灵活方便。采煤机的操纵形式包括牵引和调高，机身两端为集中液控（改造成电牵引后为集中电控），中间手动，操纵灵活方便。

（10）保护和控制功能完善。为进一步提高采煤机的可靠性，除设有电动机过载、过热保护之外，液压传动还设有恒功率自动控制、高压保护和失压保护。另外，左右截割部（摇臂）高速端各设有机械离合器，机身两端和中间各设有急停开关。

（11）与不同输送机的配套能力强。采煤机标准配套的输送机槽宽规格为 830mm，同时还可以配套槽宽规格为 764mm 和 880mm 的各种输送机。采煤机与多种输送机配套，只需调整煤壁侧连接板。另外，采煤机煤壁侧支承组件设有滚轮和滑靴两种形式，供用户选用。

液压牵引采煤机可实现电液互换，在液压牵引的基础上改造成电牵引的条件为：

（1）取消液压传动及电控部，改换成电控箱，其总体尺寸及连接形式不变。

（2）取消牵引部中两个牵引液压马达和连接组焊件，其安装部位改装两个牵引电动机。

（3）改造冷却喷雾系统，增加牵引电动机的冷却环节。

改成电牵引的相应派生机型采煤机为 MC300/700 - WD 型，设计生产能力为 1500t/h。

C　截割部

截割部由摇臂和滚筒组成。

a　摇臂

摇臂为左右对称结构，除壳体及个别组件外，其余零部件可左右互换。左摇臂的结构如图 3 - 55 所示。采煤机截割电动机直接装在摇臂壳体内，机械减速部分全部装在摇臂壳体及行星机构内。其中，截割电动机安装部位可安装200kW、250kW和300kW的电动机。3种电动机连接尺寸和体积相同，用户可根据不同煤质要求，调配截割电动机容量。

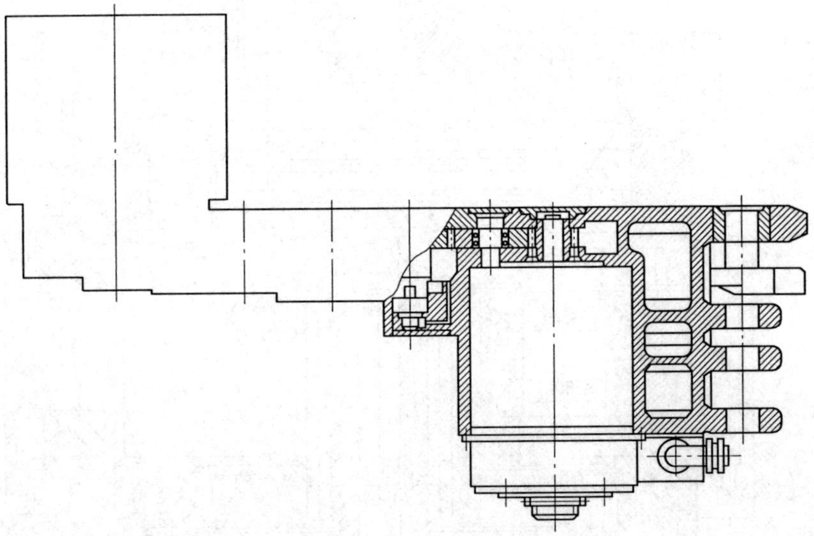

图3-55 左摇臂结构

采煤机截割部采用弯摇臂结构，既加大了排煤空间，又可在摇臂头部存油以润滑行星机构，并单独设有强迫润滑系统。摇臂壳体外围有冷却水套和外喷雾装置，以实现截割部灭尘。此外，截割部电动机设有机械离合装置，可实现滚筒旋转离合。

截割部电动机的动力通过齿轮传动，最后由行星架输出，将动力传递给截割滚筒。图3-56所示为NGW型行星齿轮传动减速器。由于利用3个齿轮分担载荷，将功率分流，故具有体积小、质量轻、承载能力高等优点，在中厚煤层采煤机上应用广泛。但由于制造误差，实际上常采用各种不同形式的均载机构来补偿不可避免的制造误差，以使各行星轮均匀分担载荷。此行星减速器采用太阳轮浮动的均载机构，降低载荷的不均匀系数，提高承载能力。

b 滚筒

滚筒是采煤机的工作结构，担负落煤、装煤工作，主要由滚毂、端盘、叶片、截齿和齿座等组成。

（1）滚筒的连接。滚筒与摇臂行星机构采用方轴连接，具有传递转矩大、结构紧凑、连接可靠、拆装方便等特点。滚筒主要采用焊接结构，端盘成锥形，保证煤壁不与端盘接触，以减小截割阻力和侧向阻力。为保证螺旋叶片的使用寿命，在其上堆焊硬质合金，增加耐磨性。为适应不同的采高要求，采煤机可配置1600mm、1800mm、2000mm不同直径的滚筒。

（2）截齿及固定方式。采煤机截割功率较大，适用于坚硬煤层，故采煤机常规滚筒直径为1800mm的强力滚筒，截齿为镐形强力截齿，固定方式如图3-57所示。截齿1通过衬套2安装在齿座3上，尾部用卡环4固定，拆装简单且可靠性高。截齿头部镶焊硬质合金。截齿在衬套中可自由转动，在截煤过程中有自动磨锐作用，且形状简单，一般在脆性煤和节理发达的硬煤中使用具有良好的截割性能。

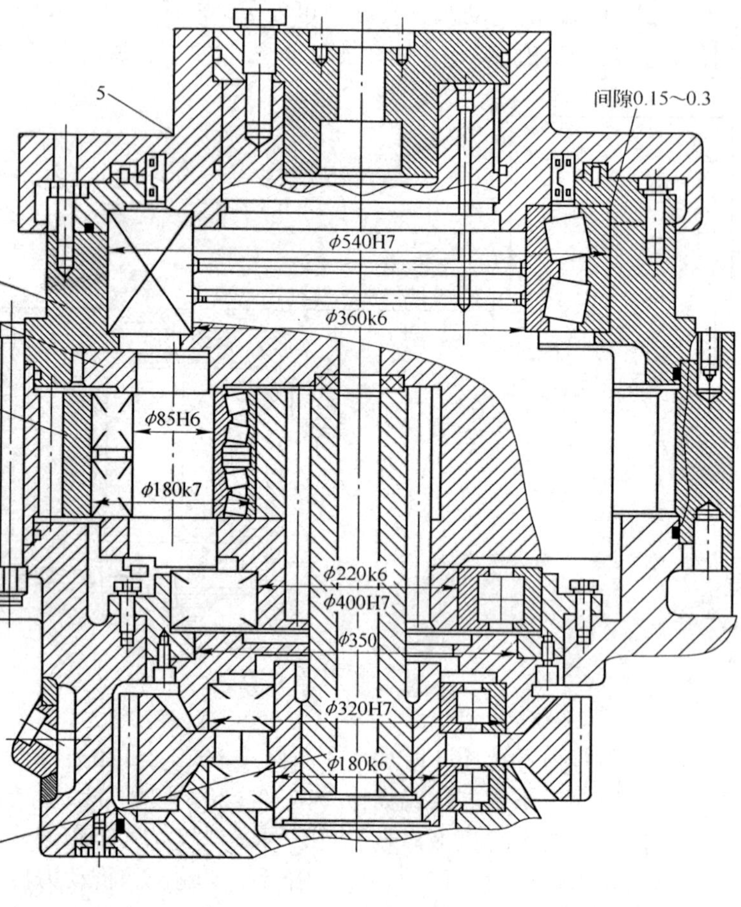

图3－56 NGW型行星减速器

1—太阳轮；2—行星轮；3—行星架；4—筒毂；5—方轴

D 牵引部

牵引部包括液压传动部、牵引传动箱和滚轮－销轨无链牵引机。两大传动箱均为左右对称结构，其中牵引传动箱分为整体和分体两种结构形式，供用户选用。

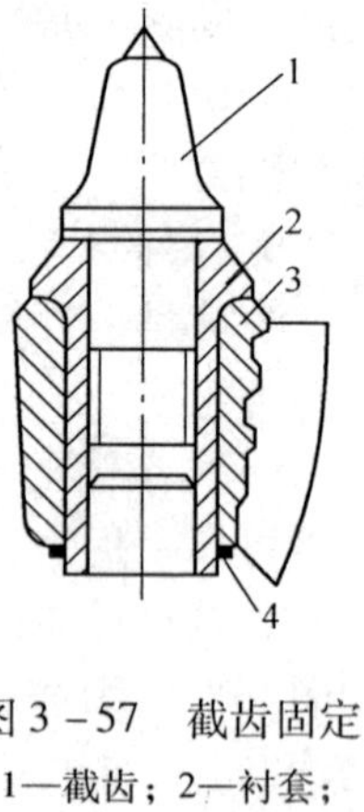

图3－57 截齿固定

1—截齿；2—衬套；3—齿座；4—卡环

a 牵引传动箱

牵引传动箱为左右对称结构，除壳体外，内部零件可完全互换。左牵引传动箱的结构如图3－58所示。

牵引传动箱的主要传动组成为液压马达、一轴、二轴、惰轮组件和二级行星减速器，辅助部分为液压制动器和连接组焊件。液压马达与连接组焊件安装部位可装牵引电动机。连接组焊件的连接尺寸与牵引电动机完全相同，从而实现电液互换。牵引传动箱的传动路线为由液压马达输入动力，经一轴、二轴、惰轮轴和二级行星机构，最后经花键轴将动力传给滚轮－销轨无链牵引机构。

牵引传动箱的一轴和二轴设有两对变速齿轮，通过选配不同齿轮可实现两挡牵引速度。两挡牵引速度分别为5.4m/min和6.6m/min。

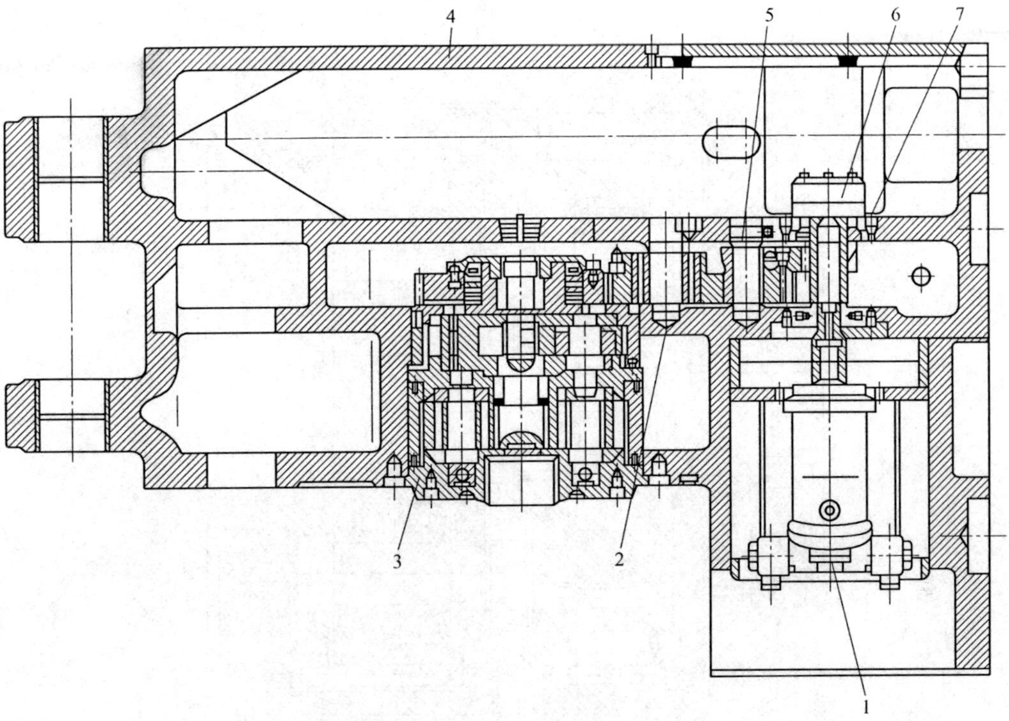

图 3－58 左牵引传动箱

1—液压马达；2—惰轮组件；3—二级行星减速器；4—箱体；
5—二轴；6—液压制动器；7——轴

二级行星减速器如图 3－59 所示。来自齿轮 3 的动力经齿轮联轴器传给太阳轮 5，经一级行星齿轮的行星架 2 输出。第二级行星减速器同样经齿轮联轴器传给太阳轮 12，经第二级行星齿轮的行星架 10 输出。二级行星减速器采用太阳轮浮动的均载机构。

液压制动器安装在一轴端部，其结构如图 3－60 所示。内摩擦片 7 装在马达轴 5 的花键槽中，外摩擦片 6 通过花键套在离合器外壳 8 的槽中。内、外摩擦片相间安装，并由活塞 3 中的预压弹簧 4 压紧。

制动器工作原理：当外接油口 A 接通控制油源时，活塞 3 在油压的作用下压紧弹簧 4 而上移，使内、外摩擦片脱离接触，马达轴带动内摩擦片空转，采煤机处于松闸状态。当外接油源消失、一外接油口与油池相通时，活塞腔卸压，活塞在弹簧作用下推动外摩擦片向下移动，内、外摩擦片相互压紧，产生制动转矩，使轴制动，采煤机处于抱闸状态。液压制动器静制动转矩为 390N · m，动制动转矩为 280N · m。

行走箱为左右对称结构，除壳体外，其余零件可左右互换。采煤机行走箱有分体和整体两种形式，供用户选用。分体行走箱的结构如图 3－61 所示，传动方式为开式齿轮传动。

当换挡齿轮齿数为 20，53 时，传动比为

$$i=\frac{53}{20}\times\frac{91}{42}\times\left(1+\frac{83}{13}\right)\times\left(1+\frac{72}{16}\right)\times\frac{13}{9}=336.84$$

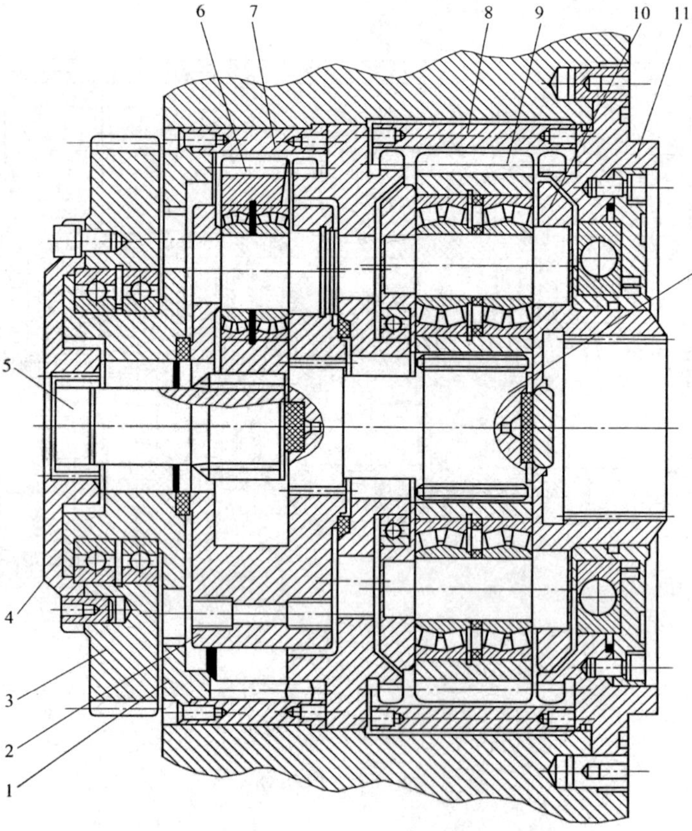

图 3-59 二级行星减速器

1—端盖轴；2，10—行星架；3—齿轮；4，11—端盖；5，12—太阳轮；6，9—行星轮；7，8—内齿轮

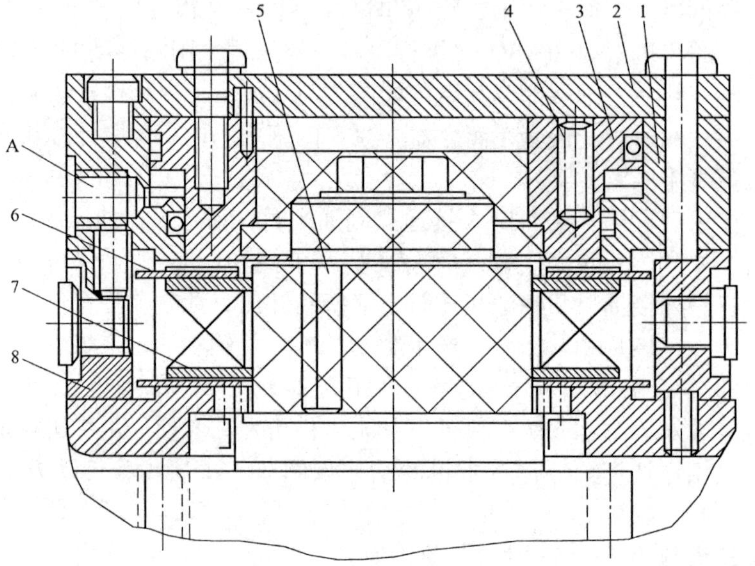

图 3-60 液压制动器

1—缸体；2—端盖；3—活塞；4—弹簧；5—马达轴；6—外摩擦片；7—内摩擦片；8—离合器外壳

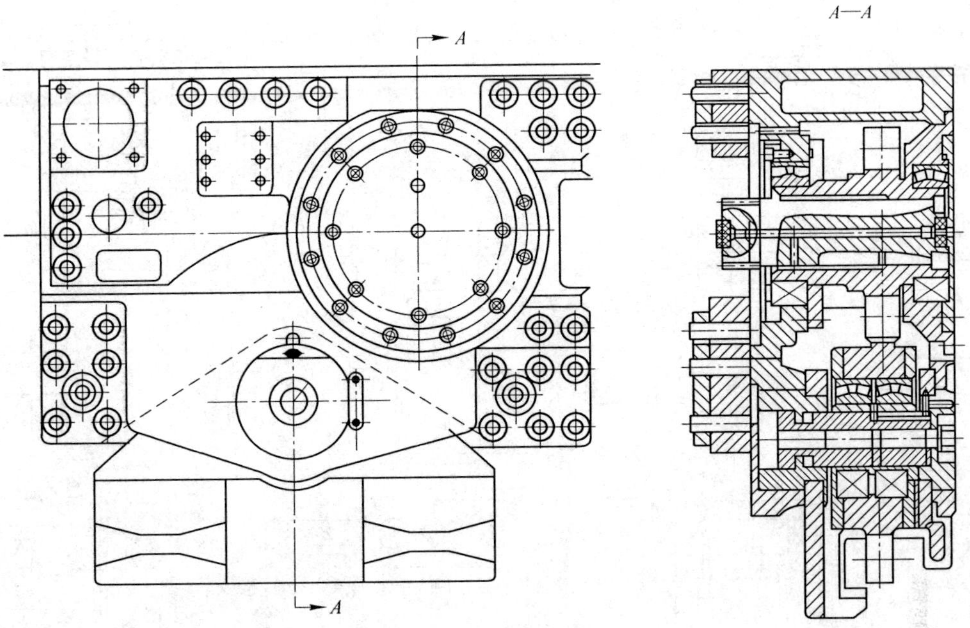

图 3－61　分体行走箱

牵引速度为 0～5.4m/min。

当换挡齿轮齿数为 23，50 时，传动比为

$$i=\frac{53}{23}\times\frac{91}{24}\times\left(1+\frac{83}{13}\right)\times\left(1+\frac{72}{16}\right)\times\frac{13}{9}=276.33$$

牵引速度为 0～6.6m/min。

b　液压传动部

液压传动部主要包括液压传动箱和齿轮传动箱。液压传动箱主要安装主泵，调高泵，辅助泵，调速机构，操纵机构，手液动换向阀，粗、精过滤器及控制管路等元件。液压传动箱煤壁侧安装有冷却器、电磁阀箱和部分油管接头；采空侧安装有集成阀块、调速手把、行程开关、调高手把、压力表、油标、主油路接口及通向两端液动按钮的集成块等元件。液压传动箱的动力来自牵引电动机。传动箱主要安装牵引电动机等机械传动链，将动力传递给主泵、调高泵和辅助泵。液压系统如图 3－62 所示，主要包括主油路系统、保护和控制系统。主油路系统包括主回路、补油和热交换回路。

(1) 主油路系统。主油路系统包括主回路及补油和热交换回路。

1) 主回路。主回路是由两只并联的 ZM107 定量液压马达 2 和一只 ZB125 变量泵 1（主泵）组合而成的闭路系统。主泵由电动机驱动，通过机械传动链驱动旋转，排出压力油驱动马达，马达回油供主泵吸入再次排给马达，如此循环工作。改变主泵排量和排油方向，即可改变马达转速和转向，也即可以实现采煤机牵引速度的调节和牵引方向的改变。

2) 补油和热交换回路。由于闭式回路的液压油不断循环工作，油温会不断升高，而且在压力油液作用下，各液压元件将产生漏损，因而马达排量小于主泵所需要的吸入量。为了解决上述问题，满足主回路正常的工作条件，须设置补油和热交换回路，以向主回路补油和进行冷热交换。该回路主要由辅助泵 4、粗过滤器 3、精过滤器 5、两个单向阀 34

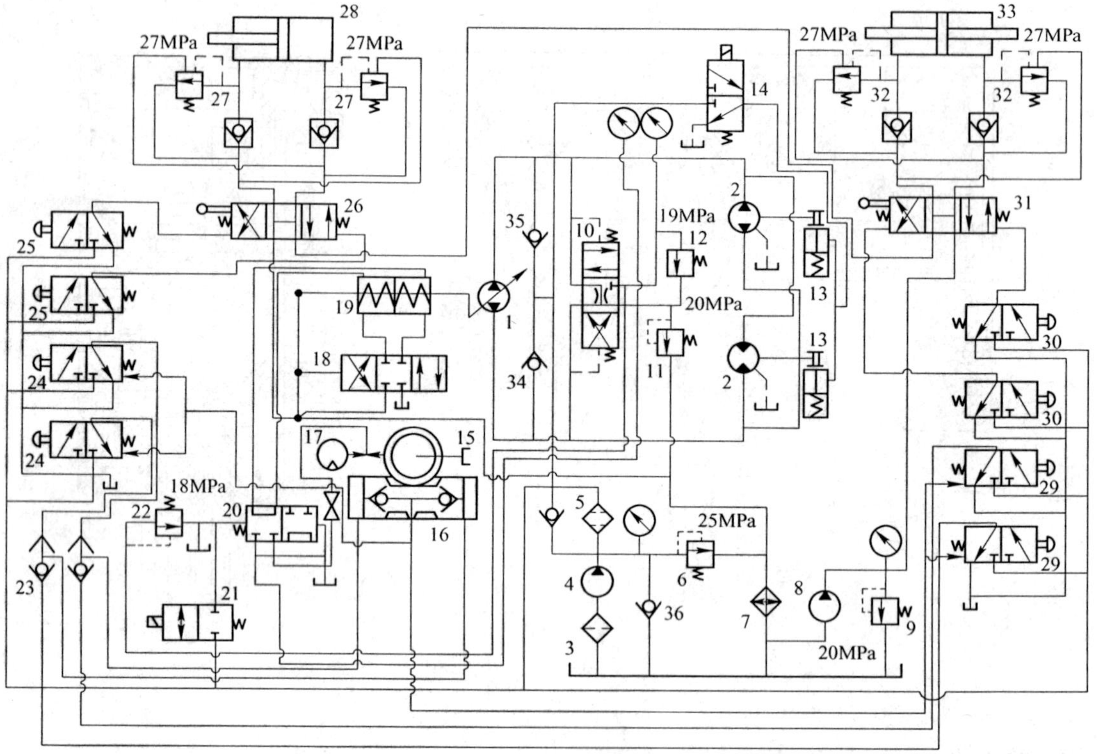

图 3－62　液压系统

1—主泵；2—液压马达；3—粗过滤器；4—辅助泵；5—精过滤器；6—溢流阀；7—冷却器；8—调高泵；9，27，32—安全阀；10—换向阀；11—背压阀；12—高压安全阀；13—液压制动器；14—电磁阀；15—手把；16—牵引液压缸；17—开关圆盘；18—伺服阀；19—变量液压缸；20—失压控制阀；21—功控电磁阀；22—远程调压阀；23—交替换向阀；24，29—牵引阀；25，30—调高阀；26，31—手液动换向阀；28，33—调高液压缸；34～36—单向阀

和35、三位四通液动换向阀10（又称梭形阀）及背压阀11组成。油池油液经粗过滤器3被辅助泵4吸入，经精过滤器5和单向阀34或35进入主回路的低压油路，补偿主回路系统的外泄漏。马达排出的热油，一部分参与主回路循环工作，另一部分被补油系统替换，经换向阀10、背压阀11、冷却器7排回油池。背压阀使主回路低压侧建立背压，以防止气蚀的产生，保护主泵和马达，该阀调定压力为2.0MPa。

（2）保护和控制系统。保护和控制系统包括牵引电动机功率超载保护、高压保护、低压保护、停机时主泵自动回零和过零保护。

1）牵引电动机功率超载保护

当采煤机运行过程中遇到过大阻力，牵引功率突然增大，可能会使牵引电动机功率超载，为此，设置了牵引电动机功率超载保护。电动机功率超载保护是当电动机功率超载时，使采煤机的牵引速度自动减慢，以减小电动机的功率输出；而当外载减小时，牵引速度又可自动增大，直至恢复到原来选定的牵引速度。这样既可避免损坏电动机，又可充分发挥电动机的功率。

电动机功率超载保护是通过二位二通电磁阀21（功控电磁阀）和二位四通控制阀20

（失压控制阀）来实现的。正常工作时，电磁阀 21 通常处于欠载位置。当牵引电动机输出功率超载时，功率控制系统发出电信号，使电磁铁带电，电磁阀 21 工作在导通状态，2MPa 的控制油经电磁阀进入二位四通控制阀 20（失压控制阀）左端，使变量液压缸 19 两端油液窜通，在弹簧作用下，变量液压缸 19 的活塞向着减速方向移动，通过拨叉减小主泵摆角，使采煤机牵引速度降低，牵引电动机输出功率随之减小。当牵引功率超载状况消失后，电磁阀 21 欠载断电，二位四通控制阀 20（失压控制阀）处于解锁状态，变量液压缸两腔油路隔离，控制油通过伺服阀 18 进入变量液压缸 19，活塞在油压作用下移动，通过反馈杆使主泵 1 的缸体摆角恢复到原调定位置，采煤机又按原调定的牵引速度运行。

2）液压控制系统

恒压控制是当牵引力小于额定值时，采煤机以调速手把所整定的速度运行；牵引力大于额定值时，牵引速度自动降低，直到回零；而当牵引速度降低使牵引力小于额定值时，牵引速度又自动增加到整定的数值。

恒压控制系统是通过远程调压阀 22 和二位四通控制阀 20（失压控制阀）来实现的。正常工况下，远程调压阀关闭，失压控制阀处于右阀位。当主回路工作压力超过远程调压阀调定压力 18MPa 时，远程调压阀开启，溢出的低压油一部分从旁路节流口分流回油池，另一部分进入失压阀左端，使其在左阀位工作，推动液压缸活塞两端油液窜通，活塞在弹簧作用下带动主泵向零位偏移，使采煤机降速。当工作压力低于远程调压阀调定值时，远程调压阀关闭，失压控制阀又处于右阀位，牵引速度自动恢复至原调定速度。

3）高压保护

高压保护是依靠高压安全阀 12 来实现的。高压安全阀的调定压力为 19MPa。当系统压力超过该值时，高压安全阀开启，溢出的油液经背压阀 11 流回油池，系统压力不再上升，采煤机牵引速度很快下降。另外，一旦远程调压阀 22 动作失灵，高压安全阀 12 可兼作二次保护。

4）低压保护

低压保护是为了使系统保持一定的背压。低压保护是通过失压控制阀 20 和调速机构来实现的。当系统低压侧压力降到失压控制调定压力 1.5MPa 时，失压控制阀 20 在弹簧的作用下复位，进入伺服阀 18 的油路被切断，变量液压缸两腔窜通，活塞回中位，采煤机停止牵引。

5）停机时主泵自动回零

当采煤机在某一整定速度下工作而突然停电时，刹车电磁阀 14 断电且失压控制阀 20 失压。停机时主泵自动回零的保护过程与低压保护过程相同。

6）过零保护

过零保护是为防止机器降速停止牵引时出现反转而设计的，它有手动液控和电控两种过零保护方法。

液控过零保护是按动牵引阀 24，使低压控制油经牵引阀、交替换向阀 23 进入操作机构，推动牵引液压缸 16 移动来实现。当采煤机降速达到零位（采煤机降速为零）时，牵引液压缸 16 活塞上的小孔与缸体上的小孔对齐，油液经液压缸上的单向阀流到牵引阀阀芯端部，给司机一个反推信号（手感），表明调速手把已经达到零位，此时司机应立即松手，以切断液压缸 16 的油路，采煤机停止牵引；之后，司机再按下该牵引阀按钮，采煤机即反向牵引。

电气过零保护是通过行程开关实现的。固定在牵引手把15轴上的开关圆盘17，其圆周上有一个120°的缺口。当手把转到零位时，行程开关的滚轮正好落在缺口上，使液压缸16停止移动，则采煤机停止牵引。

c 操纵系统

操纵系统设有牵引启停、调速和换向、摇臂调高等操纵功能，可分别通过中间手动或两端液控操纵来实现。

（1）手动操作

以手动操作来牵引换向和调速时，当牵引手把15位于中位，牵引液压缸16的缺口对零，常开行程开关断开，电磁阀14断电，其阀芯在弹簧作用下复位（图示位置），通过调速机构将主泵摆缸拉到零位。

在启动电动机后，主泵、辅助泵都运转。当顺时针或逆时针方向转动牵引手把15一个角度时，在牵引液压缸16的作用下行程开关闭合，电磁阀14通电，辅助泵排出的工作液体经电磁阀14进入液压制动器13，对液压马达松闸；同时，通过压力控制油使失压控制阀20的阀芯左移。由于一般情况下功控电磁阀21处于欠载位置（左位），故控制油经过该阀、失压控制阀20进入变量液压缸19的两腔，实现对主泵的解锁。这时，转动牵引手把15，通过螺旋副可使调速套移动，并通过杠杆的摆动而移动伺服阀18的阀芯，使变量液压缸19移动，从而实现采煤机牵引换向和牵引速度的调节。

截割滚筒和破碎滚筒的调高是通过专用的径向柱塞泵8（调高泵）、两个H机能的手液动换向阀26、31来实现的。换向阀26、31分别控制左、右摇臂的升降。安全阀9的调定压力为20MPa，用于限制调高泵8的最大压力。安全阀27、32的调定压力为27MPa，用以保护调高液压缸。应当指出，由于采用了两个串联的H机能的换向阀，故两调高液压缸只能单独操作。

（2）液压操作

液压操作是用手液动换向阀来实现采煤机的牵引换向、调速和滚筒调高的。

为了便于操作，在采煤机两端装有按钮控制的二位三通24、25和29、30。按动两端牵引阀24（或29）的按钮，压力控制油即经此阀和交替换向阀23进入牵引液压缸16一侧。液压缸16另一侧的油液经交替换向阀及另一牵引阀29（或24）回油箱，于是液压缸16的齿条活塞移动，并通过齿轮、螺旋副及调速套进行换向和调速。其换向、调速过程同手动操作。松开牵引阀24（或29）的按钮，控制油被切断，变量液压缸被锁在一定位置上，主泵以一定的排量工作（即采煤机以一定的牵引速度移动）。当需要采煤机停止牵引时，先通过反向牵引使牵引液压缸16的活塞回到零位，控制油经活塞中心的单向阀及液压缸中部的孔道推动牵引阀29（或24）的阀芯外移，即发出一个停车信号，指示司机停止牵引。

同理，按动每对调高阀25（或30）时，即可利用液动的方法移动换向阀26（或31）的阀芯，使左、右滚筒升降。松开按钮，控制油源被切断，换向阀在弹簧作用下复位，调高液压缸即被锁定在一定位置上。

E 附属装置

采煤机的附属装置主要包括机外油管组、冷却喷雾系统、拖缆装置和调高液压缸等，它们配合采煤机的基本部件实现和完成采煤机的各种机能动作。

a　机外油管组

机外油管组主要由液控阀组、急停按钮及软管等组成，主要用于采煤机两端液控操纵牵引、摇臂调高和机器的急停。

液控阀是在液控操纵时，将手动转化为液动的元件，它们被集中安设在一个阀块上，合称为液控阀组。液控阀主要由调高阀、牵引阀、急停按钮和连接板组成，其中急停按钮为电气元件。调高阀与牵引阀结构基本相似，均为二位三通阀，只是牵引阀增加了两个控制油口，为过零保护控制油口。

b　冷却喷雾系统

冷却喷雾系统由主水阀、分水阀和软管等组成，其功能是将来自泵站 320L/min 和 120L/min 的水进行限压、分流，实现对采煤机各冷却环节的冷却和摇臂内、外喷雾降尘。系统水路包括冷却水路、外喷雾水路、内喷雾水路。其接口如图 3－63 所示。

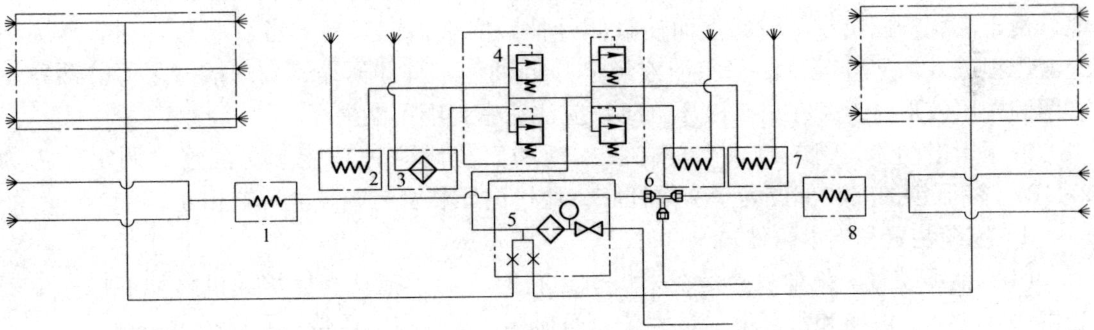

图 3－63　冷却喷雾接口

1—左摇臂水套；2—左截割电动机水套；3—液压箱冷却器；4—分水阀块；5—主水阀；6—牵引电动机水套；7—右截割电动机水套；8—右摇臂水套

主水阀由球形截止阀、过滤器和压力表等组成，其功能是将 320L/min 来水进行控制、分流、过滤和水压显示。采煤机前后滚筒喷雾水量可通过水阀水量调节手把调节分配。分水阀是对水阀来水进行二次分配和对冷却水进行限压，内设有安全阀，其调定压力为 2MPa，安装部位为左牵引部杆腔。

由分水阀左路分出来的两路冷却水，一路给液压传动部冷却，另一路给左截割部电动机冷却。两路水最后从左牵引部煤壁侧流出。由分水阀右路分出来的两路冷却水，一路给牵引电动机冷却，另一路给右截割电动机冷却。两路水最后由右牵引部煤壁侧流出。

外喷雾喷嘴设在左右摇臂水套上，外喷雾水源为单独水源，由一根软管单独供水，水量为 120L/min，压力为 6.3MPa。

水阀将内喷雾水分为左、右两路，分别接入左、右截割部内喷雾水套，经左、右滚筒 3 个叶片流道后经滚筒喷嘴喷出。

采煤机喷嘴有两种，内喷雾喷嘴为 PLZC1.5/45T，喷口直径 1.5mm；外喷雾喷嘴为 PZB2.5/70，喷口直径 2.5mm。

c　调高液压缸

调高液压缸位于牵引部底部，两端分别与牵引部和截割部铰接。MG300/690－W 型采煤机调高液压缸设计有两种，分别用于3.5m和3.8m的采高。两种液压缸结构相同，只是行程不同，其结构如图3－64所示。

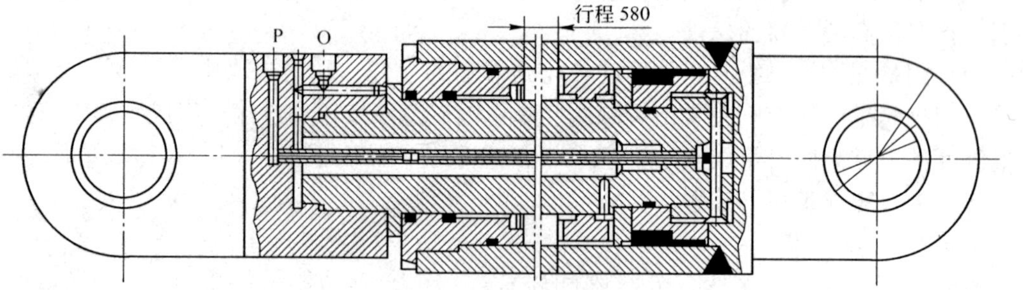

图3－64　调高液压缸

工作原理：当P口进油时，压力油经液压锁进入活塞腔，活塞杆腔油液经O口回油池，由于活塞杆固定在牵引部上而使缸体外伸，实现摇臂升高；当O口进油时，压力油经液压锁进入活塞杆腔，活塞腔油液经P口回油池，缸体回缩，实现摇臂下降。活塞左右两腔采用鼓形密封，在组装液压缸时，应注意密封圈不能损坏。

液压锁由阀体、阀芯组成，具有液压锁和安全阀两种功能。安全阀的调定压力为27MPa。液压锁的安装部位为牵引部杆腔，通过高压软管与调高液压缸相连。

d　拖缆装置和支承组件

（1）拖缆装置。拖缆装置是在采煤机运行时，用于拖动和保护随机移动的供电电缆和供水管的，使电缆和水管不受过大拉力而损坏，固定在液压传动及电控部上端。

装尼龙电缆夹板的电缆长度要比工作最大长度的一半多4～5m。根据采煤机与输送机的不同配套关系，可通过改变拖缆装置的销子伸缩来改变轴向尺寸，以适应不同运输机电缆槽位置的变化。

MG300/690－W型采煤机采用的电缆夹板为H－100/180型。

（2）支承组件。支承组件固定在采煤机左、右牵引部煤壁侧，与左、右行走箱中的导向滑靴共同支承采煤机。MG300/690－W型采煤机支承组件设有滚轮和滑靴两种形式，可供用户选用。其结构如图3－65和图3－66所示。

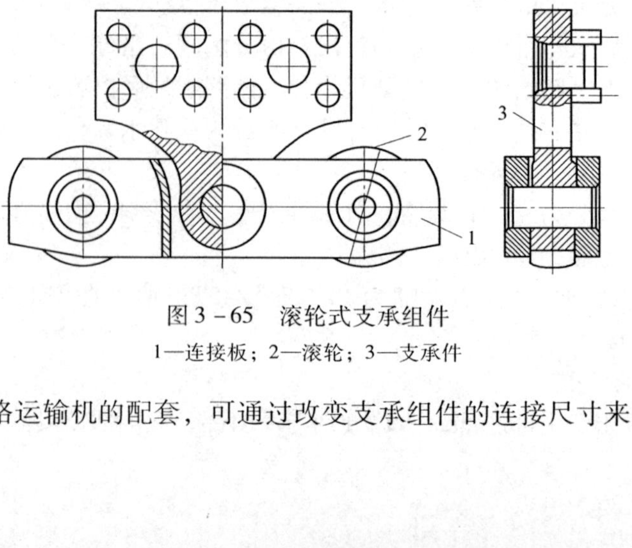

图3－65　滚轮式支承组件

1—连接板；2—滚轮；3—支承件

若要与不同规格运输机的配套，可通过改变支承组件的连接尺寸来实现。

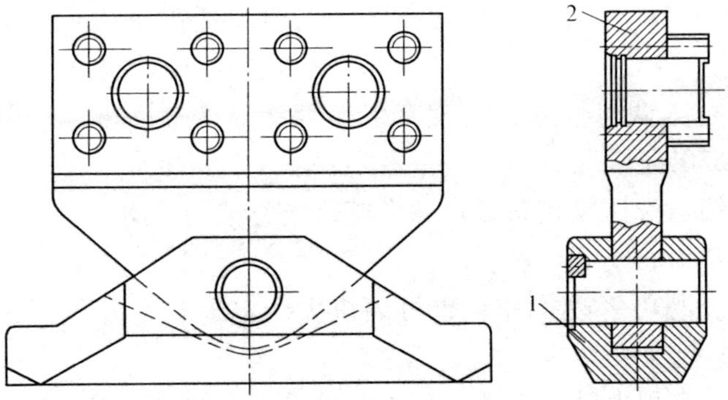

图 3-66 滑靴式支承组件

1—滑靴；2—支承件

3.1.5.2 MG300/720-AWD 型采煤机

MG300/720-AWD 型采煤机为交流变频电牵引采煤机。采用多电动机驱动、截割电动机横向布置、无链牵引方式，适应煤层倾角 $\theta \leqslant 15°$、煤质硬度 $f<4$ 的中厚煤层开采，采高范围为 1.4~3.0m，配套设备为 SGZ800/750 型刮板输送机和 ZZ5600/14/28 型液压支架。

A 组成、特点及工作原理

a 组成

MG300/720-AWD 型采煤机按各部分用途可分为截割机构、牵引机构、电气控制设备、电动机、液压系统、冷却喷雾系统。具体组成如图 3-67 所示。

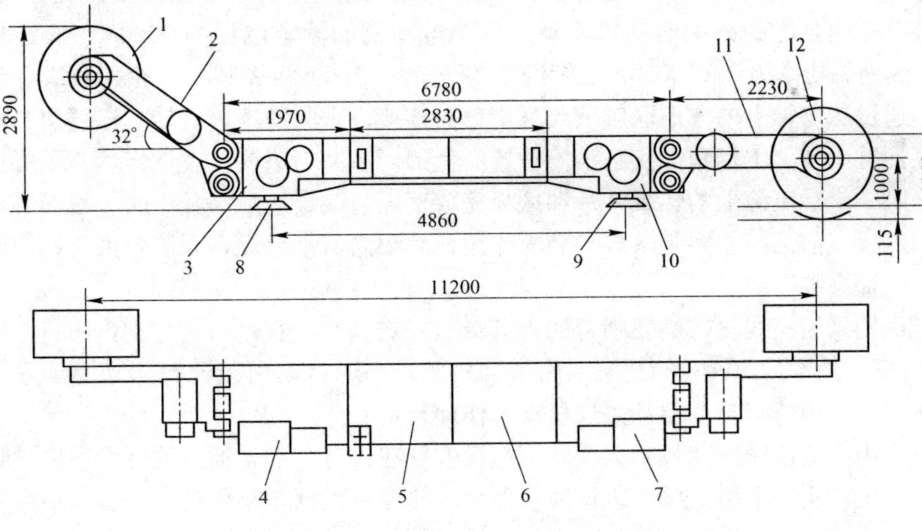

图 3-67 MG300/720-AWD 型采煤机

1，12—左、右滚筒；2，11—左、右摇臂；3，10—左、右牵引箱；4，7—左、右行走箱；

5，6—变频调速箱及电控箱；8，9—左、右滑靴

b 特点

MG300/720-AWD 型采煤机的主要特点有：

（1）采用多电动机驱动，截割电动机横向布置在摇臂上，悬挂在采空区侧。摇臂与机身通过销轴铰接，没有动力传递。全部采用正齿轮传动，使机械传动部分结构简化。

（2）截割反力、调高油缸支承反力和牵引反作用力均由牵引减速箱承受，可靠性高。

（3）主机身分为三段，取消底托架结构，采用圆柱销定位、高强度液压螺栓连接，简单可靠，装拆方便。

（4）采用交流变频调速技术，实现牵引速度无级变速。电牵引效率高、牵引力大，本机最大牵引力为550kN。

（5）牵引传动箱与液压泵箱布置在一个箱体内，结构紧凑。

（6）采用无链牵引，安全可靠。

（7）控制齐全，既可手动操作，也可离机无线电遥控，并设有主电动机功率保护，牵引电动机过热、过流保护等。

（8）主电动机、牵引电动机、液压泵电动机均横向抽出，维修方便。

（9）采煤机各种操作开关、控制按钮、显示装置均设在采空区侧，操作安全方便。

（10）设有内、外喷雾装置，灭尘效果好。

（11）可双向割煤，自开切口。

c　工作原理

采煤机由机身和截割部等组成。机身由左右牵引箱、左右行走箱、变频调速箱和电控箱等组成，通过采用圆柱定位箱和高强度液压螺栓连成一体，由4只滑靴支承。位于采空区侧的两只滑靴分别挂在左右行走箱的销轴上，并套在刮板输送机上的无链牵引销轨上，对采煤机进行导向，保证行走轮和销轨的正确啮合；另外，两只位于煤壁的滑靴通过连接板铰接在机身煤壁侧，并支承机身重量和平衡截割反力的作用。

采煤机左、右截割部由截割电动机、摇臂和滚筒组成，通过销轴铰接在机身上。左、右截割部分别由自己的截割电动机驱动，每个电动机的额定电压为3300V、额定功率为300kW，截割总功率为2×300kW。采用横向布置方式，经两级圆柱齿轮、两级行星机构减速后，通过花键轴上的方形联轴节与螺旋滚筒连接，来驱动滚筒旋转。摇臂由与机身连接的调高油缸调节上下摆角，实现滚筒位置高低的调节。当滚筒位置调定后，采煤机沿工作面行走时，借助滚筒上的螺旋叶片和截齿完成落煤与装煤。采高较小时，滚筒转向一般采用正向对滚，前滚筒主要起落煤与装煤作用，后滚筒截割余煤；采高较大时，应改为反向对滚，以提高装煤效果。

行走机构采用摆线轮与销轨啮合的无链牵引方式，左、右牵引箱分别由两台额定电压为380V、额定功率为50kW的交流牵引电动机驱动，通过牵引减速机构来驱动左、右行走轮，行走轮与销轨啮合，驱动采煤机沿工作面行走。

该机采用交流变频调速技术，变频调速箱安置在机身中部，通过改变牵引电动机的供电频率与电压，实现牵引速度无级调速。而牵引速度可根据截割电动机的载荷情况，实行截割电动机恒功率自动调速，并具有牵引电动机过热、过流保护。

B　主要技术参数

MG300/720－AWD型采煤机的主要技术参数有：

（1）总体参数

机面高度	1130mm
摇臂回转中心距	6870mm
滚筒中心距（摇臂水平时）	11314mm
行走轮中心距	4862mm

截深	800mm
机器重量	约 44t

（2）左右摇臂

主电动机	
型号	YBC4 - 300 隔爆型三相异步电动机
功率	2×300kW
供电电压	3300V
额定转速	1470r/min
冷却方式	定子水套冷却
防护等级	IP54
绝缘等级	H 级
滚筒直径、转速与最大采高	
滚筒直径	1.4m
滚筒转速	41.5r/min
适用采高	1.4~2.89m
卧底量	125mm
摇臂摆角	
上摆	+32°
下摆	-11.5°

（3）左右牵引减速箱

牵引电动机	
型号	BQYS2 - 50 隔爆型三相异步电动机
功率	2×50kW
供电电压	380V
额定转速	1450r/min
冷却方式	定子水套冷却
防护等级	IP54
绝缘等级	F 级
牵引速度	0~9.34~18.7m/min
牵引力	550/275kN
牵引方式	摆线轮 - 销轨无链牵引

（4）喷雾冷却

喷雾方式	内、外喷雾
电动机冷却	采用定子冷却
摇臂齿轮箱冷却	水套冷却
供水流量	200L/min
供水压力	6.3MPa

（5）调高系统

调高泵	
型号	CBK1012 - B4F
工作压力	17MPa
转速	1438r/min

理论流量	17.25L/min
调高电动机型号	YBRB2－7.5隔爆型三相异步电动机
功率	2×7.5kW
供电电压	380V
额定转速	1438r/min
冷却方式	定子水套冷却
工作方式	S1
绝缘等级	H级

（6）配套电缆

电缆型号	MCT－1.9/3.3

（7）配套设备主要技术参数

SGZ800/750型刮板输送机

输送能力	1000t/h
功率	2×375kW
电压	1140V
刮板链速	1.1m/s
中部槽规格	1500mm×800mm×315mm
中部槽水平弯曲角度	±1°
中部槽垂直弯曲角度	±3°

ZZ5600/14/28型液压支架

支架高度	1400～2800mm
支架中心距	1500mm
工作阻力	5600kN

C　截割机构

采煤机截割机构由截割机构、摇臂齿轮减速箱和滚筒等组成。摇臂减速箱内包括齿轮传动和行星传动以及冷却系统、内喷雾装置等。采煤机的截割电动机直接安装在摇臂箱体内，机械减速部分全部安装在摇臂箱体及行星机构内。与传统的采煤机机型相比没有截割机构固定齿轮减速箱、无伞齿轮传动，结构简单、紧凑。

通过销轴与机身铰接，并通过回转腿上的$\phi90$的销轴与安装在牵引减速箱上的调高油缸铰接，随着油缸活塞杆的伸缩，实现左、右滚筒的升降。

截割机构具有以下特点：

（1）截割电动机安装在摇臂上，每个摇臂上各采用一个300kW的电动机驱动。

（2）摇臂回转采用铰接结构，与采煤机机身没有机械传动，回转部分的磨损和机身连接螺栓的松动不会对截割传动部齿轮啮合产生不利的影响。

（3）摇臂齿轮传动均采用直齿圆柱齿轮，结构简单，传动效率高。

（4）采用冷却水套，以降低摇臂齿轮箱的温度。

a　摇臂减速传动箱

摇臂减速传动箱，简称摇臂，如图3－68所示，左右对称，是采煤机的主要部件之一。除左、右摇臂箱体外，其他内部各件均可互换。摇臂由箱体、轴组、行星传动机构以及离合器、冷却喷雾装置等组成，它将截割电动机的动力传到滚筒。摇臂回转腿1与调高油缸铰接，销轴孔2与机身用销轴铰接，通过油缸伸缩，实现摇臂的上下摆动，达到调高滚筒的目的。

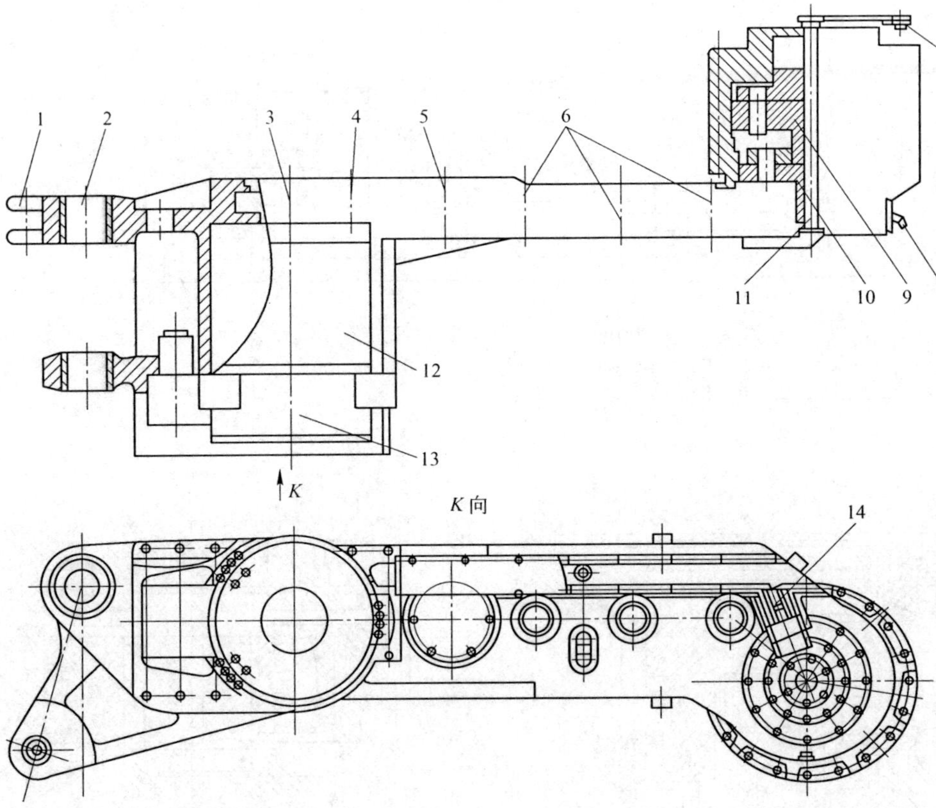

图3-68　摇臂减速箱

1—摇臂回转腿；2—销轴孔；3—Ⅰ轴；4—Ⅱ轴；5—Ⅲ轴；6—Ⅳ轴；7—内喷雾接口；8—外喷雾嘴；9—行星机构Ⅱ；10—行星机构Ⅰ；11—Ⅴ轴；12—截割电动机腔；13—离合机构腔；14—进水管

截割电动机通过离合机构将动力传给Ⅰ轴，再经过Ⅱ轴、Ⅲ轴、Ⅳ轴、Ⅴ轴齿轮啮合实现两级减速。从Ⅴ轴到行星机构Ⅰ，Ⅱ，再进行两级减速，最后将截割力矩传递给滚筒，实现割煤。截割电动机位于截割电动机腔12内，周向和轴向均有限位紧固；电动机轴位带内花键的空心轴，与离合机构腔13内的离合机构相连，离合机构的外花键轴与电动机轴的内花键相连，另一端通过在电动机空心轴内的轴向滑移与Ⅰ轴实现离合。灭尘用水一路通过进水管14，经Ⅴ轴和行星机构Ⅰ、Ⅱ的中心水管，内喷雾接口7到达滚筒的喷嘴；另一路经摇臂腔到达外喷雾嘴8，以实现割煤时内外喷雾灭尘。

摇臂齿轮传动箱的传动系统如图3-69所示，总传动比为

$$i=\frac{29}{26}\times\frac{41}{25}\times\left(1+\frac{71}{21}\right)\times\left(1+\frac{65}{19}\right)=35.43$$

（1）Ⅰ轴组件。截割电动机的动力通过花键传递到Ⅰ轴组件，结构如图3-70所示。Ⅰ轴组件主要由轴承、密封圈、堵、齿轮（$m=7$，$Z=26$）等组成（可通过改变轴齿轮齿数来实现截割速度的变化）。

（2）Ⅱ轴组件。Ⅱ轴组件结构如图3-71所示，由一只调心滚子轴承、轴、齿轮、偏心套及密封圈等组成，通过该轴组将电动机的动力传递给大齿轮（$m=7$，$Z=29$）。

（3）Ⅲ轴组件。Ⅲ轴组件结构如图3-72所示，由两只调心滚子轴承2、齿轮4和5、

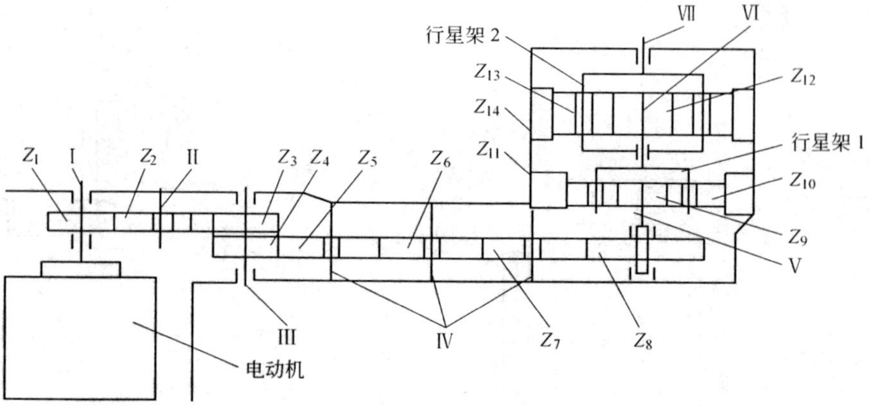

图 3－69 摇臂齿轮箱的传动系统

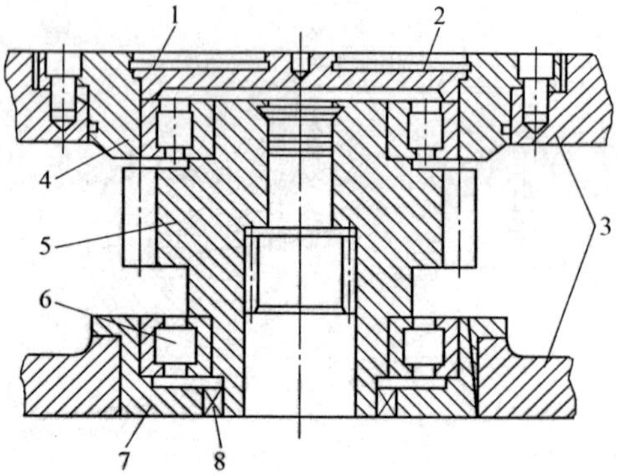

图 3－70 Ⅰ轴组件

1—密封圈；2—压盖；3—体壳；4，7—轴承杯；5—齿轮；6—轴承；8—密封件

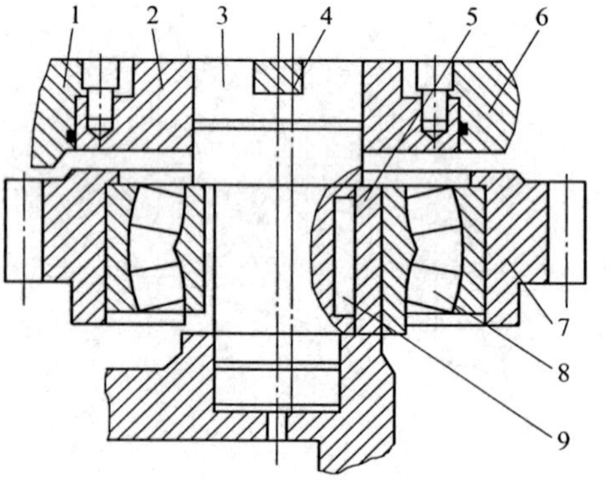

图 3－71 Ⅱ轴组件

1，6—Ⅰ、Ⅲ轴组件轴承杯；2—箱体壳；3—心轴；4—固定板；5—偏心套；7—齿轮；8—轴；9—键

心轴 3、端盖等组成。轴组通过轴承支承到摇臂箱体上。

（4）Ⅳ轴组件。Ⅳ轴组件结构与Ⅱ轴组件结构相同，如图 3－73 所示，它由两只调心轴承支承，齿轮齿数 $m=8$，$Z=37$。

（5）Ⅴ轴组件。Ⅴ轴组件如图 3－74 所示，它的作用之一是将齿轮的动力通过花键传入行星机构。齿轮由两只圆柱滚子轴承支承在轴承套和大端盖上。挡圈用来阻挡太阳轮的轴向窜动，轴向间隙应调整在 0.12～0.32mm 之间。

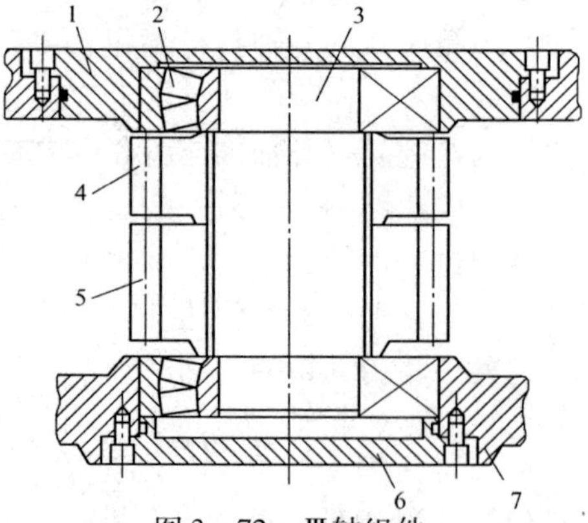

图 3－72 Ⅲ轴组件

1—轴承杯；2—轴承；3—轴；4，5—齿轮；6—压盖；7—箱体壳

（6）行星机构Ⅰ。行星机构Ⅰ结构如图 3－75所示，主要有太阳轮、行星轮、内齿轮、内齿圈、行星架三浮动机构。太阳轮的另一端与Ⅴ轴齿轮的内花键相连，输入转矩。当太阳轮转动时，驱动行星轮沿本身轴线自转，同时又带动行星架绕其轴线转动。行星架通过花键与第二级行星机构的太阳轮连接，将输出转矩给第二级行星机构的太阳轮。

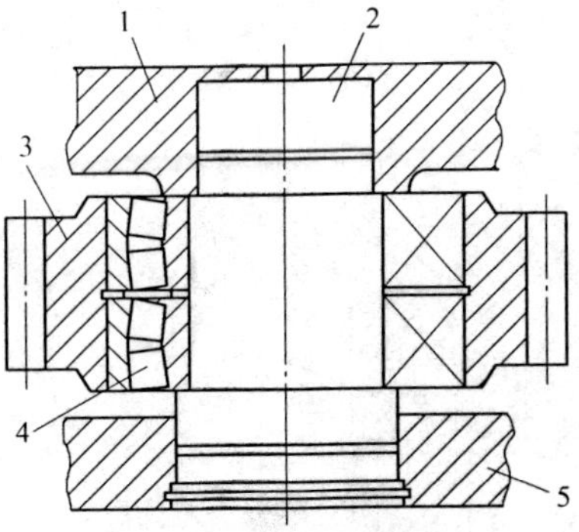

图 3-73 Ⅳ轴组件

1，5—箱体壳；2—心轴；3—齿轮；4—轴承

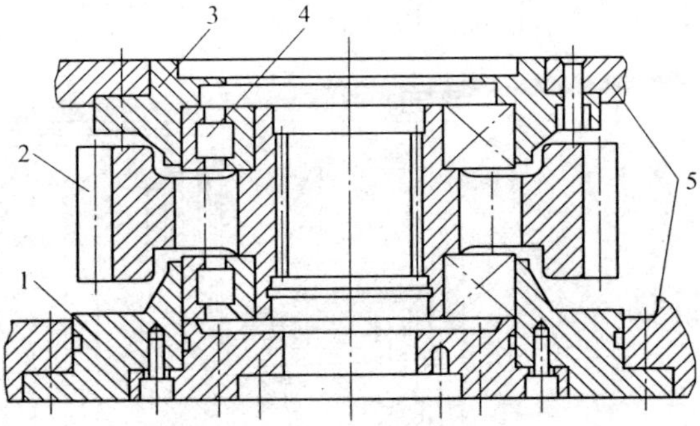

图 3-74 Ⅴ轴组件

1，3—轴承杯；2—齿轮；4—轴承；5—箱体壳

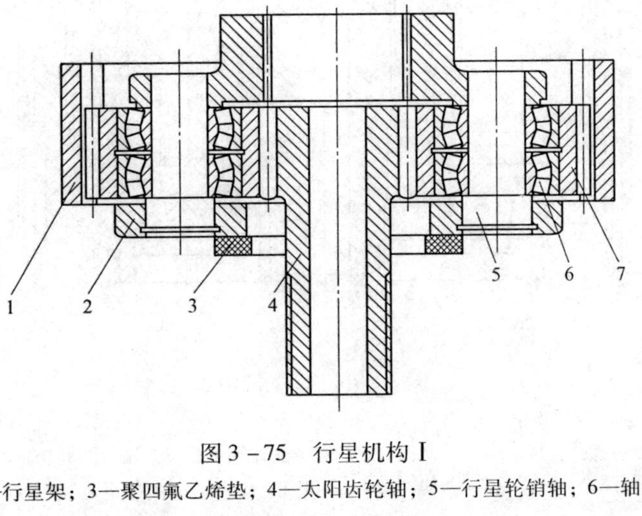

图 3-75 行星机构Ⅰ

1—内齿圈；2—行星架；3—聚四氟乙烯垫；4—太阳齿轮轴；5—行星轮销轴；6—轴承；7—行星轮

行星齿轮利用4个行星轮啮合的功率分流，结构紧凑，传递功率大，工作可靠。太阳轮的转动惯量小，浮动灵敏，可消除制造误差对载荷分配不均匀的影响，浮动量通过与Ⅴ轴齿轮相配合的外花键侧隙来保证。

为防止太阳轮及行星架的轴向窜动，在两级行星架间、行星架与壳体间、两级太阳轮间均装有聚四氟乙烯垫。

（7）行星机构Ⅱ。行星机构Ⅱ结构如图3-76所示，主要由太阳轮、行星轮、内齿圈、行星架、支承轴承和平面浮动密封装置、方形连接套等组成。太阳轮的另一端与行星机构Ⅰ的行星架内花键相连，输入转矩。当太阳轮转动时，驱动行星轮沿本身轴线自转，同时又带动行星架绕其轴线转动。行星架通过花键和方形联结套连接，将输出转矩给滚筒。行星机构通过止口、用20根M20的螺栓、4根ϕ20mm的定位销与摇臂箱体固定。

行星齿轮利用4个行星轮啮合的功率分流，结构紧凑，传递功率大，工作可靠。太阳轮的转动惯量小，浮动灵敏，可消除制造误差对载荷分配不均匀的影响。

太阳轮与行星架有相对转速，因此在太阳轮与行星架接触面间装有聚四氟乙烯垫块，既限制太阳轮的轴向窜动又减少两者之间的摩擦，间隙为1~2.5mm。

行星架前端靠32064轴承支承，此轴承需要控制轴向间隙为0.15~0.32mm。后端靠32960轴承支承。

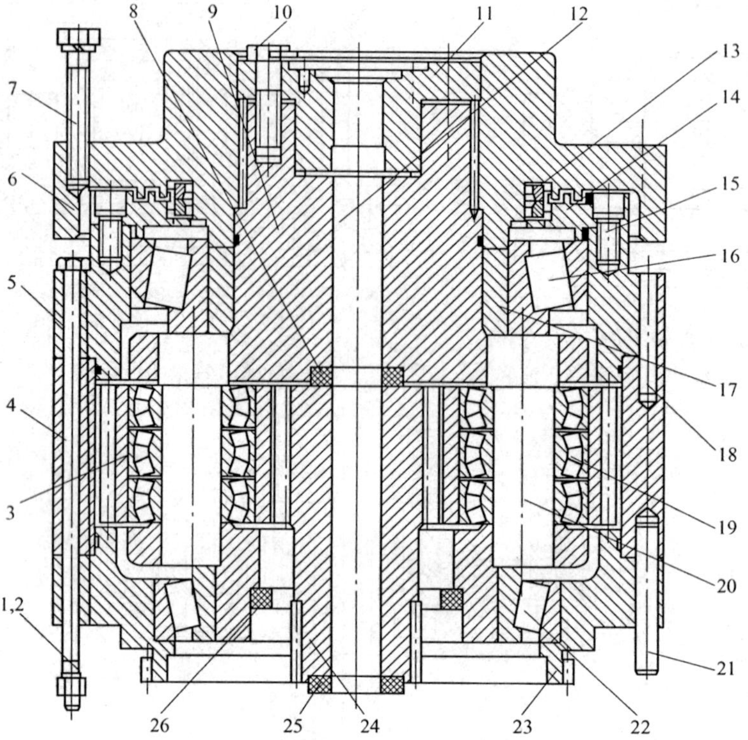

图 3-76 行星机构Ⅱ

1，7—螺栓；2—螺母；3—行星轮；4—内齿圈；5—轴承杯盖Ⅰ；6—方形连接套；8，25，26—聚四氟乙烯垫；9—行星架；10，15—螺钉；11，14—压盖；12—内喷雾管路通道；13—密封圈；16，22—轴承；17—隔套；18，21—定位销；19—轴承；20—行星轮轴；23—轴承杯盖Ⅱ；24—太阳轮轴

行星架输出轴采用端面浮动油封，它通过 O 形圈受压变形而产生的弹力来压紧两个浮动密封环，实现低速旋转轴的动密封。由于浮动环为硬质合金材料，抗磨损性能好，因而对煤矿井下恶劣环境具有较好的适应性。

方形连接套与行星架通过花键连接，并通过螺钉和压盖作轴向固定。

b 离合机构

离合机构如图 3-77 所示，主要由柔性轴、轴承杯、轴承、拉杆、手柄、套杯及护盖等组成，它安装在电动机的尾部，并穿过截割电动机的空心轴。其中套杯 4 和电动机尾部的端盖用螺钉 2 来固定。柔性轴一端的花键与一轴齿轮花键相连，另一端的花键与电动机转子空心轴的内花键相连。摘下护盖 3，当手柄往外拉时为离，往里推时为合。同时该柔性轴还起弹性吸振、存储能量和安全销的作用，对截割机构进行机构过载保护。但在操作离合机构时，必须是在截割电动机停止状态下进行。

c 内喷雾装置

摇臂上还设有内喷雾装置，其结构如图 3-78 所示，由接头 1，水封（图中粗黑的部分），泄漏环 3，轴承 4，不锈钢送水管 5，接头座 2、8，管座 6 以及连接管路 7 等组成。实现摇臂与滚筒之间喷雾供水管路的连接。

其中接头座 2 用螺钉 11 固定在滚筒端方轴连接套的压盖上，管座 6 和接头座 8 用螺

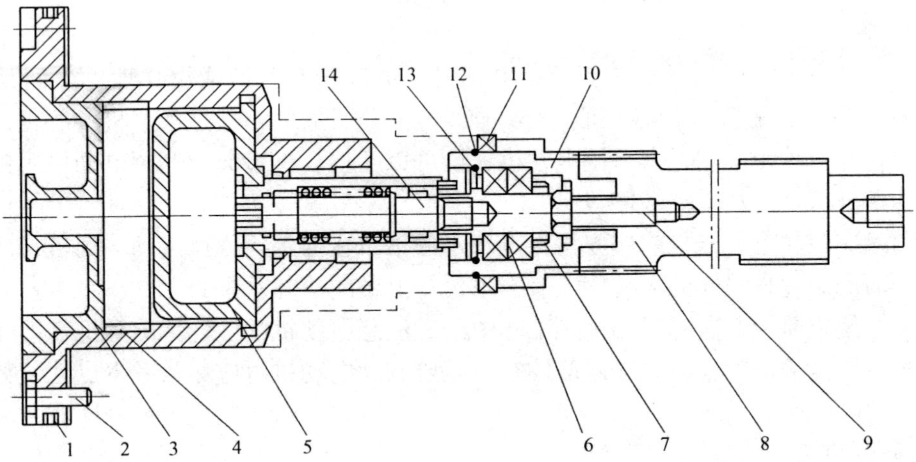

图 3－77 离合机构

1—O 形密封圈；2—螺钉；3—护盖；4—套杯；5—离合手把；6，11—轴承；7—圆螺母；
8—柔性轴；9—螺栓；10—轴承杯；12，13—挡圈；14—拉杆

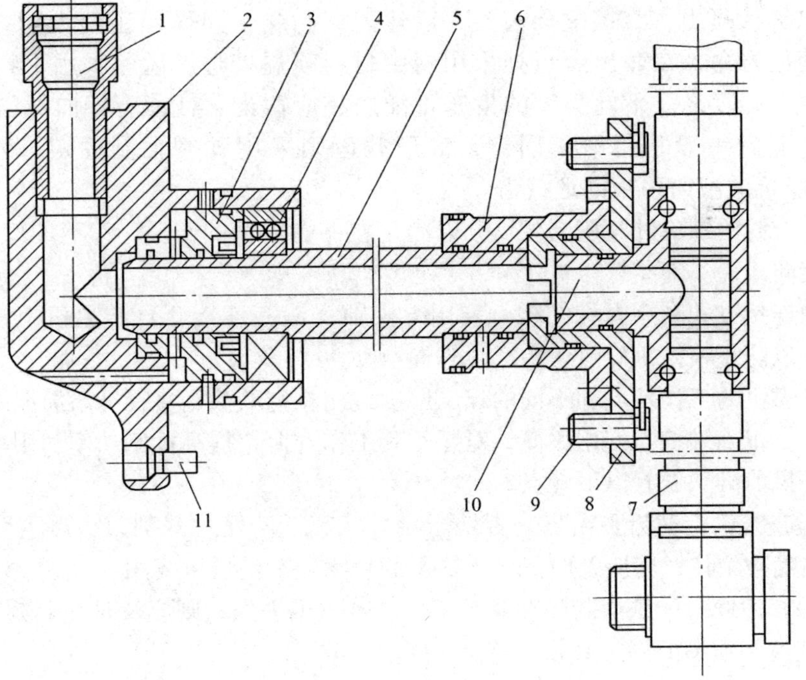

图 3－78 内喷雾供水装置

1—接头；2，8—接头座；3—泄漏环；4—轴承；5—不锈钢送水管；6—管座；
7—连接管路；9，11—螺钉；10—三通接头

钉固定在靠近采空区侧 V 轴组件的轴承杯盖上。当方轴连接套以及滚筒旋转时，内喷雾装置中的接头 1、接头座 2 以及泄漏环 3 一起跟着旋转，而其余部分则静止不动。这样，当压力水通过连接管路 7 进入喷雾装置后，经接头 1 送入到滚筒的内喷雾水路中，最后经滚

筒上截割座旁的喷嘴喷出，实现内喷雾灭尘的功能。

d 截割电动机

截割电动机为矿用隔爆型三相异步电动机，可用于有瓦斯或爆炸性煤尘的采煤工作面。横向安装在采煤机上，电动机轴沿其轴线方向是贯通的，通过离合机构的柔性轴将电动机动力传递给轴Ⅰ。左、右截割电动机完全可以互换。拆装时可利用电动机后法兰盘上的螺钉孔将其顶出，从采空区侧拔出。

实用时应该注意，开机前应先检查冷却水的水量，通水后方可启动电动机，严禁断水使用。电动机经过长时间的运转停机后，不要马上关闭冷却水。

电动机使用前检查所有紧固件，工作中经常注意电动机的运转情况和供水情况，若电动机有过热或异常情况，应立即停机检查。需要点动电动机时应尽量减少点动次数和延长两次点动间隔的时间。

e 截割滚筒

截割滚筒是采煤机的工作机构，起落煤与装煤的作用，采煤机的大部分功率消耗在滚筒的落煤与装煤上，因此滚筒的结构和参数对功率消耗的影响很大，进而对煤的块率、煤尘的生成量和采煤机工作时的稳定性有很大的影响。滚筒主要由滚筒筒体、截齿、齿座和喷嘴等组成。筒体采用焊接结构，叶片上还设有内喷雾水道和喷嘴，压力水从喷嘴以雾状喷出，直接喷向齿尖，以达到抑制煤尘和稀释瓦斯的目的。为延长螺旋叶片的使用寿命，在其出煤口处采用耐磨材料喷焊处理。齿座采用了特殊材料与特殊加工工艺，强度高。不同类型的齿座可配用相应截齿，截齿有径向截齿与镐形截齿两种。径向截齿一般采用卡销固定，镐形截齿则采用弹簧挡圈固定。MG300/720－AWD型采煤机的滚筒采用镐形截齿。

左、右滚筒的螺旋叶片旋向相反，以满足左、右摇臂的需要。滚筒的旋向不能改变，因为改变旋向滚筒不能装煤。

滚筒的连接方式利用方榫结构，利用方榫轴（滚筒连接套）传递扭矩，并用螺栓作轴向固定，以防止滚筒割煤过程中产生轴向窜动。

根据采煤机的工作特点和不同的煤层厚度选用相应的滚筒直径。滚筒以及截齿、喷嘴均属易损件，正确维护与使用滚筒，对延长其工作寿命，提高截割功率利用率是十分重要的，所以开机前必须做好以下6点：

（1）检查滚筒上截齿和喷嘴是否处于良好状态，若发现截割刀头严重磨钝，应及时更换，若喷嘴被堵住，亦应及时更换。换下的喷嘴经清洗后可复用。

（2）检查滚筒上的截齿与喷嘴是否齐全，若发现丢失，则应及时补上。

（3）截齿和喷嘴的固定必须牢靠。

（4）检查截齿喷雾冷却系统管路是否漏水，水量、水压是否符合要求。

（5）检查固定滚筒用的螺栓是否松动，以防止滚筒脱落。

（6）采煤机司机操作时，应先开水，后开机；停机时，先停机，后停水，并注意不让滚筒割到支架顶梁和输送机铲煤板等金属件上。

D 牵引机构

牵引机构如图3－79所示，由牵引减速箱体、牵引电动机、传动齿轮、调高油缸、行走箱等组成。牵引传动箱左右对称布置，分别由2台额定电压为380V、额定功率为50kW

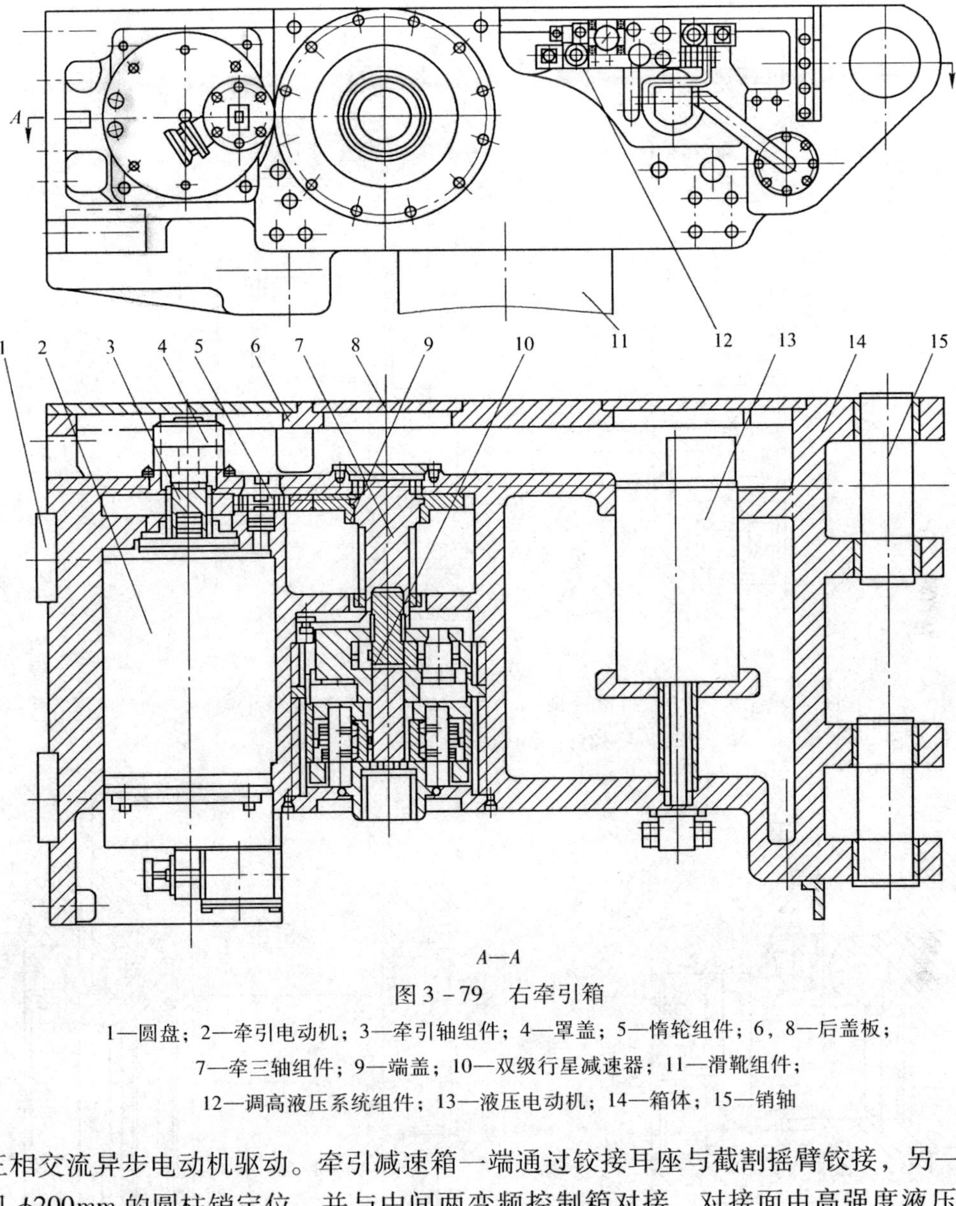

图 3 - 79 右牵引箱

1—圆盘；2—牵引电动机；3—牵引轴组件；4—罩盖；5—惰轮组件；6，8—后盖板；
7—牵三轴组件；9—端盖；10—双级行星减速器；11—滑靴组件；
12—调高液压系统组件；13—液压电动机；14—箱体；15—销轴

的三相交流异步电动机驱动。牵引减速箱一端通过铰接耳座与截割摇臂铰接，另一端面由两只 $\phi 200$mm 的圆柱销定位，并与中间两变频控制箱对接，对接面由高强度液压螺栓拉紧，煤壁侧壳体下部安装调高油缸，并安装有支承滑靴。

a 牵引减速箱

(1) 牵引减速箱的组成。牵引减速机构由一级直齿轮和双级行星机构所组成，在一级直齿轮中间加入一个惰轮组。牵引电动机出轴通过花键联轴节与牵引减速机构一轴相连。一轴为轴齿轮（$m=4$，$Z=30$，如图 3 - 80 所示），由两只轴承支承载壳体上。经过惰轮轴（图 3 - 81）将电动机动力传递给大齿轮（$m=4$，$Z=83$，如图 3 - 82 所示），并通过内花键将动力传递给第一级行星机构的太阳轮。在第一级直齿传动中，可通过改变一轴轴齿轮和大齿轮的齿数（$Z$81/32、$Z$85/28）来满足不同用户对牵引速度和牵引力的不同需求。

第一级行星机构（图 3 - 83）是太阳轮、内齿圈与行星架三浮动的 NGW 型行星机构，它由 1 个太阳轮、4 个行星轮组件、1 个内齿圈、1 个行星架等组成。行星架一端中心有

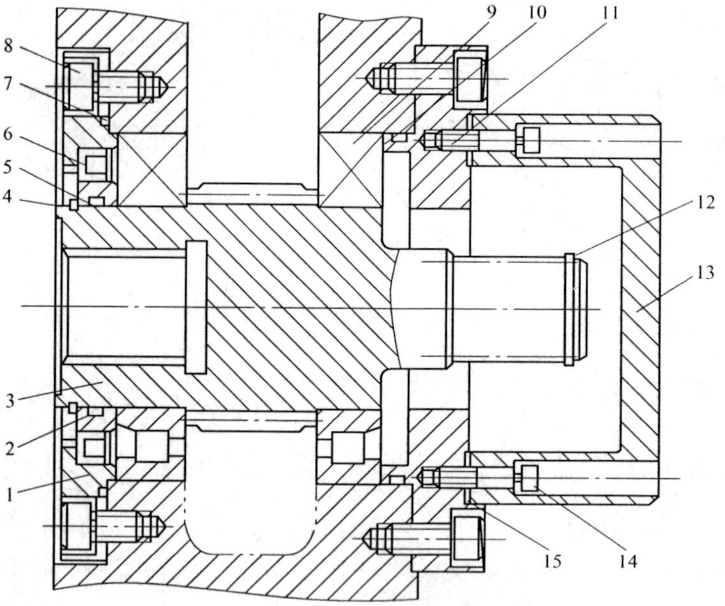

图 3-80 一轴组件

1，11—端盖；2—衬套；3—齿轮轴；4，12—挡圈；5，7，10—密封圈；6—油封；8，14—螺钉；9—轴承；13—罩；15—垫

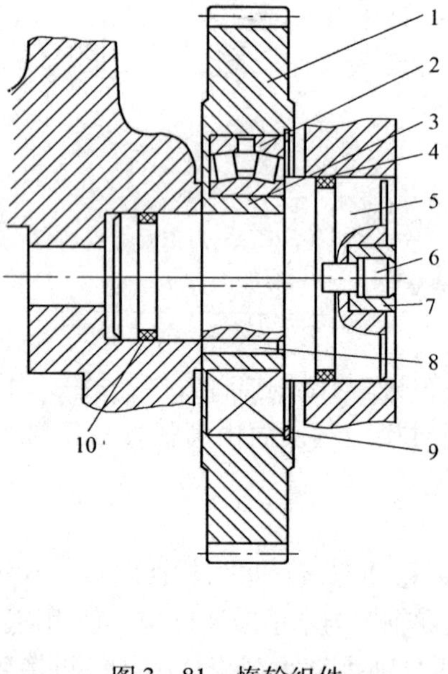

图 3-81 惰轮组件

1—齿轮（惰轮）；2—轴承（53516）；3—偏心套；4，10—密封圈；5—齿轮轴；6—螺钉；7—定位块；8—平键；9—挡圈

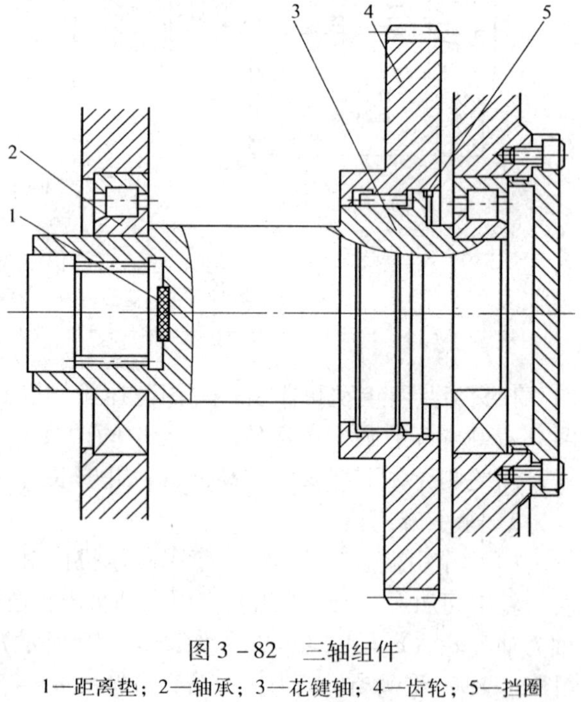

图 3-82 三轴组件

1—距离垫；2—轴承；3—花键轴；4—齿轮；5—挡圈

花键孔与第二级行星机构的太阳轮的外花键连接。第二级行星机构（图 3-83）亦采用太阳轮、行星架与内齿圈三浮动的 NGW 行星机构，行星架一端通过内花键与长轴相连，该

轴另一端与驱动轮相连，将电动机动力传递给行走箱。

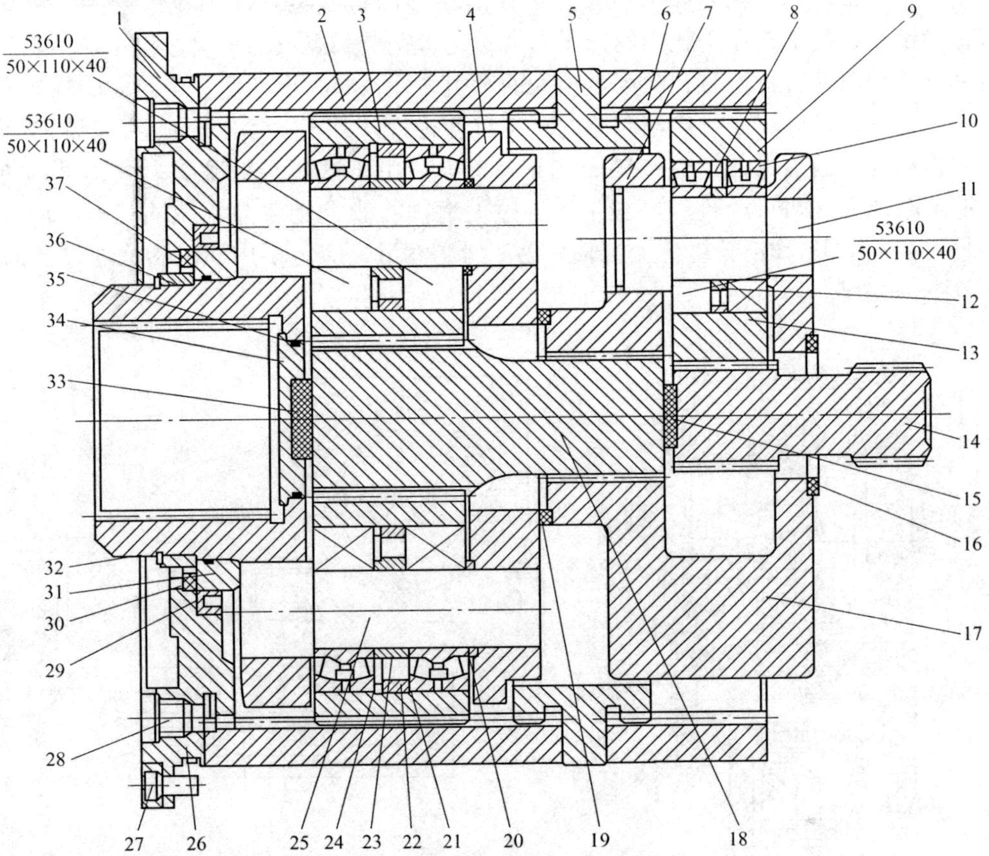

图 3-83 双级行星减速器

1—端盖；2—内齿圈Ⅰ；3—行星轮Ⅰ；4—行星架Ⅰ；5—过渡齿轮；6—内齿圈Ⅱ；7，13，24，32—挡圈；8—距离套Ⅰ；9—行星轮Ⅱ；10—轴承（53511）；11—心轴Ⅱ；12—距离套Ⅱ；14—太阳轮Ⅱ；15，33—距离垫；16—环Ⅰ；17—行星架Ⅱ；18—太阳轮Ⅰ；19—环Ⅱ；20—垫；21—轴承；22，23，36—距离套；25—心轴Ⅰ；26，35，37—密封圈；27，28—螺钉；29—油封；30—环Ⅲ；31—套；34—堵

两组牵引机构各有独立的油池，以及加油口、放油口与放气口，使用时润滑油不应超过油池高度的一半。

(2) 牵引减速箱的总体传动比。其计算如下：

当换挡齿轮数为 32 和 81 时

$$i=\frac{81}{32}\times\left(1+\frac{99}{15}\right)\times\left(1+\frac{66}{14}\right)=109.93$$

当换挡齿轮数为 28 和 85 时

$$i=\frac{85}{28}\times\left(1+\frac{99}{15}\right)\times\left(1+\frac{66}{14}\right)=131.84$$

b 行走传动箱

行走传动箱如图 3-84 所示，它主要由一级直齿圆柱齿轮传动（齿数比为 21/13，模数为20）、销轮组件以及导向滑靴等组成。其工作过程是由牵引减速箱输出的运动和动力，经小齿轮轴端的外花键和牵引减速箱输出端（即行星架）的内花键连接，将动力最终传递给销轮，使销轮在销轨中的销子啮合行走，完成采煤机的牵引过程。在销轮与沿输送机铺设的销轨啮合行走时，除产生很大的牵引力外，同时也产生一个较大的径向力，它使机身有上抬的趋势。在行走箱壳体内，左右各有一只大滑靴套在心轴上，限制采煤机机身侧向移动与上抬，保证销轮与销轨的正常啮合。由于这两只滑靴受力大，工作条件恶劣，应随时注意这两只滑靴的磨损情况，过度磨损将影响销轮与销轨的啮合，应及时更换。另外，轴承17和销轮组件上的轴承为润滑脂润滑，应定期用润滑脂枪通过注油嘴19和23注入润滑脂润滑。

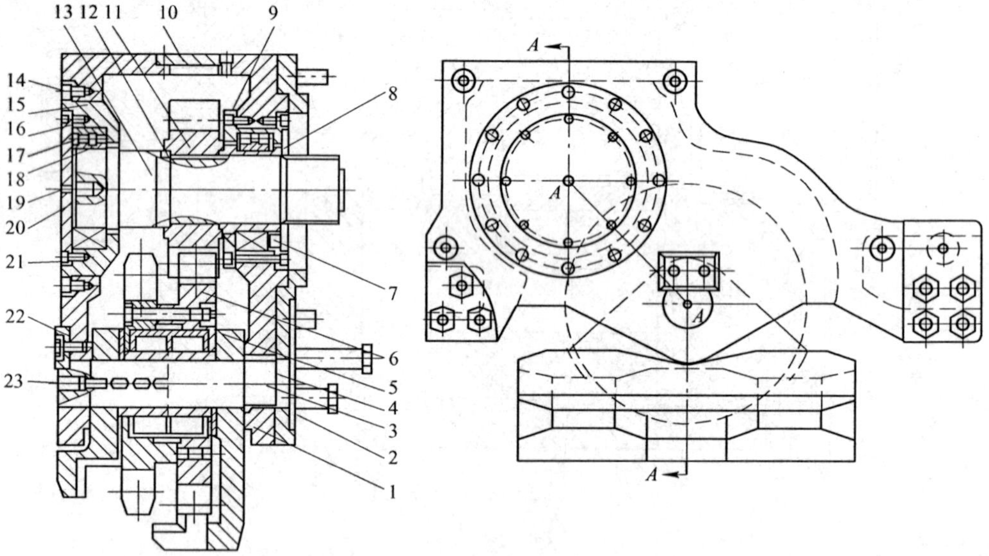

图3-84 行走传动箱（右行走箱）

1—箱体；2—垫板；3—心轴Ⅰ；4—隔套；5—滑靴；6—销轮组件；7—外压盖；8，18—密封圈；9—内压盖；10—堵盖；11—小齿轮；12—键；13—轴；14，16，21—螺钉；15—轴承杯；17—轴承；19，23—注油嘴；20—压盖；22—心轴定位板

c 牵引电动机

牵引电动机为隔爆形笼形三相异步电动机，50kW水冷电动机，与交流变频装置配套，作为采煤机的牵引动力源，可适用于环境温度不高于40℃，相对湿度不大于95%，具有瓦斯或爆炸性煤尘的场合。

由于该采煤机的供电电压为3300V，在电气箱中的牵引变压器将3300V的高电压变为低电压，供给两台变频器，再由两台变频器驱动两台牵引电动机，实现一拖一驱动。变频器为交—直—交变频方式，输出三相电的频率在3～70Hz的范围内连续可调，并通过电气箱中的再生单元电路可实现回馈制动，可使牵引电动机在四象限工作，完全满足采煤机的牵引特性要求。

E 调高系统

a 调高油缸

调高油缸如图3-85所示，由活塞杆、液压锁、螺母、导向套、压板、活塞、缸体及密封件等组成。

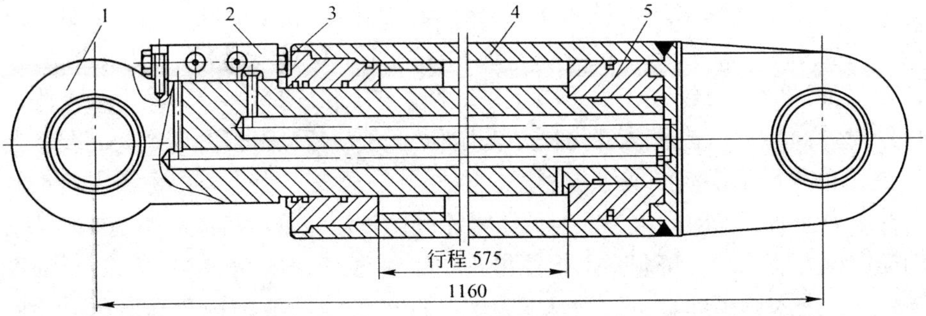

图 3-85 调高油缸

1—活塞杆；2—液压锁；3—缸盖（导向套）；4—缸体；5—活塞

油缸活塞杆与牵引减速箱上的支承座铰接，油缸头部与摇臂回转腿铰接，操纵采煤机两端的端头控制站上的调高按钮，或设置在牵引箱上的调高阀组上的调高手把，或遥控器上的调高按钮，即能控制调高油缸的升、降，从而将左、右摇臂调节到所需要的高度。液压锁由两个液控单向阀组成，当不调高时，液控单向阀关闭，将滚筒锁定在需要的高度。

b 调高液压回路的结构及其工作原理

该采煤机调高液压系统原理图如图 3-86 所示，设左、右两组。图中只给出了其中一组的系统原理。在采煤机上，左、右液压调高系统分别设置在左、右牵引箱内。由 2 台额定电压为 380V、额定功率为 7.5kW 的三相异步电动机分别驱动两组液压系统中的液压泵 10，通过调高操作系统，实现摇臂升降的控制。

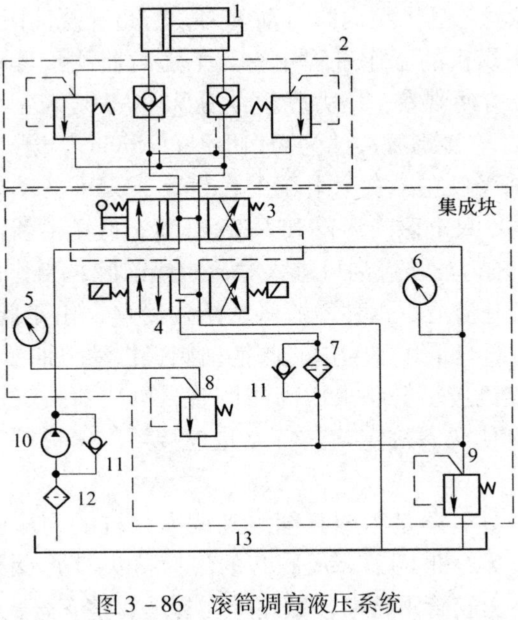

图 3-86 滚筒调高液压系统

1—油缸；2—液压锁；3—手液动换向阀；4—电磁换向阀；5—高压表；6—低压表；7—细过滤器；8—高压溢流阀；9—低压溢流阀；10—液压泵；11—压力单向阀；12—粗过滤器；13—油池

采煤机摇臂调高液压回路主要有两个功能：满足采煤机卧底的需要；适应采高的要求。

调高液压回路由齿轮泵、粗过滤器、安全阀、换向阀、电磁阀、调高油缸、液压锁等组成。调高齿轮泵由液压泵电动机驱动，齿轮泵为12mL/r，理论流量为17.25L/min。在调高时，调高油缸的阻力较大，为了防止系统回路的压力过高，损坏液压泵及附件，在齿轮泵出口处设一高压溢流阀作为安全阀，调定压力值为17MPa，可满足调高要求。

两只H形的手液动换向阀操纵控制左、右摇臂的调高。当采煤机不需调高时，调节齿轮泵排出的压力油通过换向阀中位，经低压溢流阀回油池。低压溢流阀调定的压力为2MPa，为电磁阀提供压力油源。当将调高手把往里推时，手液动换向阀3动作，高压油经换向阀打开液压锁2，进入调高油缸1的活塞腔，另一腔的油液经液压锁2和低压溢流阀9回油池13，实现摇臂的下降；反之，将调高手把外拉时，实现摇臂的上升。左、右油缸分别由两个手液动换向阀进行手动操作，可实现两个油缸，即左、右滚筒的升降动作。

当操作采煤机两端的左右端头控制站或左右遥控发射器上的调高按钮时，电磁换向阀4动作，将控制油引到手液动换向阀3的两端相应的控制口，使其换向，实现摇臂的升降控制。当调高操作命令取消后，手液动换向阀3的阀芯在弹簧力的作用下复位，液压泵10卸荷，同时调高油缸在液压锁的作用下，自行封闭两腔，将摇臂锁定在调定的位置。

c 液压元件

（1）调高泵。左、右摇臂调高泵为CBK1012－B4F型齿轮泵。该泵具有体积小、质量轻、工作可靠、抗污染能力强等优点。

（2）过滤器。过滤器安装在牵引传动箱体的底部，主要由外壳、滤芯、内壳、端盖等组成。采用网式滤芯，型号为WU63×80－J，滤芯精度为80μm，其流量为63L/min。过滤器的吸油口处设置有一单向阀，工作时，滤芯面推开单向阀，油液被吸入过滤器。当需要清洗滤芯时，拆除滤芯后，单向阀自动关闭，防止油池油液外漏。

（3）压力表。在采煤机的工作过程中，为了随时监测液压系统中的工作状况，在阀组上安装有压力表，以方便观察。压力表型号为YN60Ⅱ6及YN60Ⅱ40，使用压力范围为0～6MPa及0～40MPa，连接螺纹尺寸为M14mm×1.5mm。

（4）调高阀组。采煤机左、右牵引箱上各设有一只手液动换向阀组。该阀组由一只H形三位四通换向阀、一只电磁换向阀和DBD型高、低压溢流阀组成，其调定压力值分别为17MPa和2MPa。压力油从进油口进入溢流阀座前腔，当作用在锥阀芯上的液压超过调定值时，锥阀芯被打开溢流，这种溢流阀，结构简单，由于阀芯尾部采用了导向结构，阀芯开启平稳，复位可靠。低压油为电磁阀换向阀提供动力油源。

（5）管接头。采煤机液压管路采用高压胶管，以快速接头连接。快速接头结构利用O形圈密封，靠U形卡使两者固定。其特点是连接可靠，拆装方便，密封性能好，使用寿命长。

（6）机外管路。机外管路是指调高阀组到调高油缸的高压胶管组件。在安装机外管路时，须注意不允许损坏O形圈。高压胶管的快速接头O形圈槽内需加挡圈。同时必须有足够的弯曲半径使高压胶管不蹩卡，做到排列合理、整齐、美观。

（7）其他液压附件。其他液压附件主要有加、放油口，油标和放气装置等。

F 采煤机辅助装置

a 液压螺母

液压螺母采用液压锁锁紧，预紧力大，螺栓受力均匀，防松可靠，主要由螺母1、油堵2、密封圈3、活塞4和紧圈5等组成，其结构如图3－87所示。

其工作原理：拆下油堵2，当用手动超高压泵产生的高压液注入螺母与密封圈之间的油腔内时，螺母在液压力的作用下向上移动，将螺栓强行拉住，产生强大的预紧力，此时将紧圈旋紧至螺母底部，卸去高压油，此时螺母靠紧圈和活塞锁定在预定位置。装上油堵2，以防灰尘杂物进入油腔内。MG300/720－AWD型采煤机选用两种规格的液压螺母，即MY30和MY42。

b 支承滑靴组件

采煤机依靠左、右行走部上采空区侧套在销轨上的两组导向滑靴与骑在煤壁侧输送机铲煤板上的两组支承滑靴支承与导向。支承滑靴组件结构如图3－88所示。由于采煤机没有底托架、两滑靴组件分别用2个定位销6和8个螺栓5固定在左、右牵引减速箱的箱体上，滑靴1支承在输送机的铲煤板上，并可绕销轴4摆动。

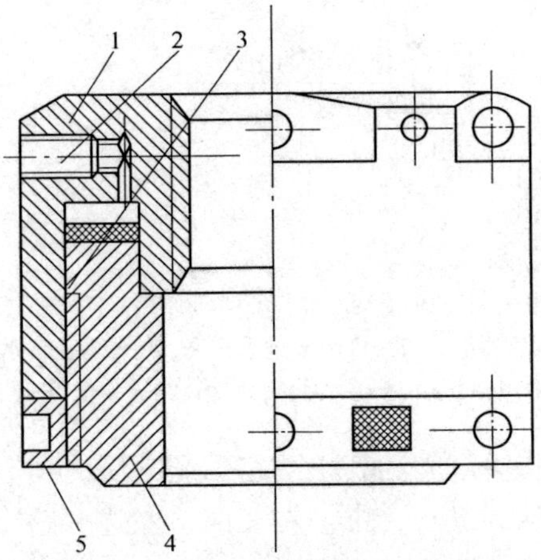

图3－87 液压螺母

1—螺母；2—油堵；3—密封圈；4—活塞；5—紧圈

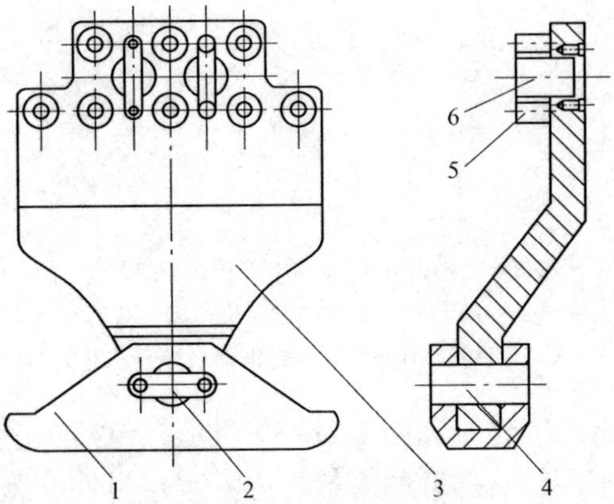

图3－88 滑靴组件

1—滑靴；2—定位板；3—支承板；4—销轴；5—螺栓；6—定位销

c 拖缆装置

拖缆装置由拖缆架、销、链条等组成。当采煤机沿工作面运行时，拖曳并保护电缆和水管，使其在拖曳时不会受拉力而损坏，并使电缆夹水平安置在工作面输送机的电缆槽内，拖缆装置固定在两变频控制箱上，以便电缆能顺利进入电控箱。

d 喷雾冷却系统

采煤机工作时，滚筒在割煤和装煤过程中将产生大量的煤尘，这不仅降低了工作面的能见度，而且对安全生产和工人的健康也产生严重的危害，因此必须采取降尘措施，最大限度地降低空气中的含尘量。同时在采煤机工作时，各主要部件（如电动机、摇臂油池等）产生很大的热量，必须进行冷却，以保证其正常工作。

喷雾冷却系统如图3－89所示，主要由水阀、进水过滤器、减压阀、溢流阀、节流阀、喷嘴、高压胶管及有关连接等组成。来自喷雾泵站的水通过送水管经电缆槽拖缆装置进入水阀，到达阀组，并分成三路，用于冷却和喷雾降尘。水路的通、断是通过操作手把来完成的。当手把转到开的位置时，喷雾泵站提供的压力水通过进水过滤器后的阀组。阀

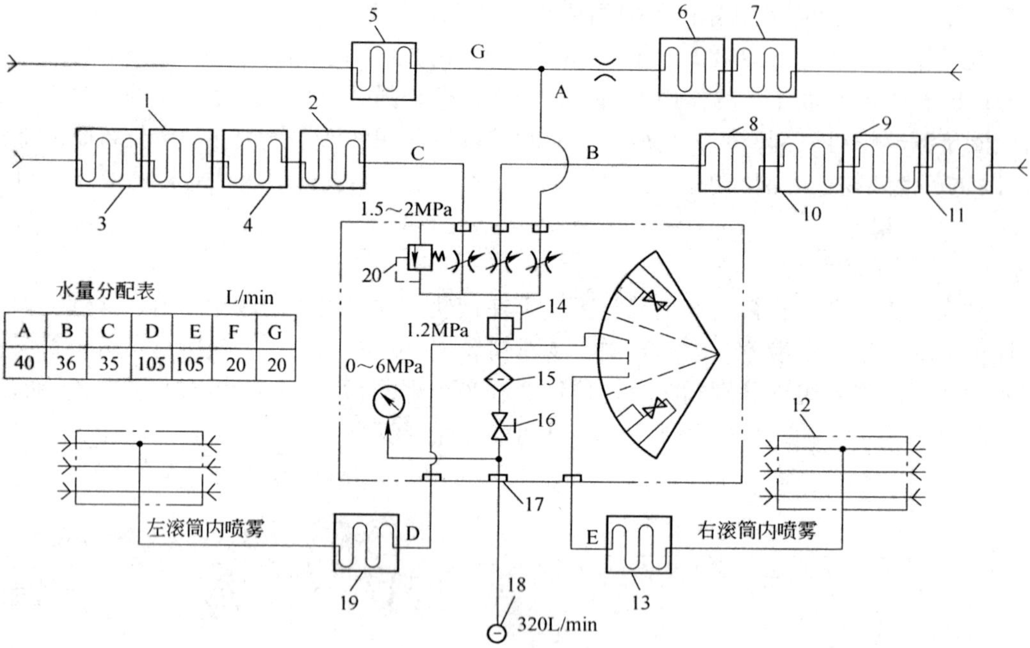

A	B	C	D	E	F	G
40	36	35	105	105	20	20

图 3－89　喷雾冷却系统图

1—左截割电机；2—左牵引电机；3—左摇臂水套；4—左调高电机；5—牵引变压器；6—变频器Ⅰ；7—变频器Ⅱ；8—右牵引电机；9—右截割电机；10—右调高电机；11—右摇臂水套；12—内喷雾进水开关；13—右摇臂水套；14—减压阀；15—过滤器；16—总开关；17—进水口；18—泵站；19—左摇臂水套；20—安全阀

组的工作原理如图 3－89 所示，包括一个减压阀和溢流阀。其中两路不经减压的高压水用于左、右摇臂的冷却与内喷雾；另外一路经减压后分成左、中、右三路，左边一路冷却左牵引电动机、左调高电动机和左截割电动机，右边一路冷却右牵引电动机、右调高电动机和右截割电动机，中间一路冷却两变频控制箱。各路水量的大小可通过各自的节流阀调整。同时冷却水通过左、右截割电动机后，再冷却左、右摇臂油池，最后这两路水均从左、右摇臂箱体上向煤壁方向喷出。为了确保水冷电动机的安全，阀组中的减压阀调定压力为 1.2MPa，安全阀调定压力为 1.5MPa。外喷雾是利用截割电动机和牵引电动机的冷却水通过安置在左、右摇臂上的 5 个喷嘴来实现的，喷嘴型号为 PZB－2.5/70。

3.1.5.3　MG750/1815－GWD 型采煤机

MG750/1815－GWD 型采煤机是一种多电动机驱动、截割电动机横向布置，采用机载式交流变频调速装置的大型无链电牵引滚筒式采煤机。MG750/1815－GWD 型采煤机整机外形如图 3－90 所示。

该采煤机截割部由左右截割滚筒、左右摇臂、内外喷雾冷却装置组成。左牵引部包括牵引减速箱、调高泵站、左行走箱、滑靴等组成。机身中部包括中间框架和控制箱等。破碎机构用于破碎大块煤，由臂架、破碎电动机、破碎滚筒、护罩（分左右护罩、选用护罩）组成。该机还设有液压系统和喷雾冷却系统。

MG750/1815－GWD 型采煤机的主要特点，采用多电动机驱动，截割电动机横向布置在摇臂上，摇臂与机身通过销轴铰接，没有动力传递，全部采用正齿轮传动，使结构简化；采用分体式直摇臂结构，左右摇臂除过渡架不能通用外，其余部分均可互换；主机身

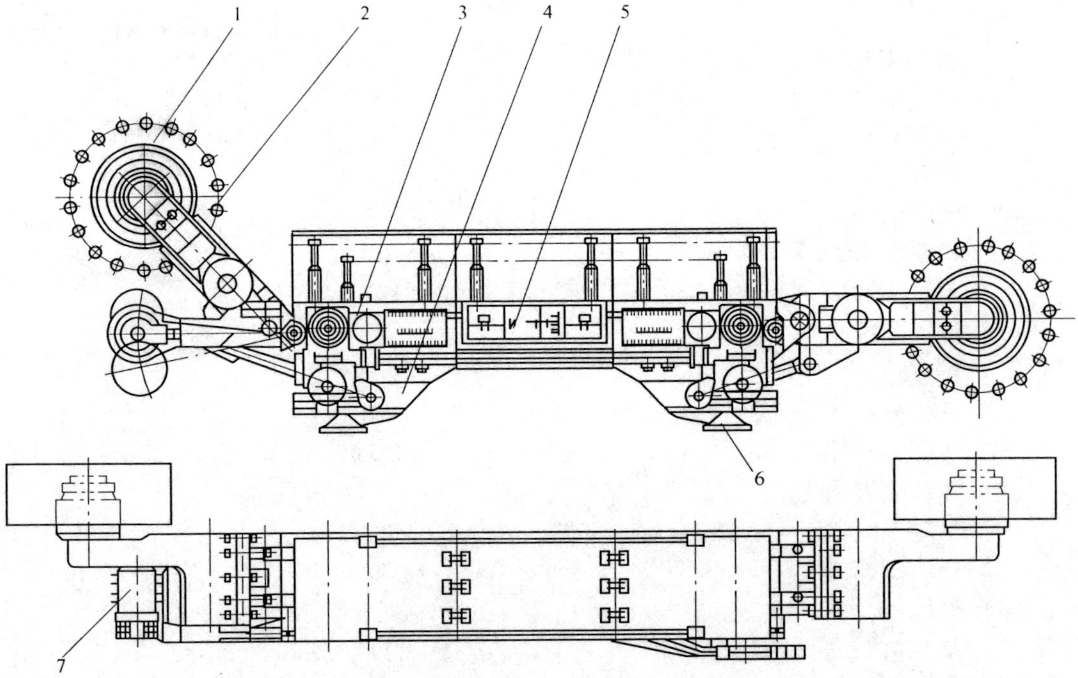

图 3-90 MG750/1815-GWD 型采煤机

1—截割滚筒；2—摇臂；3—牵引减速箱；4—行走箱；5—中间框架；6—滑靴；7—破碎滚筒

分三段，取消了底托架，采用圆柱定位销与高强度液压螺栓连接，简单可靠，拆装方便；采用交流变频调速技术，实现牵引速度无级变速，电牵引传动效率高、牵引力大；牵引传动箱与液压泵站布置在一个箱体内，结构紧凑；采用大截距、承载能力大的无链牵引机构，安全可靠；可采用手动、左右断头站和无线电离机遥控三种操作方式；保护齐全，设有主电动机和牵引电动机的功率、过热、过电流保护、油压保护、水压保护等多种保护装置；主电动机、牵引电动机、泵电动机均可在采空区侧拆卸，使维修方便；采用网络结构式采煤机工况检测和故障诊断的专用数字信号处理系统；摇臂减速箱内部设冷却水管，冷却效果好，行星头外齿圈循环冷却；自导破碎机，可破碎机前大块煤，以防大块煤堵塞机身下面的过煤通道。

A MG750/1815-GWD 型采煤机的主要技术参数

MG750/1815-GWD 型采煤机的主要技术参数如下：

(1) 截割部

配套滚筒直径	2.7m，2.8m
滚筒转速	23.5r/min，26.7r/min
最大卧底量	608mm，708mm
最大采高	5185mm，5285mm
摇臂结构形式	分体式直摇臂
摇臂摆角	向上 46.8°，向下 4.5°
两摇臂回转中心距离	8560mm
截割电动机功率	2×750kW
截割电动机电压	3300V

(2) 牵引部

牵引与调速方式	销轨式，交流变频调速
牵引电动机功率	2×90kW
牵引速度	12m/min/21m/min，10m/min/17.5m/min
牵引力	780kN/445kN，936kN/535kN

(3) 破碎机构

破碎电动机功率	100kW
破碎滚筒数量	1个

(4) 液压系统

电动机功率	35kW
系统最大工作压力	18MPa
系统最小工作压力	2.5MPa

(5) 冷却喷雾系统

最高工作压力	10MPa
额定工作流量	320L/min

(6) 整机

采高范围	2.7~5.2m
适合煤层倾角	≤15°
截深	800~1000mm
机面高度	2176mm
装机功率	1815kW
质量	128t

B 主要结构

a 截割部

截割部是采煤机的工作部件，其组件主要有：过渡架、截割电动机、摇臂减速箱、带柔性轴的操作离合器、截割滚筒、冷却和喷雾装置等。

截割电动机直接横向安装在摇臂箱体内，摇臂减速箱内的机械传动部分含行星减速器，与传统的采煤机机形相比没有固定减速箱、摇臂回转套，结构简单、紧凑。

两个摇臂分别与过度架连接，再分别用销轴同左、右牵引减速箱铰接。同时通过摇臂回转腿上的 ϕ180mm 孔用销轴与安装在牵引减速箱上的调高油缸铰接，通过油缸活塞杆的伸缩，实现左、右滚筒的升降。

截割部特点：摇臂回转采用销轴结构，摇臂与机身没有机械传动，自成独立传动部件；摇臂齿轮减速都是简单的直齿传动，传动效率高；截割电动机和摇臂轴齿轮之间，采用细长柔性扭矩轴连接，可补偿电动机和摇臂轴齿轮位置的少量偏差，不影响动力传递，在滚筒受到较大的冲击载荷时对截割传动系统的齿轮和轴承起到缓冲作用，提高可靠性；摇臂采用直摇臂形式，左右摇臂除过渡架不能通过外，其余都可以通过；摇臂外壳上、下有冷却水套，齿轮减速箱内部设两组冷却水管，用以降低摇臂内油池的温度；输出端采用 560mm×560mm 方形连接套和滚筒连接，其直径可根据煤层厚度在 ϕ2.5m 和 ϕ2.7m 中选取。

截割部的传动系统如图 3-91 所示。截割电动机的输出轴是带有内花键的空心轴，通过细长柔性扭矩轴与齿轮 Z_1 相连，电动机输出转矩通过齿轮 Z_1、Z_2、Z_3、Z_4、Z_5、Z_6、

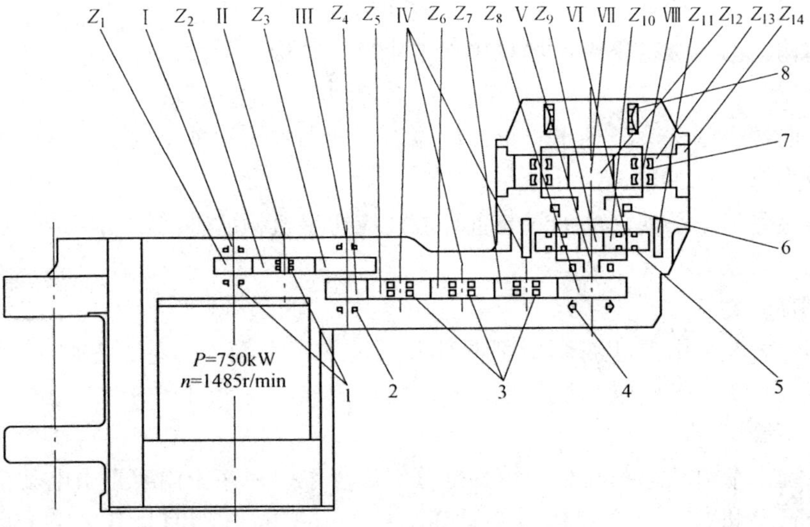

图 3－91　截割部传动系统

I～VIII—轴；Z_1～Z_{14}—齿轮；1～8—轴承

Z_7、Z_8 传到第一级行星减速器（由 Z_9、Z_{10}、Z_{11} 组成），行星减速器的行星架将动力传给第二级行星减速器（由 Z_{12}、Z_{13}、Z_{14} 组成），再由第二级行星减速器的行星架输出，将动力传给方形连接套，最后传到截割滚筒。采煤机截割机构总传动比为：

$$i=\frac{Z_3}{Z_4}\times\frac{Z_8}{Z_4}\times\left\{1+\frac{Z_{11}}{Z_9}\right\}\times\left\{1+\frac{Z_{14}}{Z_{12}}\right\}=63.952$$

行星减速器结构如图 3－92 所示，分为两部分。第一级行星减速器为四行星轮减速机构。主要由太阳轮、行星轮、内齿圈、行星架等组成。太阳轮的一端与摇臂大齿轮的内花键相连，输入转矩。当太阳轮转动时，驱动行星轮沿自身轴线自转，同时又带动行星架绕其轴线转动，行星架通过花键和第二级行星减速器的太阳轮连接，将输出转矩传给第二级行星减速器。

第二级行星减速器也为四行星轮减速机构。主要由太阳轮、行星轮、内齿圈、行星架、支承轴承、平面浮动密封装置和方形连接套等组成。当太阳轮转动时，驱动行星轮沿本身轴线自转，同时又带动行星架绕其轴线转动，行星架通过花键和方形连接套连接，将输出转矩传给滚筒。

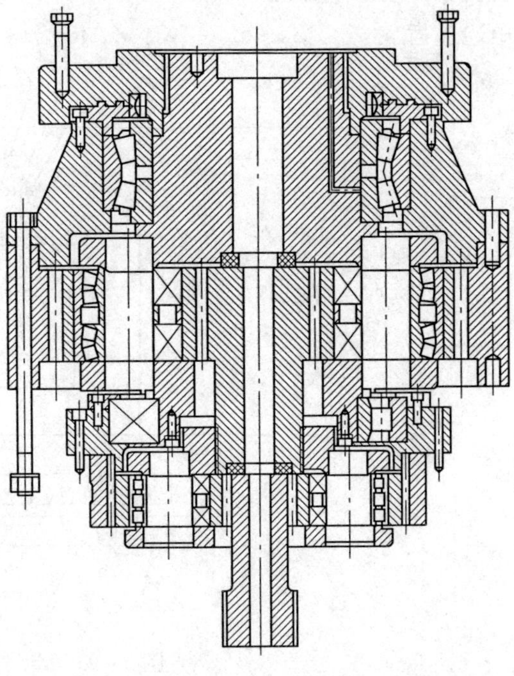

图 3－92　行星减速器

采用两级行星减速器的形式，结构

紧凑，传动扭矩大，传动可靠。考虑行星轮间均载，第一级行星减速器采用太阳轮与行星架双浮动结构，第二级行星减速器采用太阳轮浮动结构，太阳轮浮动量通过花键侧隙来保证。

行星架前端靠圆柱滚子轴承支承，后端靠双列圆锥滚子轴承支承，该轴承两端面需控制轴向间隙为0.2～0.4mm。

方形连接套采用平动浮动油封装置，能适应行星机构的轴向窜动，适于在有煤尘和煤泥水的工况下工作。

b　牵引部

牵引部分为左牵引部和右牵引部两部分。左右牵引箱不对称，左牵引部由牵引电动机、机械传动系统、泵站电动机、泵箱及阀组等组成；右牵引部由牵引电动机、机械传动系统、电控箱等组成。

传动系统由牵引减速箱和行走箱两部分组成。牵引减速箱内有牵引电动机、两级直齿传动和两级行星机构。行走箱内有驱动轮、惰轮（只有高型有惰轮）、行走轮和导向滑靴。牵引电动机输出的动力经减速后，传到行走箱的行走轮，使其与刮板输送机的销轨相啮合，使采煤机行走。通过导向滑靴在销轨上的限位对采煤机进行导向，并保证行走轮与销轨正常啮合。

牵引传动装置的特点：采用强力销轨式无链牵引系统，承载能力大，导向好、维修方便；采用双浮动、三行星轮和四行星轮行星减速器，轴承寿命和齿轮的强度裕度大，可靠性高；行走箱与牵引减速箱分开，能方便地配套不同槽宽的刮板输送机和选用不同的无链牵引系统，或改变机面高度；导向滑靴回转中心与行走轮中心同轴，保证行走轮与销轨的正常啮合。

机械传动系统如图3－93所示。牵引电动机出轴花键与Ⅰ轴齿轮相连，将电动机输出转矩通过齿轮 Z_1、Z_2、Z_3、Z_4、Z_5 传给两级行星减速器（分别为 Z_6、Z_7、Z_8 和 Z_9、

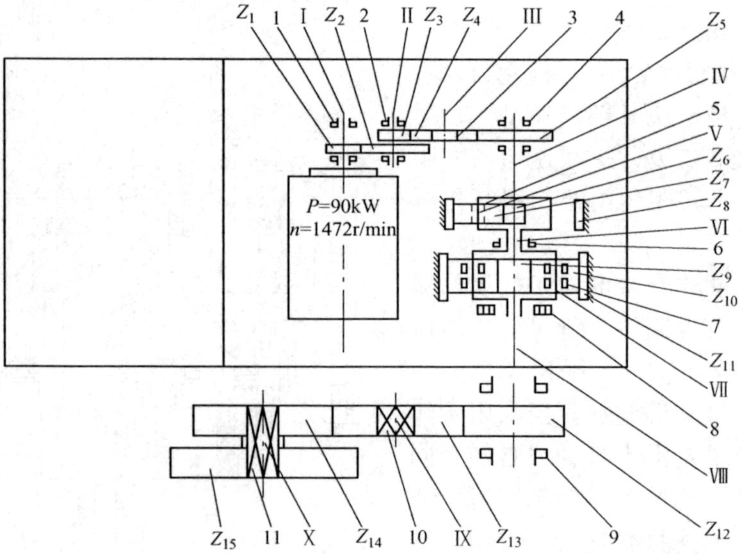

图3－93　牵引部机械传动系统

Ⅰ～Ⅹ—轴；Z_1～Z_{14}—齿轮；Z_{15}—行走轮；1～11—轴承

Z_{10}、Z_{11}），减速后由末级行星架输出，传给行走箱内的驱动轮 Z_{12}，经惰轮 Z_{13} 传动与行走轮组件中的大齿轮 Z_{14}（$Z_{14}=22$，$m=25$）啮合，最后由行走轮 Z_{15} 与工作面刮板机上的销轨啮合，使采煤机行走。更换 Z_1、Z_2，可有三种传动比，以满足不同牵引力与牵引速度的需要。

牵引传动装置的传动比 i：

$$i=\frac{Z_2}{Z_1}\times\frac{Z_5}{Z_3}\times\left\{1+\frac{Z_8}{Z_6}\right\}\times\left\{1+\frac{Z_{11}}{Z_9}\right\}\times\frac{Z_{14}}{Z_{12}}=229.27$$

c 破碎机

如图 3－94 所示，破碎机由左右护板、左右护罩、破碎机构以及升降油缸等组成，用来破碎机前大块煤，以防止大块煤堵塞机身下的过煤通道。

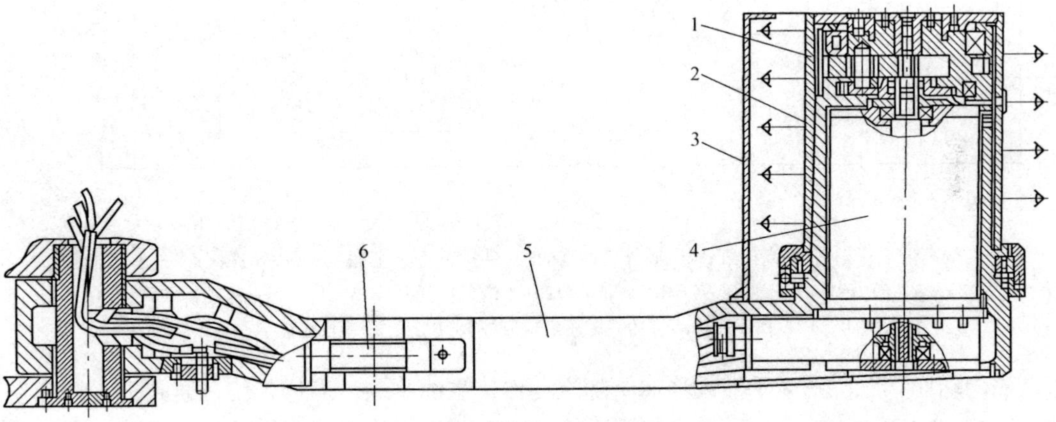

图 3－94 破碎机

1—行星减速器；2—破碎滚筒；3—护罩；4—电动机；5—臂架；6—升降油缸

破碎机臂架为对称结构，根据需要可以安装在左牵引箱或是右牵引箱壳体上。破碎电动机输出功率通过花键传递给联结套组件中的联结套。联结套由两个轴承 16014 支承在支承座中。联结套通过内外花键的啮合将功率传递给行星减速器的太阳轮，最后，动力由行星架输出，并通过花键传递给破碎机滚筒。破碎机滚筒和整机滚筒相似，通过截齿来破碎，不同的是破碎机滚筒没有叶片，只有齿座。破碎机内部的轴承通过齿轮油润滑，为防止漏油，在联结套组件与电动机之间，行星架支承轴与滚筒之间设有骨架油封。

整个破碎机通过臂架连接在牵引箱壳体上，在通过油缸的伸缩来调节破碎机构所处的位置，以适应破碎时所需要的高度。

d 液压系统

液压系统原理如图 3－95 所示。系统中双点划线内的所有元部件都集成在泵站上，该泵站安装在左牵引减速箱的右部，调高油缸安装在支承腿上。

本液压系统为开式系统，由 35kW 电动机带动双联齿轮泵工作。双联齿轮泵中，靠轴端侧为大泵，靠后端侧为小泵。大泵为液压系统主油路工作，小泵为检测油路工作。在所有油缸不工作时，大泵输出的油液通过二位三通换向阀回油池，小泵通过低压溢流阀溢流后回油池。当司机需要左调高油缸工作时，只要按动相应的电按钮或相应的无线电遥控器按钮，控制左调高油缸的三位四通电磁阀首先动作，经过 ΔT 时间后靠近泵出口的二位四

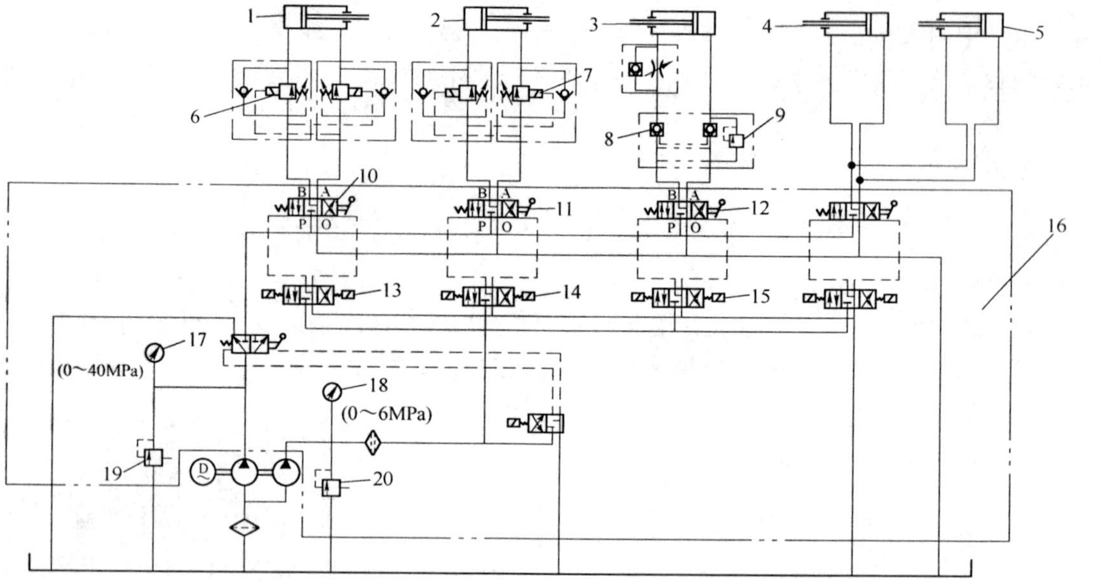

图 3－95 液压系统

1—左调高油缸；2—右调高油缸；3—破碎机调高油缸；4，5—顶护板油缸；6—平衡阀；7—单向节流阀；8—液力锁；9—溢流阀（6MPa）；10～12—手液动换向阀；13，14，15—电磁换向阀；16—阀组；17，18—压力表；19—高压溢流阀（18MPa）；20—低压溢流阀（2.5MPa）

通电磁阀动作，二位三通手液动换向阀随之动作，主油路的油通过二位三通阀进入控制左调高油缸的三位四通液动换向阀。此时因手液动换向阀已经换向，主油路的油通过液动单向阀进入油缸，使油缸工作，带动摇臂升降。与液控单向阀并联连接的安全阀是为了限制油缸的最高工作压力，起保护油缸的作用。在油缸活塞腔回路上的单向节流阀是用于采煤机滚筒下降时不使摇臂颤动。顶护板升降后用机械锁定，故省去安全阀保护和单向节流阀防颤动。手液动换向阀也采用“O”形机能，其他三位四通手液动换向阀采用“Y”形机能。

3.1.5.4 MG200/456－WD 型薄煤层采煤机

MG200/456－WD 型采煤机是一台采用多电动机驱动、电动机横向布置，采用非机载交流变频调速的无链电牵引新型薄煤层采煤机。该采煤机适用于煤层厚度为 1.1～2.4m，工作面倾角小于等于 25°（两象限变频器）或者小于等于 45°（四象限变频器），煤层可有一定仰俯角，煤层中硬（$f \leqslant 4$）的煤层中开采，能够配套 730、764 等运输机，在综合机械化采煤工作面完成落煤与装煤。采煤机在工作面按斜切方式自开缺口，双向穿梭式采煤。该采煤机由左截割部（含滚筒）、左牵引部、电控箱、右牵引部、右截割部（含滚筒）组成，如图 3－96 所示。

A 技术特点

截割部采用双电动机驱动。截割电动机横向布置在摇臂上，悬挂在采空区侧。该种布置方式在截割电动机总功率不变的情况下，减少了大直径电动机对机面高度与过煤空间的影响；这种大功率小尺寸截割电动机（100kW）内部经过特定设计。

非机载四象限变频调速系统的应用，采用四象限变频器和能量回馈单元制动能很好地适用于煤层倾角达到 25°～45°时的工作面，较好地解决大倾角工作面开采。

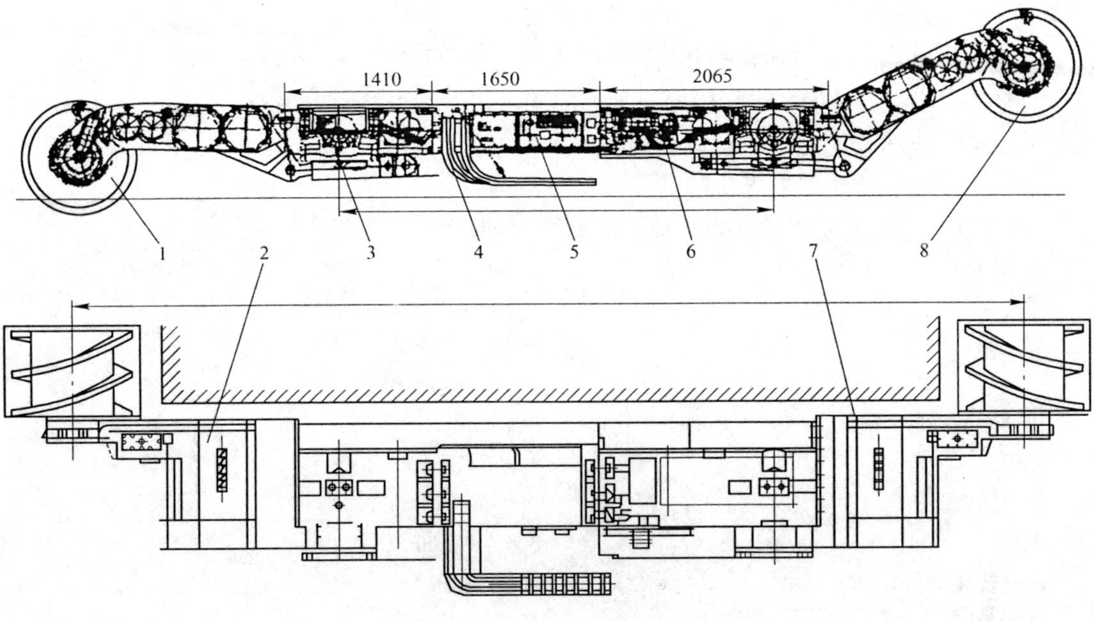

图3－96 MG200/456－WD型采煤机

1—左滚筒；2—左摇臂；3—左牵引箱；4—拖缆装置；5—电控箱；
6—右牵引箱（含泵箱）；7—右摇臂；8—右滚筒

该型采煤机具有以下特点：

(1) 摇臂与机身通过销轴铰接，没有动力传递，与以往相比，取消了螺旋伞齿轮复杂传动结构；

(2) 截割反力、调高油缸支承反力与牵引的反作用力均由牵引减速箱箱体承受，可靠性高；

(3) 主机身分四段，与以往相比，取消低托架结构，采用键及高强度液压螺栓连接，简单可靠，装拆方便；

(4) 采用非机载四象限交流变频调速技术，实现牵引速度无级变速，最大爬坡可达45°；

(5) 截割功率大，为2×100kW，截割部电动机采用双电动机并行布置，输出扭矩为43kN·m；

(6) 牵引电动机的变频部分（变频装置和变压器）设在平巷内，使采煤机机身上的电控箱结构大为简化，便于维护和提高电气系统的可靠性，且有利于缩短采煤机机身长度，提高薄煤层采煤机的适应性；

(7) 采用无链牵引，安全可靠，牵引力大，本采煤机最大牵引力为440kN；

(8) 该机控制齐全，既可手动操作，也可无线电遥控，并设有主电动机功率保护、牵引电动机过热、过电流保护等；

(9) 主电动机、牵引电动机、泵电动机均可横向抽出，维修方便；

(10) 采煤机各种操控开关、控制按钮、显示装置均设在采空区侧，操作安全方便；

(11) 设有内、外喷雾装置；

(12) 可双向采煤，自开机；

(13) 可适应小于等于25°或小于等于45°倾角工作面使用;

(14) 该采煤机可配多种运输机与支架: SGZ730/264、SGZ764/400 (运输机); ZY2600/07/20、ZYB4400/8.5/18 (支架)。

B 主要技术参数

MG200/456-WD型采煤机的主要技术参数为:

机面高度	853mm
过煤空间	310mm
采高范围	1.15~2.2m (高1.25~2.4m)
煤层倾角	≤25° (二象限)
	≤45° (四象限)
煤质硬度 f	≤4
牵引力	440kN/220kN
牵引速度	(0~6)/10r/min
截深	600~800mm
滚筒转速	44.36r/min
摇臂长度	1942mm
摇臂回转中心距	5170mm
行走轮中心距	4170mm
滚筒直径	1150mm, 1250mm, 1400mm
机器重量	≈22t
生产能力	350~700t/h (ϕ1250mm滚筒, 截深630mm)

3.1.5.5 MG100/238-WD型(极)薄煤层采煤机

MG100/238-WD型采煤机是一台采用多电动机驱动、截割电动机纵向布置、牵引调高电动机横向布置,采用非机载交流变频调速的无链电牵引新型(极)薄煤层采煤机。该采煤机适用于煤层厚度0.75~1.3m,工作面倾角小于等于25°(两象限变频器)或者小于等于45°(四象限变频器),煤层可有一定仰俯角,煤质中硬(f≤4)的煤层中开采,能够配套630、730等运输机,在综合机械化采煤工作面完成落煤与装煤。采煤机在工作面按斜切方式自开缺口,双向穿梭式采煤。该采煤机由左截割部(含滚筒)、左牵引部、电控箱、右牵引部、右截割部(含滚筒)组成,如图3-97所示。

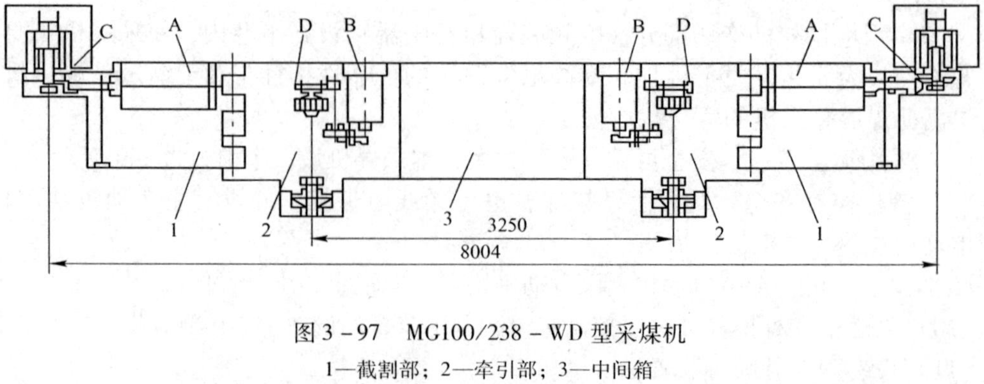

图3-97 MG100/238-WD型采煤机

1—截割部; 2—牵引部; 3—中间箱

A—截割电动机; B—牵引电动机; C—截割减速器; D—牵引部离合器

A 技术特点

该薄煤层采煤机在580mm的机面高度下，实现了机身厚度、过煤空间与机面高度三者的匹配布置，充分利用运输机铲板（及煤壁槽帮）上方的空间来布置截割电动机等大直径结构，降低了其对机身厚度、过煤空间等的影响。

该采煤机特点有：

(1) 采煤机机身顶面与支架顶梁呈平行设计，煤壁侧机身略高于采空侧机身（机面高度），既充分利用空间，又不影响机面高度与过机间隙；

(2) 运输机销排采用反向布置与槽帮侧面，降低运输机销排中心高度，为导向滑靴等留出了空间，采煤机牵引输出轴上安装的摆线行走轮直接与销排啮合，从而保证了580mm机面高度的布置；

(3) 在较大的过煤空间（能力）下，采高范围大，能够实现薄煤层采煤机对厚度变化大的工作面的适应性；

(4) 薄煤层采煤机截割部壳体与输送机槽帮间低侧装煤口很小，因此，煤只有通过左右滚筒向里旋转，将煤从采煤机前后两端甩抛至运输机内。左截割部安装特殊设计右旋转滚筒，右截割部安装特殊设计左旋转滚筒；

(5) 采煤机选装制动器以适应倾角较大的工作面开采，增强其对不同地质条件的适应性；

(6) 采煤机两行走轮中心距离短，适应工作面起伏能力强。机身下电控箱厚度小，电控箱体与输送机间隙稍大，能够适应运输机 ±3°垂直弯曲，两截割部（与机身）铰接中心距小，摇臂长度短，适应运输机 ±1°水平弯曲；

(7) 采用强力电缆，直接拖动，取消电缆夹板，利于采煤机斜切时电缆两次弯曲；

(8) 该采煤机可配多种运输机与支架：SGZ630/264、SGZ730/300（运输机）；ZY2000/07/06/13、ZYB2400/07/14（支架）。

B 主要技术参数

机面高度	580mm
过煤空间	178mm
采高范围	0.75～1.25m
适应倾角	≤25°（二象限）
	≤45°（四象限）
截割硬度 f	≤4
滚筒转速	81.6m/min
牵引力	270kN/162kN
牵引速度	(0～6)m/min/10m/min
滚筒转速	81.6r/min
摇臂长度	1667mm
摇臂回转中心距	4670mm
行走轮中心距	3270mm
滚筒直径	750mm，850mm，950mm
整机总重	≈16t
生产能力	190～370t/h（ϕ850mm 滚筒，截深 630mm）

3.1.6　采煤机的选择

综合机械化采煤设备自问世以来，世界上采煤发达国家已普遍推广使用。发展高产高效矿井，最大限度地提高矿井经济效益，已成为煤炭企业的主要发展方向，也是衡量一个国家煤炭工业发达程度的重要标志。组成综合机械化采煤工作面的采煤机、输送机和液压支架有严格的配套要求，以实现高产高效。图 3－98 所示的采煤工作面“三机”配套尺寸，对采煤机结构影响较大。过机高度 h_3 不得小于 100～250mm。机体高度和过煤高度决定于采煤机机型。

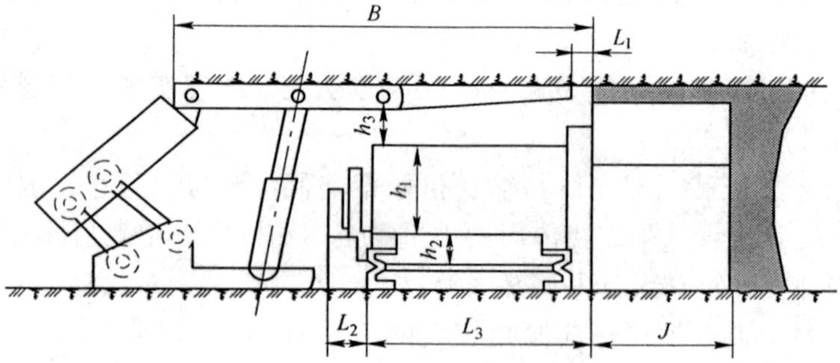

图 3－98　综采工作面设备配套尺寸

3.1.6.1　根据煤的坚硬度选型

我国目前以坚固性系数 f 作为反映煤体坚固程度的指标。采煤机适于开采坚固性系数 $f<4$ 的缓倾斜及急倾斜煤层。对 $f=1.8\sim2.5$ 的中硬煤层，可采用中等功率的采煤机；对黏性煤以及 $f=2.5\sim4$ 的中硬以上的煤层，应采用大功率采煤机。

坚固性系数 f 只反映煤体破碎的难易程度，不能完全反映采煤机滚筒上截齿的受力大小，故有些国家采用截割阻抗 A 表示煤体抗机械破碎的能力。截割阻抗标志着煤岩的力学特征。根据煤层厚度和截割阻抗，可按表 3－2 选取装机功率。若采煤机牵引速度或生产率更大时，装机功率可按比例增大。对硬煤或极硬煤，装机功率可按表中值增大一倍左右选取。

表 3－2　采煤机装机功率推荐值

截割阻抗 A /kN·m^{-1}	煤层厚度/m			
	0.5～0.7	0.7～1.2	1.2～2.0	2.0～3.5
<120	100	100～200	120～200	200～250
120～400	125	135～150	150～250	250～350
>240	150	150～200	300～350	

3.1.6.2　根据煤层厚度选型

采煤机的最小截割高度、最大截割高度、过煤高度、过机高度等都取决于煤层的厚度。煤层厚度分为 4 类。

（1）极薄煤层。煤层厚度小于 0.8m，最小截割高度在 0.65～0.8m 时，只能采用爬底板采煤机。

(2) 薄煤层。煤层厚度为0.8~1.3m，最小截割高度在0.75~0.90m时，可选用骑槽式采煤机。

(3) 中厚煤层。煤层厚度为1.3~3.5m，开采这类煤层的采煤机在技术上比较成熟，根据煤的坚硬度等因素可选择中等功率或大功率的采煤机。

(4) 厚煤层。煤层厚度在3.5m以上，由于大采高液压支架及采煤、运输设备的出现，厚煤层一次采全高综采工作面取得了较好的经济效益。适用于大采高的采煤机应具有调斜功能，以适应大采高综采工作面的地质及开采条件的变化。此外，由于落煤块度较大，采煤机和输送机应有大块煤破碎装置，以保证采煤机和输送机的正常工作。

分层开采时，采高应控制在2.5~3.5m范围内，以获得较好的经济指标，采煤机可按中厚煤层条件并根据分层开采的特点选型。

当选用厚煤层放顶煤综采工艺时，在长度大于60m的长壁放顶煤工作面，采煤机选型与一般长臂工作面相同。

3.1.6.3 根据煤层倾角选型

煤层按倾角分为近水平煤层（<8°）、缓倾斜煤层（8°~25°）、中斜煤层（25°~40°）和急斜煤层（>45°）。

骑溜槽或以溜槽支承导向的爬底板采煤机在倾角较大时还应考虑防滑问题。在煤层倾角大于10°时，须设置防滑装置。普遍采用的防滑装置是固定在工作面回风巷内的液压安全绞车。当采煤机由下向上截割时，液压绞车的液压马达产生阻止采煤机下滑的阻力矩，一旦采煤机下滑超速时，限速装置切断电源，绞车自动抱闸。一般来说，液压绞车的牵引力应大于80~100kN。

3.1.6.4 根据顶底板性质选型

顶底板性质主要影响顶板控制方法和支护设备的选择，因此，选择采煤机时应同时考虑选择何种支护设备。例如，不稳定顶板，控顶距应当尽量小，应选用窄机身采煤机和能超前支护的液压支架；地板松软，不宜选用拖钩刨煤机、地板支承式爬底板采煤机和混合支承式爬底板采煤机，而应选用靠输送机支承和导向的滑行刨煤机、悬臂支承式爬底板采煤机、骑溜槽工作的滚筒采煤机和对地板接触比压小的液压支架。

3.2 刨 煤 机

3.2.1 概述

刨煤机是一种以刨头为工作机构，采用刨削方式落煤的浅截式采煤机械。整个机组组成如图3-99所示。

刨煤机组的工作过程：刨煤机的刨头通过刨链沿输送机往复牵引时，利用刨头上刨刀的切削力把刨头落下，同时利用刨头的梨形斜面把煤装入输送机。输送机和刨煤机组成一个整体，利用液压千斤顶推移，从而实现了落煤、装煤、运煤等工序的机械化。刨煤机与液压支架配套使用就能实现全工作面的综合机械化。

刨煤机具有截深浅（不大于120mm）、牵引速度高（一般为20~40m/min，快速刨为120m/min以上），结构简单、块煤率高、能充分利用矿压等特点。

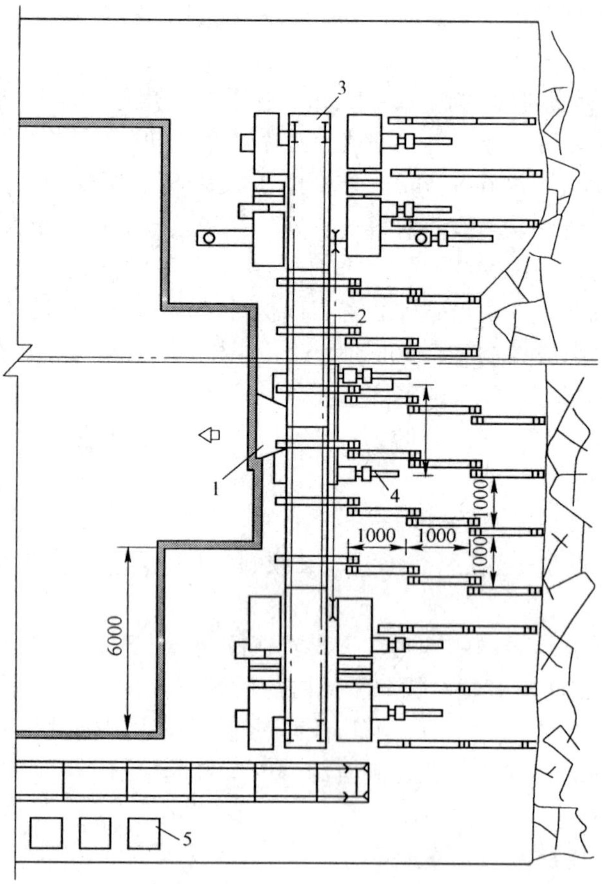

图3－99 刨煤机工作面布置图

1—刨头；2—刨链；3—输送机；4—推溜千斤顶；5—电控设备

刨煤机按刨刀对煤的作用力性质可分为静力刨煤机和动力刨煤机。动力刨煤机是为解决硬煤开采而设计的。它的特点是刨刀本身还带有产生冲击的振动器，刨刀以冲击力来破碎煤。这类刨煤机由于结构复杂、能源输送困难，所以发展缓慢。静力刨煤机与动力刨煤机的根本区别是刨头本身不带动力。拖钩式刨煤机、刮斗式刨煤机和滑行式刨煤机都属于静力刨煤机。

拖钩式刨煤机的刨链位于输送机采空区一侧，刨头设有插在中部槽底部的掌板，刨刀可看成一钩子，刨链拖动刨刀时加强了刨头对煤壁的楔入作用，故称拖钩式。

刮斗式刨煤机是在刮斗上装刨刀，除了刨煤外还利用刮斗运煤。它适用于煤质松软、底板较硬而且较平整的极薄煤层。

滑行刨是在拖钩式刨煤机的基础上发展起来的，刨头无掌板，而是在导轨上滑行。牵引速度快。滑行刨由于克服了拖钩刨摩擦阻力大的缺点，因此刨煤动力加大，能刨硬煤，发展较快。

为了提高刨煤效率，刨煤机的刨削速度近几年来有了很大提高，出现了许多种的快速刨煤机，速度的快慢是对输送机的链速而言，一般为输送机链速的 1～2 倍。为了能装满输送机，最大限度地发挥输送机的能力，刨速与输送机链速的最佳比值为 3:1，除了拖钩式快速刨煤机外，滑行刨也是快速刨煤机。

目前刨煤机是薄煤层采煤机械化有效的采煤机械，也是主要发展途径之一，尤其是在很薄的煤层中，刨煤机的优越性更加突出。

3.2.2 拖钩式刨煤机

拖钩式刨煤机的构造如图3－100所示。在刮板输送机5的机头和机尾槽靠采空区一侧，各加设一套由电动机、液压联轴器和减速器组成的刨头驱动装置4，驱动装置固定在刨头6上的刨链1上，拖动刨头在工作面上往返移动。

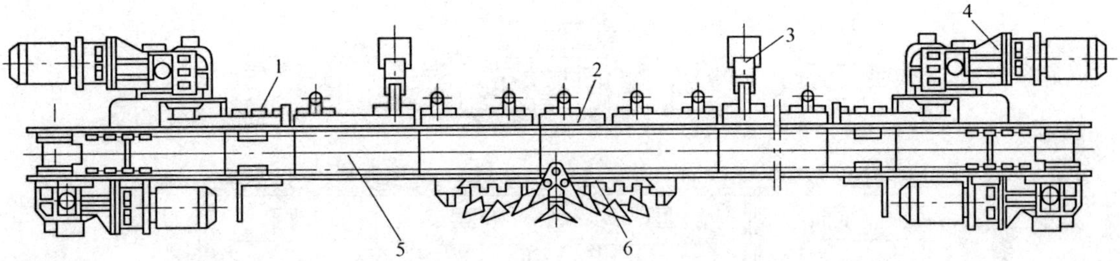

图3－100 拖钩式刨煤机

1—刨链；2—导链架；3—推进油缸；4—刨头驱动装置；5—输送机；6—刨头

刨链布置在采空区侧的称为后部牵引，有的刨煤机刨链设在煤壁侧，称为前部牵引。后部牵引与前部牵引相比，后部牵引的优点是：

（1）刨链的牵引对刨刀产生一个切入煤壁的力，可以提高刨刀的切削性能；

（2）刨链检修较方便；

（3）缩小了输送机与煤壁的距离，提高了装煤效果；

（4）刨头的稳定性较好。

其缺点是牵引阻力较大，刨链寿命较短。这两条缺点对提高刨速和刨硬煤都是不利的。

为了保持刨头工作时的稳定性，把刨头的掌板2压在输送机中部槽3下面，如图3－101

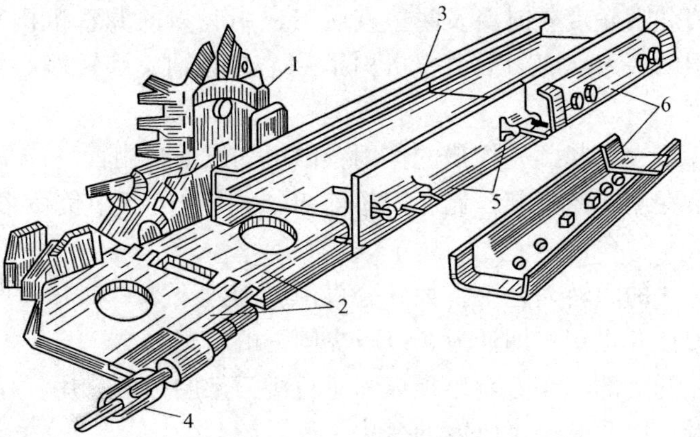

图3－101 拖钩刨的掌板

1—刨头；2—掌板；3—中部槽；4—刨链；5—导链架；6—护罩

所示。掌板还钩住输送机中部槽靠采空区一侧，以引导刨头顺着中部槽运行。刨链 4 挂在刨头掌板的两端。为了更好适应底板的起伏，掌板由三段铰接而成。较长的刨头，可由更多段掌板铰接而成，以减小每段掌板的长度。

刨头是刨煤机的工作机构，它由刨体、回转刀座、刨刀和掌板等组成，如图 3－102 所示。

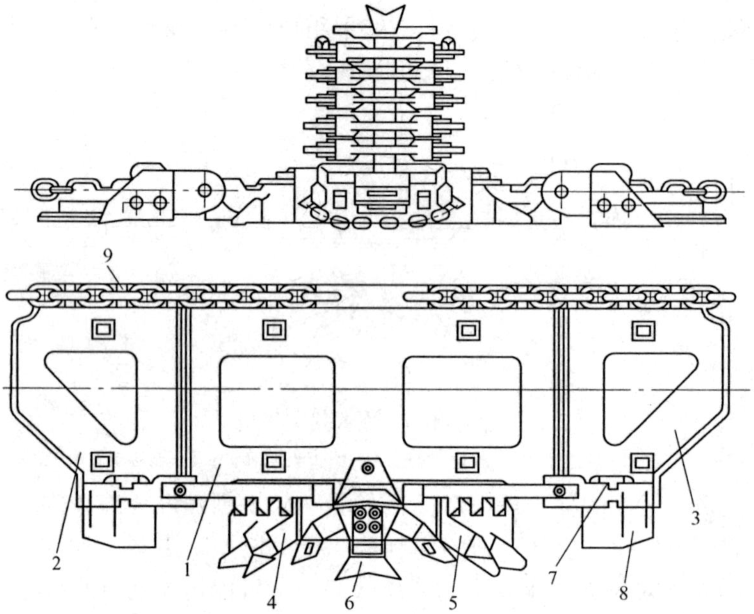

图 3－102 刨头

1—刨体；2，3—左右掌板；4，5—回转刀座；6—预割刀；7—导向块；8—限位块；9—卡链块

在刨体的回转刀座上装有底刀、预割刀、腰刀和顶刀。底刀刨煤层底部的煤，底刀受力最大，最易磨损，一般只使用 1，2 个班就需要更换。底刀的安装和磨损情况对刨头的稳定性影响较大，当底刀角度（指与煤层底板的夹角）小或磨钝时就飘刀，角度过大就啃底。当发现飘刀和啃底现象时要及时检查底刀，用底刀的调整机构来调整底刀的角度，或者更换已经磨损的底刀。底刀的调整机构是一个偏心轴，旋转偏心轴使凸块顶起底刀，以调整底刀的角度。

预割刀的截深最大，起预先掏槽的作用，以增加煤的自由面，减少底刀和腰刀的切削阻力。预割刀安装在刨体的下部，比底刀超前 40mm，在运行中负荷很大，故预割刀易磨损或折断。

腰刀装在加高块的回转刀座上，大部分煤由腰刀刨下来。回转刀座可左右转动 2.5°，使不工作边的刨刀让开煤壁，即让刀，以减少刨刀的磨损。

顶刀装在刨体的上部，起着剥落顶煤和避免刨刀架磨损的作用。用增减加高块的数量来调节顶刀的高低，以适应煤层厚度的变化。

在左右掌板上还装有限位块、导向块和清底刀。限位块用来限制刨刀的截深。在刨煤机链轮和接合套筒之间装有保险销，过载时剪断保险销。

3.2.3 滑行式刨煤机

据试验资料表明，拖钩刨只有1/3左右的装机功率用于刨煤和装煤，其余大部分装机功率都被摩擦消耗掉，使中部槽和刨头磨损较快，并且当底板不够坚硬时，刨头容易把底板破碎以致陷入底板。

滑行刨的刨煤方式与拖钩刨相同，但刨头的滑行装置比较特殊，这种滑行装置大大减少了摩擦阻力，提高了刨煤机的有效功率。

滑行刨的结构和工作原理如图3－103所示。

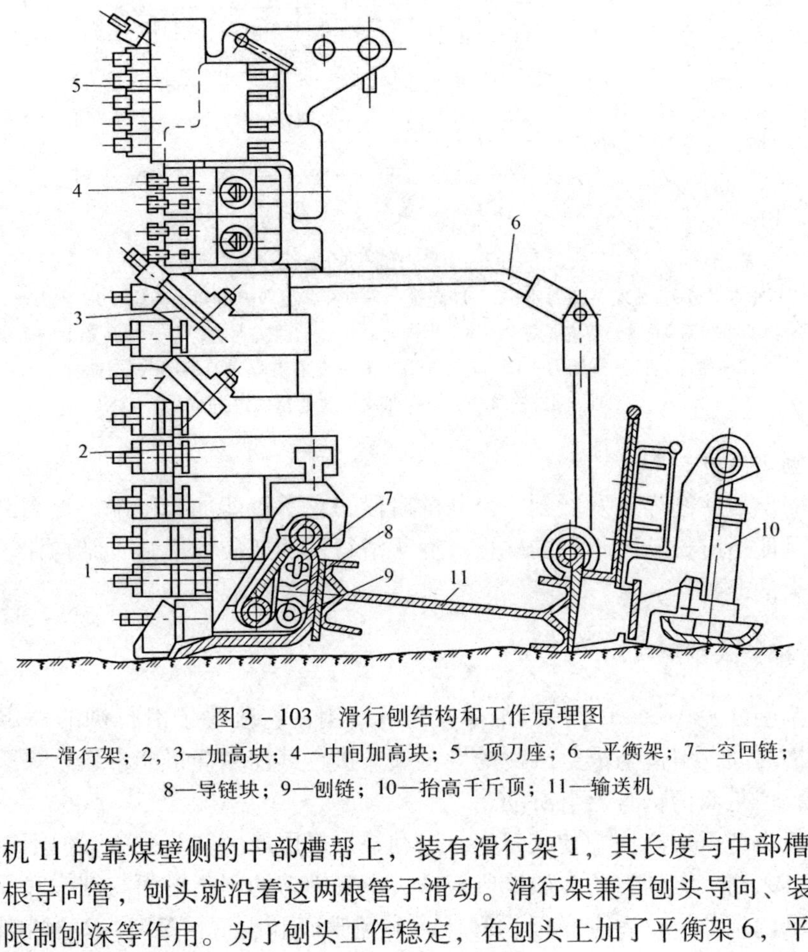

图3－103 滑行刨结构和工作原理图

1—滑行架；2，3—加高块；4—中间加高块；5—顶刀座；6—平衡架；7—空回链；8—导链块；9—刨链；10—抬高千斤顶；11—输送机

在输送机11的靠煤壁侧的中部槽帮上，装有滑行架1，其长度与中部槽相等。在滑行架上有两根导向管，刨头就沿着这两根管子滑动。滑行架兼有刨头导向、装煤、刨链导向、护链和限制刨深等作用。为了刨头工作稳定，在刨头上加了平衡架6，平衡架还沿着输送机采空侧的导向管滑动。

滑行刨的方向控制，除了用拖钩刨类似的偏心轴调整底刀的位置外，还用抬高千斤顶来控制。在煤层局部发生变化时，控制抬高千斤顶10的缩回和伸出，使刮板输送机及滑行架处于水平、上倾和下倾位置。

刨头的结构如图3－104所示。

刨头的基本由左右滑橇1所组成，用链子把两个滑橇连起来，底刀座可在伞形体上摆动，用偏心轴调整底刨刀的位置来决定截深和刨削水平。在滑橇的外端装有左、右装煤底刀15和左、右盲块14，它们担负着滑行刨的装煤工作。顶刀座6可用加高块和调整刀头

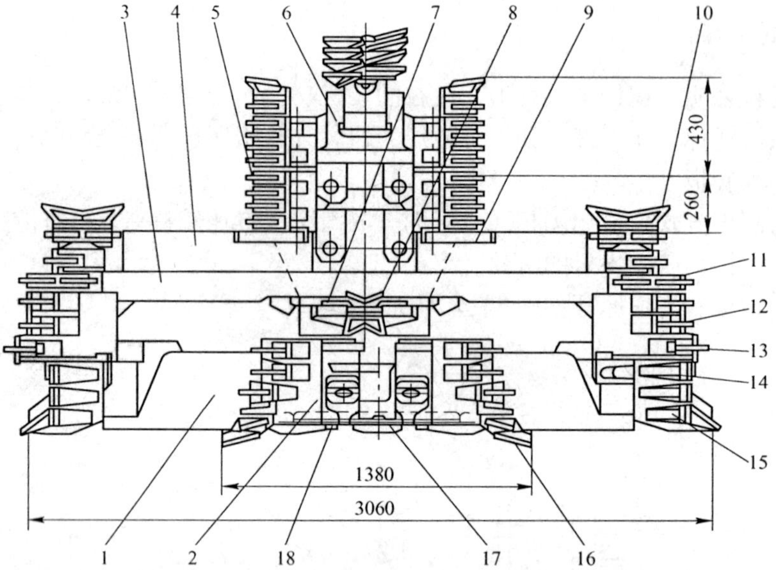

图 3－104 刨头的结构

1—左右滑橇；2—左右底刀座；3—加高块；4—加高梁；5—中间加高块；6—顶刀座；7—辅助回转刀座；8—双向掏槽刀；9—平衡架；10—上回转刀座；11—加高架上的刀座；12—腰刀；13—掏槽刀；14—左右盲块；15—左右装煤底刀；16—左右底刀；17—刨链连接块；18—带夹紧块的特殊链链节

长度来调整刨头高度。

滑行刨的出现使刨煤机发展到一个新的阶段，它不仅能加大刨深、提高刨速、可刨较硬的煤，而且能适应松软和不平的底板。由于滑行刨的适应性增强，结构比较简单，稳定性也有了很大的改善。

3.2.4 滑行拖钩式刨煤机

滑行拖钩刨（见图 3－105）是带撑板的滑行刨，它改善了滑行刨的稳定性。撑板夹在溜槽和斜撬之间，斜撬与采空区侧的导链架铰接，其前缘伸得非常逼近煤壁，故能够消除侧向游动，但是溜槽仍有上下游动。

刨体一般由若干加高块叠装成刀架，以利根据煤层厚度调节采高，但不能像摇臂滚筒那样随时调节采高。底刨刀的刀架能应摆动，使底刨刀的刨削平面与刨头底面的相对位置可在一定范围内调节，以适应底板的起伏，避免啃底和飘底。MBJ－2A 型刨煤机底刨刀刀座装在一偏心轴上。偏心轴可以固定在互相间隔 90°的四个位置上，使底刨刀刨削平面相对于刨头底面的高度是 +10mm， -8mm， -30mm 和 -40mm。图 3－105 中，用调位油缸升降输送机溜槽采空区一侧，改变底刨刀刨削平面的位置，可得到更好的控制效果。

3.2.5 刨煤机的参数

3.2.5.1 生产率

A 刨头生产率

刨头生产率 Q_B(t/h) 用下式计算

$$Q_B = 3600Hh\rho v_B \tag{3-22}$$

式中 H——采高，m；

h——刨削深度，m；

v_B——刨头速度，m/s；

ρ——煤的实体密度，t/m^3。

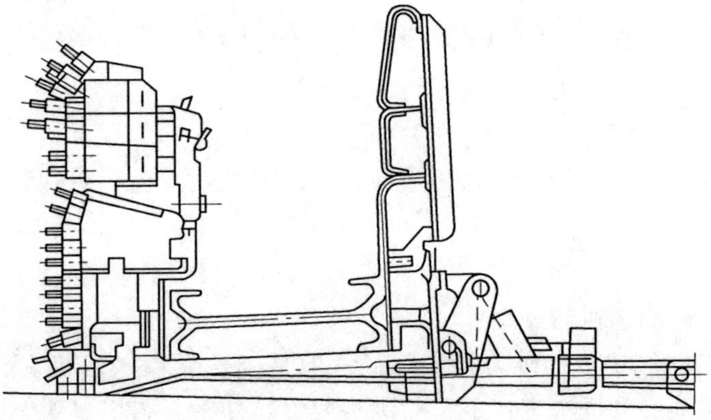

图 3-105 滑行拖钩刨

B 配套输送机的生产率

刨头上、下行刨煤时，其相对输送机刮板链的速度不同。上行时，相对速度大，溜槽中煤的装载截面积小；下行时，相对速度小，煤的装载截面积大，在选择输送机时，应考虑刨头下行时输送机不致超载，上行时不致欠载太多。

对于普通刨煤法（即刨链速度小于输送机链速的刨煤法），刨头生产率 Q_B 确定后，要求输送机的生产率 Q_S 应满足：

$$Q_S = Q_B \frac{v_S}{v_S \pm v_B} \tag{3-23}$$

式中 v_S——刮板输送机链速，m/s。

上行时，上式分母中取正号；下行时，取负号。

考虑到输送机的生产率

$$Q_S = 3600F\psi v_S \rho \tag{3-24}$$

及输送机单位长度煤的生产率

$$q = F\psi\rho' \tag{3-25}$$

式中 F——输送机装载截面积，m^2；

ψ——输送机装满系数；

ρ'——煤的松散密度，t/m^3。

利用以上式子可得输送机单位长度的装载量 q 为

$$q = \frac{Hh\rho' v_B}{v_S \pm v_B} \tag{3-26}$$

或

$$q = \frac{Hh\rho'}{v_S/v_B \pm 1} \tag{3-27}$$

上式表明，输送机的单位长度装载量是不均匀的，不仅随上、下行而不同，而且还随

比值 v_S/v_B 的变化而变化。

3.2.5.2　刨速和链速

由上可知，刨速和链速是决定刨煤机生产率及装载量的重要参数。目前实际采用的刨速在0.4～2.0m/s范围内。根据刨速与链速的关系，刨煤的方法可分为：

A　普通刨煤法

刨速小于链速（$v_B \leqslant v_S$）的刨煤方法称为普通刨煤法。其特点是输送机上某点在刨头往返运行中只能装载一次。为使刨头下行刨煤时输送机不致超载过多，上行时不致欠载太多，一般取比值 $v_S/v_B \approx 2$。

普通刨煤法的缺点是上行时输送机欠载，下行时超载。为解决这个问题，目前有两种办法：

（1）上、下行时底刀长度选得一样，使上、下行截深相同，而上行时刨刀选的长些，以增大落煤量来平衡输送机装载量；

（2）上、下行时刨头上的刨刀是相同的，但是刨头靠输送机机头侧底刀比靠机尾侧的要长，故下行后刨头的推进度比上行后刨头要大，使上行落煤量增大。

B　超速刨煤法

刨速大于链速（$v_B \geqslant v_S$）的刨煤法称为超速刨煤法。这种刨煤法可实现再重复装煤，即输送机上某一点在刨头往复运行中可以装两次甚至三次煤。若合理选择截深和速度比，就可以使输送机均匀满载、提高产量。

超速刨煤法还分为刨煤和单向刨煤两种：

a　超速双向刨煤

刨头上、下行都刨煤。由于刨速大于链速，故输送机单位长度上的装载量 q(t/m) 为：

$$q=\frac{Hh\rho'}{\frac{v_B}{v_S}\pm 1} \tag{3-28}$$

当 $v_B/v_S=2$ 时，刨头从机头到机尾运行（上行）时（情况1）装入输送机中的装载量（见图3－106）为

$$q_1=\frac{Hh\rho'}{3} \tag{3-29}$$

刨头从机尾下行返回到机头时（情况2）装入输送机中的装载量（t/m）为

$$q_2=Hh\rho' \tag{3-30}$$

当刨头第二次上行时（情况3），输送机上局部区域的装载量达（$2q_1+q_2$），若按这种情况来确定输送机生产率，则

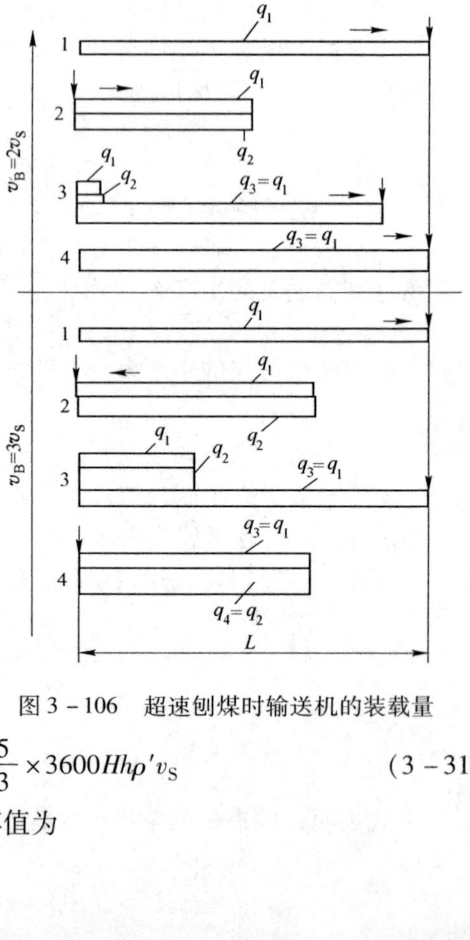

图3－106　超速刨煤时输送机的装载量

$$Q_S=3600(2q_1+q_2)v_S=\frac{5}{3}\times 3600Hh\rho' v_S \tag{3-31}$$

输送机上的最大载荷 M(t) 出现在情况2，其值为

$$M=(q_1+q_2)\frac{L}{2}=\frac{4}{3}Hh\rho'\frac{L}{2} \tag{3-32}$$

式中　L——工作面长度，m。

当 $v_B/v_S=3$ 时（见图3－106），同理可得

$$q_1=\frac{Hh\rho'}{4}=q_3 \tag{3-33}$$

$$q_2=\frac{Hh\rho'}{2}=q_4 \tag{3-34}$$

输送机上的最大载荷出现在情况2及情况4，其值为：

$$M=(q_1+q_2)\frac{2}{3}L=Hh\rho'\frac{L}{2} \tag{3-35}$$

而情况3要求输送机有最大生产率

$$Q_S=3600(2q_1+q_2)v_S=3600Hh\rho'v_S \tag{3-36}$$

以上分析表明，在相同的参数条件下，当 $v_B/v_S=3$ 时，要求输送机的最大生产率较小，输送机上的载荷也较小，并且输送机上的载荷变化比较均匀。因此，目前采用的超速双向刨煤法，一般 $v_B/v_S=1.75\sim3$，常用刨速为 $v_B=1.5\sim2.0$m/s。

b　超速单向刨煤

这种刨煤法是上行时刨煤，下行时刨头高速空回。当回到机头时，输送机正好把载荷卸完，然后开始下一次工作形成，因此刨速应为链速的两倍，即 $v_B=2v_S$。

这种刨煤法可以减少一套传动装置，简化刨头结构，取消半边刨刀等。

c　双速刨煤法。这种方法介于普通刨煤法和超速刨煤法之间，刨头有两种速度：上行时 $v_B\geqslant v_S$（为超速刨煤法）；下行时 $v_B\leqslant v_S$（为普通刨煤法）。当刨速和链速选择合适时，可以使输送机载荷均匀。由于刨头上、下行速度不等，必须解决变速问题，因此目前较少采用这种刨煤方法。

3.2.5.3　刨头高度

为了适应不同采高，刨头上设有加高块。刨头高度应小于最小层厚，最好留有250～400m的裕量，以便刨头顺利工作。

3.2.5.4　刨链尺寸和刨头功率

由于刨链的牵引力包括刨削阻力、装煤力、摩擦阻力等，因而精确计算刨链尺寸及刨头功率比较困难，可凭经验选取：用于刨煤层的滑行刨，刨链用 ϕ26mm×86mm 或 ϕ26mm×92mm 矿用圆环链，功率为80～120kW；用于薄煤层的滑行刨，刨链用 ϕ26mm×92mm 或 ϕ30mm×108mm 矿用圆环链，功率为100～160kW；用于中厚煤层的滑行刨，刨链用 ϕ26mm×92mm 或 ϕ30mm×108mm 圆环链，功率为160～200kW。

3.3　连续采煤机

3.3.1　概述

经过30多年的综合机械化开采，我国适合长臂开采的规则煤田越来越少，但“三下”压煤、残留煤块段和不规则块段的煤炭储藏量达上百亿吨，难以长臂开采，而短臂

开采是解决这一问题的好办法。

连续采煤机是集破煤、落煤、装运、行走、电液系统和锚掘于一身的联合机组，在短臂机械化开采方面逐渐显示出优势。尤其在开采小块段、不规则块段、工作面准备巷道以及回采残留煤、边角煤和“三下”压煤方面，连续采煤机及其配套设备的使用成为提高矿井综合效益不可缺少的手段。短臂采煤机与长臂采煤机互相补充构成了现代大型矿井的最佳生产模式，连续采煤机与高产高效工作面配套有利于环节采掘紧张，是高产高效矿井的发展方向。

连续采煤机不仅在短臂开采、而且在长臂工作面采准煤巷掘进中也取得优异的技术经济指标，有着举足轻重的地位，在国内外煤炭共生产中有着广泛的应用前景。

3.3.1.1 连续采煤机工作原理

连续采煤机的工作原理与滚筒式采煤机的工作原理基本相同，仅工作方式上略有差异。

连续采煤机的工作机构是横置在机体前方的旋转截割滚筒。截割滚筒（有的还装有同步运动的截割链）上装有一定规律排列的镐形截齿。在每一个作业循环的开始，截割机构的升降液压缸将截割滚筒举至要截割的高度位置。在行走履带向前的推进的过程中，旋转的截割滚筒切入煤层的一定深度，成为截槽深度。然后行走履带停止推进，再用升降液压缸使截割滚筒向下运动至底板，即可割出宽度等于截割滚筒长度、厚度等于截槽深度的弧形条带煤体，这就是一个循环作业截割下来的煤体。连续采煤机的工作原理如图3-107所示。

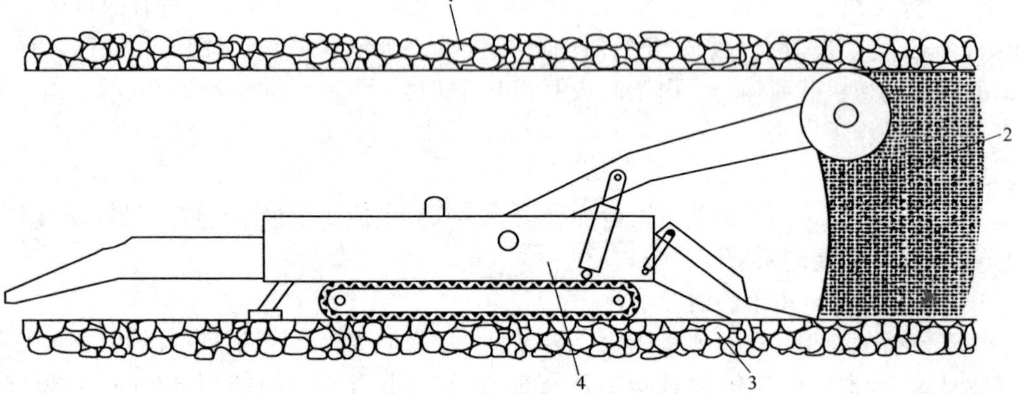

图3-107 连续采煤机的工作原理

1—顶板；2—煤壁；3—底板；4—连续采煤机

3.3.1.2 连续采煤机的作业循环

连续采煤机的作业循环方式与滚筒采煤机的作业循环方式是不同的。目前连续采煤机的截割滚筒长度绝大多数为3.3m，由于他的截割臂只能上下运动而不能左右摆动，所以它一次只能截割3.3m的宽度。

连续采煤机的作业循环的具体步骤分述如下：

(1) 铲板处于停放或漂浮的位置，截割臂处于半举升状态。向前移动及其至工作面与断头煤壁接触，再举升起截割臂至需要的高度，打开喷雾水阀，再开动截割机构电动机，并开动湿式除尘器风扇电动机。

（2）降下稳定靴，增加机器的稳定性，随后开动及其向工作面前端掏槽 392～558mm（具体掏槽量根据截割煤的性质而定），然后操纵多路换向阀控制手柄使截割滚筒向下截割整个工作面的高度。

（3）提起稳定靴，使截割滚筒沿底板截割，机器后退约 490mm，用以修整底板。

（4）升起截割臂至顶部，沿顶板截割，机器前进修整顶板，至切入煤壁掏槽深 392～588mm，再向下截割工作面高度大约一半。

（5）将机器的截割滚筒从掏槽的位置向后退出，并将输送机机尾放置于梭行矿车的输送机上面，开动机器的装运机构电动机，再向前移动装载已截割下来的物料，装完后降下稳定靴，继续对剩下的工作面端头煤壁进行截割装载。当梭行矿车装载满后，关掉装载机构电动机，提起稳定靴倒车，并用截割滚筒整平底板，然后举升起截割臂至适当高度，准备进行下一个作业循环。

经过上述 5 步骤的几个操作后达到总切槽 6m 左右的长度，这成为一个切槽工序。随后连续采煤机后退至巷道的另一侧，仍按照上面的方法和步骤，截割剩余宽度的煤垛，这一工序称采垛工序，完成了截割长 6m 和宽不大于 6.6m 的巷道，随机调动连续采煤机到另一巷道进行作业循环。同时，将锚杆钻机调入已经截割好的巷道中进行钻孔即锚杆支护，这便完成了连续采煤机的一个完整的作业循环，如图 3－108 所示。

在连续采煤机的作业过程中，两台梭行矿车（或运煤车）不停地往返于机器和给料破碎机之间，不断地将连续采煤机截割下来的煤运走。

（6）在上述 5 个步骤完成宽不大于 6.6m 的巷道截割后，向另一巷道调动机器时，有时还要完成巷道的拐弯截割工序。

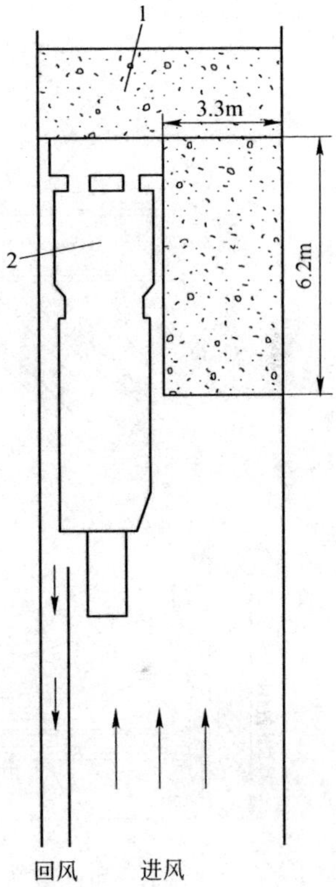

图 3－108 连续采煤机的作业循环
1—连续采煤机；2—工作面

3.3.1.3 连续采煤机的结构特点

连续采煤机按截割煤层厚度可分为薄、中、厚 3 种，按截割煤的软硬程度又可分为中等坚硬、坚硬和特坚硬 3 种。他们的共同特点如下：

（1）多电动机独立驱动。

（2）采用横轴式较长的截割滚筒。

（3）截割滚筒的截齿布置比较简单，截线距离较大。

（4）增强截割硬煤和夹矸的能力。

（5）装运机构的传动布置已经定型化，输送机链条结构已标准化。

（6）采用启动扭矩高的直流串激电动机行走履带机构。

（7）各主要传动系统多采用电动机驱动。

（8）液压系统采用了齿轮油泵、多液压缸开式启动。

（9）机械的自动控制、自动检测、安全装置较完善。

3.3.2 12CM18－10D 型连续采煤机

3.3.2.1 概述

A 基本组成与特点

12CM18－10D 型连续采煤机如图 3－109 所示，它主要有截割机构、装运机构、履带行走机构、液压系统、电控系统、冷却喷雾除尘系统及安全保护装置等组成。

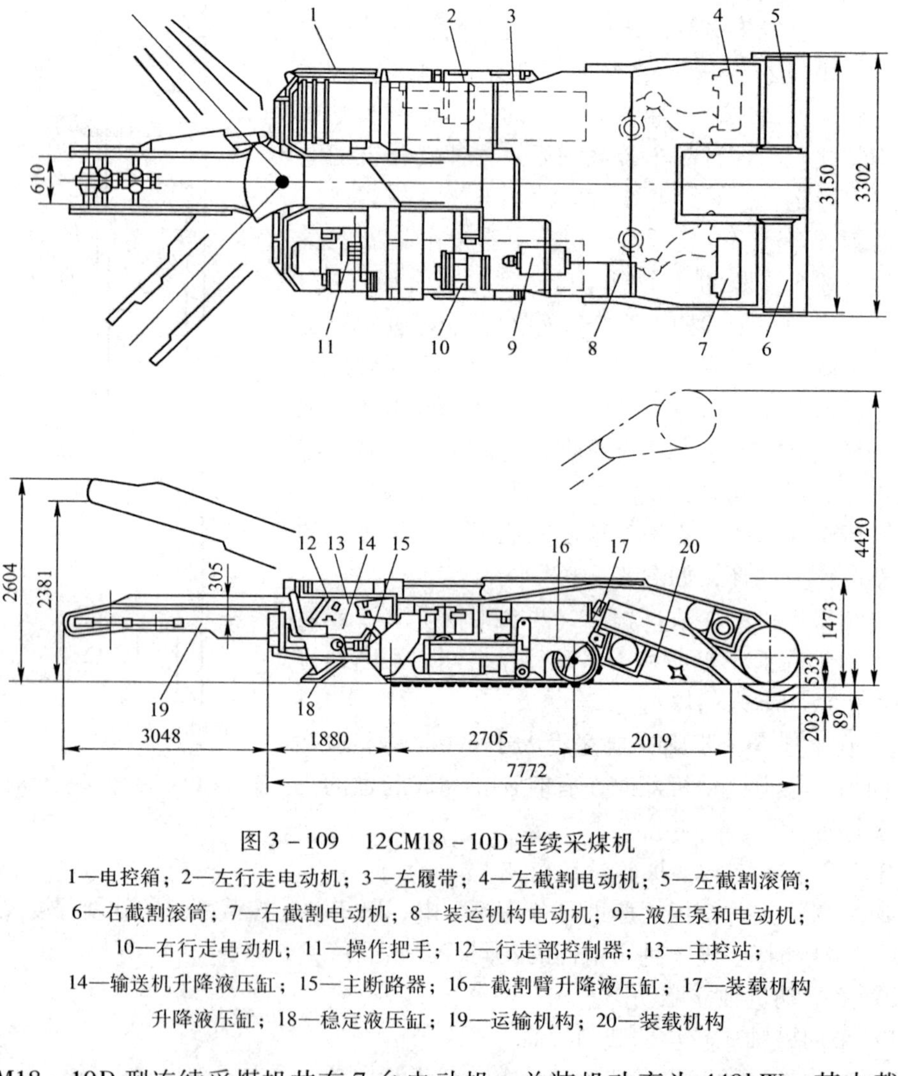

图 3－109 12CM18－10D 连续采煤机

1—电控箱；2—左行走电动机；3—左履带；4—左截割电动机；5—左截割滚筒；6—右截割滚筒；7—右截割电动机；8—装运机构电动机；9—液压泵和电动机；10—右行走电动机；11—操作把手；12—行走部控制器；13—主控站；14—输送机升降液压缸；15—主断路器；16—截割臂升降液压缸；17—装载机构升降液压缸；18—稳定液压缸；19—运输机构；20—装载机构

12CM18－10D 型连续采煤机共有 7 台电动机，总装机功率为 448kW，其中截割机构为 2×140kW，装载运输机构为 45kW，行走机构为 2×26kW，液压泵站为 52kW，湿式除尘装置为 19kW。这些电动机除行走机构为直流电动机外，其他均为交流电动机，且为外水冷型。交流电动机的额定电压为 1050V，直流电动机的额定电压为 250V。

12CM18－10D 型连续采煤机的主要特点是：机架整体布局紧凑，主要驱动力均为电动机而不是液压马达，因而传动效率较高，故障效率相对较低，而且所有的电动机均布置在易于拆装的外侧，方便维修和更换。在操作方面也十分方便和安全，既可手动也可离机遥控。在启动过程中，顺序控制严格，安全可靠，并有操作显示屏进行操作步骤显示和故障显示，避免了带隐患进行工作，更不会误动作。易发生过载的传动系统中装设有安全离合器和扭矩轴。辅助装置还设有瓦斯监测、湿式除尘和干式灭火装置。两台截割电动机横向布置在截割壁的两侧，通过减速器将动力传至截割链及右侧截割滚筒。

B 传动系统

12CM18－10D 型连续采煤机的传动系统如图 3－110 所示。

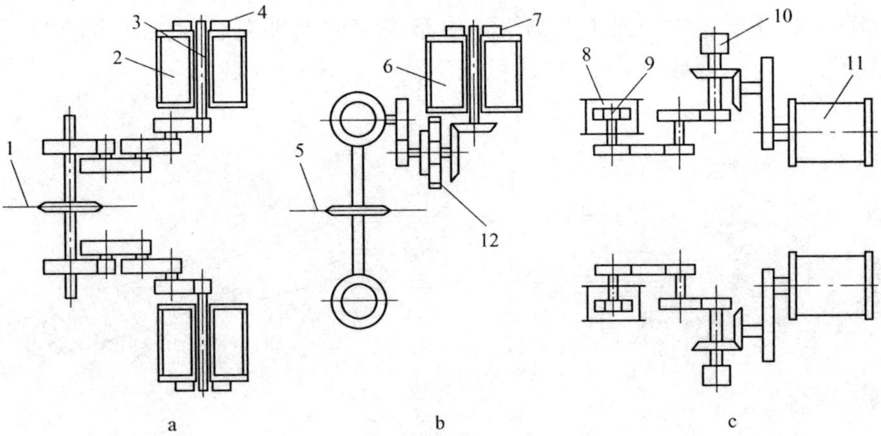

图 3－110 12CM18－10D 型连续采煤机的传动系统

a—截割机构；b—装载机构；c—行走机构

1—截割机构链轮；2，6，11—电动机；3—扭矩轴；4，7—摩擦离合器；5—刮板输送机机头链轮；8—履带带轮；9，12—行星轮减速器；10—液压盘式制动器

C 主要技术特征

12CM18－10D 型连续采煤机的主要参数有：

（1）总体参数

采高	2.657～4.420m
生产能力	8～23t/min
截割功率	2×140kW
总装机功率	448kW
卧底量	205mm
重量	55.384t

（2）截煤滚筒

宽度	3302mm
直径	915mm
转速	59r/min
装载机构形式	耙爪

（3）刮板输送机

链速	2.44m/s
槽宽	610mm
摆角	±45°

最小卸载高度	780mm
最大卸载高度	2068mm

（4）履带行走机构

工作速度	0～4.1m/min
调动速度	4.6m/min，9.1m/min，18.3m/min

（5）机器外形尺寸

长×宽×高	10.843m×3.3m×(1.473～4.420) m

3.3.2.2 截割机构

12CM18－10D型连续采煤机截割机构由布置在截割部左右两侧横直的两台电动机及其安全保护装置，一台减速器，左右截割滚筒，截割链及截割臂等组成，如图3－111所示。

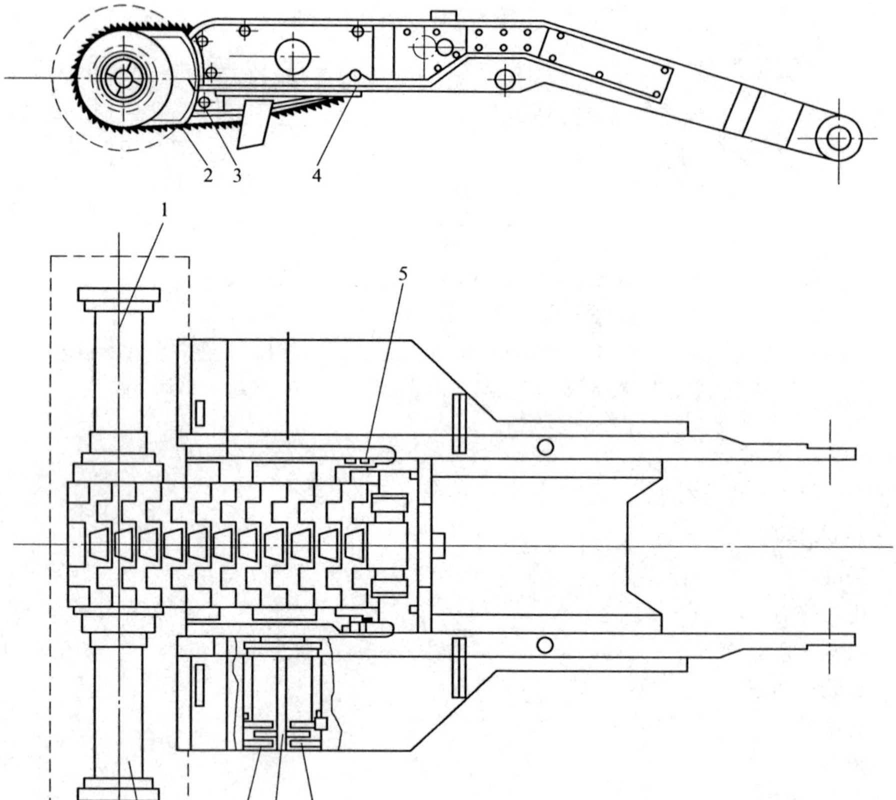

图3－111 截割机构

1—右截割滚筒；2—截割链；3—悬臂筒形轮毂；4—截割臂；5—截割链张紧装置；6—左截割滚筒；7—截割电动机；8—扭矩轴；9—摩擦离合器

截割链及截割滚筒布置在截割臂的最前端，截割臂后端铰接在机架上。截割臂靠其下方两边液压缸升降动作上下摆动截割滚筒及铰链，实现截割煤层的动作。减速器的传动比为24.8，截割滚筒的转速为59r/min，截齿齿尖的切线速度为2.82m/s。

A 安全摩擦离合器

安全摩擦离合器属于截割机构机械安全保护装置的一个组件，在每一台截割电动机所在的传动系统中装有一套。通过它将动力传递给截割滚筒，其机械过载保护的作用。摩擦离合器的结构如图3-112所示，它由输入毂盘1、输出摩擦毂盘5、弹簧螺栓组件4、压力盘7、轴承3、定位板2及密封8等组成。

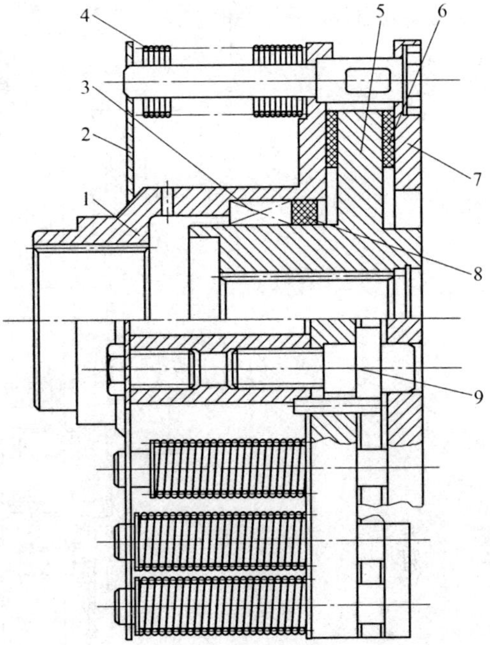

图3-112 安全摩擦离合器

1—输入毂盘；2—定位板；3—轴承；4—弹簧螺栓组件；5—输出摩擦毂盘；6—摩擦材料；7—压力盘；8—密封；9—摩擦指示杆

它的输入毂盘1的内花键与电动机空心轴的外花键连接，动力由此输入，经过输出摩擦毂盘5上的内花键与扭矩轴的外花键连接，动力由此输出。输出摩擦毂盘5的圆盘两侧面上烧结有摩擦材料6。拧紧弹簧螺栓组件4上的螺栓，即可将摩擦片压紧，在输入毂盘1和压力盘7端面之间，有弹簧螺栓组件的螺栓锁紧力产生摩擦力矩，实现传递动力和过载保护。

当外力矩（即截割滚筒和截割链上截割煤岩产生的外力构成的阻力矩）小于摩擦离合器调定的摩擦力矩时，输出摩擦毂盘处于无滑差的正常动力传递状态。当外力矩大于摩擦离合器调定的摩擦力矩时，输出摩擦毂盘打滑，起到机械保护的作用。当外力矩低于调定的摩擦力矩时，离合器停止打滑，恢复正常的动力传递。

B 扭矩轴

扭矩轴是截割机构传动系统中的另一个机械安全保护装置，如图3-113所示，它是连接摩擦离合器输出装置8与减速器1轴内花键小齿轮之间的动力传动轴。该轴是一根两端带有外花键的细长轴，在连接摩擦离合器一端的花键里侧有一细颈的轴槽，在过载断裂的时候，由于此处最细，一般断口发生在这里。同时在这一端沿轴向有两个直径大小不同的螺纹孔以备拆卸更换使用。扭矩轴的功能是正常传递摩擦离合器传来的额定扭矩。一般情况下，过载时摩擦离合器先于扭矩轴动作而打滑。但是扭矩轴在长期使用中会出现疲劳，或截割滚筒在截割中遇到坚硬的矸石或磁铁矿时对过载冲击很大，摩擦离合器滞后打滑使扭矩轴被扭断，电动机空转使截割滚筒停转。在一侧的扭矩轴被扭断时，另一侧的扭矩轴有可能未被断裂，但也承受了很高的应力，寿命缩短，因此不管是断一根扭矩轴还是断两根扭矩轴，更换两侧的扭矩轴应一起更换，以免交替损坏。实际使用情况表明，在一般过载时摩擦离合器打滑动作较频繁，但扭矩轴不会经常断裂。

C 减速器

截割减速器是两套对称布置的四级直齿圆柱齿轮传动同一根空心主轴的特殊结构，如

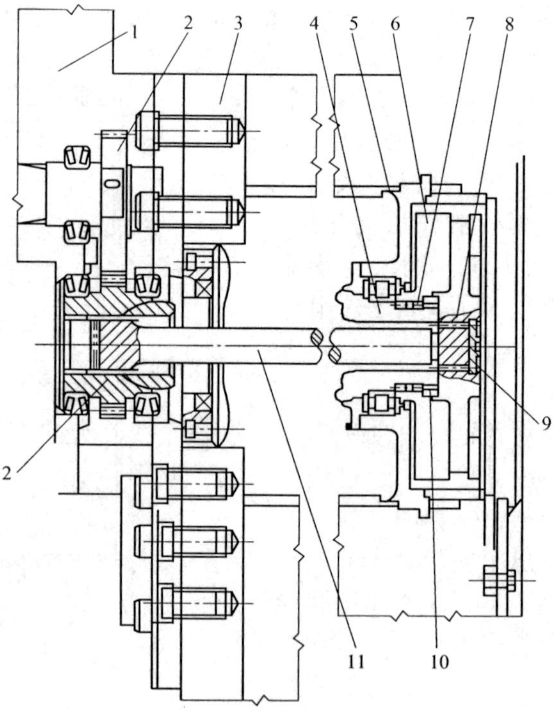

图 3-113 扭矩轴

1—减速器；2—齿轮；3—截割臂构架；4—电动机空心轴；5—电动机；6—摩擦离合器；7—摩擦离合器输入装置；8—摩擦离合器输出装置；9—圆螺母；10—弹簧；11—扭矩轴；12—齿轮

图 3-114 所示。减速器的箱体是截割悬臂箱形组焊件的一部分。减速器输出侧伸出的空心主轴上套装着悬臂筒形铸钢轮毂，该构件用 25 个内六角螺钉紧固在箱体的两侧。空心主轴的两侧分别用两盘调心滚动轴承和两个滑动轴承对称支承于悬臂筒形轮毂内。

截割电动机驱动摩擦离合器，摩擦离合器将动力传给扭矩轴，扭矩轴里侧的外花键插入空心轴齿轮 1 的内花键空中，该齿轮的两端各装一双列调心滚子轴承并支承在箱体上，齿轮 2 以花键与轴Ⅱ连接，轴Ⅱ两端各装一单列圆柱滚子轴承。轴Ⅲ用花键连接齿轮 4 及 5，轴的两端用锥形滚子轴承支承在箱体上。外侧压盖用内六角螺钉固定。Ⅳ轴上的齿轮 6 及 7 和轴承的结构安装方法与Ⅲ轴完全相同。齿轮 8 以内花键与空心主轴连接，主轴以两端双列球面滚子轴承在悬臂筒形轴毂内。其中Ⅰ、Ⅱ、Ⅲ、Ⅳ轴及其齿轮、轴承在卸开箱体外侧端盖后都可卸下来，维修更换很方便。该减速器的左右两部分完全对称，零件通用。在空心主轴上用花键装有链轮 9，它与减速器箱体之间的两侧各装有浮动机械密封，其座腔用内六角螺钉紧固。

D 截割滚筒、截割链及其张紧装置

12CM18-10D 型连续采煤机的截割滚筒、链式截割机构是直接参与截割工作的部件，张紧装置是调节截割链松紧程度的组件。

a 截割滚筒与截齿的配置

截割滚筒是铸焊结合的筒形构件，其左右截割滚筒上均焊有方向相反的螺旋叶片，左滚筒为右旋，右滚筒为左旋，其目的是使截割下的煤岩在螺旋叶片的作用下沿轴线方向向中部推移，直接落入下方的铲板的中间，由装载输送机构运走。螺旋叶片由若干个叶片板

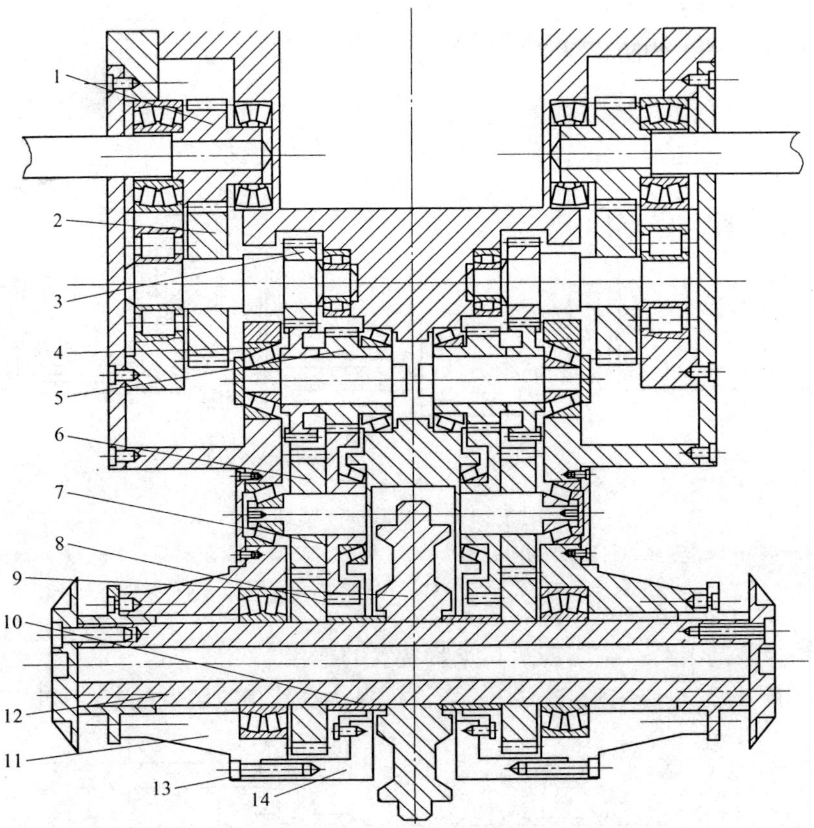

图 3-114 截割减速器

1~8—直齿圆柱齿轮；9—链轮；10—浮动式机械密封；11—悬臂筒形轮毂；12—空心主轴；13—内六角头螺钉；14—减速器箱体

沿螺旋方向焊接而成，每个叶片板上焊有一个截齿座，齿座内装有耐磨套筒，镐形截齿插入耐磨套筒中，用弹簧圈卡住，截齿安装后的切削角为 50°。左右截割滚筒的外端均装有焊接齿座的端盘，构成完整的截割滚筒。每个截割滚筒长 1270mm，截割滚筒的截齿齿尖直径为 915mm。

b 截割链

截割链由铸合金钢链节板、销轴、挡销组成。截割链上的齿座无耐磨套，镐形截齿直接装入齿座孔中，因而在使用中易磨成椭圆形喇叭孔。截齿的切削角为 45.5°，链板节距为 127.794mm，链轮的节圆直径为 695.48mm。

c 截割链张紧装置

截割链张紧装置如图 3-115 所示，它主要由滚筒 4、尾轴 2、柱塞 7、液压缸缸体 9 及两盘双列调心滚子轴承等组成。截割链工作时，它绕过该装置的滚筒 4 返回链轮，滚筒 4 的两侧装有双列调心滚子轴承，支承在尾轴 2 上，尾轴 2 两端以弹性销 11 与张紧液压缸缸体 9 连接成一体，弹性销 11 的两端紧固螺塞 6，紧链时用油枪向两个液压缸注入油脂。因为柱塞 7 的外端面顶住截割减速器箱体而迫使其沿箱体上的导槽向外移动而将截割链张紧，使截割链至减速器箱体底部间的距离保持约 25mm 时，应在箱体与缸体之间的间隙中加入垫片并上好挡板定位。松链时，只要将六角螺塞 8 松 1/4 圈，适当释放液压缸内的压力即可。截割链松动后要将螺塞拧紧，为防止粉尘和水进入滚筒 4 内，两端还装有浮动密封 5。

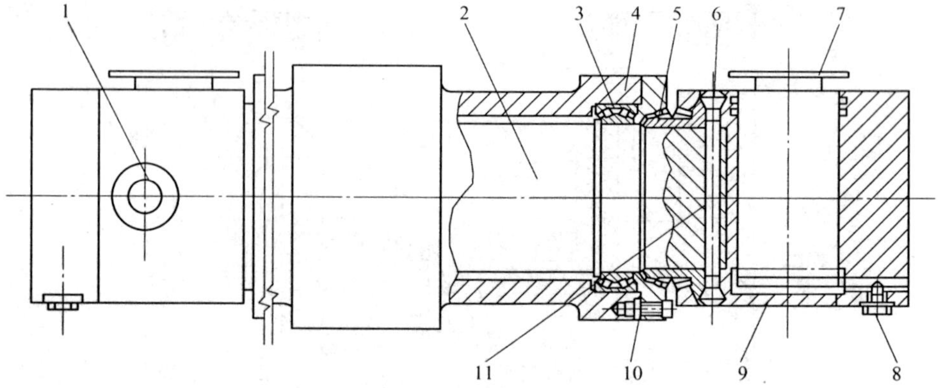

图 3－115　截割链张紧装置

1—润滑孔；2—尾轴；3—双列向心滚子轴承；4—滚筒；5—浮动密封；6，8—紧固螺塞；7—柱塞；9—张紧液压缸缸体；10—内六角头螺钉；11—弹性销

d　主轴与截割滚筒、截割链及其张紧装置的连接

截割机构输出的空心主轴与截割滚筒、截割链及其张紧装置的连接如图 3－116 所示。

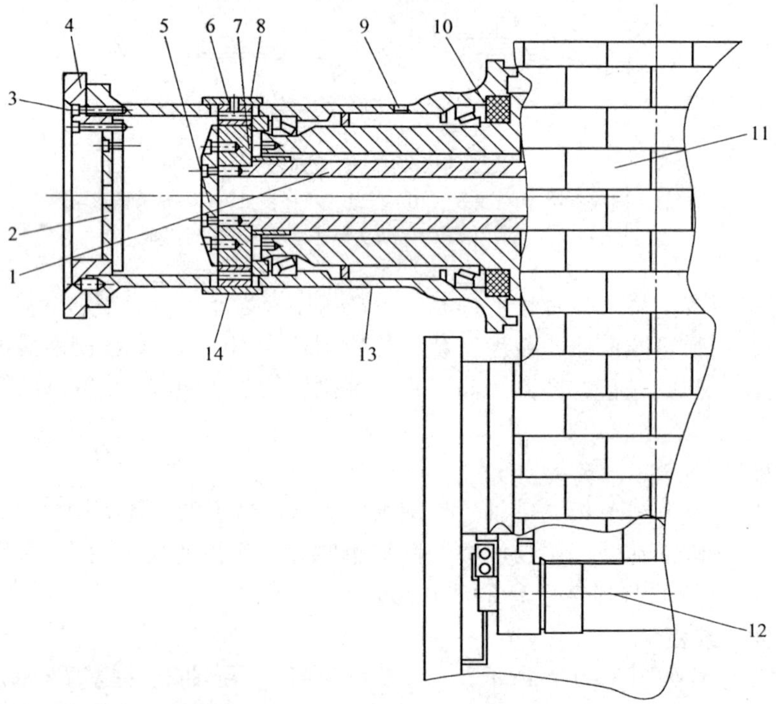

图 3－116　主轴与截割滚筒、截割链及其张紧装置的连接

1—空心主轴；2—端盖；3—螺钉；4—端盘；5—保持盖；6—楔形块；7—驱动环；8—键；9—注油螺塞；10—悬臂筒形轮毂；11—截割链；12—张紧装置；13—截割滚筒；14—筒套

空心主轴 1 的端部花键与驱动环 7 连接，驱动环圆周上以 4 个楔形块 6 楔紧 4 个截割

滚筒转动键8，并用保持盖5限位，用内六角头螺钉沿轴向将其压紧在空心主轴1上，空心主轴1的转动扭矩通过驱动环7、楔块6、键8带动截割滚筒旋转实现割煤。截割滚筒13在截割煤岩时的载荷传至悬臂筒形轮毂10上。圆锥滚子轴承的内圈以挡盖用内六角头螺钉锁紧。截割滚筒上装有注油螺塞9。注油时应将截割滚筒置于水平位置，将160号中负荷工业齿轮油注入至空心主轴1的中心线上的另一孔溢油（卸去螺塞）为止，然后将螺塞拧上，用以润滑两盘圆锥滚子轴承及衬套。截割滚筒外端装一端盘4，用螺钉3锁紧，在截割滚筒13上紧固内六角头螺钉，锁紧扭矩为888N·m，并以端盖2封口。在截割滚筒与悬臂筒形轮毂的断面还装有机械浮动密封，其座腔用螺钉紧固，防止水及煤尘进入其中。在截割滚筒中部外面焊有筒套14，增加其截割滚筒部分的强度。左右截割滚筒对称布置，内部零件相同，可通用。

在安装截割链11之前，应先将张紧装置12沿减速器开档装入导槽中，然后将截割链绕过张紧装置12将其连接起来，再按规定将其张紧。安装时候注意截齿座在装上截齿时尖端应指向截割链的运动方向。

e 截割滚筒与截齿链的截齿配置

截割机构的截割宽度为3302mm，它包括左右截割滚筒宽度2×1270mm及中间截割链宽度760mm共3部分。截割滚筒齿尖直径为915mm，截割滚筒截割链均按一定规律焊接有齿座，齿座上安装有镐形截齿，截齿链运行方向与连续采煤机前进方向一致，左右截割滚筒同步、同向旋转，截齿自上而下截割煤岩。

（1）截割滚筒及其端盘的截齿配置。截割滚筒及其端盘是分体结构，彼此间用圆柱销定位锁紧，他们的截齿配置各有自身的规律而又互相关联，如图3－117所示。

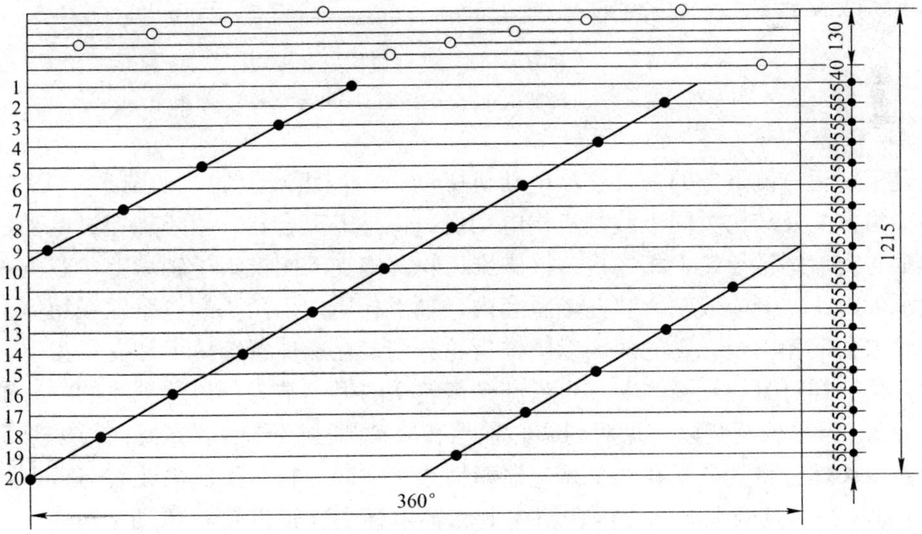

图3－117 左截割滚筒截齿配置

○—倾斜截齿；●—不倾斜截齿

（2）截割链的截齿配置。截割链由链节板用销轴连接而成，整个截割链共有30块链节板，其中除两块链节板为调节链节无齿座外，其余28块链节板上均焊有齿座。

截割链的截齿配置采用变节距1线4齿棋盘式布置，有15条截线，每条截线上配置4

个截齿，一共60个截齿，分4组排列，每组15个截齿，截割链展开总长度为3810mm。

3.3.2.3 装载运输机构

12CM18－10D型连续采煤机的装载运输机构由装载机构和刮板输送机组成，如图3－118所示。装载运输机构共用一台45kW，1050V交流电动机驱动一台减速器，置于铲板5右侧的框架内。铲板的上方左右两侧各装一个可以升降的液压油缸，以满足装载或调动时的需要，使其随底板起伏而漂浮举起和下降。刮板输送机是较长的构件，槽宽为标准化，内侧宽度为610mm，机尾既可以左右摆动又可以上下升降，由装载机构将物料装于机槽内，再由刮板输送机运至机尾卸载。它的动力来自左右装载装置之间横轴上的四齿链轮。装载机构与机架靠铲板上前端刮板输送机槽帮的耳子（它与铲板组焊成一体）和中段刮板输送机槽帮的耳子用销轴连接，并在铲板的外侧两边还分别装有扭力臂，其两端分别铰接于机架和铲板上，用共同的支承装载机构。铲板是借铰接机架和铲板上左右两侧液压缸2的伸缩，使其绕铰接点A，B（同一中心）实现升降和漂浮运动。铰接销均采用挡板3的同样结构形式限位。装载装置的圆盘转速为60r/min，刮板输送机的链速为2.24m/s。

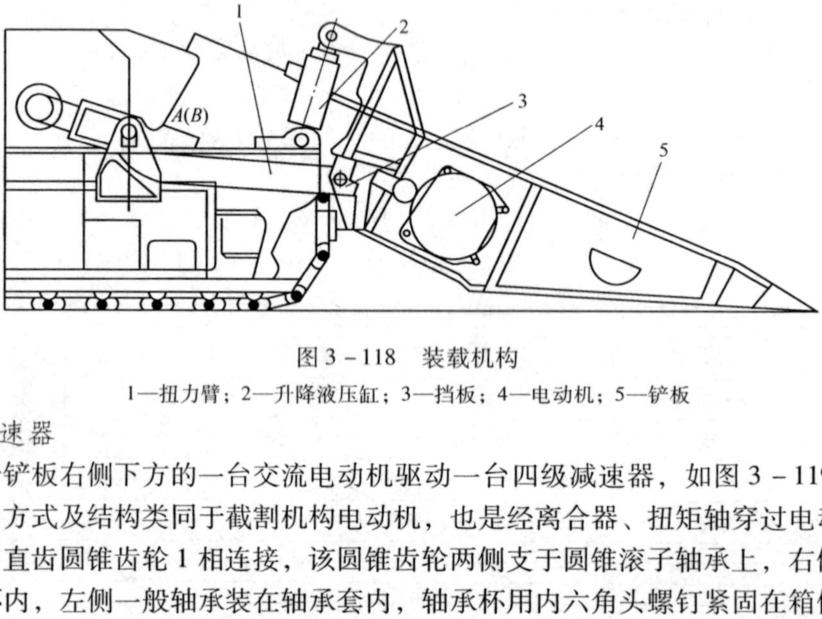

图3－118 装载机构

1—扭力臂；2—升降液压缸；3—挡板；4—电动机；5—铲板

A 减速器

横置于铲板右侧下方的一台交流电动机驱动一台四级减速器，如图3－119所示。电动机的输出方式及结构类同于截割机构电动机，也是经离合器、扭矩轴穿过电动机空心轴以花键轴与直齿圆锥齿轮1相连接，该圆锥齿轮两侧支于圆锥滚子轴承上，右侧一般轴承装在轴承杯内，左侧一般轴承装在轴承套内，轴承杯用内六角头螺钉紧固在箱体上。直齿圆锥齿轮1和2相啮合，它的两侧以圆锥齿轮分别装在减速器箱体上和支承盘上，支承盘再用内六角头螺钉紧固在箱体上。直齿圆锥齿轮2的另一端为行星轮轴系的中心轴，它带动行星轮3，行星轮两侧以一盘双列调心轴承和一盘圆柱滚子轴承支持在行星架5上。而内齿圈4用长螺钉将其夹紧在两个减速器箱体法兰之间。行星架的内花键与直齿圆柱齿轮6的外花键连接。其两端分别支承在箱体上和轴承杯中。轴齿轮6传动轴齿轮，7的另一端为特殊圆锥小齿轮，两端也同样用圆锥滚子轴承支承，支承的方式同轴齿轮6，轴承杯及其紧固螺钉的等级也一样。圆锥轴齿轮7带动连接于一体的装载装置转盘轴9和直齿锥齿轮8。转盘外缘与箱体上断面之间安装有机械浮动密封，该密封的腔内用内六角头螺钉紧固在转盘上。转盘轴以一定的跨距用两盘圆锥滚子轴承支承在箱体上，轴端以紧固螺钉紧固轴端盖，将轴承内套压紧。该轴承孔使用装有放油塞的端盖，用卡簧卡圈卡死于箱体上。在高速和低速的两减速箱体的下方，均装有放油孔螺塞。整个减速器用螺钉紧固在铲板的上面，两箱体均为铸钢件。低速减速器的圆锥轴齿轮 10 也与直齿圆锥齿轮 8 相啮合，它以两盘圆锥滚子轴承支承，里侧支承在箱体上，外侧支承在轴承端盖上，并用内六角头螺钉紧固在减速器箱体上，而端盖与圆锥轴齿轮 10 的腔体间安装有机械浮动密封，以防泥土、粉尘进入。这个轴端的花键通过内花键套筒与刮板输送机的四齿链轮轴相连接（在其另一端与此同样结构，带动右侧耙爪的转盘轴），在装载机构装载的同时，链轮带动刮板输送机的单链实现物料的运送。

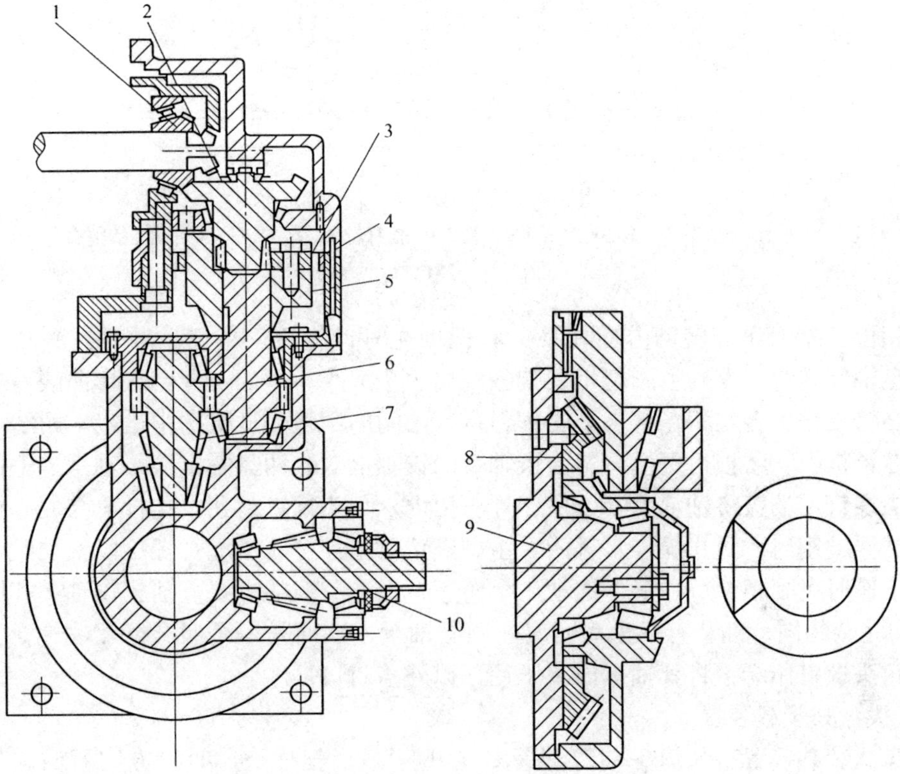

图 3－119 装载运输机构减速器

1，2，7，8—直齿圆锥齿轮；3—行星轮；4—内齿圈；5—行星架；
6，7，10—轴齿轮；9—转盘轴

B 装载机构

装载机构主要由装载装置、铲板、液压缸、减速器（与刮板输送机共用）、电动机（与刮板输送机共用）、左右扭力臂等组成。铲板是钢板组焊件，以一定的角度倾斜铰接于机器的前端，构建呈 U 形，两侧上表面装有装载装置，是铲装物料的基本构件。

装载装置主要有两种形式，即耙爪式和拨盘式（又叫星轮式），可根据现场需要任选一种。以平键和螺钉与减速器转盘轴圆盘相连接。

a 耙爪式装载机构

耙爪式装载机构如图 3－120 所示，它由主副耙爪 1、偏心铰轴 2、连杆 3、摇杆铰轴 4、摇杆 5、固定铰轴 6、偏心圆盘 7 等组成，是典型的曲柄摇杆的四连杆机构。

偏心圆盘 7 以互为 180°的两个平键与转盘轴用 6 个内六角头螺钉紧固在一起，左右耙

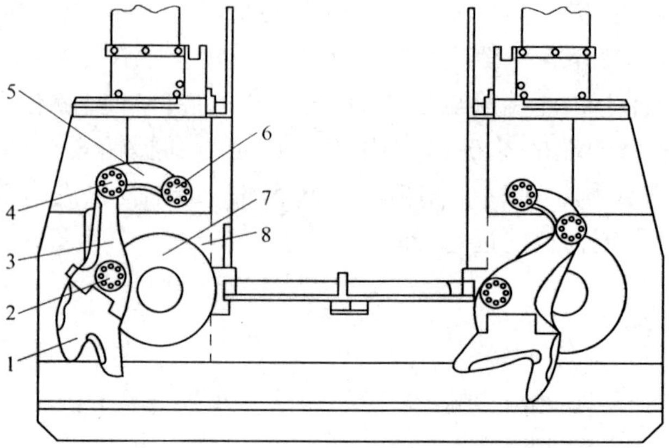

图3－120　耙爪式装载装置
1—主副耙爪；2—偏心铰轴；3—连杆；4—摇杆铰轴；5—摇杆；6—固定铰轴；
7—偏心圆盘；8—减速器表面耐磨盖板

爪安装相位互差180°，转动方向相反，右耙爪逆时针旋转，左耙爪顺时针旋转。当减速器的转盘轴旋转时，左右主副耙爪尖端各划出一个大小不等的对称倒腰形曲线，这样，左右耙爪交错工作，将堆积在铲板上的物料装入中间的刮板输送机槽中运走。耐磨盖板8用螺钉装在铲板上，磨损后更换。偏心铰轴2的铰轴上对装两盘圆锥滚子轴承，上面用4个内六角头螺钉用端盖将轴承内套压住，外盖用内六角头螺钉封孔。连杆3与偏心铰轴之间装有机械浮动密封，防止煤、水进入。主副耙爪2与连杆3用配合螺栓以松动配合铰接起来，在工作时主副耙爪可以上下摆动一个角度，适应装载的需要。摇杆铰轴4和固定铰轴6的结构完全相同，都装有一盘双列滚柱调心轴承，下面是一个唇式除尘密封，上面用2个内六角头螺钉用端盖将其轴承内圈压住，以外盖封口。

b　拨盘式装载装置

拨盘式装载装置，如图3－121所示，它的三弧形耙杆呈逆时针方向弯曲，整体为铸钢结构，与转盘轴圆盘连接的耙爪式装载装置完全相同，故二者可互换使用。左右拨盘互相对称，安装时应按各自的转向选装。它们旋转方向相反，左拨盘顺时针旋转，右拨盘逆时针旋转，同时向刮板输送机槽中装载物料。

两种类型的装载装置相互比较，各有其优缺点。耙爪式装载装置装载面宽，装载能力不如拨盘式装载装置的装载能力大，且加工工艺较复杂，零件也较多，工作不平稳，冲击负荷大。

C　转载机构

转载机构是一台单链刮板输送机，它将装载机构装入机槽的物料运至机器后端卸载到其他输送装置。它由前段、中段和后段机槽，机头链轮轴，刮板链，尾滚筒组件，紧链装置，机尾摆动液压缸，多伸缩升降液压缸等组成。升降液压缸置于机器的中间，呈倾斜布置。前段机槽在铲板的中间，实际上是属于铲板的一部分，中段和后段机槽由多级液压缸伸缩做机尾上下升降运动。设置在后段机槽右侧的单体液压缸，伸缩可使机尾左右摆动45°，扩大装载宽度。链条是单链刮板结构，它由机头链轮驱动运输物料，绕过机尾滚筒回链。中段机槽管孔中心至后段机槽尾端总长6753mm，后段机槽由两个多级液压缸控制

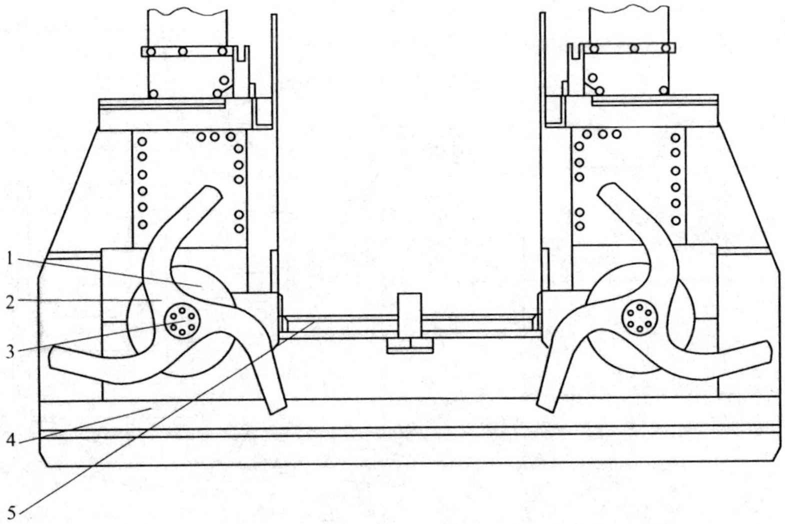

图 3－121 拨盘式装载装置

1—圆盘；2—弧形耙杆；3—压盖；4—铲板；5—单链刮板输送机主轴

升降，调节范围为 780～2068mm。

a 中段机槽、后段机槽及附属装置

装载机构如图 3－122 所示，它由中段机槽 1、后段机槽 4 的钢板组焊件、尾滚筒组件、张紧连接装置、水平摆动液压缸 8、防护桥板 12 等装于一体而构成。

中段机槽 1 与后段机槽 4 用上下垂直铰轴 11 铰接于一起。在水平摆动液压缸 8 伸缩时实现后段机槽水平范围内 ±45°的摆动运动。回转盘处设有两块弹簧钢板 3，左端用内六角头螺钉各 8 个将其固定在中段机槽 1 的槽帮内侧，右端钳夹于后段机槽 4 的导槽角钢 7 与槽帮内侧之间的间隙中。导槽角钢 7 用螺栓紧固在机槽帮的上缘平面上，在后段机槽 4 摆动时，弹簧钢板 3 在其间隙槽中伸缩并左右弯曲，构成弯曲的机槽供刮板链条通过。后段机槽 4 右侧的护板下铰接水平摆动液压缸 8，其两端分别以铰轴铰接在中后段机槽一侧，操作后段机槽摆动。在中段机槽上盖有断链安全防护桥板 12，用内六角头螺钉紧固于槽帮上。中段机槽 1 的右端回转盘处焊有固定支承凸轮。在后段机槽 4 左右摆动时，刮板链条松弛，但在凸轮 9 沿固定支承凸轮 10 的弧面滑动时，将通过顶杆 5、横梁 6，使整个张紧装置连接装置把尾滚筒 14 向机尾移动，从而张紧刮板链条。固定支承凸轮 10 的轮廓曲线是按左右摆动时刮板链条的松弛量设计好的，摆动的松弛量恰好由轮廓曲线张紧连接装置的动量补偿，满足后段机槽 4 左右摆动的需要。

b 刮板链

刮板链运行于倾斜设置的输送机槽中将装载机构装入机槽中的物料向上转运至机器后端卸载的条带状运动机件，在装运机构减速器输出轴连接四齿链轮带动下进行工作。

刮板输送机的刮板链由若干刮板组件构成，如图 3－123 所示。每一个刮板组件长度为 330.2mm，包括两个刮板 4、两个刮板销 1、两个双耳十字节 2、两个单耳十字节 5、两个双头螺栓 3、两块链板 7、两个链销轴 6、4 个固定环 8，除链销轴、固定环 8、双头螺栓 3 及刮板销 1 外，均为模锻件。

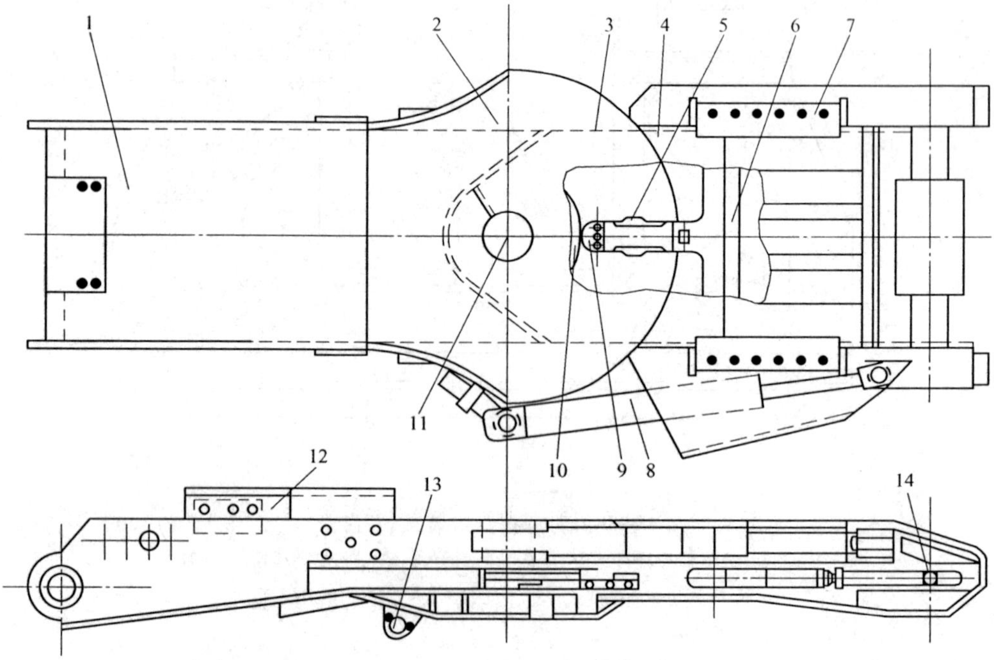

图3－122　装载机构

1—中段机槽；2—回转盘；3—弹簧钢板；4—后段机槽；5—顶杆；6—横梁；7—导槽角钢；8—水平摆动液压缸；9—凸轮；10—固定支承凸轮；11—垂直铰轴；12—防护桥板；13—升降液压缸铰轴；14—尾滚筒

3.3.2.4　履带行走机构

履带行走机构由左右对称的两条履带部件构成，它由直流电动机、减速器、驱动链轮、履带链、履带架、履带张紧装置等组成，每条履带均由各自的直流电动机驱动，经各自的减速器带动履带链轮转动履带链，实现前后行走和转向运动。

直流电动机为外水冷型，每台额定功率为26kW，额定电压为250V，额定转速为1460r/min。其直流控制系统采用机载固定电流可控硅整流器，与截割电动机之间建立反馈控制系统。截割电动机负载电流反馈控制行走电动机的输入电压。当截割电动机的电流增加时行走电动机的输入电压减小，从而使行走机构的推进速度下降，实现随截割电动机负荷的变化自动调整履带的行走速度。履带的中心距为1873mm，履带接地长度为2705mm，履带板宽度为470mm，履带节距为177.8mm，每条履带装有

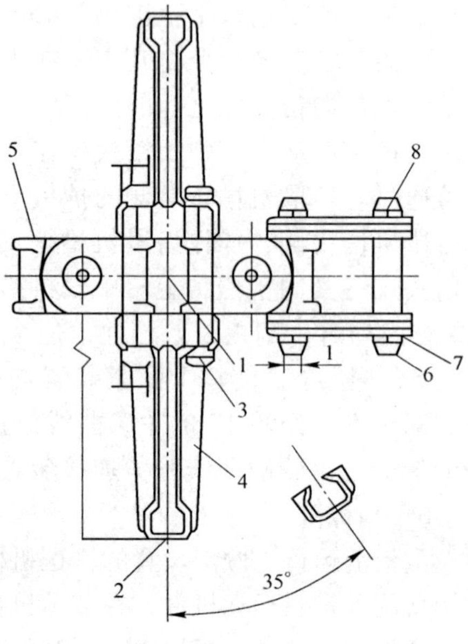

图3－123　刮板链

1—刮板销；2—双耳十字节；3—双头螺栓；4—刮板；5—单耳十字节；6—链销轴；7—链板；8—固定环

38 块履带板，平均接地比压为 218kPa。履带无支重轮和拖链轮，属滑动式履带，其摩擦阻力比滚动式履带的摩擦阻力大。

A 履带行走机构的组成与结构

左右两条履带的组件都是相同的，而且相互对称，如图 3 - 124 所示。

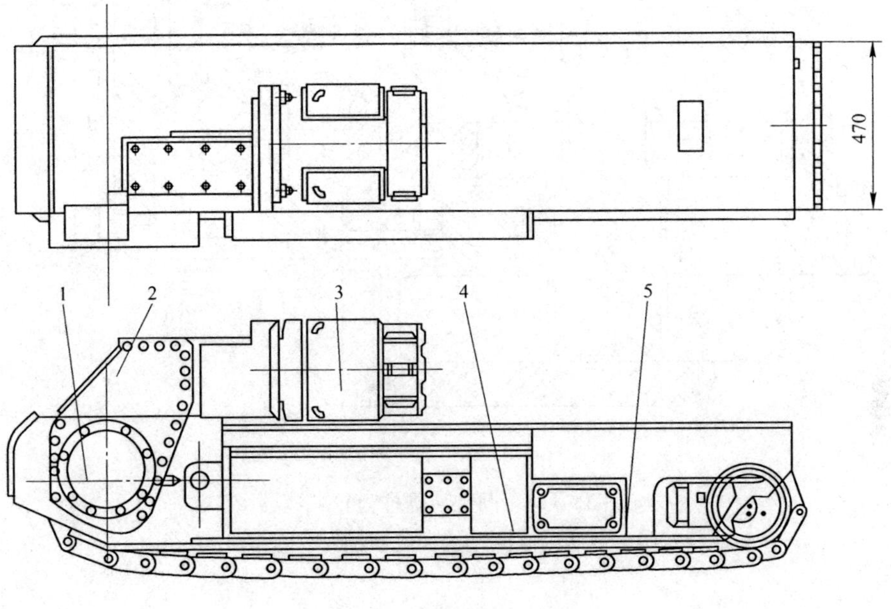

图 3 - 124 履带行走机构

1—驱动链轮；2—减速器；3—直流电动机；4—导板；5—履带

B 减速器

左右两个减速器靠安装在履带架后上方的两个主流电动机分别驱动，每侧减速器安装在履带架外侧，它由圆锥 - 圆柱齿轮减速器和 2K - H 行星减速器组成，均对称布置，因而左右减速器不能互相通用。

(1) 圆锥 - 圆柱齿轮减速器。该减速器为四级传动，如图 3 - 125 所示。轴 1 为电动机输出轴，装有直齿圆柱齿轮，带动轴 2 上以花键连接的从动齿轮。轴 2 上直齿圆锥齿轮借两盘圆柱滚子轴承支承于轴承杯中，该轴承杯用螺栓连接在箱体上。直齿圆柱轴齿轮的轴 3 上以花键连接装有与轴 2 的小圆锥齿轮相啮合的大圆锥齿轮。它的轮毂上装有一双列调心滚子轴承，支承于箱体上的端盖中。轴承端盖用螺栓连接在箱体上，其轴承用圆螺母及挡圈进行轴向固定，悬臂一端为花键，加端盖。它是为备装履带盘式制动闸所设。轴 3 的另一端用圆珠滚子轴承支承在箱体上。轴 4 又装有与轴 3 的周齿轮相啮合的大直齿圆柱齿轮，该齿轮通过一个惰轮将动力传给行星减速器中心轴一端的大齿轮。

(2) 2K - H 行星减速器。2K - H 行星减速器如图 3 - 126 所示，它的中心轮 10 为悬臂结构，在其一端用花键与支承在两盘双列调心圆柱滚子轴承上的大齿轮连接。两轴承的外圈分别装在箱体两个端盖轴承杯中，外侧端盖用内六角头螺钉紧固在箱体上，内侧端盖用内六角头螺钉紧固在履带架上，内孔通过中心轮轴。悬臂端装有一双列调心圆柱滚子轴承，用于支承链轮 4 的一边，链轮的另一边以同类结构的端盖，用内六角头螺钉紧固在另一侧履带架上，端盖中央还装一螺塞，内侧装一带孔的定位垫 2，并以弹簧挡圈挡住。这

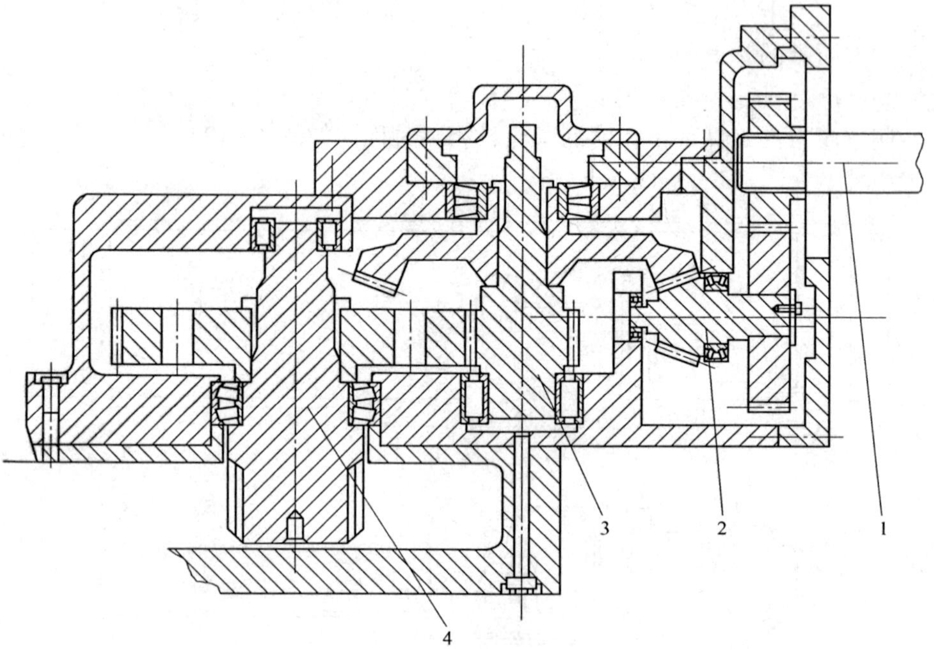

图 3-125 圆锥-圆柱齿轮减速器

1—电动机轴；2—Ⅱ轴；3—Ⅲ轴；4—Ⅳ轴

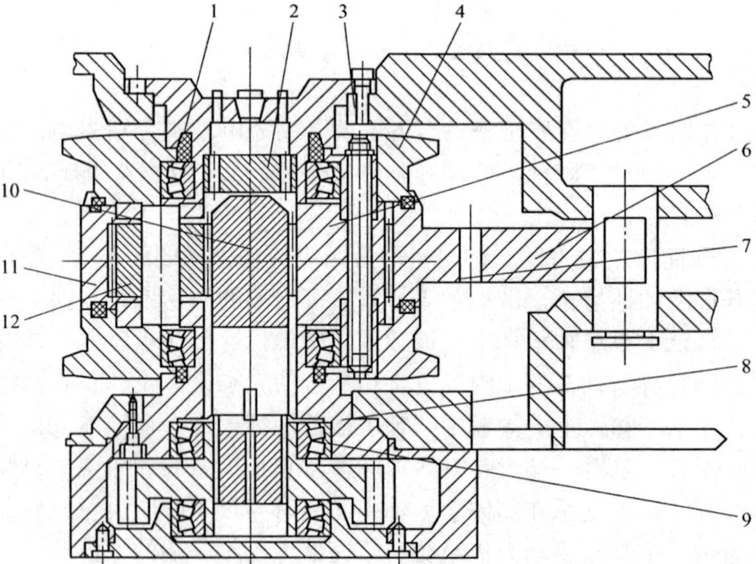

图 3-126 2K-H 行星减速器

1—双列球面滚子轴承；2—定位垫；3—连接螺栓；4—履带链轮；5—系杆；
6—力矩臂；7—浮动密封；8—减速器箱体；9—双列调心圆柱滚子轴承；
10—中心轮；11—内齿圈；12—行星轮

个端盖上采用双列球面滚子轴承 1 和一个浮动密封，链轮 4 的另一端支承在该轴承上。内齿圈固定于履带架上，因此内齿圈不会转动。它的两侧与链轮 4 均装有浮动密封圈 7，行星轮在圆周上等布 4 个，装在销轴上以压力油润滑滑动轴承。行星轮轴两端装在行星架系杆 5 上，并用销钉固定。系杆 5 与两链轮 4 连接。

C 履带张紧装置

履带张紧装置如图 3－127 所示，它由托辊、转轴、液压缸、柱塞、浮动密封等组成。

履带运行时带动左右两侧托辊 1 转动，托辊紧装在转轴的两端，每端都有 3 个内六角头螺钉将端盖紧压在托辊上，使其成为一体，履带行走时，它们在液压缸 4 两侧支承的圆锥滚动轴承上旋转。托辊与液压缸之间均装有浮动密封，防止水、煤等脏物进入滚动轴承腔，也防止腔内润滑油外泄。润滑油塞每侧有两个，为注、放油用。液压缸 4 装一柱塞 3，其上有备装衬垫的切槽突起短圆柱。在液压缸的内孔外端还装有聚氨酯密封圈及除尘圈，注油斜孔通向孔底，并用油脂塞 2 堵死。

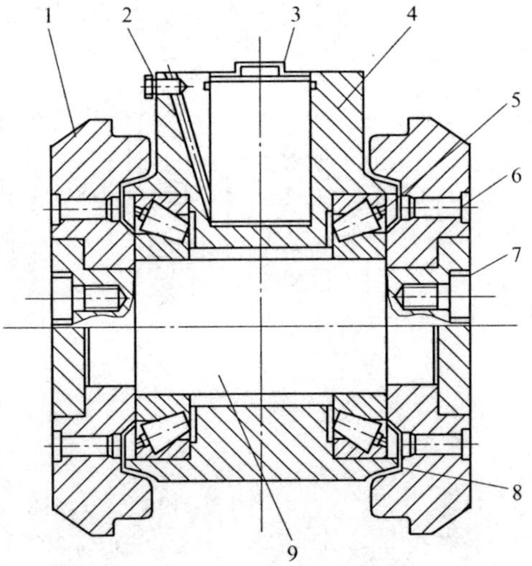

图 3－127 履带张紧装置

1—托辊；2—注脂塞；3—柱塞；4—液压缸；5—圆锥滚子轴承；6—润滑油塞；7—M20 螺栓

整体履带张紧装置装于履带架的前端槽内。当履带需要张紧时，通过其上的注脂塞 2，使用油枪向注脂孔内注脂。由于螺塞 3 的尾端顶住履带架底部的带头销，迫使液压缸 4 带着张紧装置整体沿履带架的导向槽向外推移，使托辊 1 将绕在其上的履带链张紧。当张紧到位后，在液压缸 4 和履带架槽底之间加入足够厚度的垫片及锁定板，然后用螺栓锁紧。履带架槽孔底部的带头销通过外侧的开槽梯形挡板，用螺栓固定，随后将注脂塞 2 松 1/4 圈，待释放油压后再拧紧。若要松开履带链，应先向液压缸注脂，拆掉挡板及衬垫，再释放液压缸 4 内的油脂，即可松开履带链。由此可见，履带张紧装置的张紧是借注脂至液压缸 4 张紧来实现紧链，靠衬垫固定保持紧链压力。

3.3.2.5 液压系统

12CM18－10D 型连续采煤机的液压系统如图 3－128 所示，它主要由双联齿轮泵、液压缸和操纵控制阀等部分组成。主泵经过滤油器从油箱中吸油，油泵向系统中供油，用于驱动截割臂的升降、机器的稳定、铲板的升降与固定、输送机的升降与摆动。图中：R_1 为截割臂液压缸，R_2 是稳定靴液压缸，R_3 为装煤铲板液压缸，R_4 是输送机升降液压缸；R_5 为输送机摆动液压缸。

A 主油路

a 截割臂回路

截割臂回路执行机构为双作用液压缸 R_1，可实现截割臂的升降、固定和维修时抬起机器前端的动作。

（1）截割臂升起。操纵截割臂换向阀手柄，使其上阀位接入系统，主泵的压力油经分配阀 3、过滤器 4、顺序阀 5、多路换向阀 6 进入液压缸 R_1 的载荷锁定阀 7，打开单向阀

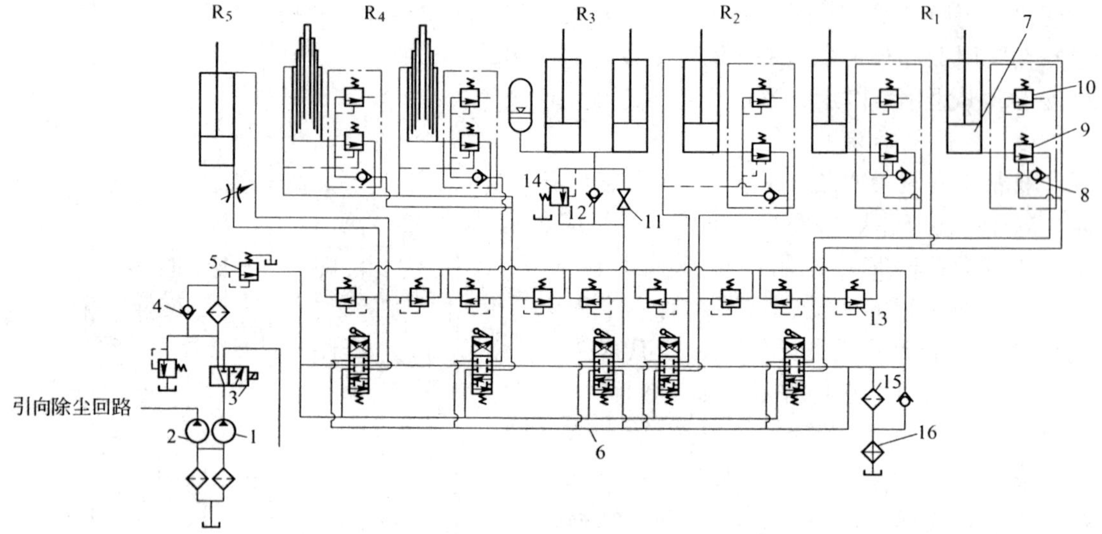

图 3－128　12CM18－10D 型连续采煤机的液压系统

1，2—双联齿轮泵；3—分配阀；4—过滤器；5—顺序阀；6—多路换向阀；7—载荷锁定阀；8，12—单向阀；9—卸荷阀；10—安全阀；11—手动闸阀；13—溢流阀；14—顺序阀；15—过滤器；16—冷却器

8 进入液压缸的活塞腔，推动活塞上升，截割臂升起。活塞缸活塞杆腔回油经多路换向阀 6、过滤器 15 和冷却器 16 进入油箱。

（2）截割臂下降。操纵截割臂换向阀手柄，使其下阀位接入系统，主泵的压力油在经截割臂升起时的同一油路进入液压缸活塞 R1 杆腔的同时，还进入载荷锁定阀 7 中卸荷阀 9 的控制油路，卸荷阀在液压缸活塞腔压力油及控制油口液压泵压力油的共同作用下开启，活塞腔的油经多路换向阀 6、过滤器 15 和冷却器 16 进入油箱。

（3）截割臂固定。松开多路换向阀手柄，在复位弹簧的作用下自动复位后处于中间阀位，此时油泵来的压力油由多路换向阀直接经过过滤器 15 和冷却器 16 进入油箱，油泵卸荷，载荷锁定阀闭锁，截割臂固定。

（4）机器前端抬起。当检修机器需要抬起机器前端时，先将截割滚筒支承在煤壁台阶上，然后操纵多路换向阀至降臂下阀位的位置，使液压缸 R_1 活塞腔的油液经多路换向阀 6、过滤器 15 和冷却器 16 进入油箱，由于截割臂的截割滚筒抵住煤壁台阶，液压缸 R1 继续收缩而将机器前端抬起。截割臂回路的两个安全溢流阀调定的压力为 16. 9MPa。

b　稳定靴回路

稳定靴装设在机器后部输送机的下方，有一个倒置的双作用液压缸 R_2、靴板及铰轴等构成。它的液压缸体一端铰接在主机架上，活塞杆铰接在靴板一端，靴板的另一端亦铰接在主机架上。当活塞杆伸缩时，靴板绕机架铰轴向下回转并支承在巷道底板上；反之，当活塞杆缩回时，靴板向上回转并离开地面。稳定靴液压缸的活塞杆全部伸出时，机器抬离地面约 76mm，稳定靴支承在巷道底板，增加截割臂截割的稳定性。在维修机器时，还可配合截割臂使整个机器抬离地面，因此它具备以下两种功能：

（1）稳定靴液压缸 R_2 伸出抬起机器。操纵稳定靴多路换向阀 6 手柄，使其下阀位接入系统，来自油泵的压力油经多路换向阀、载荷锁定阀中的单向阀进入液压缸 R_2 活塞腔，液压缸伸出，将稳定靴顶住底板而抬起机器，活塞缸腔的回油返回多路换向阀等至油箱。

（2）稳定靴液压缸 R_2 缩回机器复位。操纵稳定靴多路换向阀 6 的手柄，使其上阀位接入系统，来自油泵的压力油同时进入液压缸 R_2 活塞杆腔及载荷锁定阀的卸荷阀，卸荷阀在活塞腔压力油及油泵压力油的共同作用下开启，活塞腔回油经卸荷阀、多路换向阀等返回油箱。稳定靴回路两个溢流阀调定压力为 20MPa。

c　铲板回路

铲板回路执行机构为两个单作用液压缸 R_3，实现铲板的升降、固定和沿巷道底板的浮动状态。

（1）铲板升起。操纵铲板多路换向阀 6 手柄，使其上阀位接入系统，来自油泵的压力油经顺序阀 5、单向阀 12 进入液压缸活塞腔，同时向储能器注液储能，活塞杆伸出，铲板前端升起。

（2）铲板固定。操纵铲板多路换向阀 6 手柄，使其中间阀位接入系统，顺序阀自动关闭，铲板停止升起，固定在升起的既定位置上。

（3）铲板降下。操纵铲板多路换向阀 6 手柄，使其下阀位接入系统，来自油泵的压力油经多路换向阀 6 等返回油箱。这时，油泵处于卸荷状态，与此同时，液压缸 R_3 活塞腔的油液在铲板自重的作用下，回油压力上升，并打开顺序阀 14，回油经多路换向阀等流回油箱，铲板开始下降。当铲板接触到巷道底板时，铲板自重对液压缸活塞腔的压力减小，顺序阀 14 被关闭，铲板停落在巷道底板上。

（4）铲板沿巷道底板浮动。操纵多路换向阀 6 手柄，使其中间阀为接入系统，或在铲板接触巷道底板后保持多路换向阀的下阀为接入系统时，由于顺序阀已关闭，蓄能器可根据铲板适应底板的起伏状况向液压缸 R_3 活塞腔补油或抽油。此时铲板紧贴底板而处于漂浮状态，也就是提供一定的背压，并防止铲板刮入底板。当该回路中指示器显示蓄能器内的压力下降不能对液压缸活塞腔补油时，只要将多路换向阀操纵手柄置于上阀位，系统压力油经顺序阀的单向阀向液压缸活塞腔及蓄能器供油，使铲板落地后再将其置于中间阀位，此时，铲板又处于漂浮状态。或者使多路换向阀 6 一直处于下阀位，此时油泵供的高压油已切断，而通往液压缸的回油路接通回油，但液压缸油液被锁在顺序阀 14 前，只要液压缸和蓄能器的压力不高于 3.1MPa，它不会打开而回油，因此铲板也可处于漂浮状态。3.1MPa 的压力可使铲板紧贴底板，但也不会刮入底板。该回路中的顺序阀 14 开启的压力要调节的适当，压力过高，铲板降落速度缓慢；压力过低，铲板降落速度过快，致使蓄能器补充的回油压力不足以实现铲板的漂浮，铲板回路中安全溢流阀的调定压力为 10.3MPa。

d　输送机升降回路

输送机升降回路执行机构为两个多级伸缩液压缸 R_4，每个液压缸有 3 级，总行程为 454.15mm，它具备以下两种功能：

（1）输送机升起。操纵多路换向阀 6 手柄，使其上阀位接入系统，来自油泵的压力油经分配阀、单向阀、换向阀、载荷锁定阀中的单向阀，进入液压缸 R_4 的活塞腔，多级液压缸逐级地伸出将输送机机尾升起。松开手柄，多路换向阀 6 在复位弹簧的作用下自动回复到中间阀位，载荷锁定阀闭锁，输送机机尾固定在升起的位置上。

（2）输送机下降。操纵多路换向阀 6 手柄，使其下阀位接入系统，载荷锁定阀中的卸荷阀在输送机自重对液压缸活塞腔的回油压力及油泵压力共同作用下打开，液压缸活塞腔的回油经卸荷阀、多路换向阀 6 等返回油箱。

e　输送机摆动回路

输送机摆动回路执行机构为一个双作用液压缸 R_5，对输送机的后段实现左右各 45°的摆动运动，为了稳定输送机的平稳摆动功能，在液压缸的活塞腔的回油路上装有可调节流阀。工作时，操纵多路换向阀 6 手柄，使其下阀位接入系统，输送机的后段尾部实现左摆动。当操纵多路换向阀 6 手柄，使其上阀位接入系统，输送机的后段尾部实现右摆动。输送机摆动回路中的两个安全溢流阀调定压力为 9.3MPa。

B　辅助油路液压系统

辅助油路主要控制连续采煤机除尘器的供水、泥浆泵液压马达及行走履带减速器的液压盘式制动闸的供油。辅助回路液压系统如图 3－129 所示。

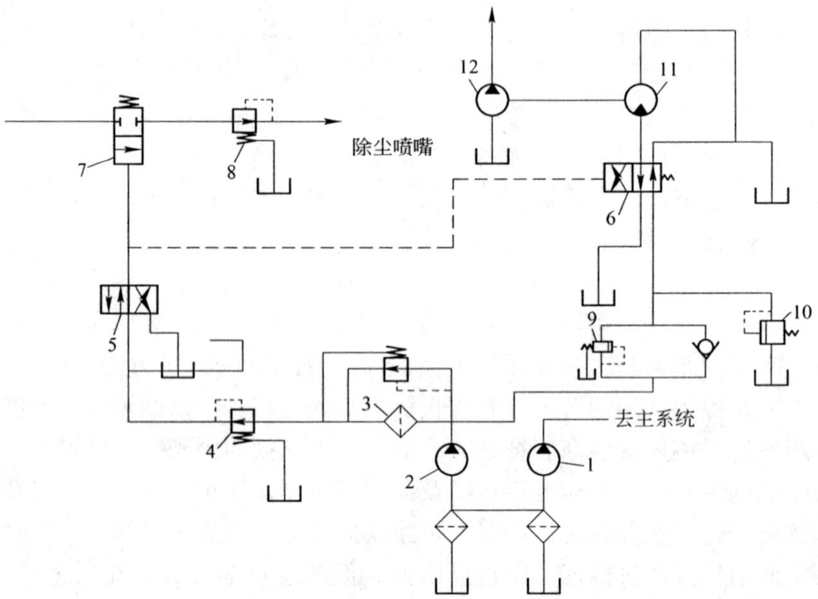

图 3－129　辅助回路液压系统

1，2—液压泵；3—过滤器；4—减压阀；5—二位四通电磁阀；6—二位四通液控阀；7—二位二通液控阀；8—减压阀；9—顺序阀；10—安全溢流阀；11—液压马达；12—泥浆泵

该油路由左右两条并联支路构成，左支路控制除尘器的供水以及泥浆泵液压马达的启停；右支路对泥浆泵液压马达供液，如果装设行走履带减速器的液压盘式制动闸该分支路的顺序阀前还应接有制动回路。当双联齿轮泵工作时，接通常闭二位四通阀 5（当司机启动除尘器时，它接到电信号而接通），使左支路接入系统，经减压阀减压后，在压力达到足以压缩二位二通液控阀 7，使其下阀位接入系统后，压力水经减压阀 8 向除尘器供水，同时将二位四通液控阀 6 的左阀位接入右支路，为右支路供油做好准备。来自液压泵 2 的压力油打开单向顺序阀 9，二位四通液控阀 6 进入单向液压马达高压腔，它的低压腔的油返回油箱，液压马达旋转并驱动泥浆泵 12 工作。泥浆泵将湿式除尘器收集的煤泥排至铲

板下面。该油路右支路安全溢流阀调定压力为5.2MPa，单向顺序阀调定压力为3.1MPa，减压阀调定压力为2.8MPa。

3.3.2.6 冷却喷雾及除尘系统

A 冷却喷雾系统

冷却喷雾的主要作用是以一定流量和压力的洁净水冷却电动机、控制器、液压油后喷雾降尘，并向湿式除尘器供水。由于冷却与喷雾的水路串联，冷却后的水必须从喷嘴中畅通地喷出，任何时候喷嘴都不能堵塞，否则严重影响冷却效果，降低设备寿命，且达不到喷雾降尘的卫生要求。为此，严格规定，当冷却喷雾水未接通前，绝对不允许开机超过15min，并且系统供水的流量、压力、水质都有严格的要求。

为了保证截割过程中控制粉尘的浓度，必须要有足够的供水量，在截割臂上的压力水回路上装设有流量压力组合开关，当供水流量低于21L/min，压力低于1MPa时，截割电动机不能启动。在截割过程中，如果水的压力低于0.827MPa或流量低于17L/min，截割电动机将会自动闭锁。

供水水质要求洁净、无腐蚀性，水流进入系统前要经过一个瓶式水过滤器，要求每班对过滤器至少清洗一次。清洗时，打开冲洗软管阀门将过滤器手柄转向冲洗位置即可。在压力水进入流量/开关之前，还要在Y形过滤器进行二次过滤。

喷雾降尘共有17个直径为1.5mm的喷嘴，其中左右截割滚筒各布置3个，左右截割滚筒端盘各布置1个，截割臂上布置2个，截割链布置2个，右侧铲板布置3个，湿式除尘器布置2个。截割滚筒的6个喷嘴朝机器左侧倾斜一定的安装角度，以便当工作面的左侧挂设风帘时将污风风流导出。

B 湿式除尘系统

12CM18－10D型连续采煤机配置有一套TJM－1301型湿式除尘器，对工作面含尘气流进行强制性吸出，配合工作面压入式通风机组成通风除尘系统。该系统由除尘风筒、喷雾杆、过滤网、除雾器、泥浆泵和电动机及风扇等组成。除尘装置整体呈L形，前端吸尘风筒连接在截割臂上方，吸入口为3组向下的条形通孔，通孔正对截割机构的截割部分，前部吸尘风筒可随同截割臂同时升降。除尘装置的后部包括后部风筒、喷雾杆、过滤网、除雾器、电动机及风扇，安装在机身左上方并用螺栓加以固定。前后部吸尘风筒连接通过过渡段，可弯曲伸缩，以适应前部风筒上下摆动而后部风筒固定不动的需要。工作时，风扇产生的负压将含尘气流从吸尘风筒吸入，经喷雾杆上的两个喷嘴所形成的水幕，使气体中的粉尘湿润，然后经过滤网将较大颗粒的粉尘阻挡下来，湿润的含尘气流再进入除雾器。除雾器由20片波纹管组成，湿润的含尘气流从波纹管之间的空隙中通过时，利用波纹板的碰撞和拦截作用，使粉尘和空气分离。湿润的粉尘所形成的泥浆向下流，被收集到污物槽中，然后由泥浆泵排出至铲板下方。过滤后的空气则由风扇向机后排出。

3.3.3 EML340型连续采煤机

3.3.3.1 概述

EML340型连续采煤机是我国研制的一台用于短臂开采和高产高效长臂工作面的巷道准备，以满足“三下”采煤、回收煤柱和残采区等煤炭资源回收的连续采煤机。

A 基本组成与特点

EML340 型连续采煤机主要由截割机构、装运机构、行走机构、主机架、稳定靴、集尘系统、液压系统、电气系统、冷却喷雾系统、润滑系统、驾驶操纵及附件等组成（如图 3－130 所示）。

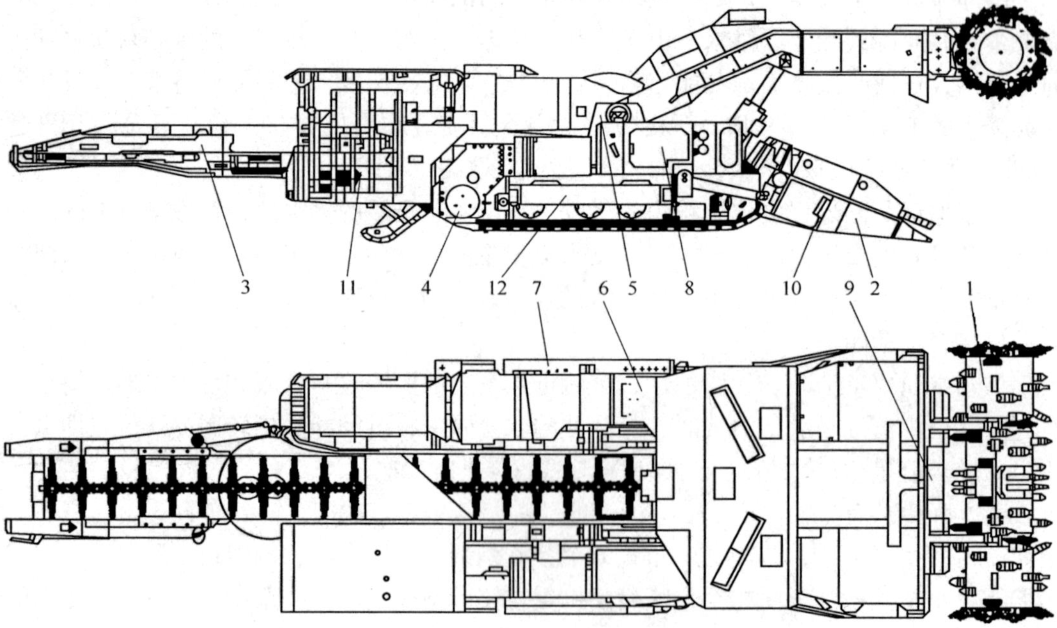

图 3－130 EML340 型连续采煤机

1—截割机构；2—装载机构；3—输送机构；4—行走机构；5—机架；6—集尘系统；7—电气系统；8—液压系统；9—水冷却喷雾系统；10—润滑系统；11—驾驶操纵；12—附件

该机有 8 台电动机，装机总容量为 587kW。使用条件：单向抗压强度不大于 40MPa，单向抗压强度小于 100MPa 的夹矸、坡度不大于 17°、顶板条件较好，允许有一定空顶距，矩形全煤断面巷道。

B 主要技术参数

EML340 型连续采煤机的主要技术参数有：

最大采高	4650mm
最小采高	2600mm
理论生产能力	15～27t/min
总装机功率	587kW
机重	65t
截割宽度	3300mm
接地比压	0.19MPa
适应巷道坡度	≤17°
地隙	305mm
卧底深度	205mm
机器尺寸（长×宽×高）	11.31m×3.3m×1.95m

3.3.3.2 截割机构

EML340 型连续采煤机的截割机构由截割臂、截割齿轮箱、截割电动机、截割滚筒、截割端盘、截割臂升降油缸和两套机械保护装置组成，如图 3－131 所示。

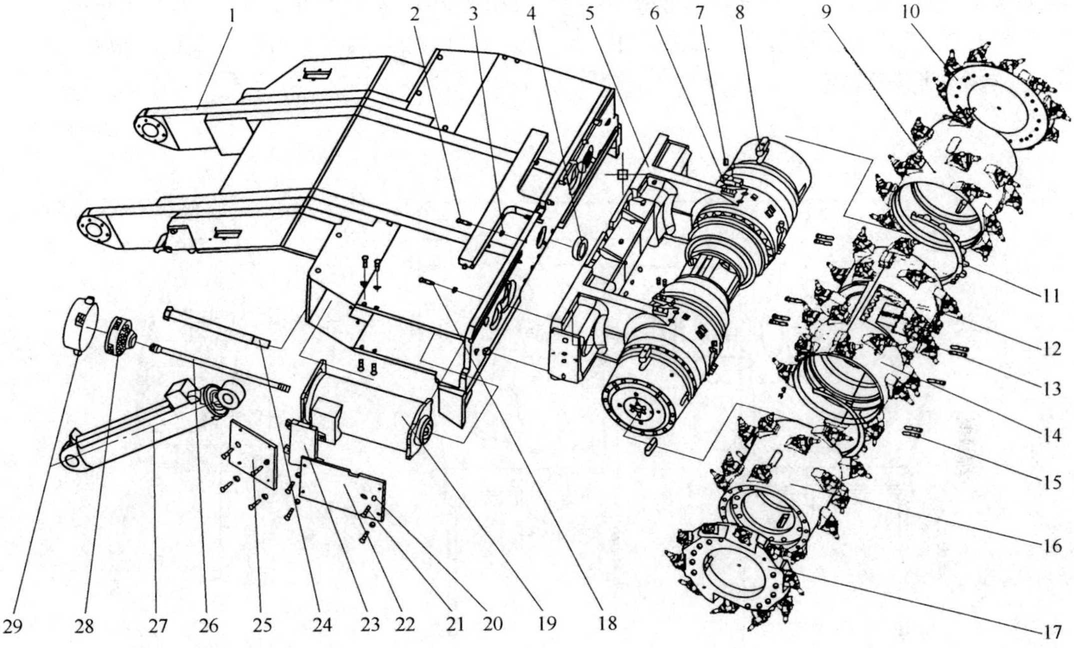

图 3－131 截割机构

1—截割臂；2，15，18，21，24—螺栓；3，13—止动垫圈；4—销；5—截割齿轮箱；6—卡块；7—螺钉；8—键；9，16—左右滚筒；10，17—左右端盘；11—截割环；12—螺母；14—中间滚筒；19—电动机；20—垫圈；22，25—侧盖板；23—盖板；26—扭矩轴；27—截割臂升降油缸；28—限矩器；29—电动机护罩

截割臂为高强度焊接件，前端是固定和支承截割电动机，截割齿轮箱、截割滚筒的部件；后端通过一对销轴与主机架铰接；底部装有两根截割升降油缸，通过升降油缸的作用可使截割臂上下摆动，实现截割滚筒采煤动作。

截割齿轮箱由两台隔爆交流电动机驱动，两台截割电动机以迟滞机器纵轴方向对称布置在截割臂上下左右两侧，各自通过机械保护装置将动力传至齿轮箱，经左右对称的一级直齿圆柱齿轮、一级圆锥齿轮和一级 NGW 行星齿轮传动，将两侧动力传递到主轴上，再通过主轴上的花键传至左右侧驱动轮毂和中间驱动轮毂上，最终将动力传至到左右侧滚筒和中间滚筒。

截割臂和截割齿轮箱由 25 条 12.9 级高强度螺栓连接紧固。

机械保护装置采用限矩器和扭矩轴。截割电动机轴为空心轴外端以花键与限矩器输入装置相连接。限矩器的输出装置与扭矩轴一端连接，扭矩轴的另一端则穿过电动机的空心轴并以外花键与截割齿轮箱连接。截割电动机通过限矩器、扭矩轴将动力传至截割齿轮箱。

3.3.3.3 装运机构

EML340 型连续采煤机的装运机构由装载机构和运输机组构成。

A 装载机构

装运机构的结构如图 3 - 132 所示，主要由铲板、装运电动机、装运减速器、星轮、链轮组件组成。装运机构的左右减速器对称的布置在铲板的两侧，分别由两台 45kW 的交流电动机驱动。每台减速器有两路输出，一路输出到铲板上的星轮，带动星轮转动装载煤岩；另一路输出至链轮组件为输送机的动力源。该机构具有运转平稳、连续装煤、工作可靠、故障率低等特点。

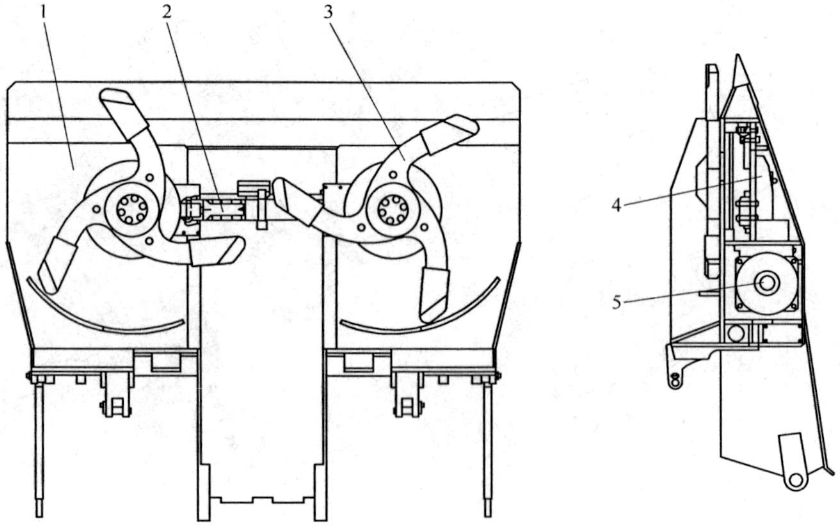

图 3 - 132 装载机构

1—铲板；2—链轮组件；3—星轮；4—转运减速器（左右各一个）；5—装运电动机

装载机构安装在连续采煤机的前端，通过一对销轴铰接于主机架上，在铲板油缸的作用下，铲板可绕销轴上下摆动，最大卧底量为 162mm。当机器截割煤岩时，应使铲板前端紧贴底板，以增强机器的截割稳定性。铲板具有浮动功能，当铲板在铲板油缸的浮动行程范围内浮动时，前端遇到向上的阻力时，铲板会在蓄能器的作用下抬高；而当前端悬空时，铲板又会在自身重力作用下降低，直到截齿底板使地板的支承力、油缸的支承力与铲板的重力达到平衡。此功能使铲板可以自动适应底板的凹凸路况，实现沿巷道底板漂浮，而不会使底板铲入采煤底板轮廓线内。

B 输送机构

EML340 型连续采煤机采用单链刮板输送机，其结构如图 3 - 133 所示，主要由中部运输槽、运输机尾、刮板链、滚筒与滑板组件、张紧油缸、机尾摆动油缸等组成。

运输机位于设备中部，前端与主机架铰接，中部由运输机升降油缸支承。刮板链的驱动链安装在铲板上，由装运电动机通过减速器驱动。整个溜槽槽底有耐磨板，溜槽两侧靠机尾处有弹簧螺杆紧链装置。刮板链的张紧还可以由张紧油缸调节，调节范围为 0 ~ 360mm。

3.3.3.4 行走机构

EML340 型连续采煤机采用无支重轮履带行走机构，降低了故障率，提高了机器的稳定性。左、右行走机构对称布置，分别由电动机直接驱动，由螺栓及内嵌式止口与主机架相连。

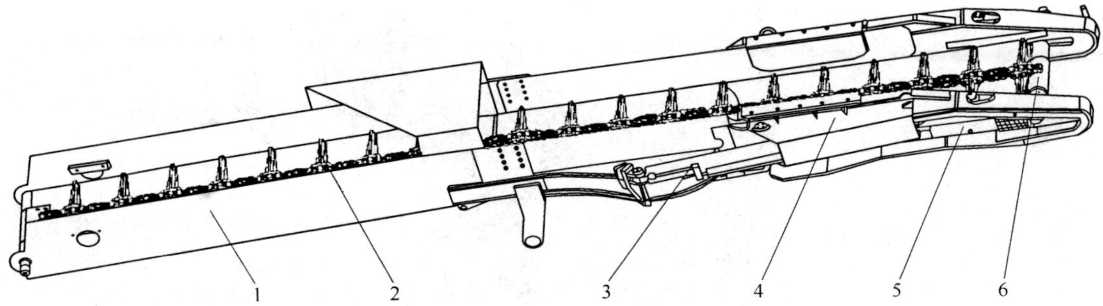

图 3-133 运输机

1—中部运输槽；2—刮板链；3—机尾摆动油缸；4—运输机尾；5—张紧油缸；6—滚筒与滑板组件

现以右行走机构（如图 3-134 所示）为例做简要说明。

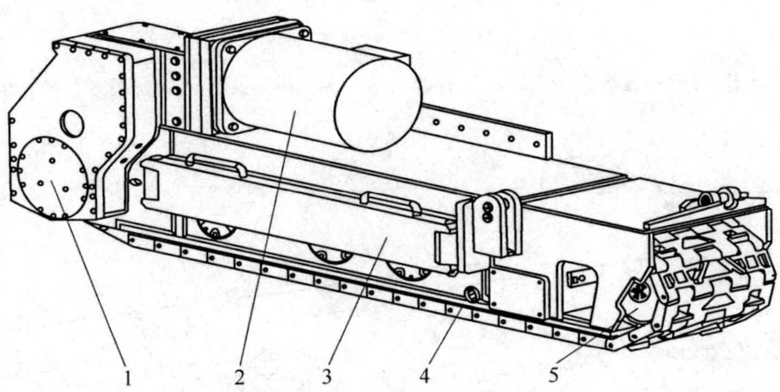

图 3-134 右行走机构

1—行走减速器；2—行走电动机；3—履带架；4—履带链；5—导向张紧装置

右行走机构主要由行走电动机、行走减速器、导向张紧装置、履带架和履带链等组成。动力由电动机输出，通过减速器减速后传递到链轮，由链轮驱动履带做卷绕运动实现机器的行走调动。

行走电动机置于履带架上部由 4 条 12.9 级 M12 ×70 螺栓连接到减速器上。减速器为五级传动（如图 3-135 所示）。导向张紧装置为履带链的导向及张紧，通过黄油枪向安装在导向张紧装置油缸上的注油嘴注入油脂，完成履带链的张紧（油缸张紧行程 120mm），调整完毕后，装入适量垫块及一块锁板，拧松注油嘴螺塞，卸除油缸内压力后再拧紧该螺塞，使张紧油缸活塞在机器正常工作过程中不会承受张紧力。履带架支承连续采煤机的自重和截割机构传动来的截割反力，采用箱形体、板焊形式，具有坚固耐用、重量轻等特点。同时履带架内部还设有液压油箱，两侧通过管理连接时，整机设计更加紧凑。

3.3.3.5 机架

机架是整个连续采煤机的骨架，EML340 型连续采煤机机架的结构如图 3-136 所示。主要有主机架、后机架、稳定靴等组成。机器的其他部件均用螺栓、销轴及止口与机架相连接，它承受着来自截割、行走和装载机构的各种载荷，可以保证整机的稳定。主机架、

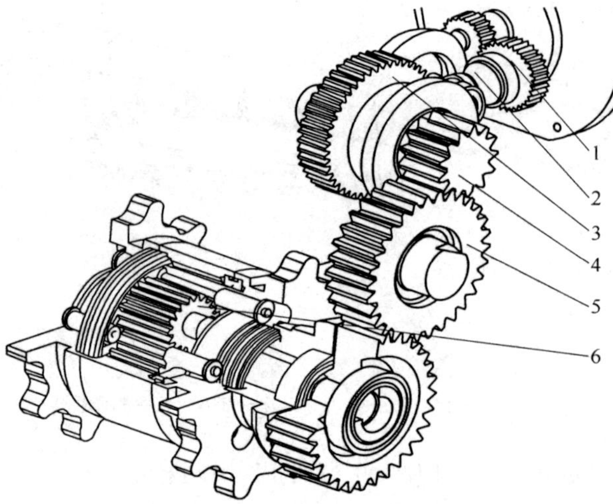

图 3－135　行走减速器

1—一级齿轮；2—二级齿轮；3—三级齿轮；4—四级齿轮；5—惰轮；6—五级行星减速

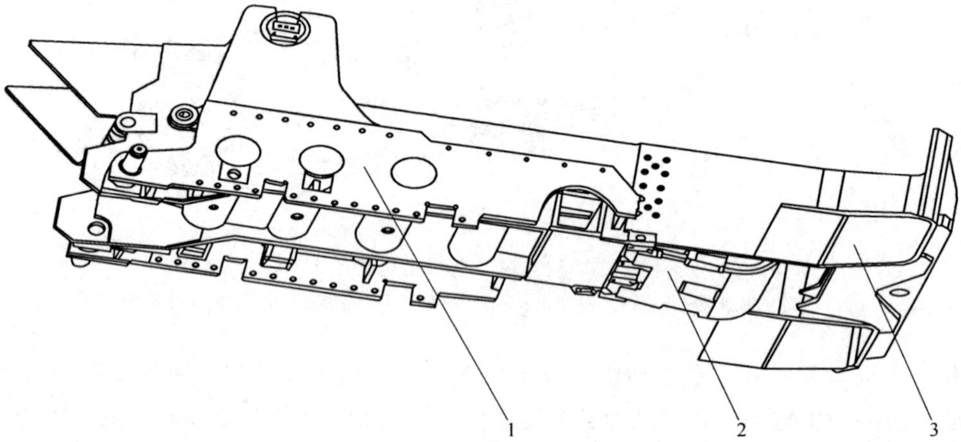

图 3－136　机架

1—主机架；2—稳定靴；3—后机架

后机架、稳定靴等均为高强板焊接件，结构紧凑，可靠性高。

稳定靴安装在主机架的后下方，由一个倒置的双作用油缸、靴板及销轴等构成。油缸缸体一端铰接在主机架上，活塞杆一端铰接在靴板一端，靴板的另一端亦铰接在主机架上。当活塞杆伸出时，靴板绕机架销轴向下回转并支承在巷道底板上；反之，当活塞杆缩回时，靴板向上回转并抬离地面，稳定靴活塞杆全部伸出时，机器后部抬离地面 76mm，稳定靴支承在巷道底板，可以增加截割臂工作的稳定性，为整机提供有效的平衡；机器维修时，还可配合截割臂使整个机器抬离地面，便于机器的维修维护。

3.3.3.6　集尘系统

EML340 型连续采煤机除配有外喷雾降尘系统外，还有一套湿式除尘系统（见图 3－137），对工作面含尘气流实行强制性吸出，配合工作面压入式通风组成集尘系统。该

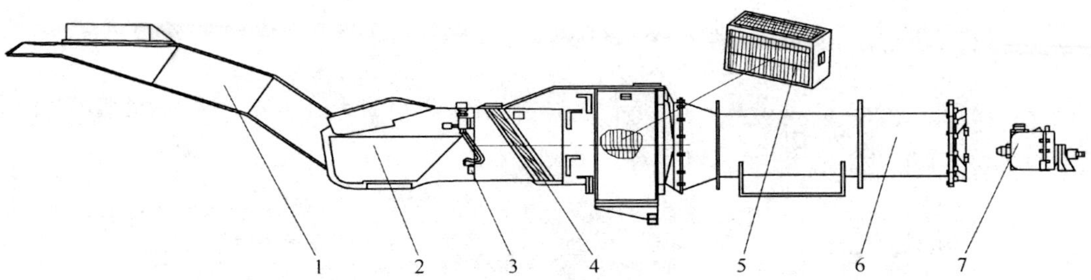

图 3-137 湿式除尘系统

1—吸尘风箱；2—风筒；3—喷嘴；4—除雾垫层；5—水滴分离器；6—风机；7—泥浆泵

系统由吸风箱、喷雾杆、过滤器、水滴分离器、泥浆泵和风机等组成。除尘装置主体呈 L 形，前端吸尘风筒连接在截割臂上方，吸入口为 3 组向下的条形通孔，通孔正对截割机构的截割机构，前部吸尘风筒可随同截割臂同时升降。后部除尘器包括喷雾杆、过滤器、水滴分离器、风机及驱动电动机，安装在采煤机机身左上方并固定不动。前后部连接过渡为一连接杆和一连接板，可适应前部吸尘风箱截割臂升降的需要。工作时风机负压将含尘空气从吸尘风箱吸入，经喷雾杆 8 个喷嘴所形成的水幕，使气体中的粉尘湿润，然后经过滤网将较大颗粒的粉尘阻挡下来，湿润的含尘气流再进入水滴分离器。水滴分离器的作用是将吸进来的介质重新与水分离开。被分离出来的介质汇集到水滴分离器下方的污物槽，然后由泥浆泵排出采煤机前部铲板处。过滤后的空气则由风机向采煤机后部排出。

3.3.3.7 液压系统

EML340 型连续采煤机除截割机构、装运机构和行走机构采用电动机驱动外，其余各部分均采用液压驱动。液压系统包括一个 820L 的油箱，两个 10μm 的压力过滤器，一个 20μm 的回油过滤器，3 个 250μm 的节流过滤器，1 个除尘控制阀组和 1 组多路换向阀。系统泵站由一台 45kW 的电动机驱动一台 88.5/24.2mL/r 的双联齿轮泵，主泵系统回路采用负载敏感控制，同时分别向各油缸回路提供压力油，另外系统还设置了自动加油装置为油箱补油，避免了补油时对系统的污染。辅助泵通过除尘控制总成实现对泥浆泵的控制。EML340 型连续采煤机的液压系统如图 3-138 所示。

3.3.3.8 冷却喷雾系统

EML340 型连续采煤机的冷却喷雾系统主要用于降尘、截齿降温、消灭火花、集尘喷雾以及冷却电动机、变频器箱和油箱等，以提高工作面能见度，改善工作环境，消除安全隐患。

EML340 型连续采煤机的冷却喷雾系统如图 3-139 所示。

冷却水通过管道先进入球形截止阀，以控制冷却水的通断，在通过 200μm 的过滤器时，滤去水中的杂质后分为两路，一路去连续采煤机的主要冷却和喷雾部位，另一路去湿式除尘器。对于去连续采煤机的主要冷却和喷雾部位的洁净水，当双联齿轮油泵启动后，二位二通液控水阀在除尘控制阀组的二位三通电磁阀通电启动后，随即接通，向冷却喷雾系统供压力水，也可经控制台上的手动球阀供水，然后又分两路：一路至右行走电动机水套、右装运电动机水套、右截割电动机水套，并由此分流，一部分水流由右侧截割臂喷嘴喷出；一部分水流经 100μm 的 Y 形过滤器进入水流量/压力组合开关，另一路经左行走电

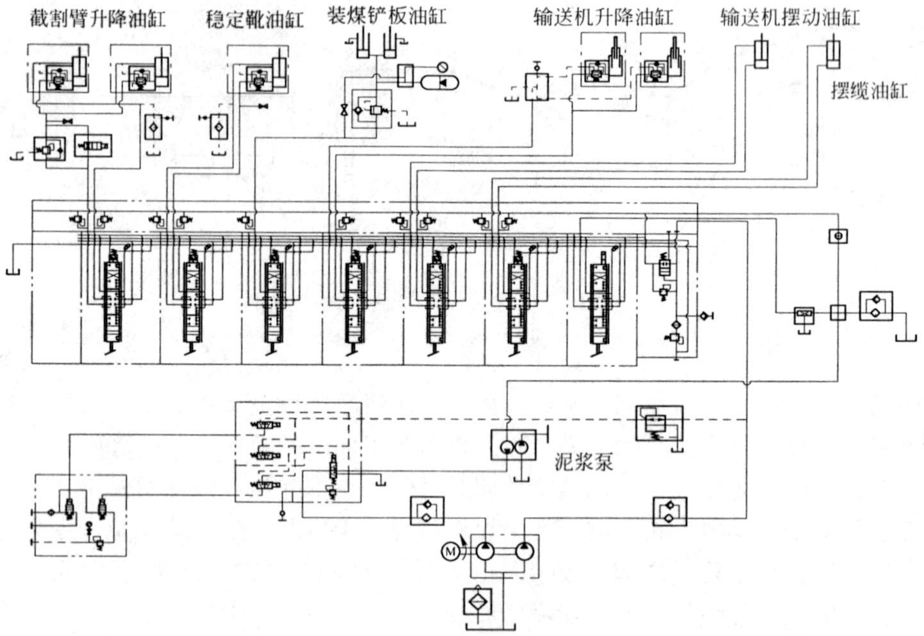

图 3－138 液压系统

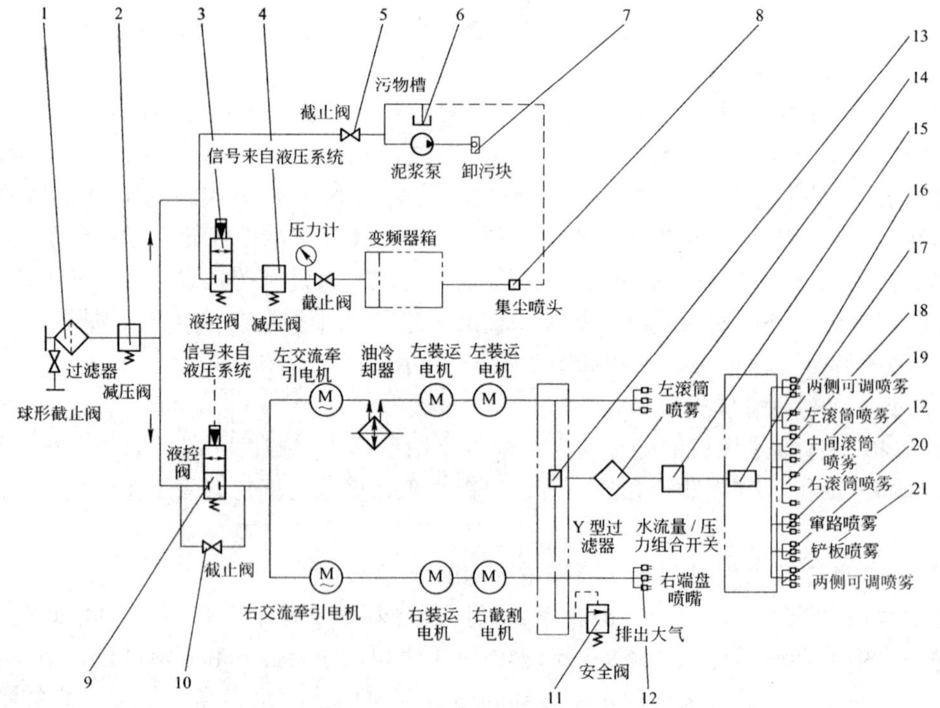

图 3－139 冷却喷雾系统

1—反冲洗过滤器；2—减压阀；3，9—液控阀；4—压力调节阀组；5，10—截止阀；6—污物槽出水管；7—泥浆泵出口；8—集尘喷嘴；11—安全阀；12—端盘喷嘴；13—三通阀；14—Y 形过滤器；15—水流量压力组合开关；16—阀块；17—左滚筒喷嘴；18—中间滚筒喷嘴；19—右滚筒喷嘴；20—铲板喷嘴；21—两侧可调喷嘴

动机水套、油冷却器、左装运电动机水套、左截割电动机水套后，一部分水流由左侧截割臂喷嘴喷出，一部分水流与来自右侧水流汇合经 Y 形过滤器进入水流量/压力组合开关，并再次分流，分别至左、中、右滚筒喷嘴、截割臂窄路喷嘴、左右侧可调喷嘴和铲板喷嘴喷出。

对于去湿式除尘器的冷却水路，经二位二通液控水阀在除尘控制阀组的二位三通电磁阀通电启动后，经压力调节阀减压，通过行走变频箱的底部水套降温，接入湿式除尘器，给吸入的污浊空气进行喷雾除尘，形成污物，经污物槽汇集，通过泥浆泵输送到截割臂上的污物块，最后排放到铲板处。

3.4 螺旋钻采煤机

3.4.1 概述

螺旋钻采煤机是一种用于薄煤层的无人工作面独头采煤方法，其最大的特点是仅在巷道中用螺旋钻采煤机即可将两侧 50～70m 范围的煤采出，工人在支护条件良好的巷道中工作，彻底地改变了薄煤层回采工作面工人在工作面内爬行的工作状况，安全有了可靠的保障。它将煤层可采厚度由原来的 0.6～0.8m 下降到现在的 0.4m，对开采松软煤层有极高的推广应用价值。

螺旋钻采煤机是在用于漏天开采的螺旋钻机基础上逐步改造成形的。螺旋钻开采装备包括：钻机式采煤机主体、组合开关、液压泵站、单导轨、局部通风机、回转绞车。其中螺旋钻采煤法的关键设备是螺旋钻采煤机，它由钻机式采煤机主体、组合开关、液压泵站三部分组成。

螺旋钻机组如图 3－140 所示，它由主机、钻机动力设备、通风系统、钻头和移动装置等组成。

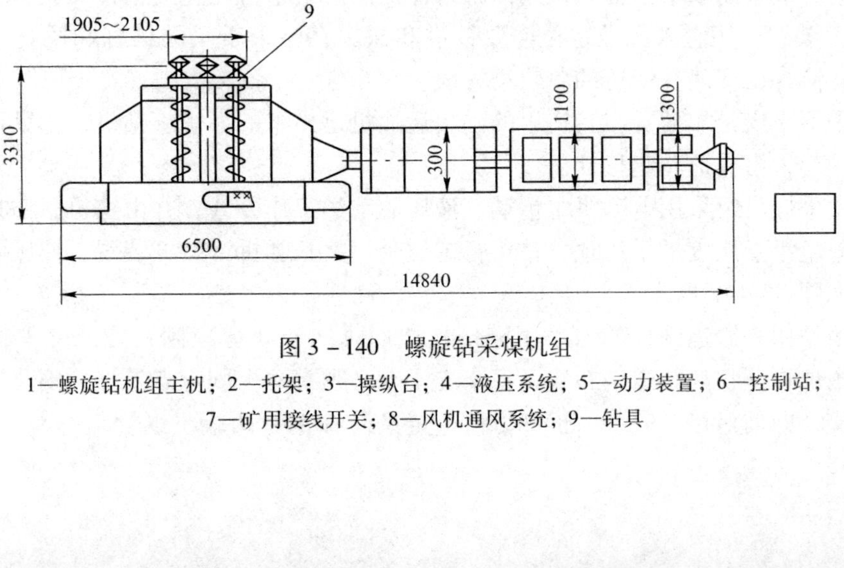

图 3－140 螺旋钻采煤机组

1—螺旋钻机组主机；2—托架；3—操纵台；4—液压系统；5—动力装置；6—控制站；7—矿用接线开关；8—风机通风系统；9—钻具

螺旋钻采煤机组传递扭矩和钻压给螺旋钻，使其钻采条带里的煤，并完成采煤过程的送钻和退钻。螺旋钻由一个左旋和一个右旋的两节钻杆和它们中间的风管组成（见图3－141）。钻头的截割部分是一个执行机构，它由三个钻头组成。右边的螺旋钻通过减速器传递扭矩给中间钻头。

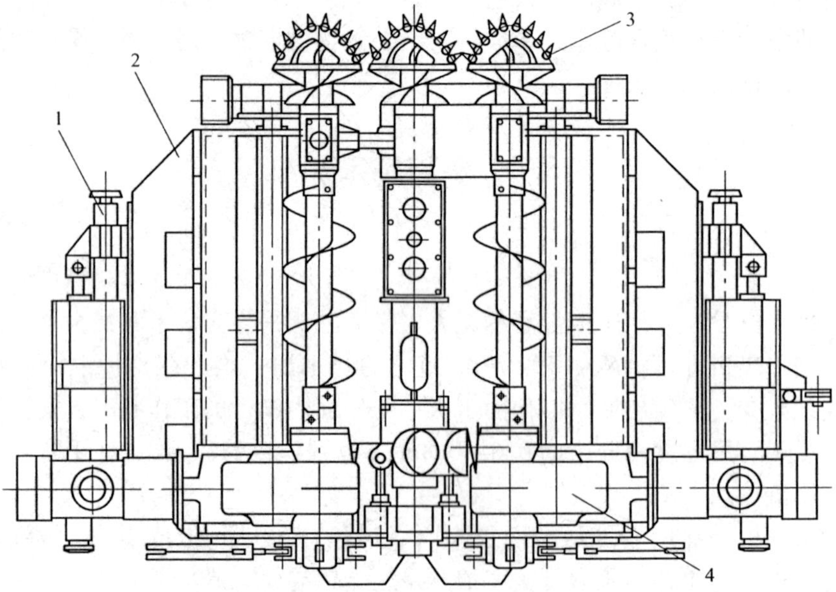

图3－141 螺旋钻采煤机结构
1—支撑机构；2—底托架；3—截割机构；4—推进机构

通风管不间断的向工作面通风，并用瓦斯测量器测控。通过放置在风管边的软管向执行机构的喷头供水，保证降尘。两个单独的传动装置带动钻杆组旋转。

为锁紧和开启钻杆的链接，需要把钻杆连接带有凸轴的离合器调整到适合的位置，用有旋转转动装备的翻转机构来对正。

用固定在机架上的传动装置沿导向进行液压推进，机器下面有滑板，滑板支承在底板上，利用滑板在巷道内移动机器。定向机构保证机器的传动架沿着煤层角度进行钻进。

机组对巷道壁的水平侧推力是用油缸来保证的。机组机械化接钻杆和撤钻杆时有一对中（找正）装置，用它来找准定位需要钻进和撤出在钻采带里的钻杆和风管。钻杆的安装、拆卸、储存由安放在巷道的单轨吊完成。

机组采下来煤是靠放置在巷道里的刮板运输机运出来的。螺旋钻机、操纵台和动力装置连接在一起，沿巷道一起移动。

螺旋钻采煤机组采用电动机主传动、液压驱动的工作方式，并由主机、钻具、多功能操作台、单轨吊液压支承千斤顶、钻机行走履带、接长和拆卸钻杆装置、液压泵站和风机等组成，如图3－142所示。

单轨吊是用来搬运钻杆的，采用链条悬挂钢轨（于巷道顶棚）方式，单轨吊的轨道悬挂物均衡地在全长的轨道内布置，每个支承点必须有两个固定点悬挂，钢轨之间采用快速楔式连接，向前对接，安装、拆卸方便，链条悬挂钢管两端，钢管与吊卡内孔有间隙，

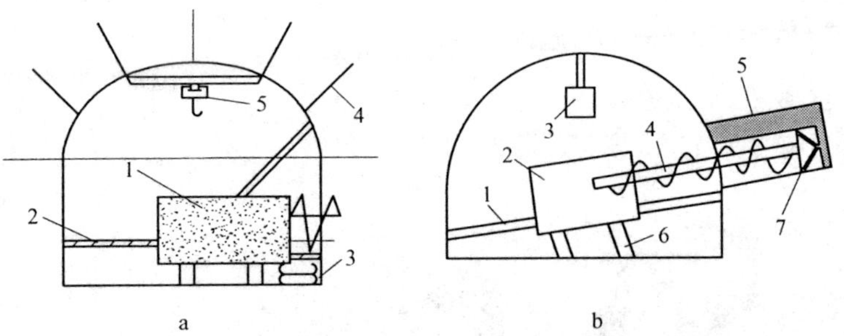

图 3-142 工作面断面及钻机的工作状态

a：1—螺旋钻采煤机；2—固定千斤顶；3—输送机；4—锚杆；5—单轨吊

b：1—支承油缸；2—钻机主体；3—单轨吊；4—钻杆；5—煤层；6—调斜油缸；7—钻头

使钢轨自动调正，起吊箱与行走箱分别悬挂于钢轨两侧，使钢轨在空载时自动平衡。起吊和行走制动选用1.5kW防爆制动电动机，制动可靠，并能进行单独的行走和起吊工作。

局部通风机是螺旋钻组开采过程的通风设备、瓦斯抽放设备，钻采工作面按掘进工作面配风标准进行配风，钻采巷道内的风速不低于0.25m/s，采用前进式采煤时，使用局部通风机（压入式）供风。局部通风机采用双风机、双电源，并确保自动切换正常。主、副风机必须采用2×15kW以上对旋式风机。后退式开采巷道可采用局部通风机供风，也可采用全负压通风（形成正规通风系统后）。必须安装风电闭锁装置，当风机停电时，能够同时切断掘进工作面和螺旋钻采煤机。钻孔内的通风与巷道通风可用同一台局部通风机供风，但两地点风量必须满足作业规程要求。

绞车是用来为在巷道中移动螺旋钻机组提供动力的，它配合螺旋钻机组滑橇对整个设备进行移机。绞车大小主要由螺旋钻机组的质量决定，通常螺旋钻机组的质量在38～58t。

螺旋钻采煤工艺是在巷道布置1台或多台钻机，由钻头旋转落煤，螺旋叶片旋转将落煤导入刮板输送机运出，其钻采工艺如下：

（1）支设好钻机及单轨吊，开始钻进，同时运送钻杆到钻杆槽上方备用；

（2）接长钻杆、风、水管，继续钻进，直至钻进到位，该工序是主要采煤阶段；

（3）钻孔到位后，空转钻杆，清理浮煤，当煤量很小时停钻；

（4）退钻、拆卸钻杆并运到指定存放地点；

（5）回收固定钻机的千斤顶，移动钻机和输送机；

（6）重新支设钻机，并拆除后部单轨吊梁，前移支好；

（7）在开始第二轮循环时，做后巷维护。

由此可见，螺旋钻采煤机是最简单的薄煤层采煤设备。它是在回采工作面上用螺旋钻头钻孔，煤依靠钻杆上螺旋叶片的旋转作用排到孔外，在孔口煤被刮板输送机收集运走。采完一个孔后，设备搬到与此相邻的下一个位置，开始新的钻采过程。相邻孔之间的距离决定了采出率，要保证在用钻采机采完后，围岩稳定性良好。在一个钻采循环期间，需要装配设备、钻孔，然后随着钻孔的延伸，接长钻杆。钻杆的搬运靠单轨吊来完成。当一个钻孔达到预定长度或由于某种原因，钻进工作结束时，钻杆必须拆卸，退出钻孔，并存放好以备再用。

3.4.2 BSHK－2DM 型螺旋钻采煤机

3.4.2.1 组成及工作原理

BSHK－2DM 型螺旋钻采煤机如图 3－143 所示。

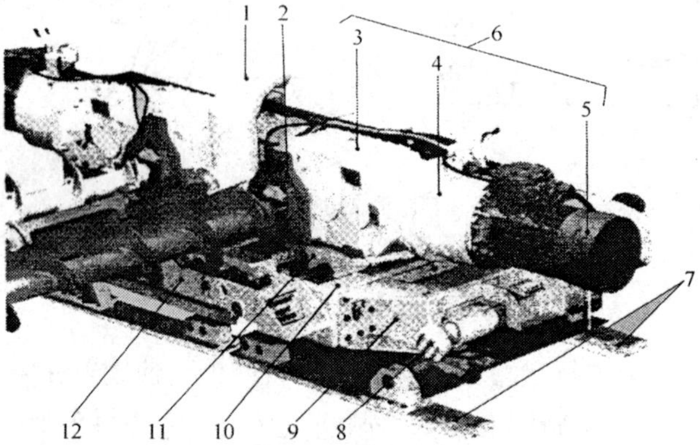

图 3－143 BSHK－2DM 型螺旋钻采煤机

1—通风管；2—锁紧装置；3—减速器；4—液压耦合器；5—电动机；6—传动部件；7—滑橇；8—支承油缸；9—底托架；10—液压推进部件；11—传动框架；12—螺旋采煤机

主要技术参数：

适应煤层倾角	0° ±15°
开采厚度	600～900mm
采宽	1905～2105mm
煤的截割阻抗	≤350mm
采深	向上达 85kN/m，向下达 40kN/m
钻头直径	625m
钻头间的轴距	640mm
钻杆直径	480mm
钻杆转动的频率	55r/min 或 60r/min
钻杆钻进速度	前进 0～1.0m/min，后退 0～1.7m/min
调度状态	前进 0～2.0m/min，后退 0～3.5m/min
推进机构类型	液压
液压系统油压	不低于 16MPa
机组电动机总功率	235kW
工作额定电压	660V
通风和降尘系统	加压型
通风管直径	≥325mm
喷水量	≥50L/min
水管喷嘴的压力	≥1.5MPa
外形尺寸（长×宽×高）	14840mm×3870mm×1884mm

整机中间部分为两个液压推进部件，两侧是两个定向部件，这些部件用销钉和螺栓连接在一起。在推进部件上装有传动部件的油缸，油缸沿着导向框架装在框架上的螺旋钻机

传动部一起移动。定中心部件安装在推进部件上，保证螺旋钻杆及与后来加接的螺旋钻杆的对中找正。锁紧位置预先固定了加接钻杆时的离合器。滑板是机器的支座。每一块滑板用连杆系统和定向部件的壳体与两个液压千斤顶连接，保证螺旋钻采煤机沿煤层倾角工作。

有四个支承油缸，每个定向部件上有两个，将螺旋钻采煤机用横向压力支承到巷道的壁上。支承油缸的杆与固定在定向部件框架上的支臂相连接。工作液体通过连杆流入缸腔。支承油缸的壳体是活动的，安装在支臂的导向衬管上，并固定在定向部件的壳体上。支承油缸的行程为1300mm。

在每个推进部件的框架上装有传递机构的三个油缸。推进中心油缸的连杆（ϕ125mm×70mm）与推进部件的框架连接。它的壳体与两个小直径（ϕ90mm×56mm）的推进油缸连在一起。用螺栓连接的两个压板把这两个缸对称地装在中心缸的两侧。在油缸的壳体上，设有两个凸环，在压板上有两个环沟。凸环可以伸进环沟里。油缸的活塞腔相互连通，所有的连杆腔也是连通的。两侧的推进油缸的连杆与固定在传动框架上的支臂相连。工作液通过推进中心油缸的连杆流进油缸的腔内。运转时，有压力的油流进油缸的活塞腔内，于是中心油缸的壳体就移动。有压力的油也流进与它相连能移动的传动架的两侧缸体内。这样，中心油缸的壳体移动到一个冲程长度后，两侧油缸的连杆开始移动。推进机构的总行程为1900mm。当把工作液体送进油缸的连杆腔内时，与上述情况一样，是向相反的方向移动。在每个推进装置上都装有一个导向器，它是一个直径为210mm、长度为2555mm的厚壁管。传动框架沿着导向器移动。

为保证推进部件沿导向器移动，在传动框架上装有可置换的导向器。在传动框架导向器的下面，把滑套装在销钉上，并用螺栓固定。在导向器和滑套的槽里安装铜瓦。为了减少摩擦，导向器采用内部进油的滴油系统润滑，即通过滑板壳体上的小孔进油。滴油系统装在传动框架上，为调节流入导向器的油量，导向器上还有送油管和压紧板。

在传动架上为钻头装了导向器，为了在推进部件上面放置加大的钻头，在安装传动架的可置换导向器时，应相应提高50mm或100mm。在传动架上装了一左一右的旋转螺旋钻杆。每一个部件由电动机以及连接它们的液力耦合器所组成。液力耦合器把所需扭矩由电动机传到减速器。耦合器设于支座上，嵌在减速器第一级轴的键槽里。

三级圆锥柱体减速器安放在铸造的壳体内，输出轴上采用止推轴承和径向球形轴承，它给螺旋钻采煤机的钻头传递扭矩。在减速器的壳体上的螺旋钻头一侧安放了锁紧装置，以保证传动轴与螺旋钻杆锁紧与脱离。由油缸提供锁紧装置的动作。

在传动架上转动部分之间有通风管，通过它的转向弯管把空气送到钻头的通风管中。通风管可以相对于传动架沿着钻头的通风管轴线方向移动。它的位移由两个油缸来实现，相对于翻转心轴和螺旋钻杆的对接线，其位移长度为+130～-120mm。

在煤壁端的机器框架上有一个对中心的装置，是一个拉杆机构，该机构由三对卡子组成，并装在钻头下面。边部夹子装在螺旋钻杆的左、右两边，中心卡子装在通风管下面。对中心的框架是两个平行的、用横梁连在一起的颚板。在框架的轴线上成对的安装着带拉杆的夹子。在底部，夹子的拉杆由两个连接杆相互连接。左边和右边拉杆各与一个连接杆连接。连接杆之间是用油缸来连接。油缸完成对中部件夹子的传动，按不同钻头的直径在对中部件上安装不同长度的夹子。

在对中部件的框架上为保证执行机构的钻采，在煤壁端右边和左边的螺旋钻杆下面及通风管下面安装了装卸支承。

3.4.2.2　螺旋钻具

螺旋钻具（见图3-144）由两组螺旋钻杆和通风管等组成，他们都与螺旋钻机连接。在前右螺旋钻杆和通风管之间由减速箱连接，在前左螺旋钻杆上安装了用刚性拉杆与减速箱壳体相连的轴承座。减速箱和轴承座装在下有弹簧的滑板上。在右螺旋钻杆的轴承座前面及减速箱的输出轴上装有3个钻头，钻头轴之间的距离为640mm，两侧的钻头按煤层厚度采用不同直径的（625mm、725mm或825mm）钻头。在各种条件下，中间钻头的直径是625mm，但它的结构随着两侧钻头的直径不同而改变。所有钻头有通用的连接节，以保证把钻头安装在减速箱和轴承座的输出轴上。

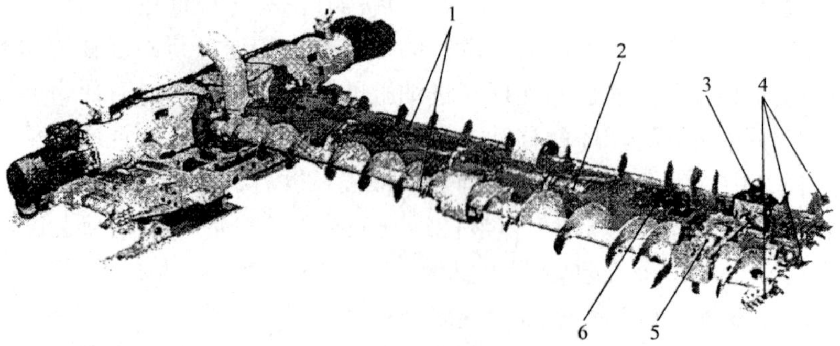

图3-144　螺旋钻具

1—螺旋钻杆；2—中间通风管；3—轴承座；4—钻头；5—变速器；6—控制箱

执行机构的减速箱呈圆柱形，由两个轴齿轮和两个传递齿轮组成。把右螺旋钻杆的旋转传递给中心钻头。减速箱的轴—齿轮上装有3个凸轮的半个离合器，以连接钻头和钻杆，并传递扭矩。减速箱的密封由轴上的密封圈来保证。为了避免半个离合器壳体和减速箱顶盖之间掉进煤粉，安装了迷宫密封。

执行机构减速箱壳体上的通风管路端装控制箱，它是一个带有法兰盘的箱式结构，利用法兰盘与通风管连接。控制箱的壳体上装了可移动的立柱，伸出壳体，并用油缸与壳体连接。煤岩传感器的两端油缸与立柱相连，位置传感器的拉杆又与煤岩传感器的壳体相连。

用齿轮泵来维持控制箱的运行。通过减速器，齿轮泵与执行机构的减速箱轴相连。控制箱两端是螺旋钻第一节左右旋钻杆，与左轴承节及执行机构的减速箱对接。钻杆是双头的，直径为570mm。

钻杆和通风管路与螺旋钻杆和控制箱相连。左边钻杆是右旋的，涂红色。右边钻杆是左旋的，涂浅灰色。钻杆是一根管子，管子上焊接了一些直径为480mm的叶片。管子的端部装有3个凸轮、作连接用的半离合器。前面的半离合器上固定了一个输出轴，用它来对接钻杆；后面的半离合器上有自动锁，用以锁定上述的输出轴。在控制箱的壳体上还有两个径向的推杆，利用专门装置压推杆锁就可以打开。

通风组件的直线段是一根直径为320mm的管子，其端部焊有锁定和对接单元的法兰盘。前面法兰盘外圆（槽）上有旋转环，旋转时它进入导向销钉上的槽沟，使这些管子相互锁定。

直线段的内腔有用浸有橡胶织物制成的船帆形叶片。上部在阀旁边的管子上有个从旋转顶盖外部能盖得上的切口。在管路接通时，空气通过管子上部切口流入。与此同时，阀门从外部关上在管子对接时，开启后端的空气出口。沿着通风管路的左端，从上面固定了一个带盖的箱子，箱子装在可活动的连接头上。沿着盖子通过空气流通线路，并把执行机构与螺旋钻机连在一起。

管子下部有两个收集器，作为管子切口，焊在法兰盘附近的轴上，其位置在定心装置中间的夹子上。

为了保持两个螺旋钻杆轴线间距离稳定，安装了一稳定器。稳定系统是一个通风管路的直线段，在其侧面装了两个圆筒，在圆筒里装有直径为450mm的双头螺旋钻杆。稳定器圆筒管子下面有两个双头犁板，用以清理钻孔的中间部分。

3.4.2.3　钻杆连接器

钻杆连接器是钻杆组合的重要部件，通过它将一节节钻杆连接起来，使钻具能达到要求钻进深度。因此要求钻杆连接后能够保持平直，连接处有足够抗扭、抗压以及抗拉强度，而且钻杆的连接、拆卸方便。每节钻杆上焊有一组连接器（见图3－145），分别为1个凸连接器和1个凹连接器。钻杆连接时一节钻杆的凸连接器与另一节钻杆的凹连接器相连。为保证钻具回拖时钻杆不脱开，而且钻具拆卸方便，凹连接器的结构形式如图3－146所示。钻杆连接时，凹连接器的卡块5在弹簧4的压力作用下，卡在凸连接器芯轴7的环形槽内，保证钻杆无法脱开；当需拆卸钻杆时，只需螺旋钻采煤机上的拆卸钻杆装置压下顶销1，则可推动推块2向内移动，推块2将卡块5向外挤出，脱开芯轴环形槽，钻杆即可退出。

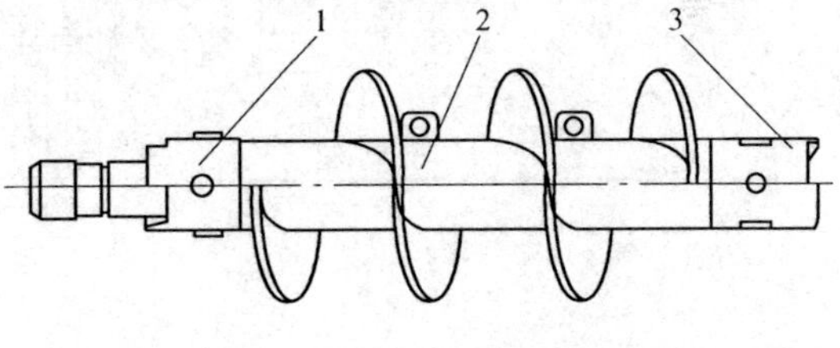

图3－145　钻杆连接器

1—凸连接器；2—钻杆；3—凹连接器

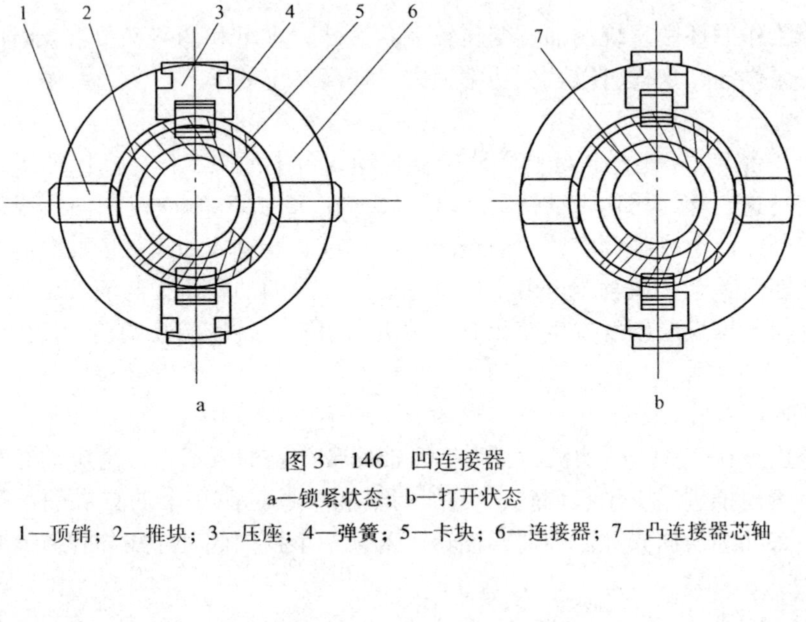

图3－146　凹连接器

a—锁紧状态；b—打开状态

1—顶销；2—推块；3—压座；4—弹簧；5—卡块；6—连接器；7—凸连接器芯轴

3.4.2.4 液压系统

液压系统的组成及原理如图3－147所示。

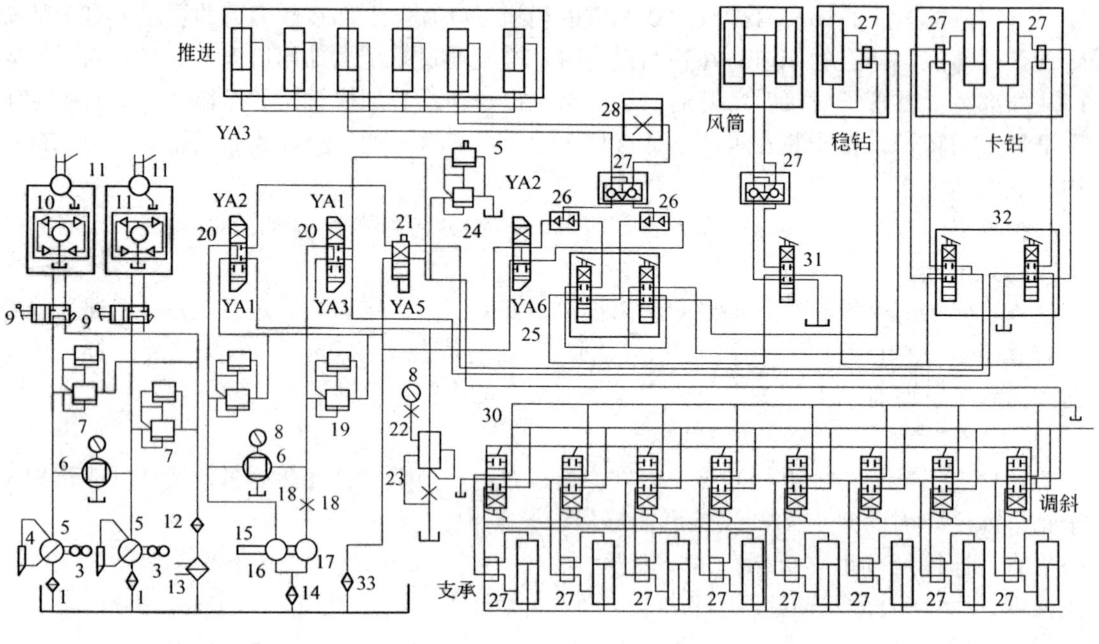

图3－147 液压系统

除螺旋钻杆是单向旋转外，其他机构均为直线往复运动，故由单活塞杆式油缸直接驱动，螺旋钻杆用马达驱动。因螺旋钻杆不要求反转，所以马达单向旋转即可。由于其转速不高，但对速度平稳性要求较高，同时为了防止马达反向敲缸，采用溢流桥进行制动保护。推进油缸运动要实现推进钻杆和回退钻杆，在推进时，需油量大，并且其速度较低，但对速度的稳定性要求较高。因此，采用回路节流调速回路。调斜油缸实现机座的倾斜调整，工艺要求其不工作时，处于静止状态，并对其定位要求较高，故采用M型中位机能换向阀。

在整个工作循环中系统的油量变化较大。另外，支承和调斜又要求长时间保压，所以系统选择双泵供油，这样可以减少功率损失，提高系统效率。

A 主油路

系统由2台75kW电动机经弹性联轴器带动2台主油泵工作，高压油经三位四通阀驱动径向柱塞马达旋转，马达带动钻具旋转，转速在55～65r/min范围内无级调速。系统工作压力16MPa，由溢流阀调定。回油经冷却器、过滤器进入油箱。主油泵与马达为变量泵与定量马达匹配关系，主轴调速由变量泵完成。该泵的油路压力与流量由恒功率变量系统控制互相补偿。当煤层硬度发生变化时，钻头的扭矩与转速相互调整，达到恒功率自动反馈调速。

B 副油路

该油路由1台37kW电动机、经弹性联轴器带动副油泵工作，高压油经输油管向换向阀供油，负责向推进、支承、调斜、卡钻、稳钻、风筒等19个油缸供油。当各换向阀处于中位时，来油经换向阀和滤油器回油箱。若某一个换向阀处于工作位置，如推进油缸换向阀处于工作位置，高压油便向油缸的无杆腔供油，使活塞杆伸出，推动钻架座前移实现钻进动作。若换向阀处于退钻位置，高压油向有杆腔供油，推进油缸活塞收缩，完成退钻动作。根据操作工艺上的要求各支路不同时工作，副油路的压力由溢流阀调定，为防止油缸工作时泄油，各支路均装有液压锁。

C 泵站

为使系统有效工作，油储存在油箱内。用手动泵通过过滤器把油打到油箱。油箱内装有：

（1）温度计：目测控制箱内油的温度；

（2）温度继电器：当油的温度达到60℃时，关闭泵传动电动机，这时操作台上保持灯“标准温度”熄灭（正常情况下亮）；

（3）两个磁性套筒：一个装在油箱排出的半面，另一个在油箱吸入的半面，用来捕捉磁性粒子；

（4）液面双位置传感器——继电器：当箱内油面低于最低允许液面时泵的电动机关闭，这时操作台上信号灯熄灭（正常情况下亮）；

（5）四个空气过滤器——通气阀：净化进入箱中的空气；

（6）过滤器：安装在系统排出管路上，用于净化油流。

3.4.2.5 除尘装置

为了降低工作面及巷道中的粉尘浓度，在螺旋钻开采过程中，采用喷雾除尘的方法，其中在钻头上开了多个喷雾孔，在开采煤的同时喷雾。防尘管径不小于67mm，水量满足要求，水压不低于1.5MPa，否则，须使用专用防尘水泵。要防止喷头堵塞，钻采时首先打开喷雾。钻孔口处要安装喷雾装置，喷雾要覆盖整个出煤口，开机必须同时打开喷雾。在钻采工作面中间巷内、螺旋钻采煤机回风侧20～30m范围内安装一道手动水幕，以净化风流；采用前进式钻采时，前方掘进工作面也必须按规定配齐各种净化水幕，确保螺旋钻采煤机附近的空气质量。采用前进式钻采时，在迎头与螺旋钻采煤机间安装一组隔爆设施，并在螺旋钻采煤机后方按规定配齐隔爆设施，迎头与螺旋钻采煤机的间距不得小于80m；采用后退式钻采时，在螺旋钻采煤机回风侧安设一组隔爆设施。

复习要点

3.1 采煤机械的类型及其适用条件。
3.2 滚筒式采煤机的特征、基本组成及布置方式。
3.3 滚筒式采煤机的工作原理与基本参数。
3.4 综采工作面上各设备之间的关系、配套尺寸。
3.5 采煤机滚筒的作用、组成与参数。
3.6 截齿的类型、特点及其排列方式。
3.7 滚筒式采煤机截割电动机的布置方式、截割部的传动方式及其特点。
3.8 滚筒式采煤机摇臂的作用、类型。
3.9 滚筒式采煤机上使用惰轮的原因。
3.10 对滚筒式采煤机牵引机构的要求。
3.11 滚筒式采煤机牵引机构的类型、特点。
3.12 滚筒式采煤机改变滚筒转数的目的与方法。

3. 13 无链牵引机构的形式及其特点。

3. 14 电牵引采煤机类型及原理。

3. 15 滚筒式采煤机调高、调斜的目的与方法。

3. 16 采煤机的喷雾方式及其特点。

3. 17 几种典型的滚筒式采煤机的结构、原理及特点。

3. 18 刨煤机的分类与组成、原理。

3. 19 几种刨煤机的结构及其特点。

3. 20 连续采煤机的适用条件、工作过程、结构特点。

3. 21 两种典型的续采煤机的基本组成、传动方式、各部结构及其工作原理。

3. 22 螺旋钻采煤机的特点、基本组成、工作原理与特点。

4　支护设备

在井下煤炭生产过程中，为了防止采煤工作面顶板冒落，维持一定的工作空间，保证工作人员的安全和各项作业的正常进行，必须对顶板进行支护。用于煤矿长壁回采工作面的支护设备，经历了木支柱→金属摩擦支柱→单体液压支柱→液压支架等几个发展阶段。目前，我国主要使用单体液压支柱和液压支架来完成支护任务。

单体液压支柱和铰接顶梁与功率较小的采煤机、可弯曲刮板输送机配套，组成回采工作面的“高档普采”设备。单体液压支柱的支护方式与金属摩擦支柱相同，一般与金属铰接顶梁配合使用，其移动和支承靠人工操作，仍属人工支护，工作面产量、效率的提高受到限制，一般适用于中、小型矿井。

液压支架是以高压液体为动力，由金属构件和液压元件组成的可移动的设备。它能支承和管理工作面的顶板，与大功率采煤机、大运量的可弯曲刮板输送机组成回采工作面的综合机械化设备。由于液压支架支护性能好、强度高、移架速度快、安全可靠，所以，它的使用可大大增加采煤工作面的产量、提高劳动生产率、降低成本减轻工人的体力劳动和保证生产安全。因此，液压支架是实现采煤综合机械化和自动化的重要设备之一。

4.1　单体液压支柱与铰接顶梁

4.1.1　单体液压支柱

单体液压支柱是介于金属摩擦支柱和液压支架间的一种支护设备，其工作特性是恒阻的，并具有初撑力较大、支护效率高、回柱安全、使用寿命较长等优点，适用于倾角小于25°、底板比压大于20MPa的缓倾斜煤层。

按供液方式不同，单体液压支柱分为内注式和外注式。

4.1.1.1　内注式单体液压支柱

内注式单体液压支柱的结构如图4－1所示，其工作原理如下。

A　升柱和初撑

竖起立柱，靠自重打开通气阀2，使A腔与大气相通。上、下摇动手把（图中未画出），通过曲柄滑块机构14带动泵活塞11沿中心导向管5往复运动，使A腔的油被吸入B腔（同时也吸入二级泵腔12），并经进液阀10、单向阀8进入活塞7的下腔C，使活柱4上升，直至活柱顶盖1接顶。

继续摇动手把，支柱进入初撑阶段，C腔压力迅速升高，单向阀难以打开。当泵活塞下移排液时，B腔油因打不开单向阀而又经泵活塞上的阻尼孔和泵活塞与活柱内壁的间隙返回油箱。而二级泵腔的油经环形槽9到进液阀10的下面，将其关闭，并打开单向阀进入C腔，使立柱达到初撑力，完成初撑阶段。

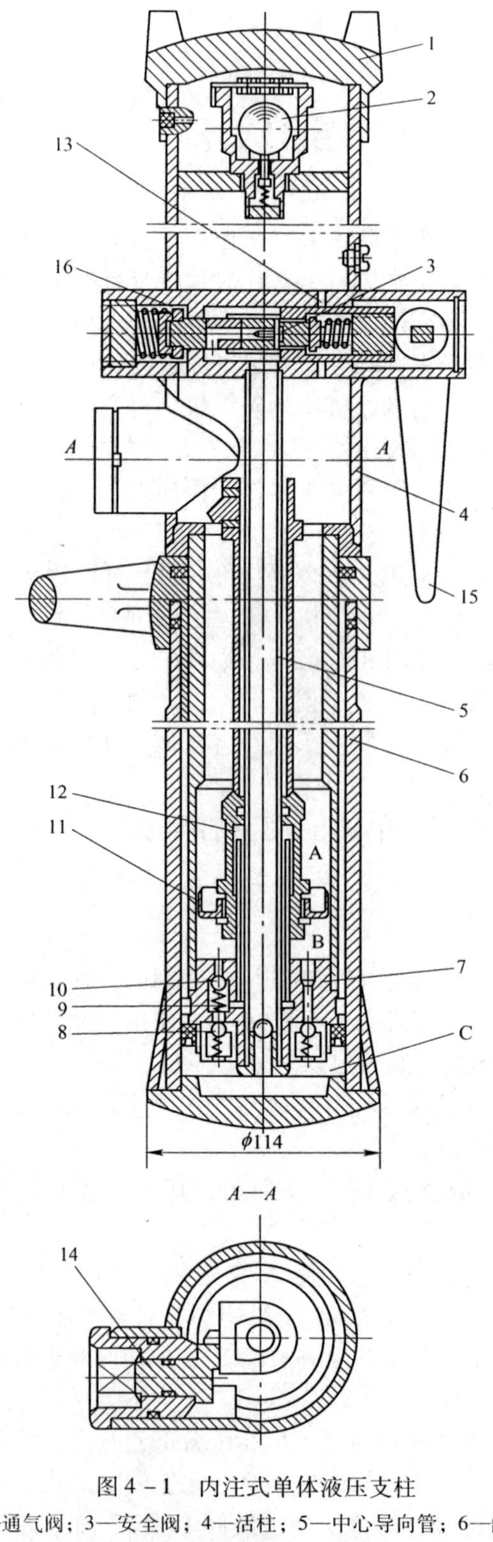

图 4－1　内注式单体液压支柱

1—顶盖；2—通气阀；3—安全阀；4—活柱；5—中心导向管；6—缸体；7—活塞；8—单向阀；9—环形槽；10—进液阀；11—泵活塞；12—二级泵腔；13—油孔；14—曲柄滑块机构；15—卸载手把；16—卸载阀

B 承载

随着顶板下沉，作用在支柱上的载荷逐渐增大，未达到额定工作阻力时，支柱呈刚性状态；达到工作阻力时，安全阀3开启，C腔高压油经导向管5、安全阀3和油孔13溢流回油箱，活柱在恒阻下让压下缩，使支柱进入恒阻工作状态，以有效地管理顶板。

C 卸载降柱

卸载时，扳动卸载手把15，将卸载阀16打开，C腔油液经卸载阀返回油箱，活柱在自重作用下下降，完成降柱动作。

4.1.1.2 外注式单体液压支柱

外注式单体液压支柱的结构如图4－2所示，其工作原理与内注式单体液压支柱相似，也分为升柱与初撑、承载、卸载降柱等过程。

（1）升柱与初撑。将注液枪9插入三用阀2的注液孔中，扳动注液枪手把，使泵站来的高压乳化液经注液枪打开单向阀，进入支柱下腔，使活塞3伸出（复位弹簧5被拉长）。当支柱顶盖1使金属顶梁贴紧顶板、柱内压力达到泵站压力时，支柱达到初撑力。这时，松开注液枪手把，切断高压供液管路，卸下注液枪，升柱和初撑过程结束。三用阀是由单向阀、安全阀和卸载阀组装而成的。

（2）承载。随着顶板下沉，柱内液体压力升高，当超过支柱安全阀的调定压力（对应支柱额定的工作阻力）时，安全阀溢流，支柱下缩。当支柱的载荷低于额定工作阻力时，安全阀关闭，使支柱始终保持在额定的工作阻力。

（3）卸载降柱。扳动卸载手把8，打开卸载阀，柱内的工作液体排出柱外，活柱在自重和复位弹簧的作用下缩回，完成卸载降柱过程。

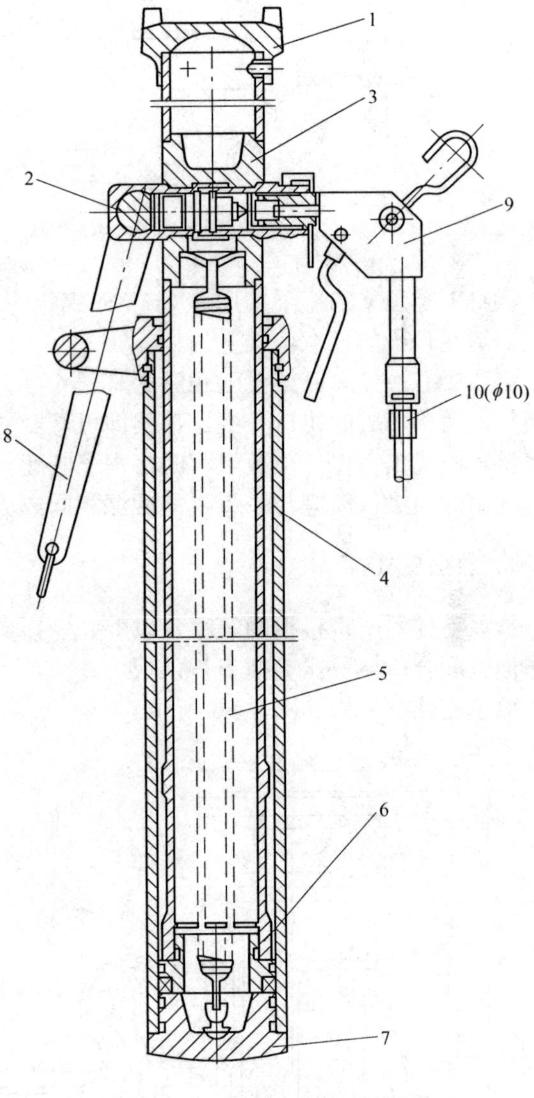

图4－2 外注式单体液压支柱

1—顶盖；2—三用阀；3—活柱；4—缸体；5—复位弹簧；6—活塞；7—底座；8—卸载手把；9—注液枪；10—泵站供液管

4.1.2 铰接顶梁

铰接顶梁可与摩擦支柱和单体液压支柱配套，用于水平或缓倾斜煤层回采工作面支护顶板。由于铰接顶梁能悬臂工作，因此在煤壁和支柱之间有较大的穿行空间。

铰接顶梁的结构如图 4－3 所示。

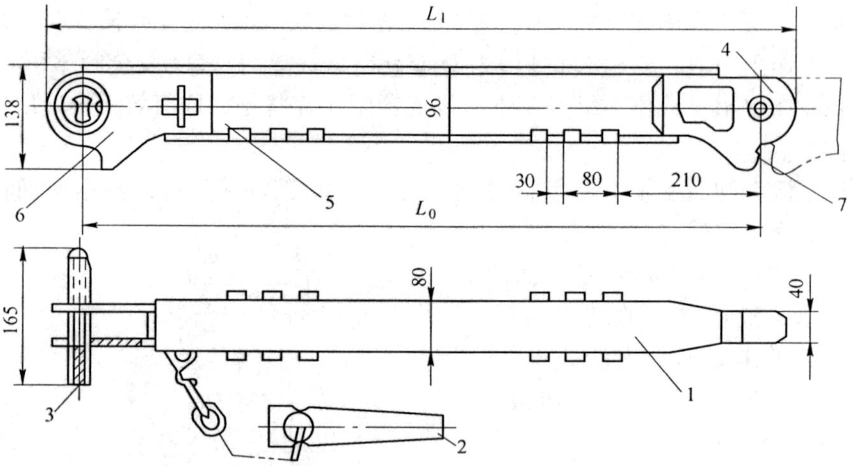

图 4－3 HDJA 型铰接顶梁

1—梁身；2—调角楔；3—销子；4—接头；5—定位块；6—耳子；7—钳口

梁身 1 是顶梁的躯干，用 30CrMnSi 钢板焊接成箱形结构，底边为带花边的扁钢。支柱能支承在顶梁的任意位置上。

将顶梁右端插入已架设的顶梁的耳子 6 中，并穿上销子 3。调整好水平方位后，将调角楔打入两梁形成的钳口 7 中，顶梁即可悬臂支护顶板。当该顶梁已被支柱支承后，应及时将调角楔拔出，以免顶板下沉时将楔子咬死。

选用的顶梁长度应与采煤机的截深相同或成整数倍，以协调生产。

4.1.3 放顶支柱

放顶支柱用于直接顶中等稳定以上、老顶周期来压强烈、倾角小于 15°的普采或炮采工作面，配合单体液压支柱支护顶板。

放顶支柱的结构如图 4－4 所示。

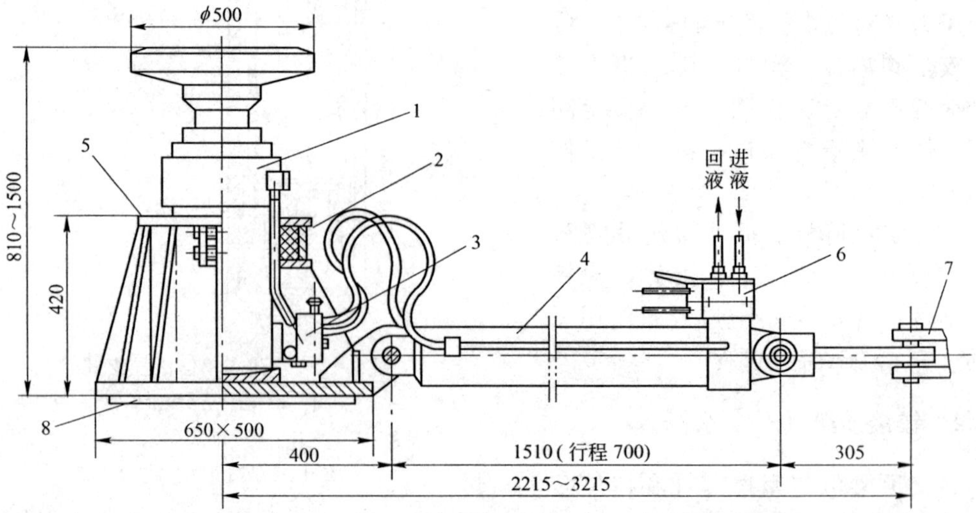

图 4－4 放顶支柱

1—支柱；2—复位橡胶块；3—控制阀；4—推移千斤顶；5—底座；6—操纵阀；7—连接头；8—防滑筋

放顶支柱设在采空区侧，与工作面输送机铰接。液体引入支柱1下腔使其上升的过程为初撑，而下腔回液时为降柱，承载过程与前述支柱的相同。推移千斤顶4的作用是实现以支柱为支点进行推溜和以输送机为支点的移柱。

支柱的活柱里装有加高杆，有的支柱采用双伸缩液压缸，以实现无级调高。

4.2 液压支架

4.2.1 概述

液压支架是以高压液体作动力、由液压元件（液压缸和液压阀）与金属构件组成的一种用来支承和管理顶板的自移式设备，它不仅能实现支承、切顶和隔离采空区，而且还能使支架本身前移和推动输送机。液压支架具有支护性好、强度高、移设速度快、安全可靠等优点，与可弯曲刮板输送机和采煤机一起组成了采煤工作面的综合机械化设备。目前，液压支架在大中型煤矿中已得到广泛的应用。

4.2.2 工作原理

液压支架主要由顶梁、立柱、底座、推移千斤顶、操纵阀和安全阀等组成（见图4-5），其基本动作包括升柱、降柱、移架和推溜。

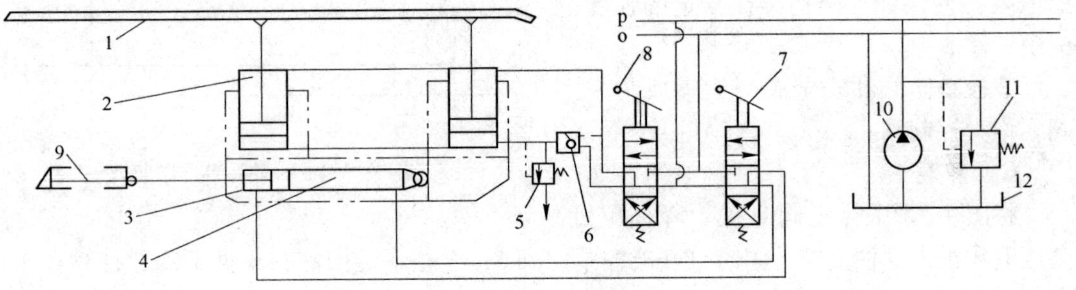

图4-5 液压支架工作原理

1—顶梁；2—立柱；3—底座；4—推移千斤顶；5—安全阀；6—液控单向阀；7，8—操纵阀；9—工作面输送机；10—乳化液泵；11—泵站安全阀；12—乳化液箱

4.2.2.1 支架的升降

支架的升降依靠立柱的伸缩来实现。

A 初撑

将操纵阀8置于升柱位置，由泵站排出的高压液体经管路、操纵阀8和液控单向阀6进入立柱2的下腔，同时立柱上腔回液。立柱升起撑紧在顶、底板之间。当立柱下腔压力达到泵站工作压力时，初撑阶段（对应图4-6中t_0时间）结束。这时，支架所有立柱对顶板产生的支承力（即支架的初撑力）为

$$P_C = \frac{\pi D^2}{4} P_b n \times 10^3 \tag{4-1}$$

式中 P_b——泵站工作压力，MPa；

D——立柱的缸径，m；

n——立柱的数目。

B 承载

初撑结束后，将操纵阀手把置于中间位置，立柱下腔的工作液体被液控单向阀6封闭。随着顶板下沉，立柱下腔液体压力升高，立柱的推力（即支架对顶板的支承力）也随之增大。这是支架的增阻阶段（图4-6中t_1时间）。当立柱下腔液体的压力达到安全阀5的调定压力p_a时，安全阀开启溢流，立柱收缩，支架随顶板下降。当立柱下腔压力低于p_a时，安全阀即关闭。这就是支架的恒阻阶段（图4-6中t_2时间）。这时，支架所有立柱对顶板的支承力（称液压支架的工作阻力）为

$$P = \frac{\pi D^2}{4} P_a n \times 10^3 \tag{4-2}$$

式中 P_a——安全阀调定压力，MPa。

支架特性曲线（见图4-6）表示工作阻力随时间的变化的情况。增阻阶段t_1的长短与顶板下沉速度、支架初撑力大小及初撑质量有关。较大的初撑力和较好的初撑质量可以较快地达到工作阻力，延缓顶板的下沉，增加顶板的稳定性。液压支架的恒阻特性保证支架构架在给定的强度范围内工作。

液控单向阀和安全阀一般集成为一个阀，称为控制阀。

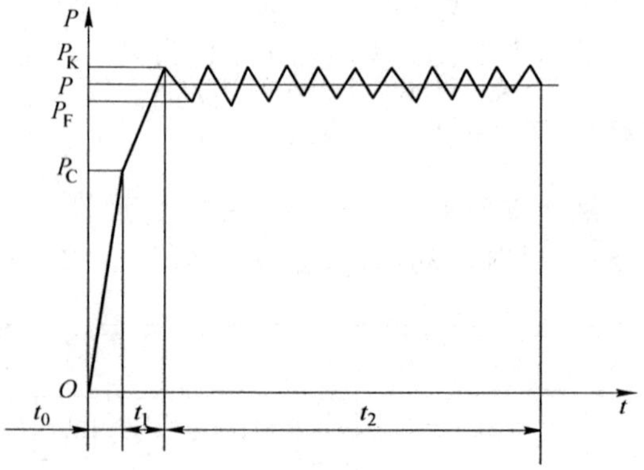

图4-6 液压支架的特性曲线

C 卸载

将图4-5中操纵阀8置于降柱位置，高压液体进入立柱上腔，同时打开液控单向阀6，立柱下腔回液，支架下降，使顶梁1脱离顶板。

4.2.2.2 移架和推溜

支架和输送机的前移，都是由底座3上的推移千斤顶4来完成的。

当需要移架时，先降柱卸载，然后通过操纵阀使高压液体进入推移千斤顶的活塞杆腔，活塞腔回液，以输送机为支点，缸体前移，把整个支架拉向煤壁。

当需要推移输送机时，支架支承顶板后，使高压液体进入推移千斤顶的活塞腔，另一腔回液，以支架为支点，使活塞杆伸出，把输送机推向煤壁。

4.2.3 分类

按在采煤工作面的安装位置来划分，液压支架分为端头支架（安装在工作面的两端）和中间支架（除端头以外的所有支架）。中间支架按其结构形式划分，可分为支承式、掩护式和支承掩护式三类。

4.2.3.1 支承式支架

支承式支架（如图4-7所示）利用立柱与顶梁直接支承和控制工作面的顶板。其特

点是：立柱多，支承力大，切顶性好；顶梁长，通风断面大，适用于中等稳定以上的顶板。支承式支架又有垛式（见图4－7a）和节式（见图4－7b）之分。

（1）节式。节式支架由2～4个框架组成，用导向机构相互联系，交替前进。因其稳定性差，目前已很少使用。

（2）垛式。整个支架为一整体结构，整体移动，通常有4～6根立柱，可以支承坚硬与极坚硬的顶板。

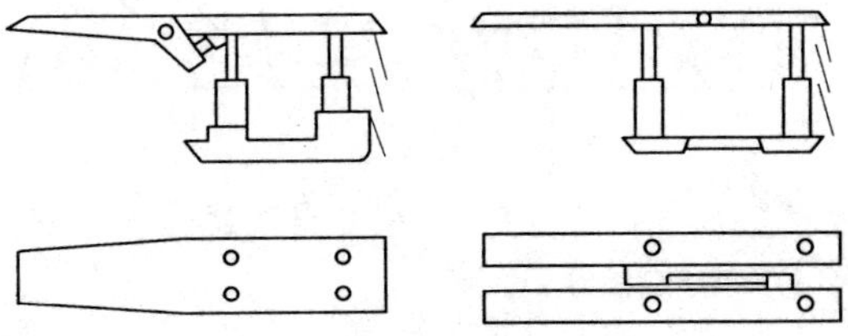

图4－7 支承式支架的结构形式

4.2.3.2 掩护式支架

掩护式支架（见图4－8）利用立柱、短顶梁支承顶板，用掩护梁来防止岩石落入工作面。其特点是：立柱少、切顶能力弱；顶梁短，控顶距小；由前、后拉杆和底座铰接（见图4－8中b、c、d、e）构成的四杆机构使抗水平力的能力增强，立柱不受横向力；而且使顶梁前端的运动轨迹为近似平行于煤壁的双纽线，梁端距变化小；架间通过侧护板密封，掩护性好；调高范围大，适用于松散破碎的不稳定或中稳定的顶板。

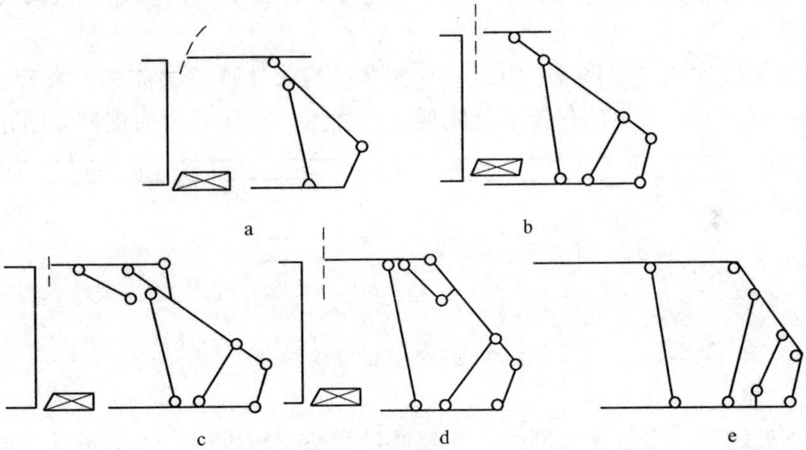

图4－8 掩护式支架的结构形式

根据支架底座是否插入输送机溜槽下面，掩护式支架分有插底式（见图4－8b）和非插底式（如图4－8a、c、d、e）。按照立柱上端的支承位置，掩护式支架可分为支顶式（支承在顶梁上，图4－8d）、支掩式（支承在掩护梁上，见图4－8a、b、c）和支顶支掩式（分别支承在顶梁和掩护梁上，见图4－8e）。支顶式掩护支架的顶梁和掩护梁间必设一平衡千斤顶，以保证结构稳定。在立柱工作阻力相同的条件下，支顶式比支掩式的支承力大。

4.2.3.3 支承掩护式支架

支承掩护式支架（见图4－9）具有支承式的顶梁和掩护式的掩护梁，它兼有切顶性能和防护作用，适于压力较大、易于冒落的中等稳定或稳定的顶板。根据使用条件，支承掩护式支架的前、后排立柱可前倾或后倾，倾角大小也可不同。前、后排立柱交叉布置的支架（见图4－9d）适用于薄煤层。

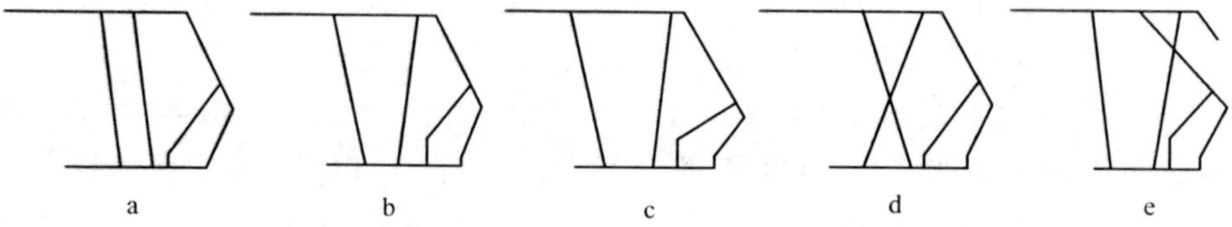

图4－9　支承掩护式支架的结构形式

4.2.4　组成部分

4.2.4.1　顶梁

顶梁是支架的主要承载部件之一，支架通过顶梁实现支承和管理顶板。顶梁的结构形式如图4－10所示。为了适应顶板要求，支架顶梁有整体刚性、铰接分体、伸缩铰接式几种。

（1）整体刚性顶梁（见图4－10a）。这种顶梁结构简单、质量较轻，但对顶板不平的适应能力差，接顶不够理想。多用于顶板比较平整、稳定，很少出现片帮现象的采煤工面。

（2）铰接分体顶梁（见图4－10b）。这种顶梁分为前梁和后梁两部分，前梁在前梁千斤顶作用下可绕销轴上下各摆动20°左右。这种顶梁的接顶性能好，也加大了靠近煤壁顶板的支承能力。

（3）伸缩铰接顶梁（见图4－10c）。它是在铰接分体顶梁的前梁上又套上（或插入）一个可伸缩的梁，这种顶梁具有铰接分体顶梁的优点外，还可超前支护，防止片帮。

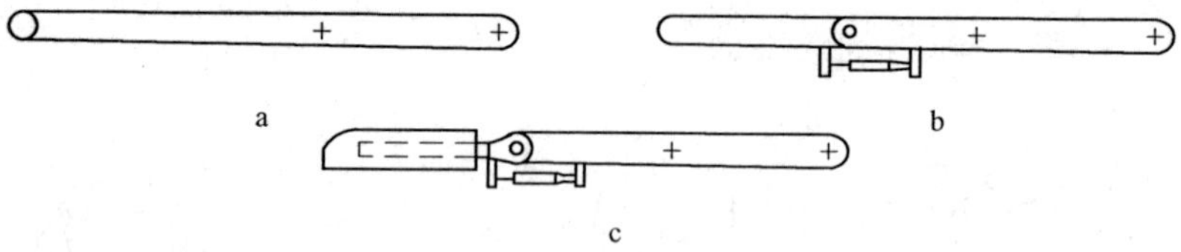

图4－10　顶梁的结构形式

4.2.4.2　底座

底座是支架的又一主要支承部件，支架通过底座将顶板压力传至底板。底座也是组成四连杆机构的构件之一。支架还通过底座与推移机构相连，以实现自身的前移和推动输送机。底座的结构形式如图4－11所示。

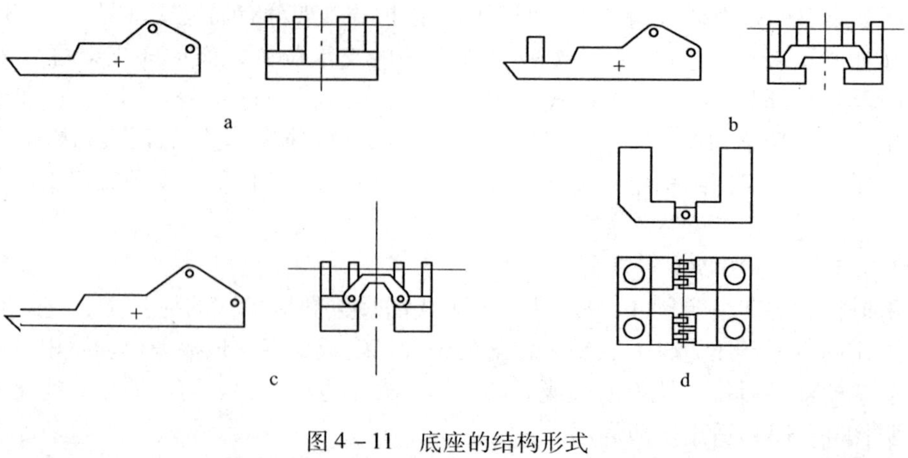

图4－11　底座的结构形式

（1）整体刚性底座（见图4－11a）。底座用钢板焊接成箱形结构，底部封闭。具有强度高、稳定性好、对底板比压小的特点；缺点是排矸性能差。该底座适用于底板比较松软、采高与倾角较大以及顶板稳定的采煤工作面。

（2）分式刚性支座（见图4－11b）。底座分左右对称的两部分，上部用过桥或箱形结构将左右部分固定连接。这种底座在刚性、稳定性和强度等方面基本与整体刚性底座相同，由于安装推移装置通道的底座不封闭，故排矸性能好。该底座适用于各类支架，在底板比压允许的条件下，广为采用。

（3）左右分体底座（见图4－11c）。底座由左右两个独立而对称的箱形结构件组成，两部分之间用铰接过桥或连杆连接，并可在一定范围内摆动。对不平底板适应性较好，排矸性能好；缺点是底座底面积小、稳定性差，故不宜用于底板松软、厚煤层、倾角大的条件。

（4）前后分体底座（见图4－11d）。底座由前后两个独立的箱形结构件组成，用铰接或连板相连。对底板的适应性好，多用于多排立柱、支承掩护式、垛式支架以及端头支架等。

4.2.4.3 掩护梁

掩护梁只有掩护式和支承掩护式支架才安设。其主要功能是隔离采空区、阻止采空区冒落矸石涌入工作面，并承受采空区冒落矸石的载荷和基本顶来压时的冲击载荷。掩护梁与前后连杆、底座共同组成四连杆机构，承受支架的水平分力。掩护梁的结构形式如图4－12所示。

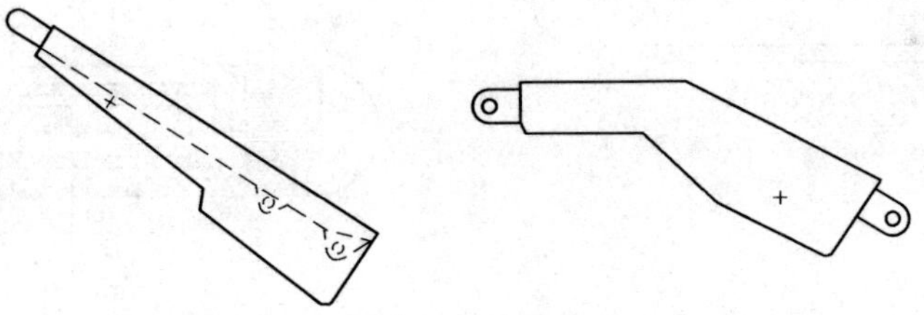
a　　b

图4－12　掩护梁的结构形式

（1）整体直线形掩护梁（见图4－12a）。掩护梁一般都为整体箱形结构，这类掩护梁整体性能好，强度大。从侧面看，掩护梁上轮廓线形状为直线形，目前应用最为广泛。

（2）整体折线形掩护梁（见图4－12b）。从侧面看，掩护梁上轮廓线为折线形，相对地增大了工作空间，但当支架歪斜时架间密封性差，加工工艺差，目前应用较少。

4.2.4.4 连杆

连杆是掩护式和支承掩护式支架上的部件。它与掩护梁、底座组成四连杆机构，既可承受支架的水平力，又可使顶梁与掩护梁的铰接点在支架调高范围内作近似直线运动，使支架的梁端距基本保持不变，从而提高了支架控制顶板的可靠性，如图4－13所示，其中：图a为前连杆，图b是后连杆。

前后连杆一般采用分体式箱形结构，即左右各一件。后连杆往往用钢板将两个箱形结构连接在一起，可增加挡矸性能。

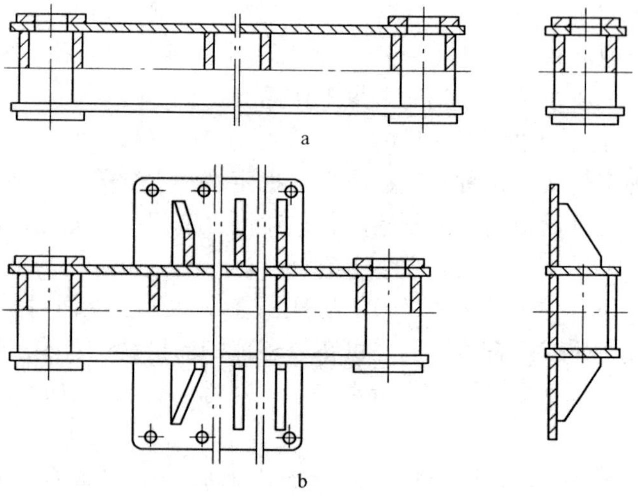

图4－13 连杆结构形式

4.2.4.5 立柱

立柱是液压支架承载与实现升降动作的主要液压元部件。液压支架上常用的立柱的结构形式如图4－14所示。

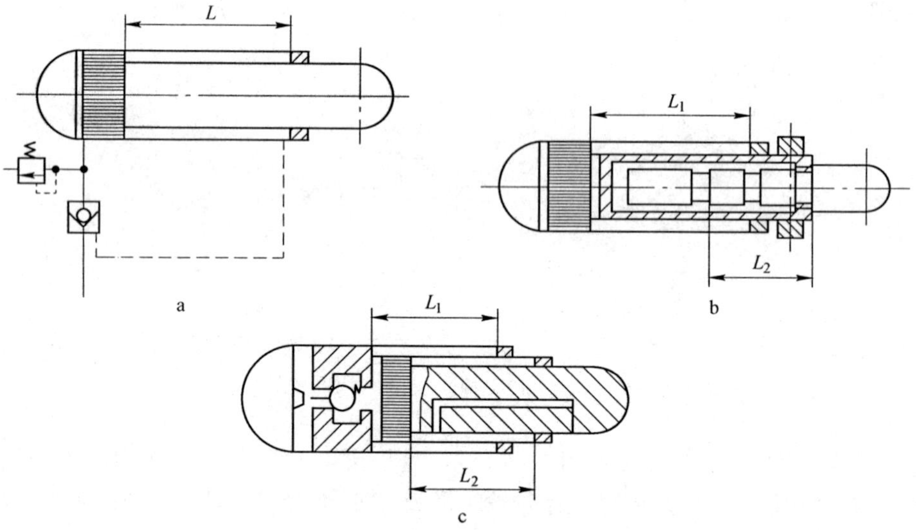

图4－14 立柱的结构形式

（1）单伸缩双作用立柱（见图4－14a）。只有一级行程，伸缩比一般为1.6左右，这类立柱结构简单、调整高度方便，缺点是调高范围小。

（2）单伸缩机械加长杆立柱（见图4－14b）。总行程为液压行程 L_1 与机械行程 L_2 之和，这类立柱的调高范围较大，可在较大范围内适应煤层厚度的变化。但机械行程只能在地面根据煤层的最大厚度调定。这类立柱造价比双伸缩立柱低，应用广泛。

（3）双伸缩双作用立柱（见图4－14c）。两级行程都由液压力操纵，总行程为 L_1+L_2，可在较大范围内适应煤层厚度的变化，而且可在井下随时调节，其伸缩比可达3。这类立柱造价高、结构复杂。

4.2.4.6 千斤顶

千斤顶是完成支架及其各部位动作、承载的主要元件，大多属于单伸缩双作用活塞式液压缸。千斤顶按用途分，有推移千斤顶、前梁千斤顶、伸缩梁千斤顶、平衡千斤顶、侧推千斤顶、调架千斤顶、防倒千斤顶、防滑千斤顶、护帮千斤顶等。千斤顶与立柱都是活塞式动力油缸，因此其工作原理、基本组成以及对零部件的要求等大体相同。但是，与立柱相比，千斤顶仍有一些区别，如立柱受力大，千斤顶受力小；立柱压力高，千斤顶压力低；立柱主要承受推力，拉力较小，推拉力相差较大，而千斤顶推拉力均有要求，一般相差不大，有时还要求拉力大于推力（采用浮动活塞千斤顶等结构）。

4.2.4.7 推移装置

支架推移装置是实现支架自身前移和输送机前移的装置，一般由推移千斤顶、推杆或框架等导向传力杆件以及连接头等部件组成。其中推移千斤顶形式有普通式、差动式和浮动活塞式。普通式推移千斤顶通常是外供液普通活塞式双作用油缸；差动式推移千斤顶则利用交替单向阀或换向阀的油路系统，使其减小推输送机力；浮动活塞式推移千斤顶的活塞可在活塞杆上滑动（保持密封），使活塞杆腔（上腔）供液时拉力与普通千斤顶相同，但在活塞腔（下腔）供液时，使压力的作用面积仅为活塞杆断面，从而减小了推输送机力。

推移装置的结构形式如图4－15所示。

（1）直接式推移装置（见图4－15a）。采用普通式或差动式千斤顶，千斤顶的两端直接通过连接头、销轴分别与输送机和支架底座相连。支架移动时必须有专门的导向装置，而不能直接用千斤顶导向。这种推移装置可用于底座上有专门导向装置的插腿式等支架，目前应用较少。

（2）平面短推杆式推移装置（见图4－15b）。通过推杆，千斤顶分别与输送机、支架相连，千斤顶多采用浮动活塞式，以减小推输送机力。由于平面短推杆与千斤顶位于同一轴线，故受力较好，同时，用推杆作导向装置，抗弯强度高，导向性能好。这种推移装置推拉力合理，导向简单、可靠，应用广泛。

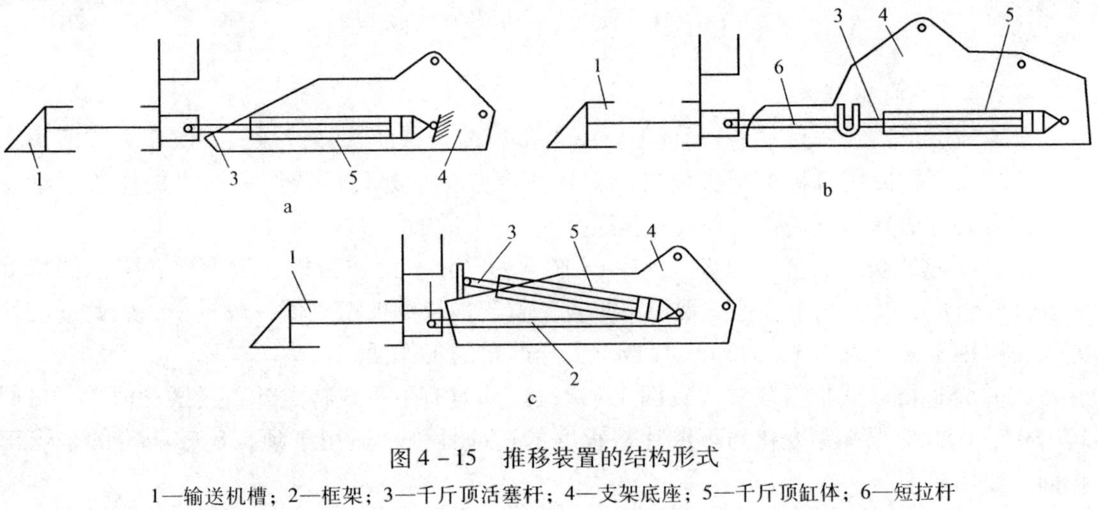

图4－15 推移装置的结构形式

1—输送机槽；2—框架；3—千斤顶活塞杆；4—支架底座；5—千斤顶缸体；6—短拉杆

（3）反拉长框架式推移装置（见图4－15c）。框架一端与输送机相连，另一端与推移千斤顶的活塞杆或缸体相连，推移千斤顶的另一端与支架相连。用框架来改变千斤顶推拉力的作用方向，用千斤顶推力移支架，用拉力推输送机，使移架力大于推输送机的力，移架力最大。框架一般用高强度圆钢制成，作为支架底座的导向装置。由于框架长，框架的抗弯性能差，易变形，装卸不方便，重量较大，成本较高，不宜在短底座上采用。这种推移装置只需用普通千斤顶，推拉力合理，应用广泛。

4.2.4.8 活动侧护板

活动侧护板安装在掩护式和支承掩护式支架的顶梁和掩护梁的侧面，其作用如下：

（1）可改善顶梁与掩护梁的护顶、防矸性能，隔离控顶区与采空区，防止冒落矸石窜入工作面。

（2）在移架时起导向作用。

（3）活动侧护板增强了支架侧向稳定性，其上设置的弹簧与千斤顶都起防止支架降落后倾倒和调整支架间距的作用。活动侧护板的基本形式有直角式和折页式。直角式活动侧护板的类型如图4－16所示。上伏式活动侧护板（见图4－16a）的盖板直接平置于顶梁（或掩护梁）上方，直接承受顶板或冒落矸石的压力，受载大，结构简单。嵌入式活动侧护板（见图4－16b）的盖板虽然也在梁面上方，但一般低于梁面，因而承载小。下嵌式活动侧护板（见图4－16c）的盖板位于顶梁上梁面下方，下嵌入顶梁体内，不承受顶板压力，侧护板容易伸缩，有利于防倒与调架，但结构复杂。

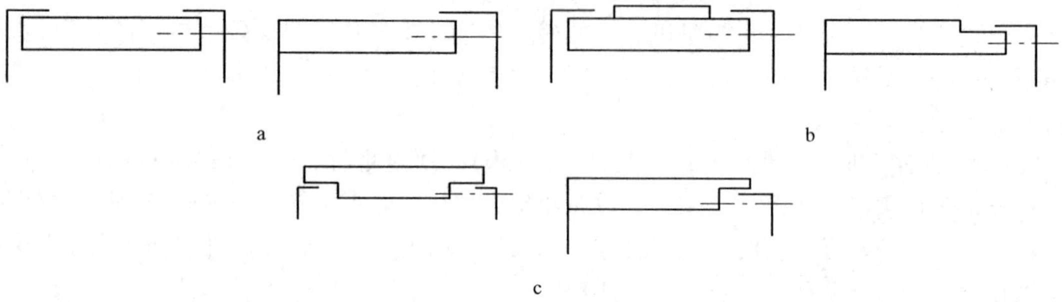

图4－16 直角式活动侧护板的类型

4.2.4.9 护帮装置

一般情况下，当采高大于2.5m时，支架都应配护帮装置。护帮装置设在顶梁前端或伸缩梁的前部，使用时将护帮板推出，支托在煤壁上，起到护帮作用，防止片帮现象发生。护帮装置的基本形式有下垂式和普通翻转式，如图4－17所示。

（1）下垂式护帮装置（见图4－17a、图4－17b）。由护帮板、千斤顶、限位挡块等主要部件组成，结构简单。但护帮板由垂直位置起向煤壁的摆动值一般较小，因此适应性差，一般用于采高为2.5～3.5m，片帮不十分严重的工作面。

（2）普通翻转式护帮装置（见图4－17c）。除具有下垂式特点外，其摆动值大，可回转180°，因此对梁端距变化与煤壁片帮程度的适应性强，适用于顶板比较稳定的采煤工作面，使用较多。

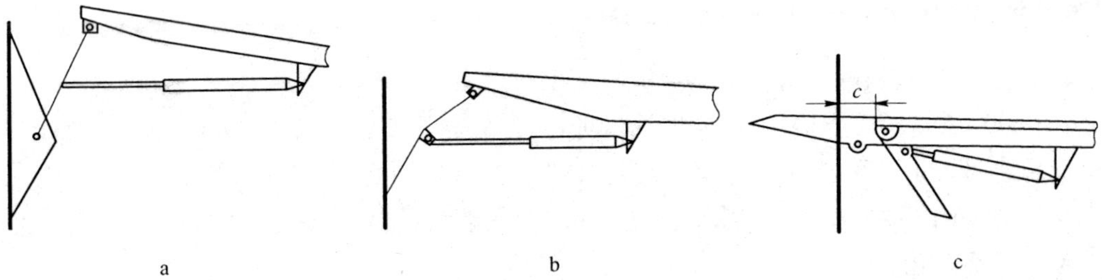

图 4－17　护帮装置的基本形式

4.2.4.10　防倒、防滑装置

为使液压支架能正常工作，当工作面倾斜角度大于 15°时，液压支架必须采取防倒、防滑措施。其具体办法是：利用装设在支架上的防倒、防滑千斤顶在调架时产生的一定的推力，以防支架下滑、倾倒，并进行架间调整。

几种防倒、防滑装置如图 4－18 所示。图 4－18a 所示是在支架的底座旁设置一个与防滑撬板 3 相连的防滑调架千斤顶 4。移架时，千斤顶 4 伸出，推动撬板顶在邻架的导向板上，起导向防滑作用，而顶梁之间装有防滑千斤顶 2 防止支架倾倒。图 4－18b 是两个防倒千斤顶 2 装在底座箱的上部，通过其动作，达到防倒、防滑和调架的作用。图 4－18c 所示是在相邻两支架的顶梁（或掩护梁）与底座之间装一个防倒千斤顶 2，通过链条或拉杆分别固定在各支架的顶梁和底座上，千斤顶 2 防倒，千斤顶 4 调架。

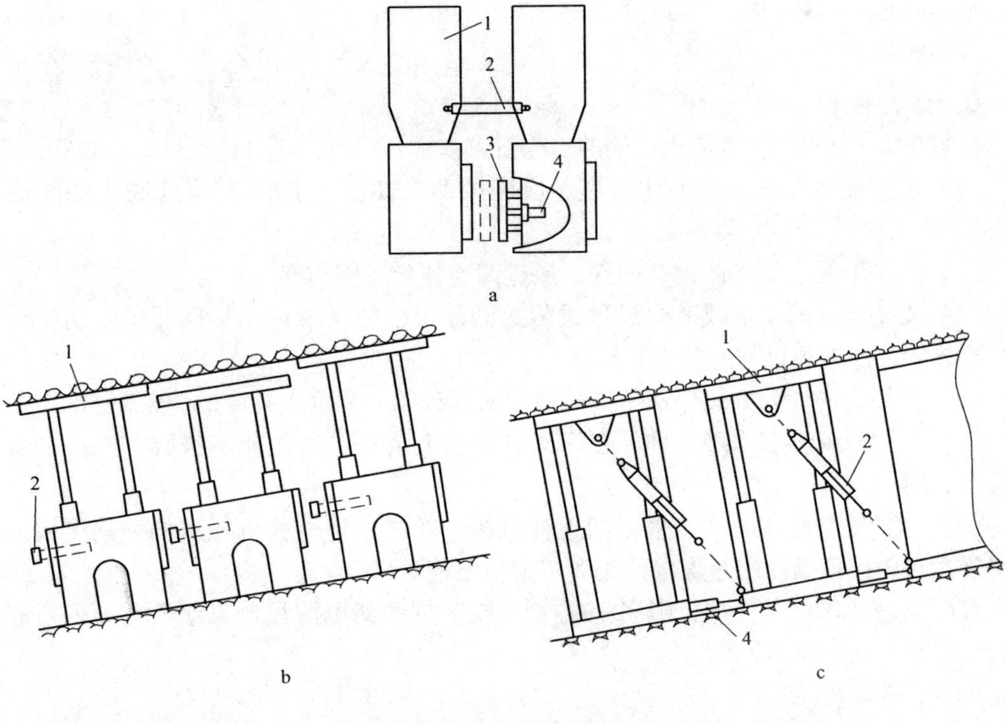

图 4－18　防倒、防滑装置

1—顶梁；2—防倒千斤顶；3—防滑撬板；4—防滑调架千斤顶

4.2.5 典型液压支架

4.2.5.1 ZY8600－24/50D型掩护式支架

ZY8600－24/50D型掩护式支架是一种中厚煤层支架，该支架技术先进，性能良好，结构简单合理。其型号含义为：Z—液压支架；Y—掩护式；8600—工作阻力，kN；24—最小高度2.4m；50—液压支架最大高度5m；D—电液控制。

A 适用范围

该支架的适用范围是煤层厚度为5m，倾角小于15°，随采随落的破碎或中等稳定的顶板，直接顶较完整，底板平整，允许用于煤底，但底板的抗压强度要足够。

B 主要技术参数

主要的技术参数如下：

支架形式	双柱掩护式
支架支承高度	2400～5000mm
移架步距	865mm
推移千斤顶行程	960mm
支架宽度	1660～1860mm
支架中心距	1750mm
初撑力（$p=31.5$MPa）	6413kN
工作阻力（$p=42.3$MPa）	8600kN
支架支护强度	1.006～1.066MPa
对底板比压	2.49MPa
支架质量	29500kg

C 结构特点

ZY8600－24/50D型掩护式支架的结构特点如下：

（1）液压支架配备一个整体底座，底座的两个相互连接的座箱被底座中间的过桥分开。

（2）掩护梁是一个整体钢结构件，通过四连杆与底座相连。

（3）支架立柱的支承载荷通过顶梁传送到顶板，顶梁通过销轴和一个平衡千斤顶与掩护梁连接，所有顶梁都配备有护帮板。

（4）程序化的计算方法保证了支架最佳的承载能力和垂直高度的调整范围。

（5）采用双伸缩双作用立柱，在一级缸活塞上装有单向阀使一级缸和二级缸所承受的载荷相同。

（6）掩护梁与底座的连接采用四连杆机构，四连杆是一种机械机构，其作用是在支架升降过程中使顶梁前端至煤壁的距离近似恒定值。

（7）液压支架配备使用PM3电液控制器来实现邻架电液控制系统所需要的所有液压元件。

D 主要结构

ZY8600－24/50D型掩护式支架的结构如图4－19所示。

（1）顶梁。顶梁是整体式箱形结构（见图4－20），它直接与顶板接触，将顶板的压力直接传给该支架的立柱。顶梁内部装有侧推千斤顶、弹簧及弹簧导杆等，它是与侧护板、护帮板、掩护梁、立柱等部件连接的载体。顶梁下面以球形铰接方式连接着两根立柱，把立柱的支承点传输到顶板。顶梁通过固定的销轴与掩护梁连接，并通过平衡千斤顶保持铰接点的平衡。

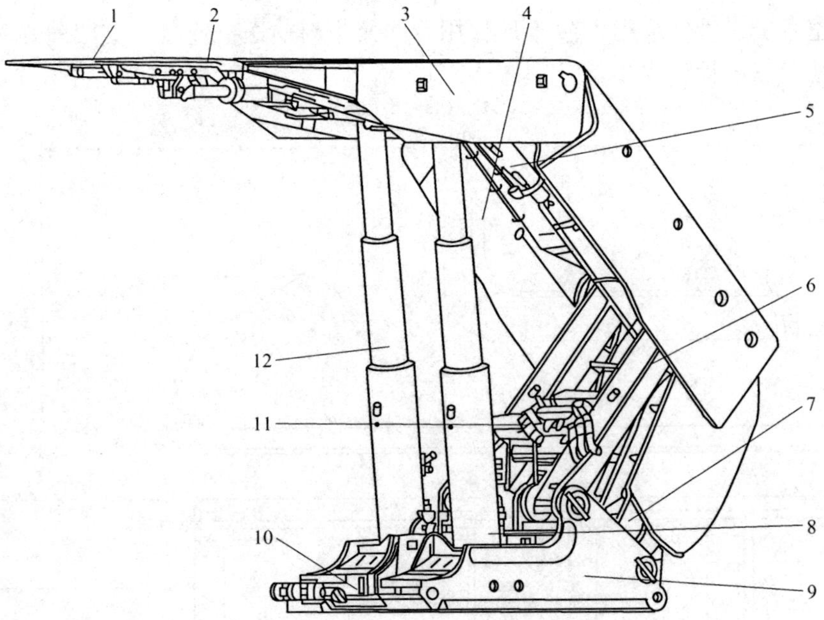

图 4－19　ZY8600－24/50D 型支架

1—二级护帮；2—一级护帮；3—顶梁；4—掩护梁；5—平衡千斤顶；6—前连杆；7—后连杆；8—推移千斤顶；9—底座；10—推杆；11—阀组；12—立柱

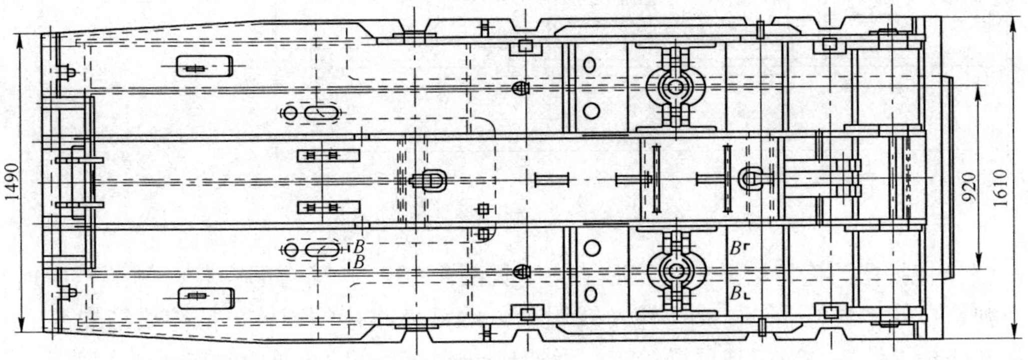

图 4－20　顶梁

(2) 底座。底座是一个半分体式箱形结构件，如图4－21所示。底座有前后过桥抬架结构，直接与底板接触，承受通过顶梁、立柱传递过来的顶板的垂直压力，也承受由底板显现作用的向上作用力，及四连杆传递的拉压、扭曲力，是与四连杆、推移框架、推移千斤顶等部件连接的载体。底座配备有倒装式推移装置，推移千斤顶通过推移杆向输送机传输力量，其导向装置布置在两个底座之间。倒装式推移千斤顶利用活塞腔进液实现移架，利用活塞杆腔进液实现推溜。千斤顶用万向接头与输送机连接。支架前移时提底座千斤顶把底座从松软底板里提出。

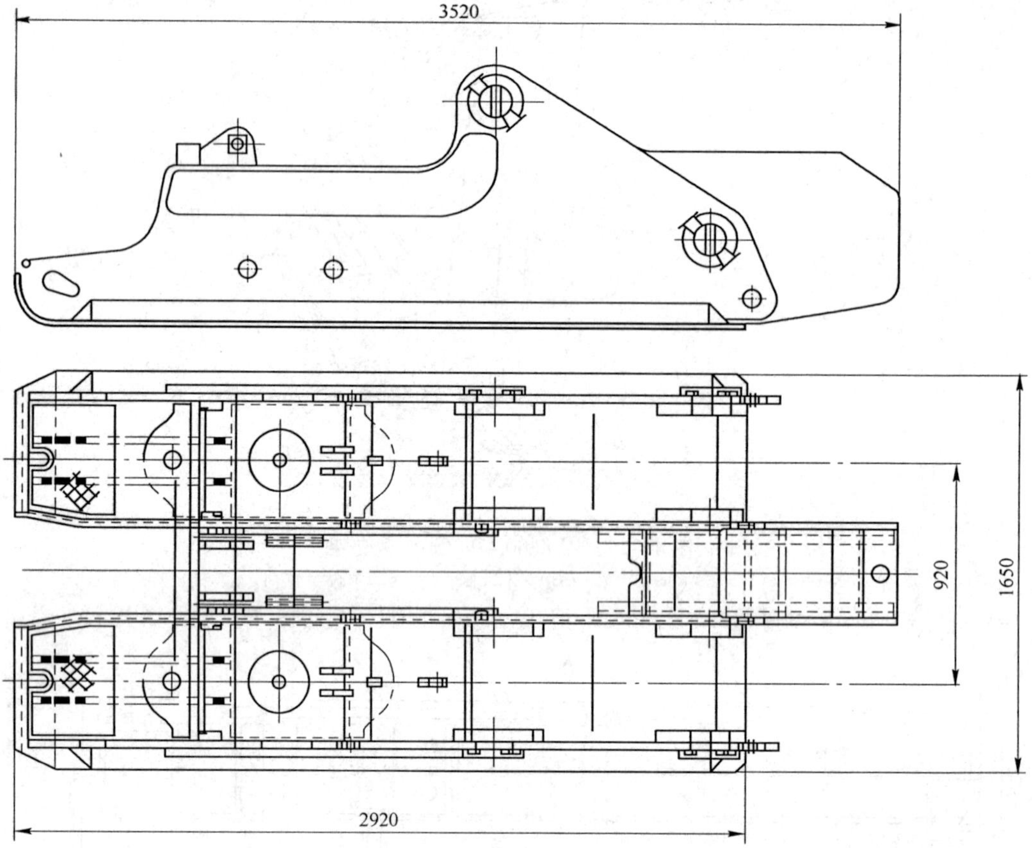

图4－21　底座

(3) 掩护梁。掩护梁是一个箱形结构（见图4－22），其内部安装有侧护千斤顶、弹簧及弹簧导杆，是与顶梁、四连杆（或尾梁）等部件连接的载体。掩护梁结构形式为双向活动侧护板结构，前端与顶梁铰接，后端与四连杆铰接，并通过四连杆和底座构成液压支架中不可缺少的四连杆机构。

(4) 前后连杆。前后连杆均为分体单连杆形式，其中后连杆带双侧固定侧护板，如图4－23所示。连杆与底座、掩护梁铰接，构成液压支架中最核心的四连杆机构，从而满足液压支架具有的合理稳定的运动机构。连杆是一个箱形结构，在液压支架中承受拉、压及水平力而产生扭曲力。

(5) 推移装置。推移装置是一种整体式箱形结构，如图4－24所示。推移装置的主要

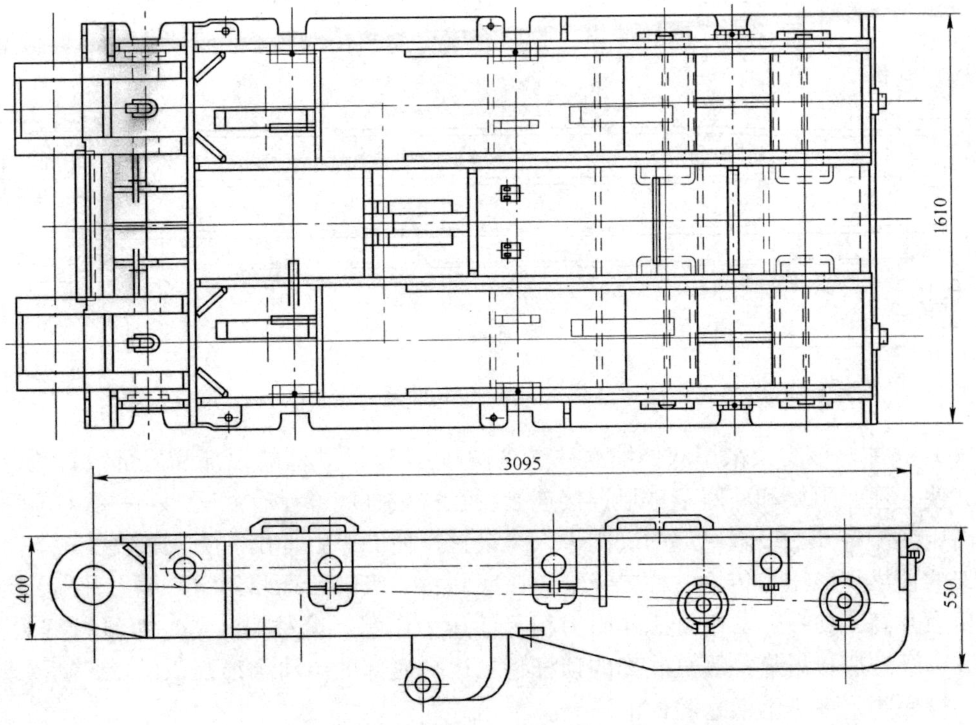

图 4-22 掩护梁

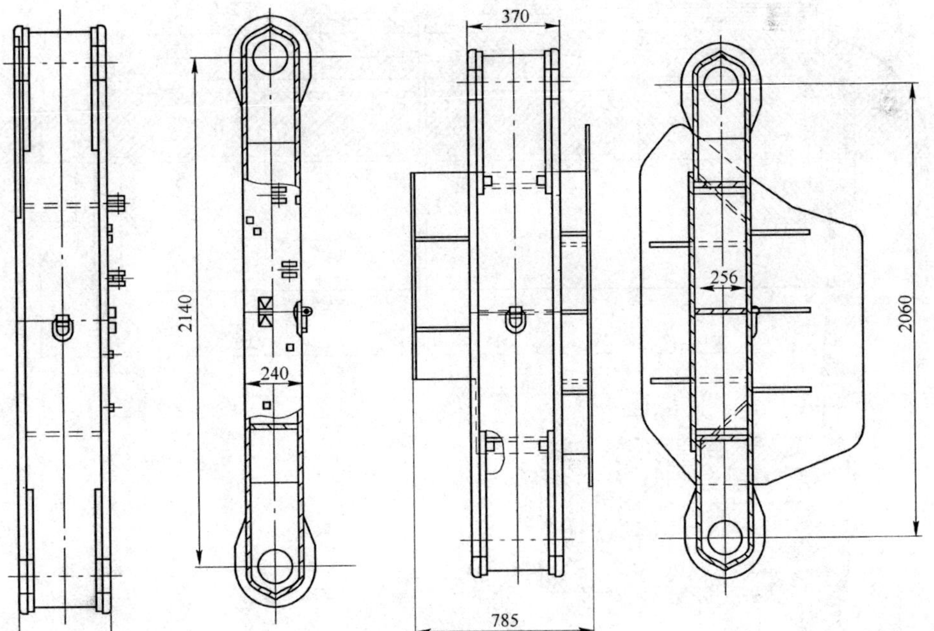

a b

图 4-23 前后连杆

a—前连杆；b—后连杆

功能是：部件前端通过连接头和输送机耳子铰接，后部和推移千斤顶铰接，布置在支架底座中部空间内，由推移千斤顶的伸出、收回完成推溜和移架功能，是支架推溜、移架机构中的连接载体。

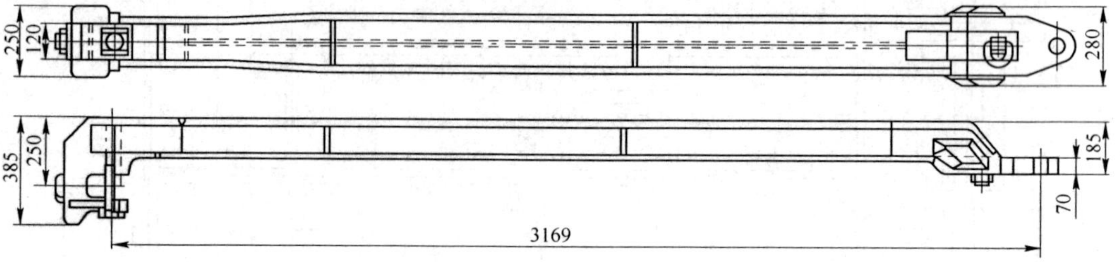

图4－24 推移装置

（6）立柱。该支架采用双伸缩立柱（见图4－25），立柱的顶部和底部设计为球形连接头，使立柱、顶梁和底座呈球形铰接连接。在二级缸底部设有底阀，当一级缸行程用完后，高压液体打开二级缸底部的底阀进入二级缸，使二级缸伸出。当底板受压时，通过液压支架的顶梁将该压力传给立柱二级缸，该底阀将二级缸活塞腔封闭，压力升高，同时一级缸压力升高，使一、二级缸工作阻力相等但压力不等。降柱时，等一级缸行程为零时，底阀和一级缸底接触靠一级缸底部的顶杆将二级缸底部的单向阀顶开，使二级缸活塞腔的液体通过底阀、一级缸活塞腔回液。

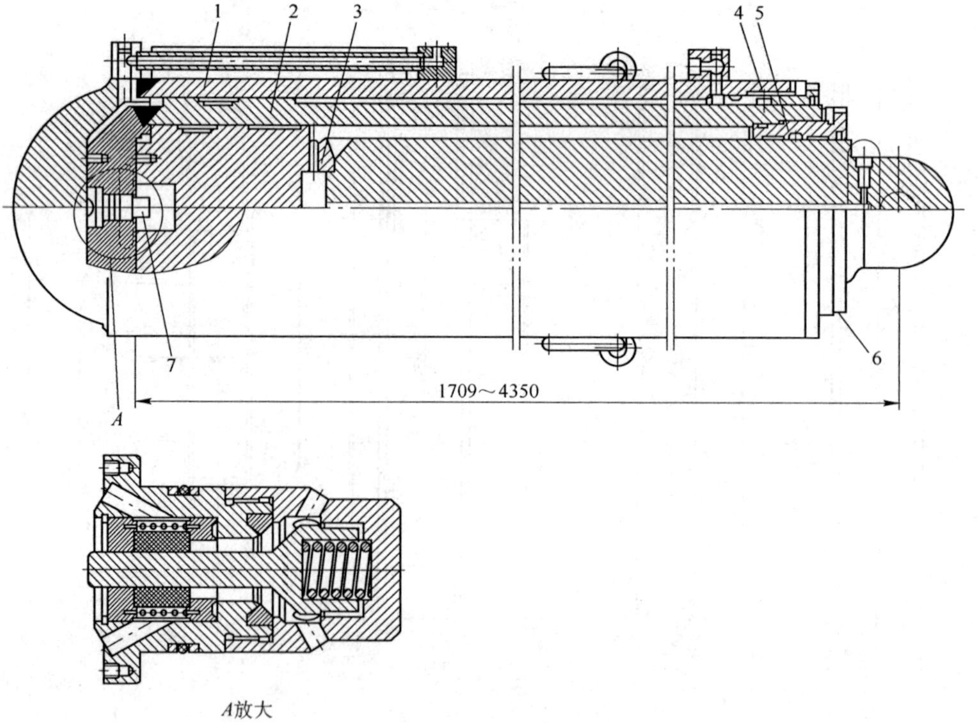

图4－25 立柱

1—缸体；2—一级活塞；3—二级活塞；4—一级导向套；5—二级导向套；6—二级活塞杆；7—单向阀

(7) 推移千斤顶。该千斤顶为双作用外供液式结构，如图 4－26 所示。千斤顶的缸径为 160mm，行程为 960mm，推力为 633kN，拉力为 361kN。

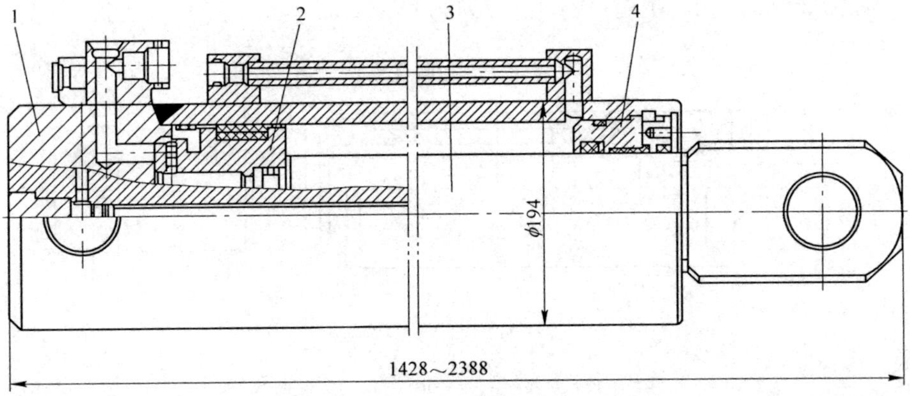

图 4－26 推移千斤顶

1—缸体；2—活塞；3—活塞杆；4—导向套

(8) 一级护帮千斤顶。该千斤顶为双作用外供液式结构，如图 4－27 所示。每台支架安装两个千斤顶，千斤顶的缸径为 165mm，柱径为 100mm，推力为 812kN，拉力为 436kN。

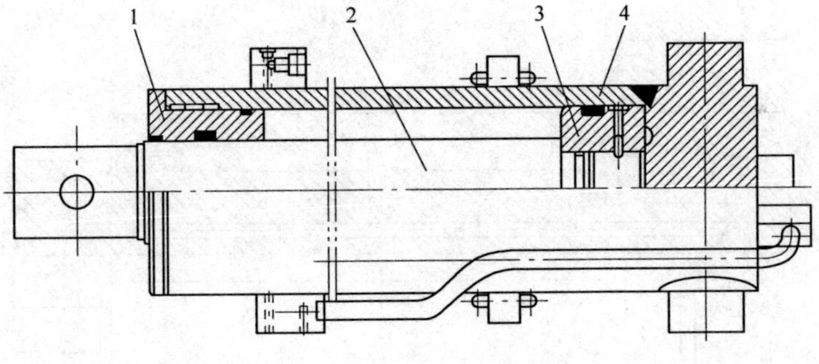

图 4－27 一级护帮千斤顶

1—导向套；2—活塞杆；3—活塞；4—缸体

(9) 二级护帮千斤顶。该千斤顶为双作用内供液式结构，如图 4－28 所示。安装在支架的一级护帮板和二级护帮板之间，千斤顶的缸径为 80mm，柱径为 60mm，推力为 191kN，拉力为 69kN。

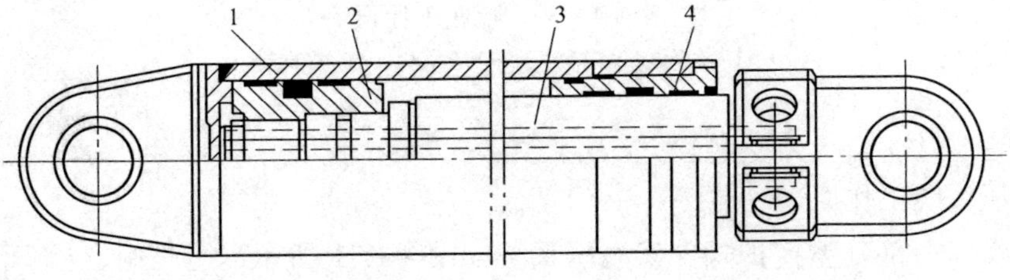

图 4－28 二级护帮千斤顶

1—缸体；2—活塞；3—活塞杆；4—导向套

（10）侧推千斤顶。侧推千斤顶采用双作用内注式供液结构，如图4－29所示。支架上共安装有4个这样的千斤顶，在顶梁和掩护梁上各安装有两个。千斤顶的缸径为80mm，行程为200mm，推力为159kN，拉力为69kN。

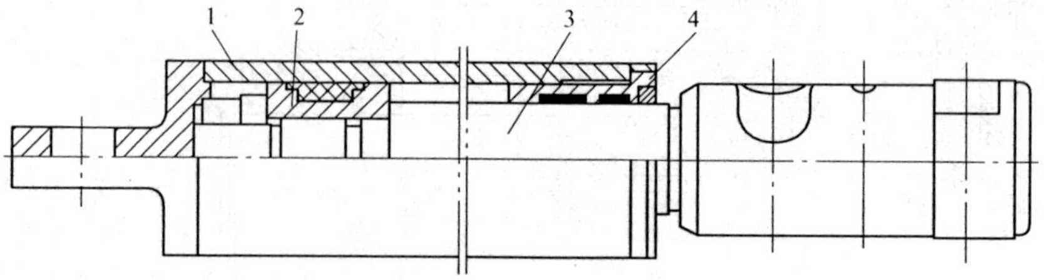

图4－29　侧推千斤顶

1—缸体；2—活塞；3—活塞杆；4—导向套

（11）抬底千斤顶。抬底千斤顶如图4－30所示，其主要功能是防止底座下沉，或下沉后利用该千斤顶将底座抬起便于支架前移。抬底千斤顶上腔与立柱下腔通过截止阀连接，当抬底千斤顶专用截止阀关闭时不允许操作抬底千斤顶。

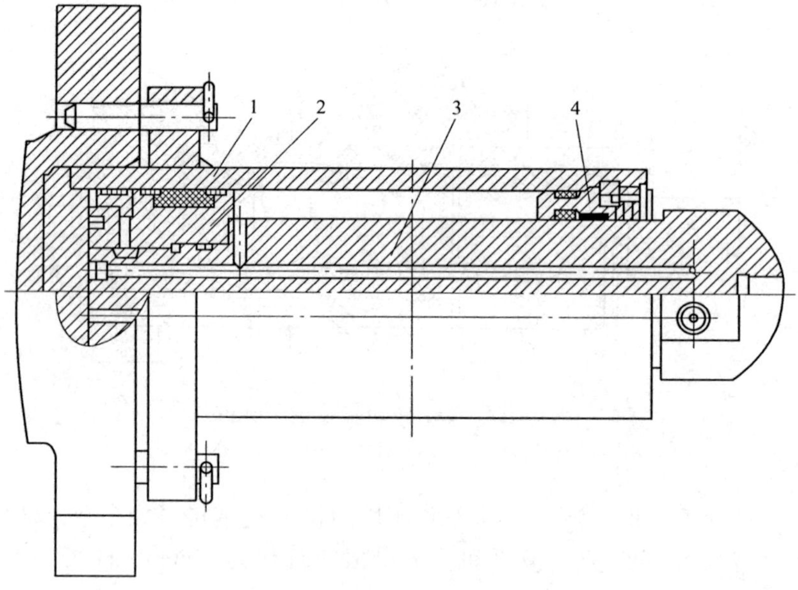

图4－30　抬底千斤顶

1—缸体；2—活塞；3—活塞杆；4—导向套

E　液压系统

a　液压系统工作原理

ZY8600－24/50D型掩护式支架液压系统如图4－31所示，它是由立柱R_1，立柱R_2，一级护帮千斤顶R_3，两个二级护帮千斤顶R_4，4个侧推千斤顶R_5，推移千斤顶R_6，抬底千斤顶R_7，平衡千斤顶R_8组成，分别由各自的电液动换向阀操纵。

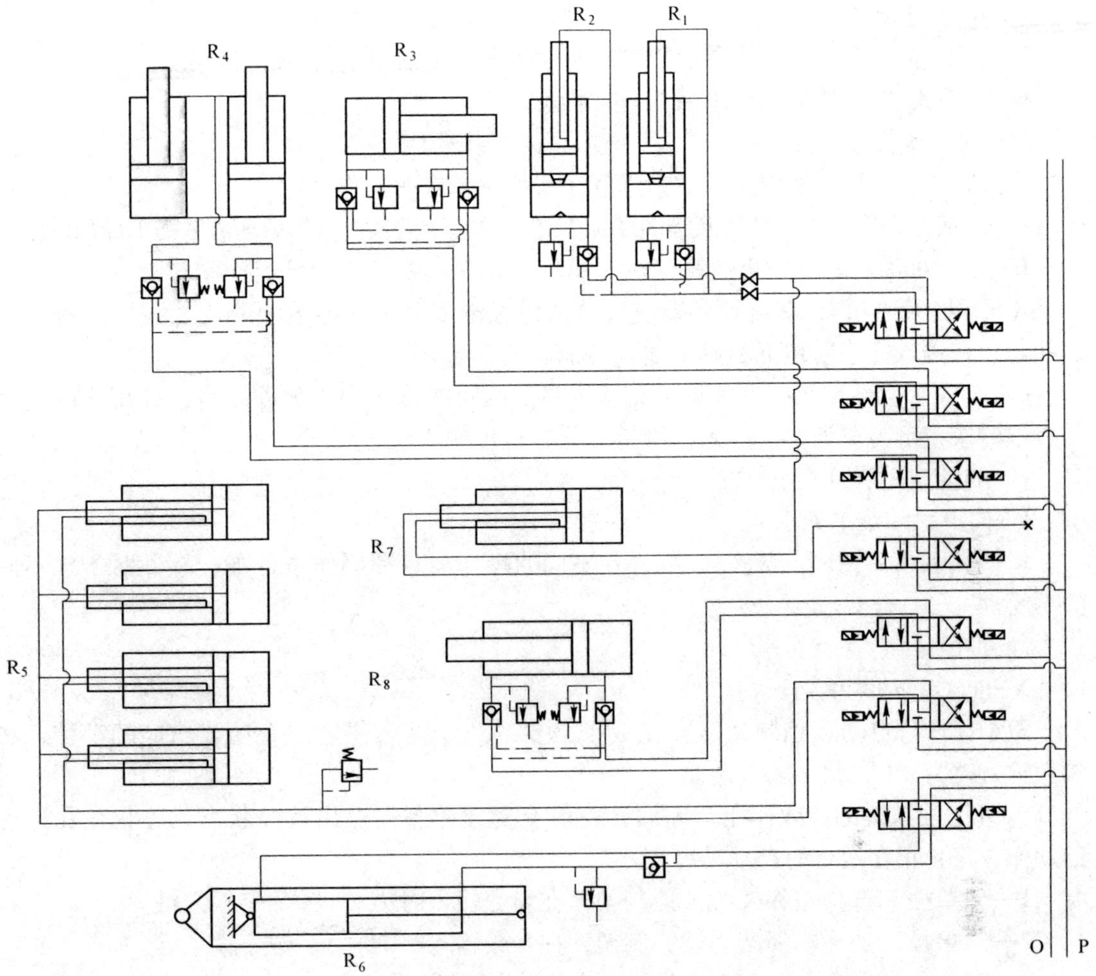

图 4-31 液压系统

R_1，R_2—立柱；R_3——级护帮千斤顶；R_4—二级护帮千斤顶；R_5—侧推千斤顶；R_6—推移千斤顶；R_7—抬底千斤顶；R_8—平衡千斤顶

b 操纵键

控制器的操作均通过按键实现。操作键的用途是发出命令、选择功能、选择显示、功能设置及参数输入等，共设有 25 个键，其中字母键 14 个，数字键 9 个，启动键 1 个，停止键 1 个，如图 4-32 所示。各键用途如下（以下简称单架单动作控制为"单控"，成组自动控制为"自动"）：

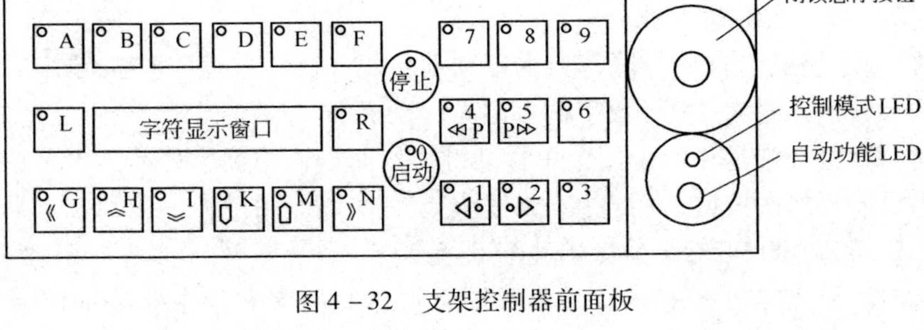

图 4-32 支架控制器前面板

A—直接选定菜单“服务”列，在“单控”选架键按下后为降柱操作。

B—直接选定菜单“总体参数”列，在“单控”选架键按下后为移架操作。

C—在“单控”选架键按下后为升柱操作。

D—在“单控”选架键按下后为降柱 + 移架操作。

E—在“单控”选架键按下后为降柱 + 移架 + 抬底座操作。

F—直接选定菜单“自动功能错误”项，在“单控”选架键按下后为收平衡千斤顶操作。

L—本架推溜启动及停止按钮，在“单控”选架键按下后为推溜操作。

R—又称 Enter 键，在进行参数或口令的设置输入时，在参数项调出后按下为进入输入状态；在输入完毕后按下为确认输入并退出输入状态。

G—向左移动菜单列，在用数字键输入参数时可按该键回格删除字符；在用增减键输入参数时按该键为取消本次输入，维持原值并退出输入状态。

H—向上移动菜单列。

I—向下移动菜单列。

K—称为“程序键”或“软键”，在不同的操作项目和操作条件下，软件赋予它不同的功能。

M—同上。

N—向右移动菜单列。

START—“自动”控制功能在完成了必要的选定键操作后，启动该功能的动作；在参数输入时为“0”数字输入键。

STOP—在该键的有效作用范围内，使所有支架控制器退出被控状态，停止正在进行的动作，终止正在运行的自动功能程序。

1—“单控”选择左邻架为被控制架，在参数输入时为“1”数字输入键。

2—“单控”选择右邻架为被控制架，在参数输入时为“2”数字输入键。

3—PSA 自动功能的开关键，在参数输入时为“3”数字输入键。

4—成组“自动”功能选定后，该键选择成组位置在左方，还可改变组内动作顺序；在参数输入时为“4”数字输入键。

5—成组“自动”功能选定后，该键选择成组位置在右方，还可改变组内动作顺序；在参数输入时为“5”数字输入键。

6—直接选定成组“自动”拉溜功能，在参数输入时为“6”数字输入键。

7—直接选定成组“自动”伸缩护帮板和伸缩梁功能，在“单控”选架键按下后为伸缩平衡千斤顶；在参数输入时为“7”数字输入键。

8—直接选定成组“自动”推溜功能，在“单控”选架键按下后为收护帮板操作；在参数输入时为“8”数字输入键。

9—直接选定成组“自动”降移升顺序联动功能，在“单控”选架键按下后为伸护帮板操作；在参数输入时为“9”数字输入键。

以上所谓直接选定是相对于用菜单移动键操作而言，用菜单移动键也可选定要选的菜单项目，但可能要多次按键；而直接选定只需按一次该专用键，一步到位。

4.2.5.2 ZZ4000/17/35 型支承掩护式支架

ZZ4000/17/35 型支承掩护式支架是我国自行研制的支架，主要零部件强度经过优化设计，因而重量较轻，性能好，在我国应用极为普遍。

A 适用范围

ZZ4000/17/35 型支承掩护式支架是四柱直接撑顶的支架，适用于煤层厚度为 2.0～3.3m，倾角小于 25°，顶板中等稳定或稳定，底板允许比压不小于 2MPa 的地质条件。

B 主要技术参数

ZZ4000/17/35 型支承掩护式支架的主要技术参数如下：

支架形式	四柱直接撑顶
支架高度	1700～3500mm
支架宽度	1430～1600mm
支架中心距	1500mm
支架初撑力	1884kN
支架工作阻力	4000kN
支架支护强度	0.73MPa
支架对底板比压	1.86MPa
重量	10.7t
泵站工作压力	14.7MPa

C 结构特点

ZZ4000/17/35 型支承掩护式支架主要有以下几方面特点：

（1）工作阻力大，支护强度高，切顶能力强；两排立柱都向前倾斜布置，有利于切顶。

（2）采用带机械加长杆的单伸缩立柱，调高范围较大。

（3）采用分式铰接结构顶梁，由千斤顶控制前梁，可向上摆动 15°，向下摆动 19°，顶梁前部有较好的支护性能。

（4）顶梁、掩护梁都装有双侧可换装活动侧护板，由千斤顶和弹簧控制，具有挡矸防倒及调架性能。

（5）采用四连杆机构，使端梁距变化小，变化量仅为 42mm。

（6）采用长框架推移装置，有较大的移架力。

D 主要结构

ZZ4000/17/35 型支承掩护式支架的结构如图 4－33 所示。

a 梁和底座

（1）前梁。前梁为一钢板焊接件，如图 4－34 所示，它可向上摆动 19°，向下摆动 15°，从而改善了前梁与顶板的接触状况。在前梁前端有护帮装置，该装置采用四连杆机构，主要由上连杆 5、下连杆 3、护帮板 4 和顶梁上的支座 1、2 组成。

（2）主顶梁。主顶梁为焊接箱式结构（见图 4－35），中间的两根主骨架 1 为主体，在主骨架中焊机 4 个柱窝 7，在顶梁两侧装有侧护板 2 和 8，根据工作面方向不同可使一侧固定，另一侧活动。要使侧护板固定，只需把弹簧套筒收回，用销子锁在销孔 6 中。为了防止销子脱出，用挡板进行固定；如果不销住，侧护板就在弹簧作用下伸出。

（3）掩护梁。掩护梁焊接方式与顶梁相似，如图 4－36 所示。掩护梁上端铰接座 1 与顶梁铰接，下端通过前连杆 2、后连杆 3 与底座铰接。掩护梁上的侧护板 4、5 的装配

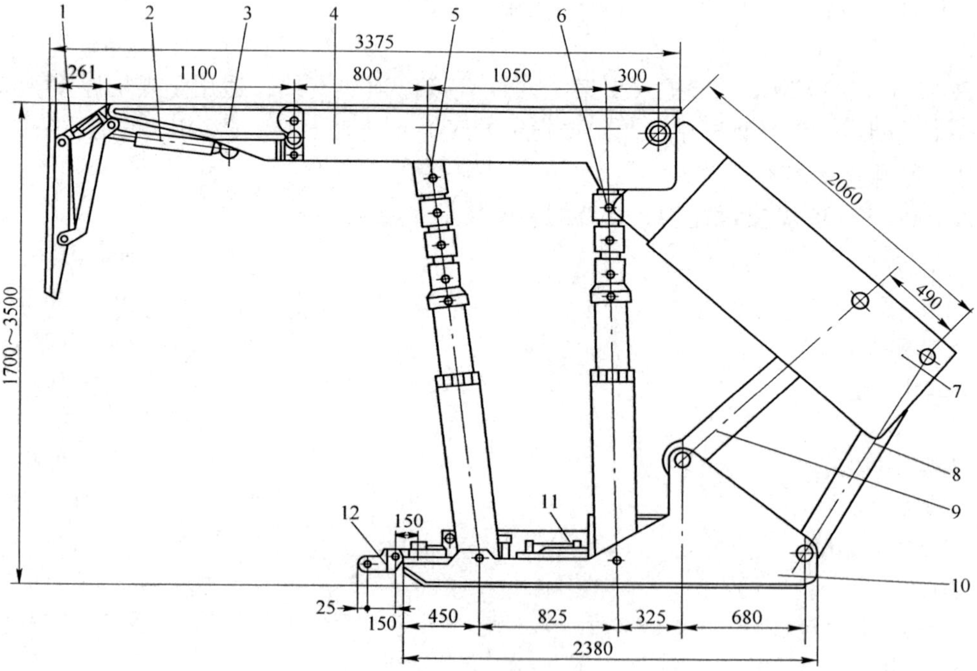

图 4－33　ZZ4000/17/35 型支承掩护式支架

1—护帮装置；2—护帮千斤顶；3—前梁；4—主顶梁；5—前立柱；6—后立柱；7—掩护梁；8—后连杆；9—前连杆；10—底座；11—推移千斤顶；12—框架

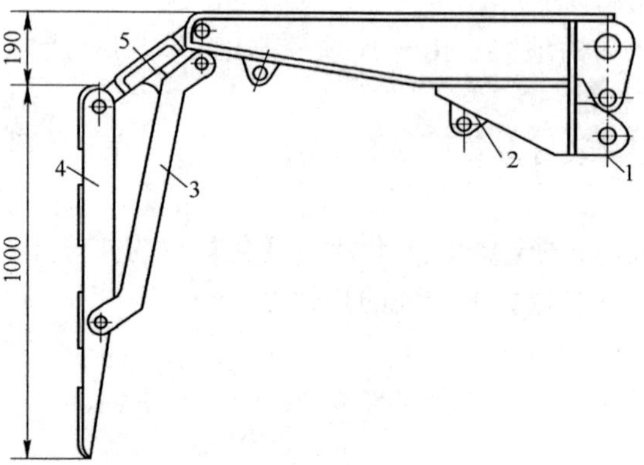

图 4－34　前梁

1—前梁千斤顶支座；2—护帮千斤顶支座；3—下连杆；4—护帮板；5—上连杆

方法与顶梁侧护板的装配方法相同。

（4）底座。底座由钢板焊接成箱形整体结构（见图 4－37）。在底座前端两侧焊有千斤顶转架 1，在底座前端中间有推移千斤顶支座 2，在中部有平台 4，可以安装阀组框架，人员可在平台上进行操作。

（5）导向梁。导向梁如图 4－38 所示，其作用是为支架前移导向。导向梁安设在相邻两支架之间，其前端与工作面输送机相连。

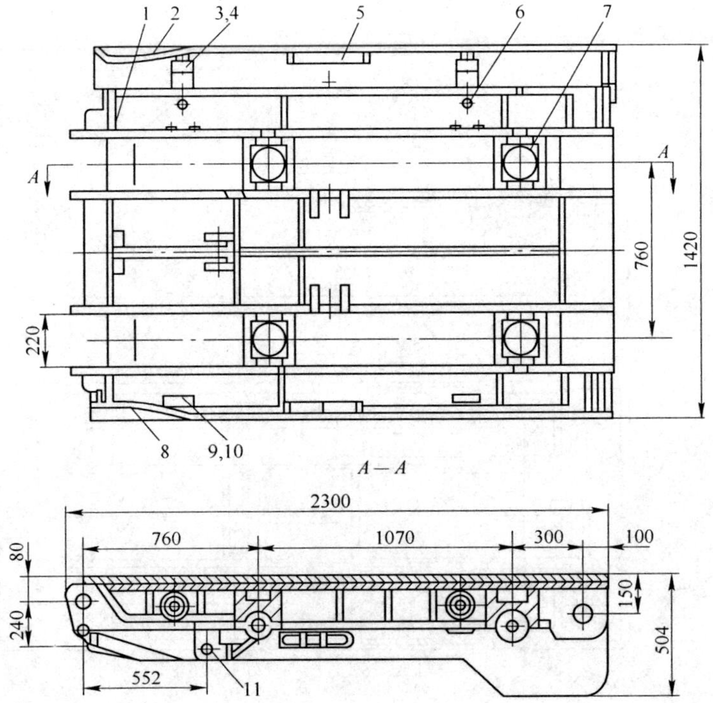

图 4-35 主顶梁

1—主骨架；2—左侧护板；3—弹簧套筒；4—销轴；5—侧护板千斤顶支座；6—销孔；7—柱窝；8—右侧护板；9—挡板；10—销；11—前梁千斤顶支座

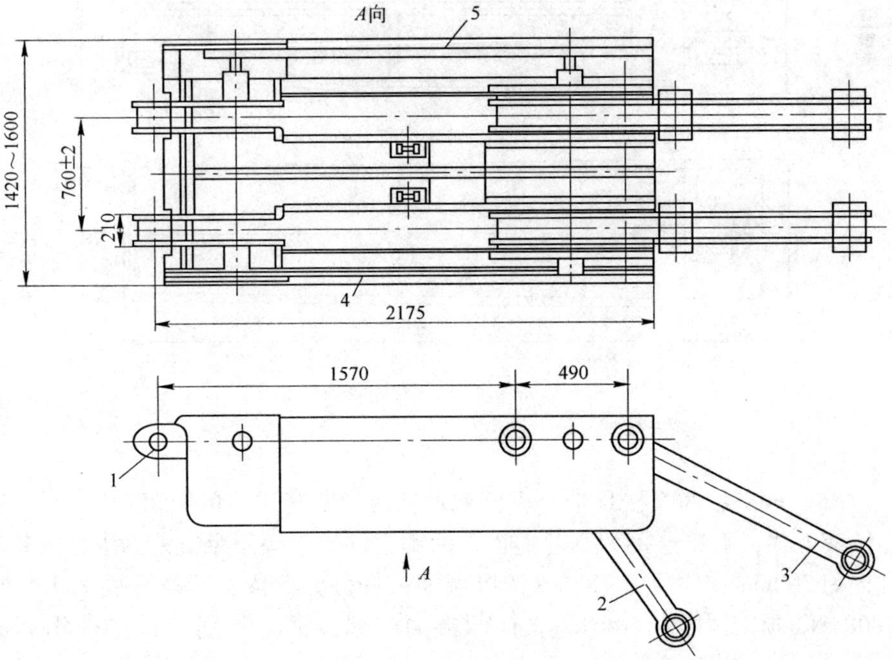

图 4-36 掩护梁

1—铰接座；2—前连杆；3—后连杆；4，5—侧护板

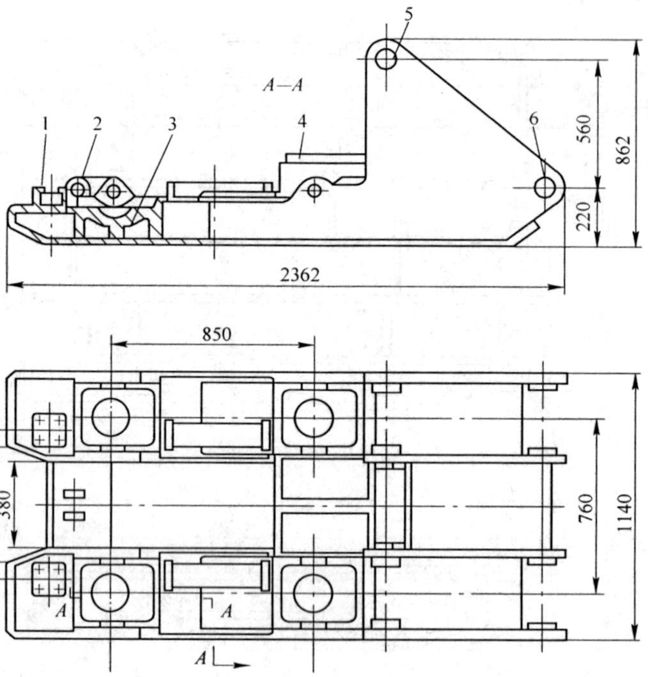

图4-37 底座

1—千斤顶转架；2—推移千斤顶支座；3—柱窝；4—平台；5，6—销孔

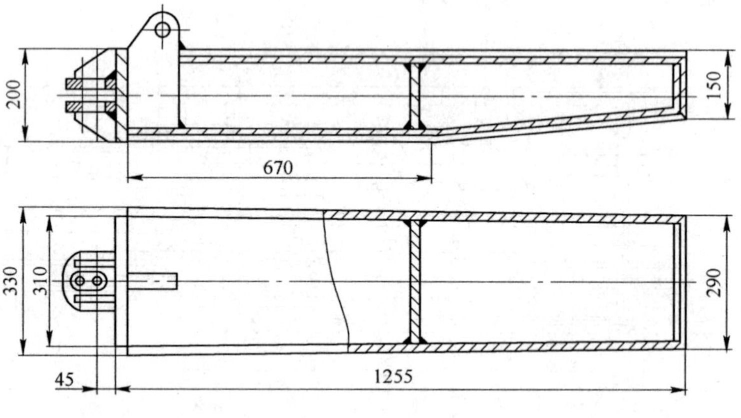

图4-38 导向梁

b 立柱和千斤顶

（1）立柱。该支架的立柱是带有机械加长杆内导向套式的单伸缩立柱（见图4-39），它采用外供液方式，缸口连接为钢丝连接，活塞组件的连接固定方式为卡键连接固定。千斤顶的缸径为200mm，柱径为185mm，机械加长杆分为5段，每段长度为150mm，工作阻力为1800kN，降柱力为158kN。立柱两端为凸起球面，分别与顶梁柱帽和底座柱窝连接。

（2）推移千斤顶。推移千斤顶为活塞式双作用外供液式结构。千斤顶的缸径为140mm，行程为700mm，推溜力为142kN，拉架力为225kN。

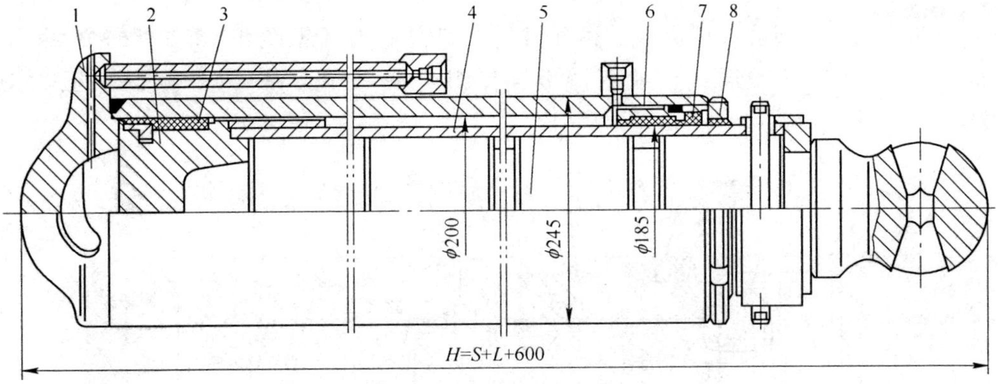

图 4-39 立柱

1—缸体；2—活塞；3—鼓形密封圈；4—活塞杆；5—加长杆；
6—导向套；7—蕾形密封圈；8—防尘圈

（3）前梁千斤顶。前梁千斤顶（短柱）为活塞式双作用外供液式结构。千斤顶的缸径为 140mm，行程为 140mm，推力为 225kN，拉力为 98kN，工作阻力为 588kN（安全阀额定工作压力为 38MPa）。该千斤顶的导向套与缸体之间用钢丝挡圈连接，活塞与活塞杆之间利用压紧帽通过螺纹连接。

（4）侧推、护帮和防倒千斤顶。这 3 个千斤顶均为活塞式双作用外供液式结构，侧推千斤顶如图 4-40 所示。千斤顶的缸径为 80mm，柱径为 45mm，推力为 74kN，拉力为 50kN。

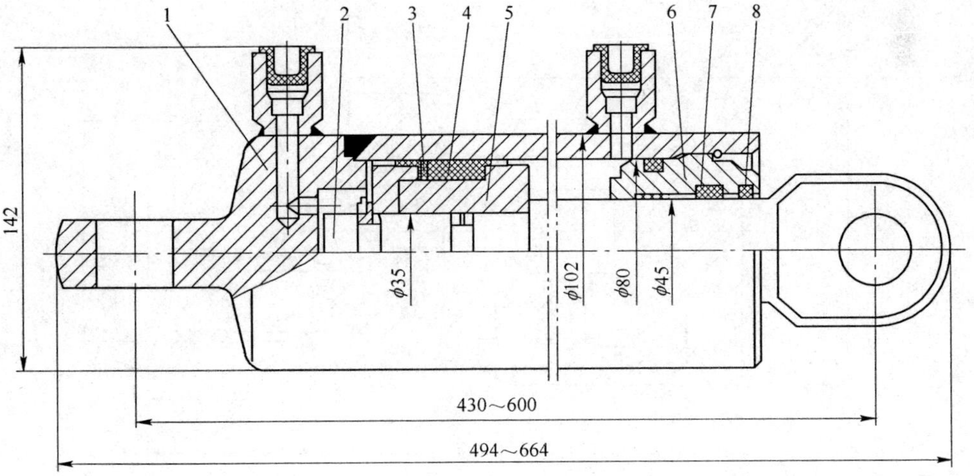

图 4-40 侧推千斤顶

1—缸体；2—活塞杆；3—导向环；4—鼓形密封圈；5—活塞；6—导向套；
7—蕾形密封圈；8—防尘圈

c 液压控制系统元件

（1）操纵阀。支架使用由 7 片 ZCA 型片阀组合而成的操纵阀组，它安装在阀座架上，7 片阀中有 1 片备用，另外 6 片阀可实现 12 个动作。

（2）立柱控制阀。立柱控制阀共两组，分别控制前排和后排的两根立柱。每组立柱控制阀由两个 KDF_2 型液控单向阀、两个 YF_1C 型安全阀（见图 4－41）、一个 CYF_1B 型测压阀（见图 4－42），通过一块双链板连接组合在一起。YF_1C 型安全阀的公称压力为 40MPa。

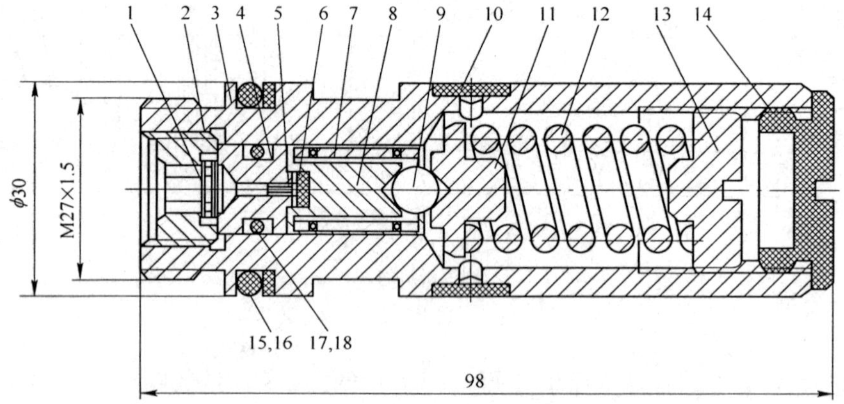

图 4－41 YF_1C 型安全阀

1—过滤器；2—固定圈；3—阀壳；4—阀座；5—阀针；6—阀垫；7—导向套；8—阀体座；9—钢球；10—胶套；11—弹簧座；12—弹簧；13—调整盖；14—保护塞；15，17—O 形密封圈；16，18—挡圈

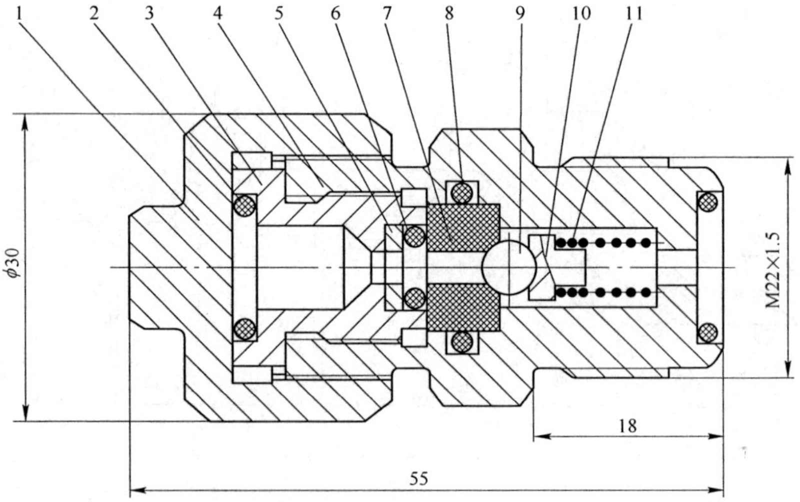

图 4－42 CYF_1B 型测压阀

1—滚花螺母；2，6，8—O 形密封圈；3—压紧螺钉；4—阀壳；5—挡圈；7—阀座；9—钢球；10—弹簧座；11—弹簧

（3）前梁千斤顶（短柱）控制阀。该阀由一个 KDF_2 型液控单向阀和一个 YF_5 型安全阀（见图 4－43）、大流量安全阀通过连接板组合而成。YF_5 型安全阀的公称压力为 35～40MPa。

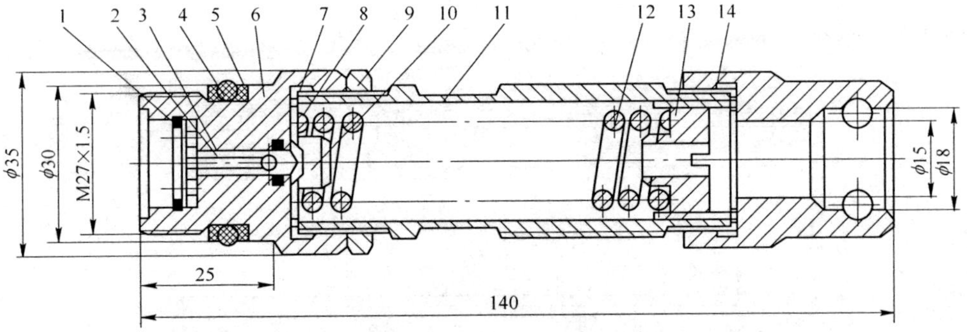

图 4-43 YF_5 型安全阀

1，5—挡圈；2—过滤器；3—阀芯；4—O 形密封圈；6—阀体；7—尼龙垫；8—特制 O 形密封圈；9—防松螺母；10—弹簧座；11—阀壳；12—弹簧；13—调整螺钉；14—接头

d 辅助装置

（1）推移机构。推移机构采用长框架的形式。如图 4-44 所示，它主要由连接头 1、圆杆 2、连接耳 4 和销轴 5 等组成。框架连接耳通过立装销轴与推移千斤顶连接，框架连接头则通过横装销轴同输送机连接。

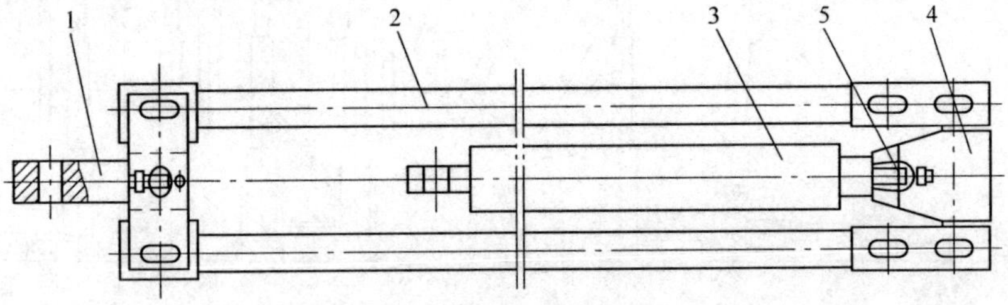

图 4-44 长框架推移机构

1—连接头；2—圆杆；3—推移千斤顶；4—连接耳；5—销轴

（2）侧推机构。该支架在顶梁和掩护梁的两侧均装有可伸缩的活动侧护板，如图 4-45 所示。使用时，根据需要用销轴将一侧活动侧护板固定，而另一侧保持活动，以起到挡矸和调架的作用。正常情况下，靠弹力使活动侧护板向外伸出；需要调架时，可通过侧推千斤顶使侧护板伸缩。支架在运输过程中，其两侧的侧护板可回收到最小尺寸并用销轴固定。

（3）护帮机构。采用下垂式护帮装置，它设置在前梁前端，根据工作需要，护帮机构可摆动 90°与煤壁紧贴，也可摆回到前梁下面，让采煤机通过。

（4）防滑防倒装置。如图 4-46 所示，该支架在倾斜工作面中的防滑措施采用排头导向梁 5 的方法，它的一端与输送机连接，另一端用单体支柱固定，并支承住顶板，从而保证首架不下滑。推溜前，首先撤去单体支柱，使排头导向梁随着输送机推移而前移，并与输送机保持垂直的位置。推溜结束后，再用单体支柱支承住排头导向梁。移架时，首架支架就能沿着排头导向梁前移而防止下滑。

输送机防止下滑的措施是采用防滑千斤顶。在工作面中每 10 架配置一个防滑千斤顶 1，千斤顶的缸底与支架底座上的转架 2 相连，活塞杆端的圆环链与两架之间的导向梁 3

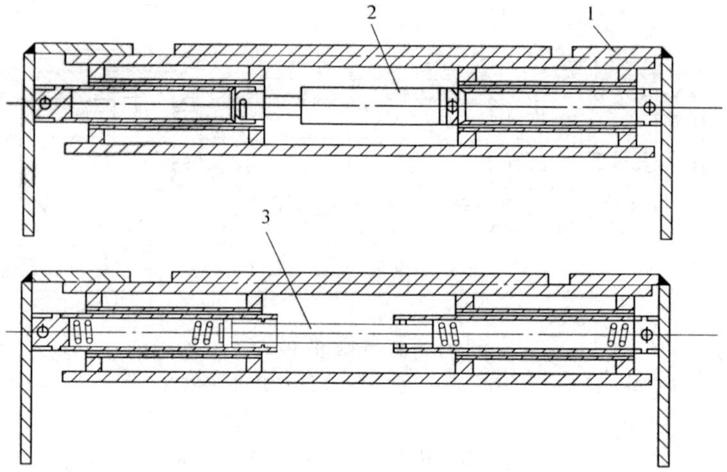

图 4－45 直角式活动侧护板结构

1—活动侧护板；2—侧推千斤顶；3—弹簧组件

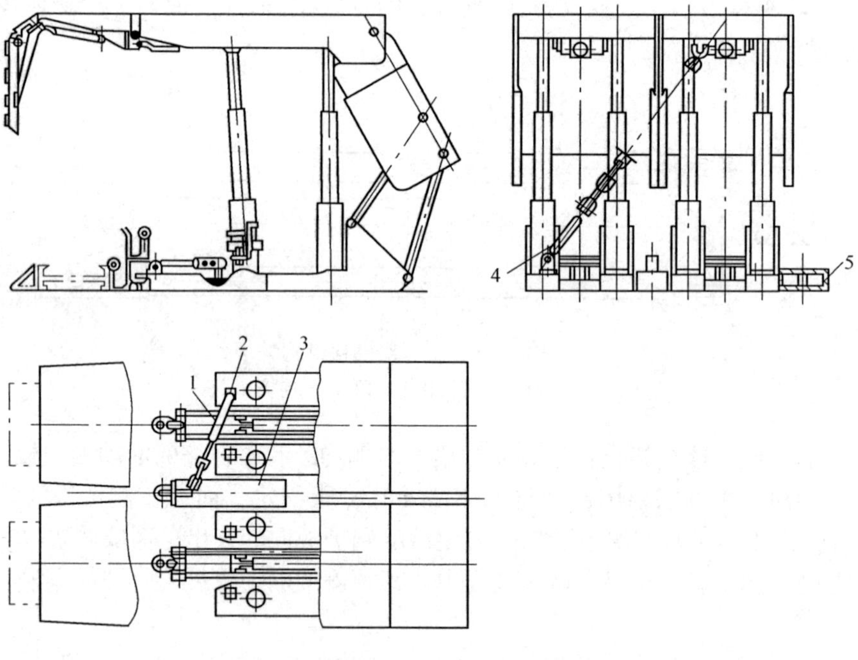

图 4－46 防滑防倒装置

1—防滑千斤顶；2—转架；3—导向梁；4—防倒千斤顶；5—排头导向梁

相连（与输送机相连）。平时活塞杆收缩，链子稍稍张紧，推溜时由于推溜力大于防滑千斤顶的拉力，导向梁前移时将千斤顶的活塞也拉出，此时活塞杆腔油路系统中的大流量安全阀在一定的调定压力下溢流，使圆环链始终保持有一定的拉力，防止输送机下滑。移架后，防滑链松弛，待升柱后再拉紧防滑链。

为了防止排头支架倾倒，采用了防倒千斤顶4，将为首的两架支架连在一起，当前架移架时，通过圆环链拉伸活塞杆，油路系统中的安全阀起作用，使链子保持一定的拉力，拉住首架不使其倾倒，待首架升柱撑顶后再移上架，同时收缩防倒千斤顶拉紧锚链。

e 液压系统

ZZ4000/17/35 型支承掩护式支架的液压系统如图 4-47 所示，该系统采用下列的操作控制方式。

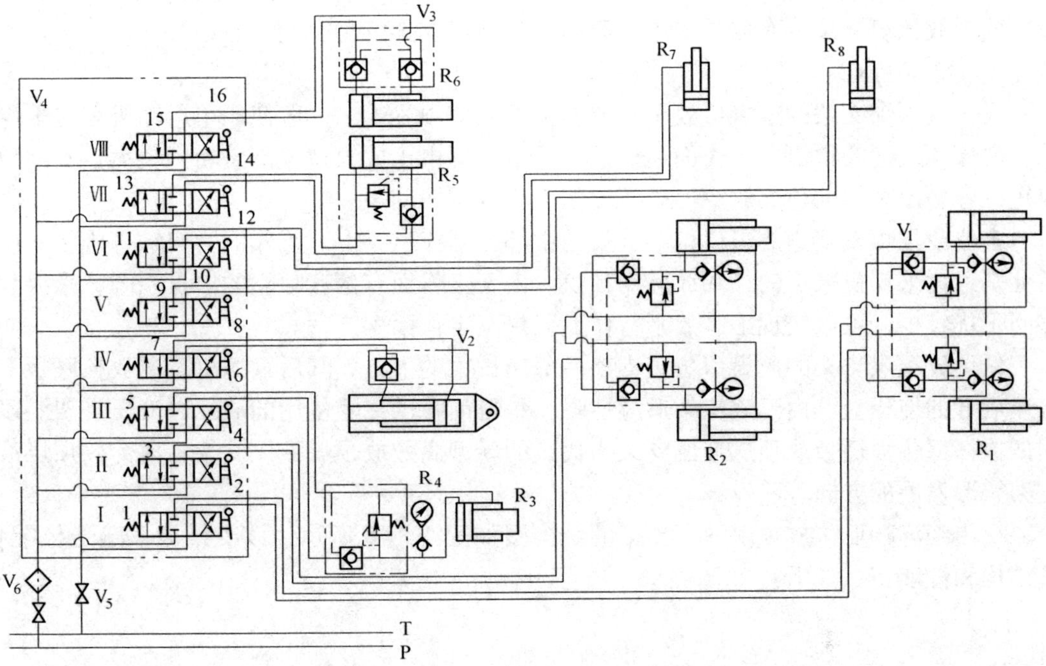

图 4-47 液压系统

R_1—前立柱；R_2—后立柱；R_3—短柱；R_4—推移千斤顶；R_5—防滑千斤顶；R_6—护帮千斤顶；R_7—掩护梁侧推千斤顶；R_8—顶梁侧推千斤顶；V_1—控制阀；V_2—液控单向阀；V_3—液控双向阀；V_4—操纵阀；V_5—截止阀；V_6—过滤器；P—高压管路；T—回液管路

（1）前后两排立柱的升降动作各用一片操纵阀操作，所以根据需要，前后排立柱既可以同时升降，也可以单独升降。

（2）为了使前梁能及时支护新暴露出的顶板，并迅速达到工作阻力，在前梁千斤顶（短柱）活塞腔的回路内装有大流量安全阀，升架时前梁千斤顶先推出，前梁端部先接触顶板，在支架继续升起直到顶梁撑紧顶板的过程中，前梁千斤顶被迫收缩，活塞腔压力陡增，大流量安全阀溢流。大流量安全阀调定压力比立柱安全阀调定压力略低，并大于泵站工作压力，且流量大（约 40L/min），可以有效防止工作面前部顶板过早离层。

（3）为了防止煤壁片帮，支架上设有护帮机构，并用一只 SSF 型双向锁对护帮千斤顶中的活塞腔与活塞杆腔分别进行互相连锁。

（4）在推移千斤顶的活塞杆腔中接入闭锁回路，防止在移架时输送机往后退缩。

4.2.6 特种液压支架

特种支架包括放顶煤支架、大倾角支架、端头支架和铺网支架等。

4.2.6.1 放顶煤液压支架

放顶煤开采方法是解决厚及特厚煤层开采的一种经济有效的方法，是综采放顶煤工艺的核心技术之一。放顶煤支架是随着放顶煤开采技术的发展应运而生的一种新型液压支架，其适应性及配套的合理性和可靠性是决定工作面产量、效率及回收率的关键因素。因此，放顶煤支架架形的发展成为综采放顶煤技术发展的重要标志。

我国放顶煤支架分有低位、中位和高位放顶煤支架三种类型。

A 结构特点

高位放顶煤支架的放煤口处于支架的上部，即顶梁上。一般使用单运输机运送采煤机采下的煤和放落的顶煤，工作面运输系统简单。但由于放煤口较高，粉尘较大，支架顶梁较短，容易出现架前顶煤放空而导致支架失稳或移架困难。

中位放顶煤支架的放煤口位于支架的中部，即掩护梁上。工作面为双输送机，一前一后分别运输采煤机采下的煤和放落的顶煤。由于工作面有两套独立的出煤系统，采煤和放煤间干扰较少，可以实现采、放平行作业，提高工作面生产率。

低位放顶煤支架的放煤口位于支架后部掩护梁的下方，其后输送机直接放在底板上或底座后方的拖板上。由于该支架适应性强，是目前我国广泛使用的放顶煤液压支架。以反向四连杆低位大插板放顶煤液压支架为代表的新型高效放顶煤液压支架，成为放顶煤液压支架架形发展的方向。

反向四连杆低位放顶煤液压支架的结构图如图 4－48 所示，该支架为双输送机配备，其结构和性能特点如下：

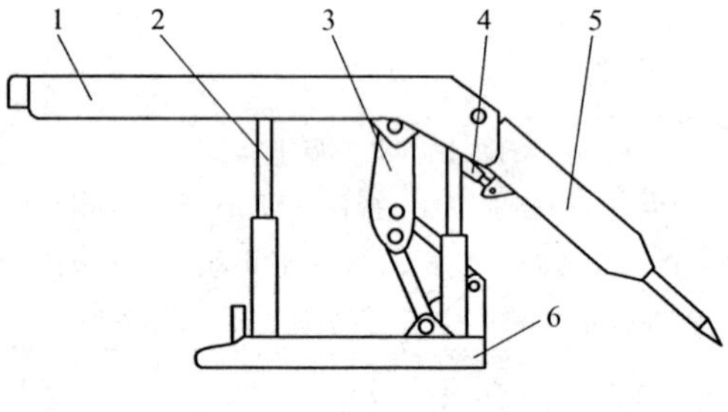

图 4－48 反向四连杆低位放顶煤液压支架

1—顶梁；2—立柱；3—掩护梁；4—尾梁千斤顶；5—尾梁；6—底座

(1) 采用双前连杆和单后连杆结构的宽形反向四连杆机构，布置在前后立柱之间，提高了支架的抗偏载能力和整体稳定性。

(2) 大插板式尾梁放煤机构，其尾梁千斤顶 4 可双位安装，既可支设在顶梁 1 上，也可支设在底座 6 上，一般状态是支设在顶梁上。后部放煤空间大，为顺利放煤创造了良好的作业环境，可充分发挥后部输送机的输运能力，操作维修方便。尾梁摆动有利于落煤，插板伸缩量大，放煤口调节灵活，对大块煤的破碎能力强，可显著提高顶煤的采出率。

(3) 支架为四柱支承掩护式支架，后排立柱支承在顶梁与四连杆机构铰接点的后端，可适应外载集中作用点的变化，切顶能力强。

(4) 顶梁相对较长，掩护空间较大，通风断面大，而且对顶板的反复支承可使较稳定的顶煤在矿压作用下预先断裂破碎，有利于放煤。

（5）反向四连杆机构经过总体参数优化设计，连杆力较小，支架结构的可靠性高。

（6）底座对底板比压分布合理，前端比压较小，能适应软底板条件，移架阻力小，有利于顺利移架。

B 放煤机构

放煤机构是设计放顶煤液压支架的关键，它不但能自主地控制放煤，而且具有对放下的大块煤破碎的功能。放煤机构主要有3种形式，即摆动式放煤机构、插板式放煤机构和折页式放煤机构。

（1）摆动式放煤机构。摆动式放煤机构如图4－49所示，由放煤千斤顶1、插板千斤顶2、放煤摆动板3和插板4组成，主体是放煤摆动板。放煤摆动板内部设有轨道，用以安装插板，上端铰接在掩护梁放煤口上沿，在中下部由两个一段固定在底座上的放煤千斤顶推拉，使放煤摆动板上下摆动，与掩护梁形成一定的角度，用于破碎顶煤和打开整个放煤窗口。

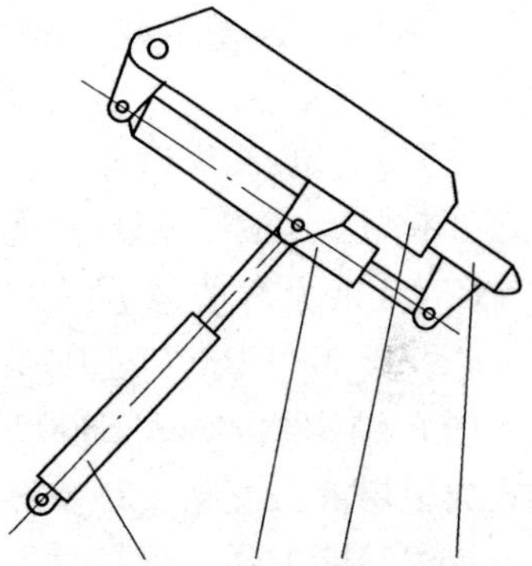

图4－49 摆动式放煤机构
1—放煤千斤顶；2—插板千斤顶；3—放煤摆动板；4—插板

在放煤摆动板内装有可伸缩的插板，插板前端设有用于插煤的齿条，齿条下部有耳座，与插板千斤顶连接。在插板千斤顶作用下，插板伸出或收回，用于启闭局部窗口。

摆动式放煤机构在关闭状态时，插板伸出，搭在放煤口前沿；放煤时，由液压控制系统先收回插板，以免损坏插板，然后摆动放煤机构。

（2）插板式放煤机构。插板式放煤机构如图4－50所示，由尾梁7、尾梁千斤顶6、插板9和插板千斤顶8等组成。

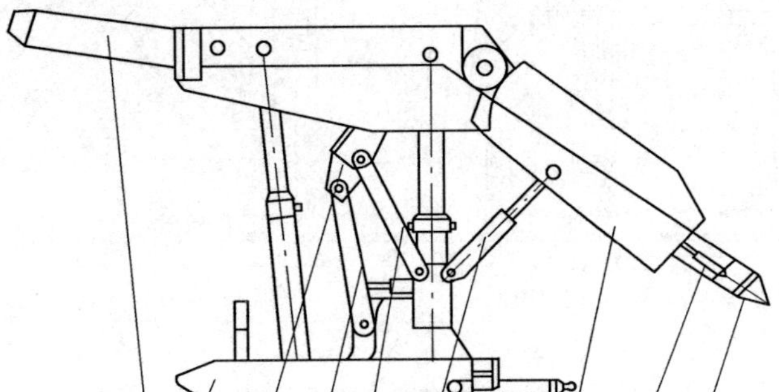

图4－50 插板式放煤机构
1—顶梁；2—底座；3—斜梁；4—前连杆；5—后连杆；6—尾梁千斤顶；
7—尾梁；8—插板千斤顶；9—插板

尾梁和插板都是由钢板焊接而成的箱形结构，尾梁体内设有滑道，插板安装在滑道内，操纵插板千斤顶可使插板在滑道上滑动，以实现伸缩。关闭或打开放煤口，操纵尾梁千斤顶，可使尾梁上下摆动，以松动顶煤或放煤，插板的前端设有用于插煤的齿条。

插板放煤机构在关闭状态时，插板伸出，挡住矸石流入后部输送机；放煤时，收回插板，利用尾梁千斤顶和插板千斤顶的伸缩调整放煤口进行放煤。

(3) 折页式放煤机构。折页式放煤机构如图4－51所示，由折页千斤顶1和折页板2组成。它通过开启、关闭两扇可转动折页门来控制放煤。由于受结构限制，折页门在放煤位置时很难达到垂直掩护梁位置，影响放煤口面积，而且折页板铰接处有较大缝隙，密封性能差，故这种放煤机构已基本不用。

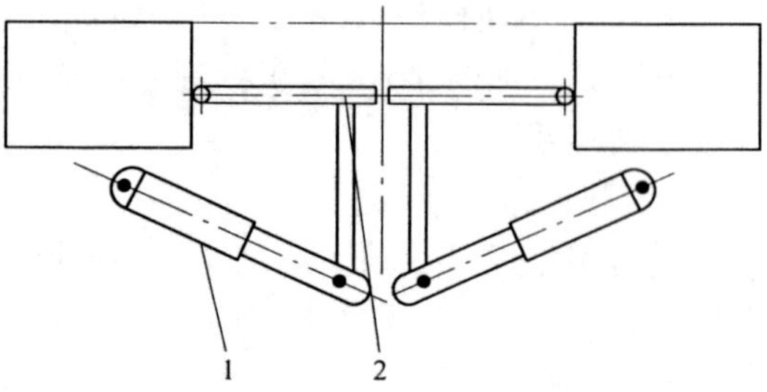

图4－51 折页式放煤机构
1—折页千斤顶；2—折页板

C 几种放顶煤液压支架

a ZFS8000/23/37型放顶煤支架

(1) 结构组成。ZFS8000/23/37型放顶煤支架结构如图4－52所示。该支架是四柱支承式放顶煤液压支架，该支架四杆机构采用整体双前连杆、单后连杆结构，支架稳定性好，抗偏载能力强，可靠性高。由于后部采用单连杆，使得后部空间变大，底座焦点位置较高，也增大了支架后部空间，便于后部设备的安装与维护。

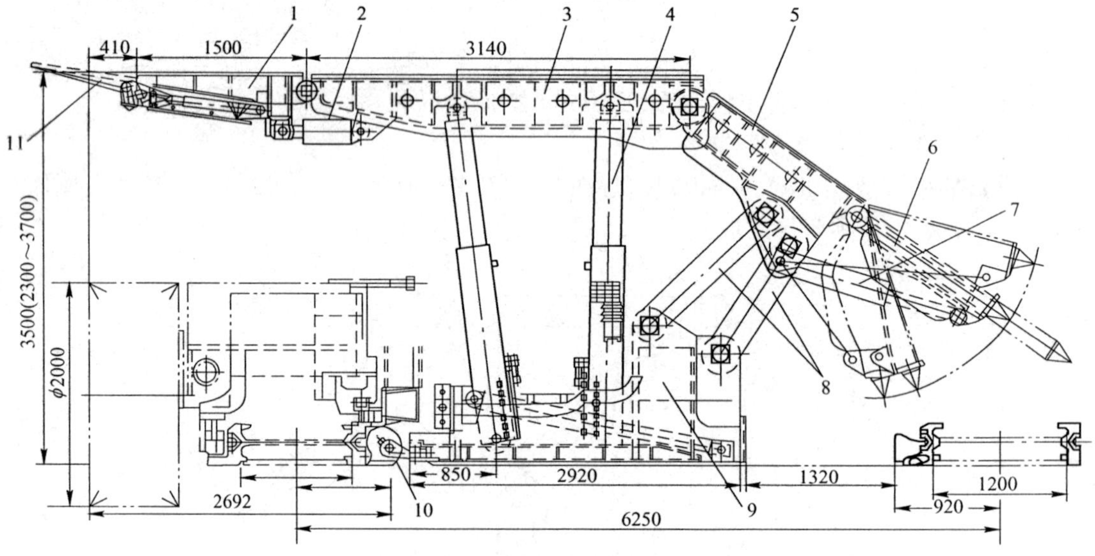

图4－52 ZFS8000/23/37型放顶煤支架
1—前梁；2—前梁千斤顶；3—顶梁；4—立柱；5—掩护梁；6—尾梁；7—尾梁千斤顶；8—连杆；9—底座；10—推移装置；11—护帮装置

(2) 主要技术参数有：

高度	2000～3000mm
中心距	1500mm
宽度	1410～1580mm

初撑力	6182kN（$p=31.5$MPa）
工作阻力	8000kN（$p=40.8$MPa）
底板比压	2.7MPa
适应煤层倾角	≤20°
泵站压力	31.5MPa
操作方式	本架
立柱	4个
立柱缸径	250mm
立柱行程	1790mm
立柱初撑力	1514kN
立柱工作阻力	2000kN（$p=40.8$MPa）
推移千斤顶	1个
推移千斤顶缸径/杆径	160/105mm
推移千斤顶行程	900mm
推移千斤顶推力/拉力	360/633kN

（3）ZFS8000/23/37 主要特点有：

1）掩护梁较短，与水平夹角大，即掩护梁水平投影长度小，尾梁较长，尾梁的回转角度大，有利于顶煤冒落，保证了顶煤的挤压破碎能力。

2）尾梁千斤顶的缸径大，增加了对煤块的破碎能力。提高后部过煤高度，使输送机过大块煤能力加大。

3）顶梁采用顶梁加铰接前梁及帮护板的结构，对顶煤的适应能力强，并加大了支架前端的支顶能力。

4）底座采用开底式结构，拉架顺利，同时配备抬底机构，能有效防止底座前端扎底，提高移架速度，减少清理浮煤的工作量。

5）推移装置采用长推移杆机构，采用二节铰接式，便于拆装，推移千斤顶采用倒装式，增大了推移力。

6）拉后溜装置为软连接，采用 $\phi28\times92$ 高强度矿用圆环链连接。

b ZF7200/20/40 型放顶煤支架

（1）结构组成。ZF7200/20/40 型支架为四柱式大采高综放液压支架，结构组成如图 4－53 所示。

（2）ZF7200/20/40 型放顶煤支架的主要技术参数有：

架形	四柱低位放顶煤支架
高度	2000～4000mm
宽度	1410～1580mm
中心距	1500mm
初撑力	6184kN（$p=31.5$MPa）
工作阻力	7200kN（$p=36.76$MPa）
支护强度	0.88～0.91MPa
底板前端比压	1.03～2.03MPa

适应采高	3～3.5mm
适应煤层倾角	15°
泵站压力	31.5MPa

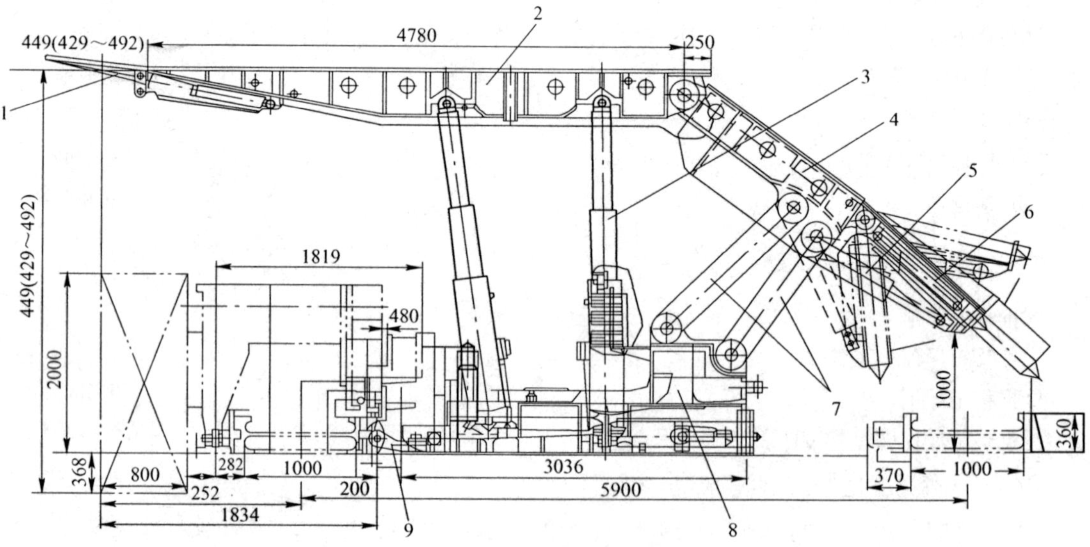

图 4－53　ZF7200/20/40 型放顶煤支架

1—护帮装置；2—顶梁；3—立柱；4—掩护梁；5—尾梁千斤顶；6—尾梁；
7—连杆；8—底座；9—推移装置

（3）ZF7200/20/40 型放顶煤支架的主要特点有：

1）通过优化设计确定支架的总体参数和主要部件的结构尺寸，并利用计算机模拟实验进行受力分析和强度校核，提高了支架的可靠性；

2）工作面三机采用大配套，为高产高效创造有利条件；

3）加大支架插板的行程，增加了放煤口的尺寸，提高了放煤速度，有利于放大块煤；

4）具有较大的后部放煤空间，增大了后部运输机的过煤高度；

5）采用整体顶梁，并进一步优化柱窝前后比，改善支护效果；

6）顶梁带有可调平的护帮板，对顶板能进行及时和超前支护；

7）采用整体刚性底座，底座前部用厚钢板过桥连接，后部用箱形结构连接，底座前端为船形结构，防止移架时啃底；

8）合理地布置支柱的位置，减小了支架底座前端比压；

9）底座中部为推移机构，推移千斤顶采用正装形式，采用短推杆机构，井下拆装方便，配置抬底系统，有利于移架。

10）支架前、后均配备自动喷雾降尘系统。

4.2.6.2　大倾角液压支架

支架最大高度不大于 3.2m，使用倾角为 35°～55°，或最大高度为 3.2～4.5m，使用倾角为 20°～40°的液压支架，称为大倾角液压支架。

A 对大倾角液压支架的要求

大倾角液压支架除了应满足普通支架的技术要求之外，还应满足以下特殊要求：

（1）为了防止升降架时矸石伤人，液压系统应采用邻架控制。

（2）严格控制双组线机构销孔的间隙，双组线机构销孔与销轴的间隙应小于1.6mm，连接耳座轴向最大配合间隙应小于12mm。

（3）支架应有足够的初撑力，初撑力与工作阻力之比不小于83%，并应配备初撑力保持阀，使支架保证达到初撑力。

（4）推移架机构在收回位置时，与底座前端单边侧向间隙不应小于30mm。

（5）在支架设计最大使用角度时，应保证支架的一侧活动侧护板推出和收回后，支架最大和最小总体宽度满足工作面最大倾斜角对宽度的要求。

（6）支架的活动侧护板应为双侧的活动侧护板。侧护板应满足相邻两支架前后错动一个步距时，保证移架方向不小于200mm的重合量；相邻两架高差为200mm时，保证顶梁侧护板在高度方向上有不小于200mm的重合量。

（7）当工作面倾角大于35°时，支架的人行道处应设有可靠的人行梯子和扶手。在采煤机道与人行作业空间之间，支架应有隔离装置，以防止煤块或矸石伤人。

（8）支架的纵向设有可安装防护板的吊钩。

（9）在工作面的下端口应布置由特殊支架构成的下排头支架，并按有关实验规定进行防倒、防滑、移架、调架等性能实验，要求支架操作方便、动作灵活。

B 防护装置

（1）活动侧护板。活动侧护板起挡矸、密封、支架前移时导向、防倒调架作用。大倾角液压支架的活动侧护板必须是双侧活动侧护板，以便根据工作面倾角的方向来调整活动侧护板的方向。活动侧护板的活动侧应在工作面倾斜方向的上方，在支架移动过程中，与相邻下一支架的活动侧护板共同扶持上一架支架。

（2）排头支架的防倒、防滑装置。对于大倾角液压支架，必须配备排头支架。排头支架由3~5架组成，是整个工作面的基础。首先要解决排头支架的防倒、防滑问题。

排头支架的防倒、防滑装置的作用是防止支架下滑，调节架间距，当支架下滑时使支架复位。其主要结构形式有调架梁、架杆、平拉式和兜角式4种。平拉式防滑装置（图4－54）中，调架千斤顶2的两端有连接头，连接头与支架的底座相连，通过千斤顶的推拉实现调架。平拉式调架比较容易，但没有导向功能。兜角式防滑装置中，靠安装在排头支架第一架底座下侧的兜角千斤顶实现。兜角千斤顶通过圆环链与第三架的底座相连。第一架降架后，收调架千斤顶实现调架。

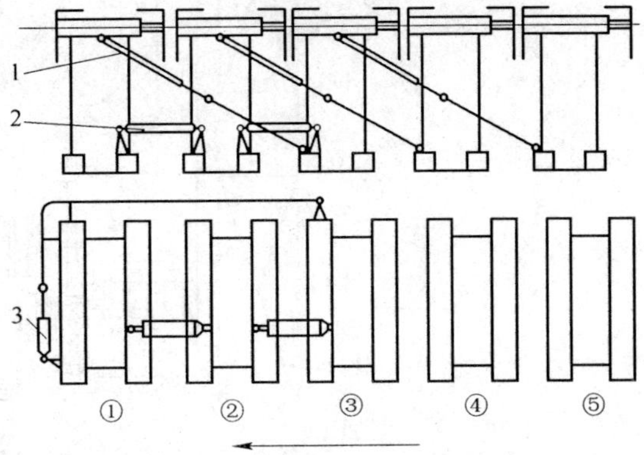

图4－54 平拉式防滑装置

1—防倒千斤顶；2—调架千斤顶；3—兜角千斤顶

防倒装置的作用是防止支架歪倒，出现倒架趋势时能把支架扶正，其结构形式主要有斜拉式和平拉式。斜拉式防倒装置主要由防倒千斤顶和圆环链组成。防倒千斤顶的一端与排头支架第一架的顶梁相连，另一端与第三架相连，通过防倒千斤顶的拉力来实现防倒。

（3）工作面支架的防倒、防滑装置。由于有排头支架为基础，一般情况下，工作面支架只是留有安装防倒装置的位置，平时防倒装置不安装。每个支架都配备防滑装置，以备随时进行调架，其结构形式可以与排头支架的防滑装置一样。

C ZYD3400/23/45 型大倾角液压支架

ZYD3400/23/45 型大倾角液压支架如图 4－55 所示。支架结构高度为 2.3～4.5m，宽度为 1430～1600mm，支架中心距为 1500mm，支护强度为 0.59～0.68MPa，初撑力为 2580～2600kN，对底板比压为 1.27～1.36MPa，控制方式为邻架控制，适用于煤层倾角≤35°、基本顶来压明显、直接顶中等稳定的条件。其主要特点如下：

（1）严格控制四连杆轴与孔的配合间隙，使支架初撑时不会造成较大的横向倾斜，改善支架的受力情况。

（2）顶梁有伸缩梁、前梁、向上翻转的护帮板，可适应对不平顶板的支护，也给处理顶板事故带来方便。

（3）设有二级护帮装置，加大了维护煤壁的面积，可有效防止煤壁片帮。

（4）采用大缸径的平衡千斤顶，两个平衡千斤顶的推拉力分别为 904kN 和 1260kN，提高了平衡千斤顶对支架的调节能力。

（5）在支架的顶梁和掩护梁间设有机械限位装置，当顶梁和掩护梁间的夹角达到 170°时，机械限位起作用，以保护平衡千斤顶。

（6）在工作面下端配有 3 架一组的排头支架，这 3 架支架顶梁用防倒千斤顶相连，防止支架歪倒，并配有兜角式防滑装置。

（7）工作面中部支架也设有防倒、防滑装置，支架的顶梁上配有防倒千斤顶，底座上设有导向梁。

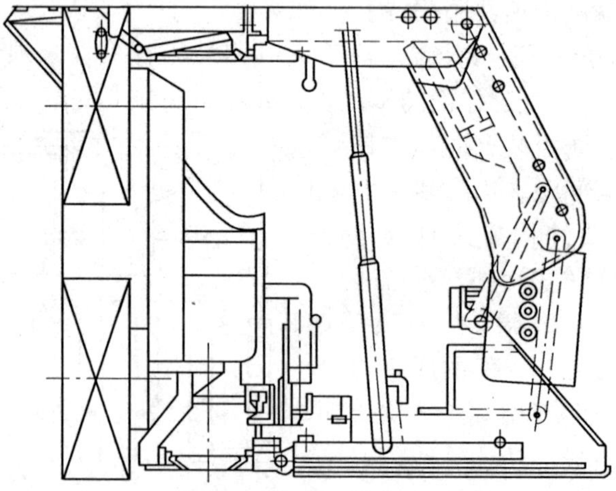

图 4－55 ZYD3400/23/45 型大倾角液压支架

4.2.6.3 端头支架

端头支架是用于综采工作面上下出口，即工作面和上下顺槽接合处的液压支架。前述的几种工作面支架，不能满足端头支护的需要。因为，端头是行人和运料的通道，要安装工作面输送机的机头和机尾，要设置转载机机尾，同时，要使端头支架能沿弯曲的顺槽随工作面推进而移动，而且要考虑转载机、输送机机头和机尾的推移，所以，端头支架的支护面积大。由于端部的顶板暴露面积大、时间长，因此端头支架应有较大的支承力。

端头支架按支护方式分，有锚固形、局部支护形和全封闭形三种。端头支架的结构形式多为支承式或支承掩护式。

A 支承式端头支架

图4－56是一种六柱自移式端头支架。它由边架A、中架B和上架C组成。每架支架都由六根立柱支承，其顶梁均包括前探梁1、前梁2、中梁3和后梁4，中架和上架的尾端还有可伸缩的后探梁5，前、中、后梁之间相互铰接。底座也由前底座9、中底座10和后底座11构成，各座之间采用弹性或活动连接。边架位于端部巷道的侧边位置，顶梁稍短，且外侧和后部均装有挡矸板7，该板与中架的后部为活动连接，形成具有一定角度的倾斜布置，以防矸石侵入端部的回采或充填巷道内。

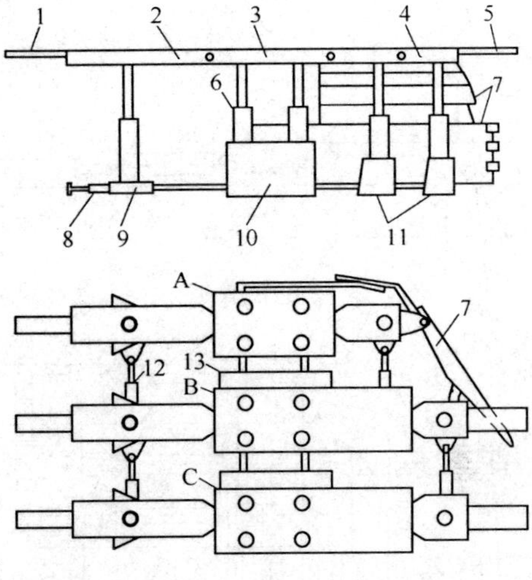

图4－56 六柱端头支架

1—前探梁；2—前梁；3—中梁；4—后梁；5—后探梁；6—立柱；7—挡矸板；8—推移千斤顶；9—前底座；10—中底座；11—后底座；12—调架千斤顶；13—导向装置

各架有独立的移架装置，架间有导向和调节装置，以控制和调节A、B、C架之间的距离。

这种端头支架的特点是顶梁长，支承力大，可维护较大的工作空间，但没有锚固能力。

B 支承掩护式端头支架

ZT7350/18/36型端头支架如图4－57所示。它由主架Ⅰ、副架Ⅱ组成。主架位于巷道下帮，有四根立柱。转载机21位于主架中间的凹槽中，两帮与移步横梁4上的连板3相连，这样，转载机偏置于巷道下帮，不妨碍采煤机自开缺口，有较宽的行人空间。

主、副架的顶梁8、10之间用调架千斤顶9连接。该千斤顶的缸体与活塞杆分别以十字头20铰接在顶梁8和10上，使主、副架可前后相对错动。

支架操作阀设在支架前端的操纵台1上。移架时，在主、副架撑紧顶板的情况下，首先用四个推移千斤顶5同时推动移步横梁4，带动转载机和工作面输送机机头前进一步；接下来，副架降柱，在主架使移步横梁不动的情况下，副架前的两个推移千斤顶收缩，使副架前移；升柱撑顶后，主架降柱，它前面的两个推移千斤顶收缩，在副架使移步横梁固定不动的情况下，主架前移一步并支承顶板，至此，完成一次移架过程。

4.2.6.4 薄煤层液压支架

薄煤层在我国煤炭储量中占有相当的比重，薄煤层液压支架对于薄煤层的综合机械化开采起举足轻重的作用，而且具有很广泛的应用前景。

下面介绍几种新型的薄煤层液压支架。

A ZY4000/10/23型支架

(1) ZY4000/10/23型支架是一种掩护式液压支架，其结构如图4－58所示。

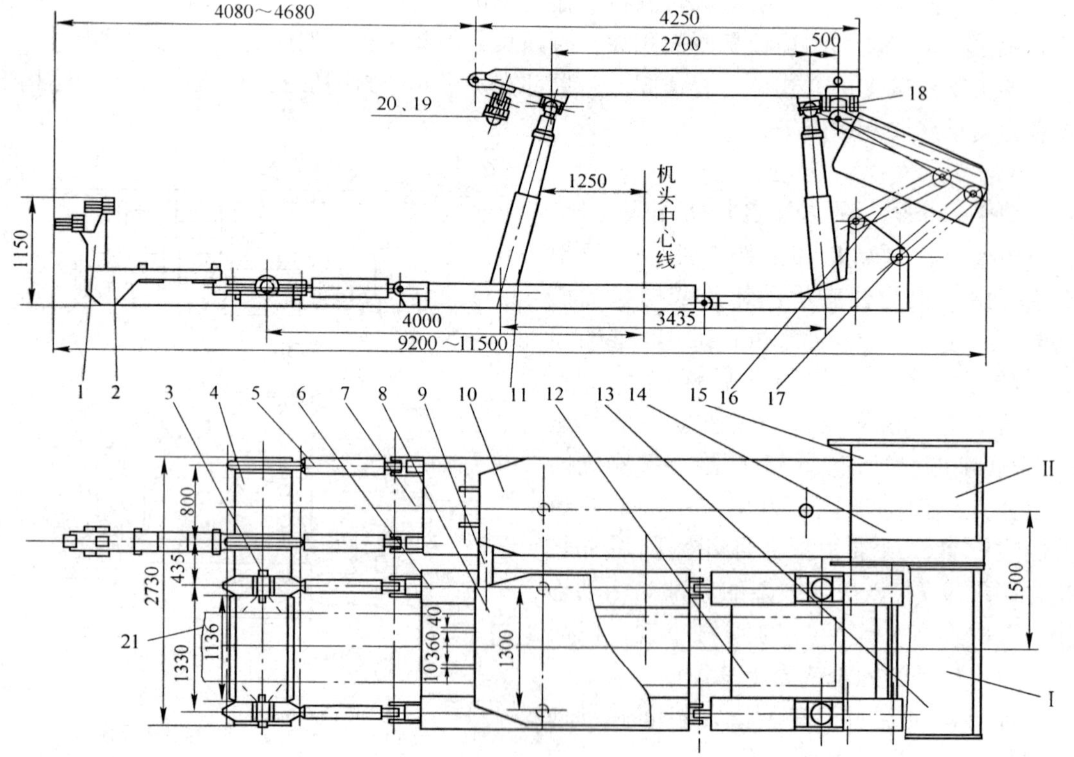

图 4－57　ZT7350/18/36 型端头支架

Ⅰ—主架；Ⅱ—副架；1—操纵台；2—加长腿；3—连板；4—移步横梁；5—推移千斤顶；6—前底座（Ⅰ）；7—前底座（Ⅱ）；8—顶梁（Ⅰ）；9—调架千斤顶；10—顶梁（Ⅱ）；11—立柱；12—底座（Ⅰ）；13—掩护梁（Ⅰ）；14—掩护梁（Ⅱ）；15—活动侧护板；16—前连杆；17—后连杆；18—连接块；19—中间耳座；20—十字头；21—转载机

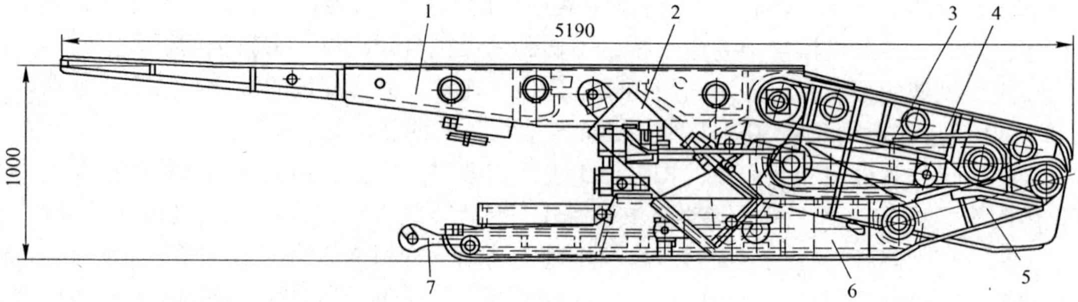

图 4－58　ZY4000/10/23 型支架

1—顶梁；2—立柱；3—双平衡千斤顶；4—掩护梁；5—连杆；6—底座；7—推移装置

（2）ZY4000/10/23 型支架的主要技术参数为：

高度	1000～2300mm
宽度	1420～1590mm
中心距	1500mm

初撑力	2511 ~ 3359kN
工作阻力	3244 ~ 4340kN
底座前端比压	1.25 ~ 2.26MPa
适应采高	1200 ~ 2300mm
操纵方式	电液控制
拉架力	306kN
推溜力	178kN

（3）ZY4000/10/23 型支架的主要特点有：

1）该支架稳定机构为前单连杆、后双连杆四连杆机构，采用 ϕ125/70 双平衡千斤顶，支架稳定性好，纵向尺寸小，搬家、运输方便。

2）底座为中封式整体刚性底座，既保证推移机构能顺利排出浮煤，又提高支架整体刚度，并且在一定程度上有效地减小了底板比压。采用板式过桥结构，既提高了强度，又满足了采高较小的要求。

3）顶梁为变断面薄形、前翘整体顶梁，结构简单，对前部顶板的支承效果好，并具有较高可靠性。

4）自动化程度高。支架采用电液控制系统，并实现了跟机自动移架、推溜功能，为国内第一套自主研制开发并具有自主知识产权的薄煤层自动化综采设备。

5）整架重量为 9.258t，是国内工作阻力与重量比值最高的支架。

B ZY5000/085/17D 型支架

（1）ZY5000/085/17D 型支架结构如图 4-59 所示。

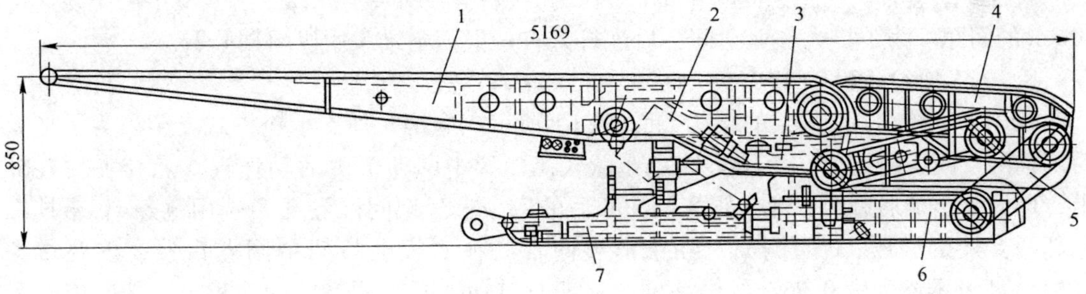

图 4-59 ZY5000/085/17D 型掩护式液压支架

1—顶梁；2—立柱；3—平衡千斤顶；4—掩护梁；5—连杆；6—底座；7—推移装置

（2）ZY5000/085/17D 型支架的主要技术参数如下：

高度	850 ~ 1700mm
宽度	1650 ~ 1850mm
中心距	1750mm
初撑力	3087 ~ 3787kN
工作阻力	3979 ~ 4345kN
适应煤层倾角	30°

底座前端比压	2.12～2.16MPa
适应采高	1200～1700mm
操纵方式	电液控制
拉架力	411kN
推溜力	633kN

（3）ZY5000/085/17D型支架的主要特点有：

1）该支架稳定机构为前双连杆、后双连杆四连杆机构，采用ϕ140/95双平衡千斤顶，ϕ80/60侧推千斤顶，支架结构紧凑，稳定性好。

2）推溜力大。考虑到薄煤层滚筒装煤效果差，为提高装煤效果，选用ϕ160/95推移千斤顶，并取消差动阀，推溜力高达633kN。

3）稳定性好。考虑到工作面最大煤层倾角为30°，将支架中心距确定为1.75m，并采用双侧活动侧护板结构，有效地防止了支架倒架现象的发生。

4.2.6.5 铺网支架

由于分层开采，顶底板条件较差，而且采高在中厚煤层之内，所以铺网支架一般为中厚煤层使用的掩护式或支承式支架。按铺网作业空间的布置方式，可分为架后铺网、架前铺网和架中铺网等方式，其中架后铺网被广泛使用，而架前铺网适应坚硬的顶板条件。网卷布置方式有每架单网卷布置、架中和架间网卷布置三种方式，其中架中网卷通常悬挂在支架上，这种方式使用最多。

A ZYP3200/17/35型支架

ZYP3200/17/35型支架的结构如图4－60所示。它属于掩护式支架，其后部设有安放网卷的网槽6和7。主、副架相间排列，主架网槽7低于副架网槽6，金属网在底座9后面的斜台8上叠合。在主架底座中部两侧设有调架座及调架千斤顶，可使支架底座间保持40mm的间隙。为了扩大作业空间，后连杆只有一根。尾梁5用以阻挡矸石。

B ZZP4000/17/35型支架

ZZP4000/17/35型支架的结构如图4－61所示。这是一种支承掩护式支架。为了加大后部铺网空间，前后连杆4的下铰点布置较高。架中网卷7由活动托辊6悬挂在后连杆上，网的引出端通过两个导向辊8铺在架后的底板上。架间网卷9两端用链条10悬挂在相邻两支架的底座11的侧面，经锥形导向辊后在底板上与架中网卷搭接，重叠量为0.2m。两种网卷为宽0.95m的经纬网，移架时自动展开在采空区的底板上。架间网卷采用挠性链条悬挂，移架时允许偏斜，使铺网能顺利进行。安装在后底座上的（两台）联网机用千斤顶使重叠的网连接在一起。

4.2.7 架型选择与总体参数确定

4.2.7.1 液压支架的架型选择

液压支架的架型选择主要取决于顶板性质、采高、煤层倾角等地质条件，应结合各类支架的性能和特点合理地选择。

A 影响架型选择的因素

影响架型选择的因素主要有：

（1）煤层厚度。厚度超过2.5m、顶板有水平推力时，应选用抗水平推力强的掩护式

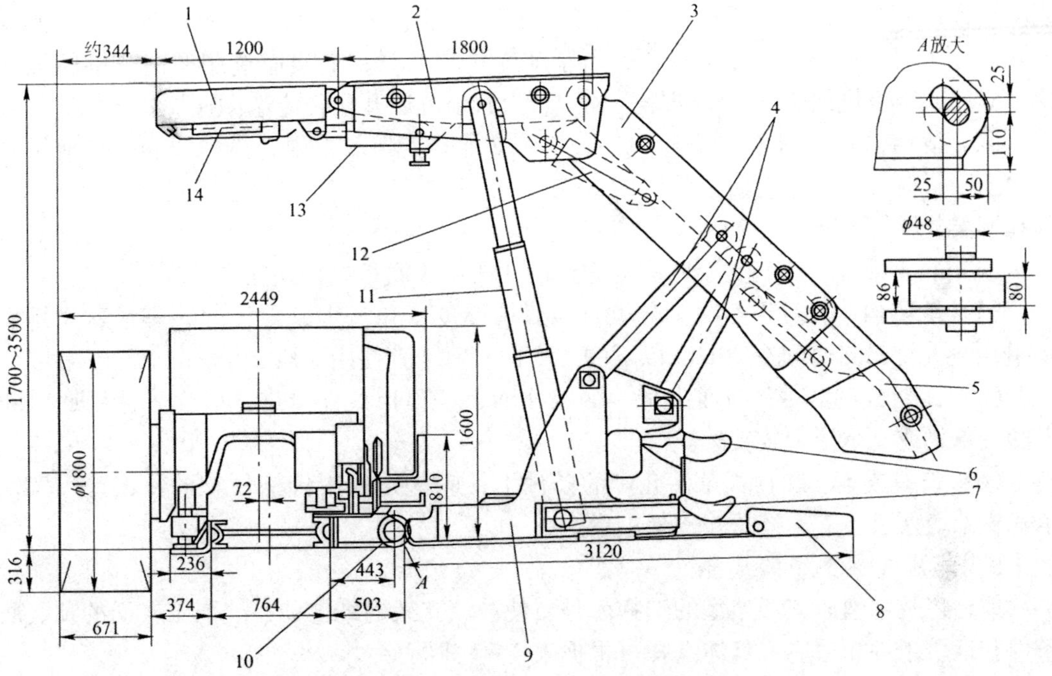

图4-60 ZYP3200/17/35型铺网支架

1—前梁；2—顶梁；3—掩护梁；4—前后连杆；5—尾梁；6—副架网槽；7—主架网槽；8—斜台；9—底座；10—推移装置；11—立柱；12—平衡千斤顶；13—前梁千斤顶；14—护帮装置

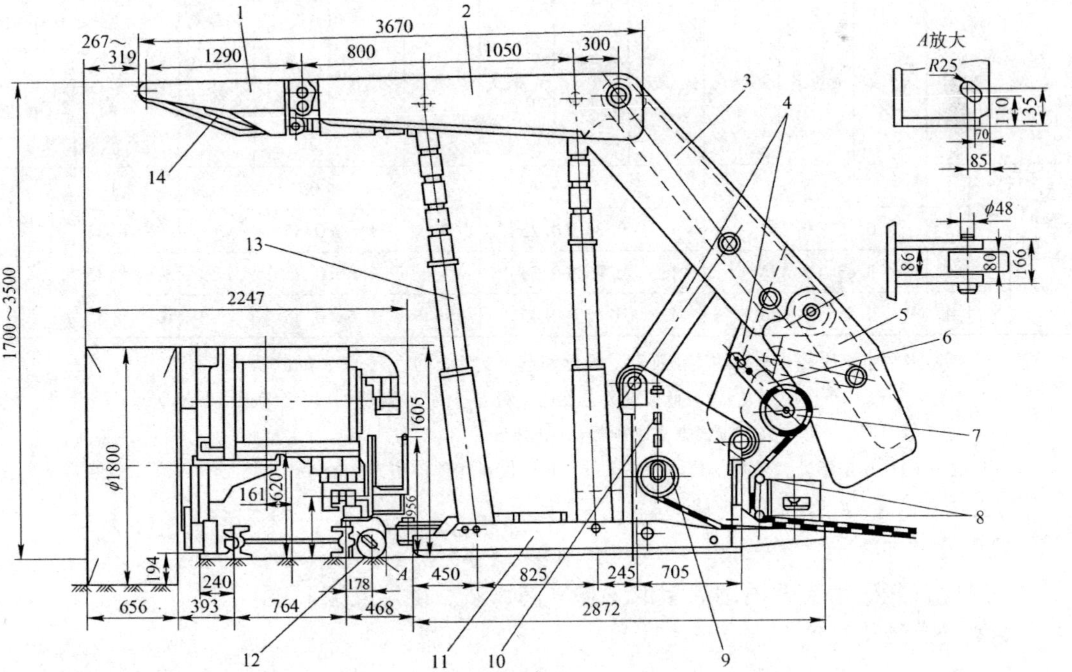

图4-61 ZZP4000/17/35型铺网支架

1—前梁；2—顶梁；3—掩护梁；4—前后连杆；5—尾梁；6—活动托辊；7—架中网卷；8—导向辊；9—架间网卷；10—链条；11—底座；12—推移装置；13—立柱；14—护帮装置

或支承掩护式支架，一般不宜采用支承式支架；厚度在2.5~2.8m（软煤取下限，硬煤取上限）以上时，支架应带护帮装置；当厚度变化较大时，支架应选用调高范围较大的双伸缩立柱或带机械加长杆的单伸缩立柱；若为假顶分层开采，应选用掩护式支架。

（2）煤层倾角。当倾角大于10°~15°（支承式支架取下限，掩护式和支承掩护式支架取上限）时，应选带有防滑装置的支架；当倾角大于18°时，应选用同时带有防滑、防倒和调架装置的支架。

（3）底板强度。应使支架底座对底板的比压小于底板的许用比压。

（4）地质构造。对于断层十分发育、煤层厚度变化过大、顶板的允许暴露面积小于5~8m^2、允许暴露时间在20min以下的工作面，暂不宜使用液压支架。

（5）瓦斯含量。对瓦斯涌出量大的工作面，若顶板条件允许，应优先选用通风断面大的支承式或支承掩护式支架。

（6）设备成本。在顶板条件允许的条件下，应优先选用价格便宜的支架。一般，支承式支架最便宜，支承掩护式支架最贵。

B 液压支架架型的选择

前已述及，液压支架架型的选择就是要使液压支架的结构和性能与工作面的顶、底板条件和地质条件相适应。具体选择可根据表4-1进行。

表4-1 适应不同类级顶板的架型和支护强度

<table>
<tr><td colspan="3">老顶级别</td><td colspan="3">Ⅰ</td><td colspan="3">Ⅱ</td><td colspan="4">Ⅲ</td><td colspan="2">Ⅳ</td></tr>
<tr><td colspan="3">直接顶类别</td><td>1</td><td>2</td><td>3</td><td>1</td><td>2</td><td>3</td><td>1</td><td>2</td><td>3</td><td>4</td><td colspan="2">4</td></tr>
<tr><td colspan="3" rowspan="2">架 型</td><td rowspan="2">掩护式</td><td rowspan="2">掩护式</td><td rowspan="2">支承式</td><td rowspan="2">掩护式</td><td rowspan="2">支掩式
掩护式</td><td rowspan="2">支承式</td><td rowspan="2">支掩式</td><td rowspan="2">支掩式</td><td rowspan="2">支承式
支掩式</td><td rowspan="2">支承式
支掩式</td><td colspan="2">采高<2.5m时用支承式</td></tr>
<tr><td colspan="2">采高>2.5m时用支承掩护式</td></tr>
<tr><td rowspan="4">支护强度/MPa</td><td rowspan="4">采高/m</td><td>1</td><td colspan="3">0.3</td><td colspan="3">1.3×0.3</td><td colspan="4">1.6×0.3</td><td>>2×0.3</td><td rowspan="4">应结合深孔爆破、软化顶板等措施处理采空区</td></tr>
<tr><td>2</td><td colspan="3">0.35（0.25）</td><td colspan="3">1.3×0.35（0.25）</td><td colspan="4">1.6×0.35</td><td>>2×0.35</td></tr>
<tr><td>3</td><td colspan="3">0.45（0.35）</td><td colspan="3">1.3×0.45（0.35）</td><td colspan="4">1.6×0.45</td><td>>2×0.45</td></tr>
<tr><td>4</td><td colspan="3">0.55（0.45）</td><td colspan="3">1.3×0.55（0.45）</td><td colspan="4">1.6×0.55</td><td>>2×0.55</td></tr>
</table>

注：1. 括号内数字是掩护式支架的支护强度。设计和选用支架，允许有±5%的波动；

2. 1.3、1.6和2分别为Ⅰ、Ⅱ、Ⅲ、Ⅳ级老顶比Ⅰ级老顶的增压倍数，Ⅳ级老顶由于地质条件变化大，只给出了最小值2，具体数值应根据实际顶板情况确定；

3. 表中的采高是指最大采高，具体采高下的支护强度可用差值法计算。

4.2.7.2 支架总体参数确定

A 支架高度

一般应首先确定支架适用煤层的平均采高，然后确定支架高度。

支架最大结构高度

$$H_{max} = M_{max} + S_1 \tag{4-3}$$

支架最小结构高度

$$H_{min} = M_{min} - S_2 \tag{4-4}$$

式中 M_{max}，M_{min}——煤层最大、最小采高，mm；

S_1——考虑伪顶冒落的最大厚度，对于大采高支架取 200 ~ 400mm，对于中厚度煤层支架取 200 ~ 300mm，对于薄煤层支架取 100 ~ 200mm；

S_2——考虑周期来压时的下沉量、移架时支架的下降量和顶梁上底板下的浮矸之和，对于大采高支架取 500 ~ 900mm，对于中厚度煤层支架取 300 ~ 400mm，对于薄煤层支架取 150 ~ 250mm。

支架的最大结构高度与最小结构高度之差为支架的调高范围。调高范围越大，支架适用范围越广。但过大的调高范围给支架结构设计造成困难，可靠性低。支架最大高度和最小高度取值应符合规定。

支架最大结构高度与最小结构高度之比称为支架的伸缩比，即

$$K_s = H_{max}/H_{min} \tag{4-5}$$

B 支护强度和工作阻力

支架有效工作阻力与支护面积之比定义为支护强度。顶板所需的支护强度取决于顶板的等级和煤层的厚度。我国已制定了不同顶板等级的支护强度标准，支护强度除可按规定选用外，还可按经验公式计算。

$$q = KM\rho \times 10^{-5} \tag{4-6}$$

式中 K——作用于支架上的顶板岩石厚度系数，一般取 5 ~ 8；

M——采高，m；

ρ——岩石密度，一般取 $2.5 \times 10^3 kg/m^3$

支架支承顶板的有效工作阻力为

$$Q = qF \times 10^3 \tag{4-7}$$

$$F = (L + C)(B + K) \tag{4-8}$$

式中 F——支架顶梁面积，m^2；

L——支架顶梁长度，m；

C——梁端距，m；

B——支架顶梁宽度，m；

K——架间距，m。

有效工作阻力与支架立柱工作阻力之和的比值，称为支架的支承效率 η。支承式支架的支承效率为 100%；掩护式和支承掩护式支架由于顶梁与掩护梁铰接，立柱斜撑，故支承效率总是小于 100%，初选支架时可取 80% 左右。

C 中心距和宽度

支架中心距一般等于工作面一节溜槽长度。目前液压支架中心距大部分采用 1.5m。大采高支架为提高稳定性，中心距可采用 1.75m；轻型支架为适应中小煤矿工作面快速搬家的要求，中心距可采用 1.25m。

支架宽度是指顶梁的最小和最大宽度。宽度的确定应考虑支架的运输、安装和调架要求。支架顶梁一般装有活动侧护板，侧护板行程一般为 170 ~ 200mm。当支架中心距为 1.5m 时，最小宽度一般取 1400 ~ 1430mm，最大宽度一般取 1570 ~ 1600mm。当支架中心距为 1.75m 时，最小宽度一般取 1650 ~ 1680mm，最大宽度一般取 1850 ~ 1880mm。当支架中心距为 1.25m 时，如果顶梁带有活动侧护板，则最小宽度取 1150 ~ 1180mm，最大宽度取 1320 ~ 1350mm，如果顶梁不带活动侧护板，则宽度一般取 1150 ~ 1200mm。

D 初撑力

初撑力大小对支架的支护性能和成本都有很大影响。较大的初撑力能使支架较快达到工作阻力，减慢顶板的早期下沉速度，增加顶板的稳定性；但对乳化液泵站和液压元件的耐压要求提高。一般取初撑力为工作阻力的0.6～0.8倍。

E 移架力和推溜力

移架力与支架的结构、重量、煤层厚度、顶板性能等有关。一般薄煤层支架的移架力为100～150kN，中厚煤层支架的移架力为150～300kN，厚煤层支架的移架力为300～400kN；推溜力一般为100～150kN。

4.3 乳化液泵站

乳化液泵站是采煤工作面的一种重要的设备，它是液压支架和外注式单体液压支架的动力源。乳化液泵站由乳化液泵、乳化液箱和其他附属设备组成，具有完善的控制、过滤及安全保护功能。随着高产高效综合机械化工作面的发展，乳化液泵站也不断更新换代。总的趋势是增大其主要性能参数，如提高乳化液的压力、流量，改进结构，提高可靠性，引入微机自动监控技术等。

目前国内广泛使用的乳化液泵站均为随工作面的推进而不断前移的移动式泵站。近年来国内外相继出现了一种远距离集中的供液的固定式泵站，它距工作面最远距离可达3～4km，采用ϕ50～70mm的厚度无缝钢管将高压乳化液送到工作面，再转接胶管分供液压支架。回液用ϕ56mm胶管再接ϕ80～100mm的钢管返回液箱。泵站相对固定，不必每日移动，改善了泵站的安装、运行和维护管理工作，并可同时向两个工作面供液。

4.3.1 乳化液泵

乳化液泵一般采用卧式三柱塞往复泵的结构形式，它具有工作压力高、结构简单、工作可靠、使用寿命长、维护方便等特点。乳化液泵也可派生成喷雾灭尘泵，改用清水为工作介质，向工作面采煤机提供冷却水源和喷雾灭尘用水。近年来随着高压大流量乳化液泵的发展，也出现了少数五柱塞式和个别变量乳化液泵。国外大功率乳化液泵的减速箱一般使用压力润滑并加装冷却风扇，而国产乳化液泵多用飞溅润滑。

Trimax S250高压大流量乳化液泵如图4－62所示，它的3个柱塞5水平放置，泵工作时电动机的旋转运动通过一对齿轮副减速后带动曲轴2旋转，再通过连杆3、十字头滑块4将曲轴的旋转运动转化为柱塞在泵缸中的往复运动。当这种曲柄连杆机构带动柱塞远离柱塞腔时为柱塞的吸液行程，这时柱塞腔内的密闭空间增大形成负压，乳化液在大气压力作用下打开吸液阀10进入柱塞腔；曲柄连杆机构推动柱塞使柱塞腔容积减小时为柱塞的排液行程，乳化液在柱塞推力作用下打开排液阀9进入支架液压系统。曲轴旋转一周完成柱塞的一个往复行程。

4.3.1.1 传动部分的结构

Trimax乳化液泵传动部分主要包括箱体、曲轴、连杆、滑块等主要零部件。

A 箱体

箱体是传动端主要零件之一，箱体的主要作用如下。

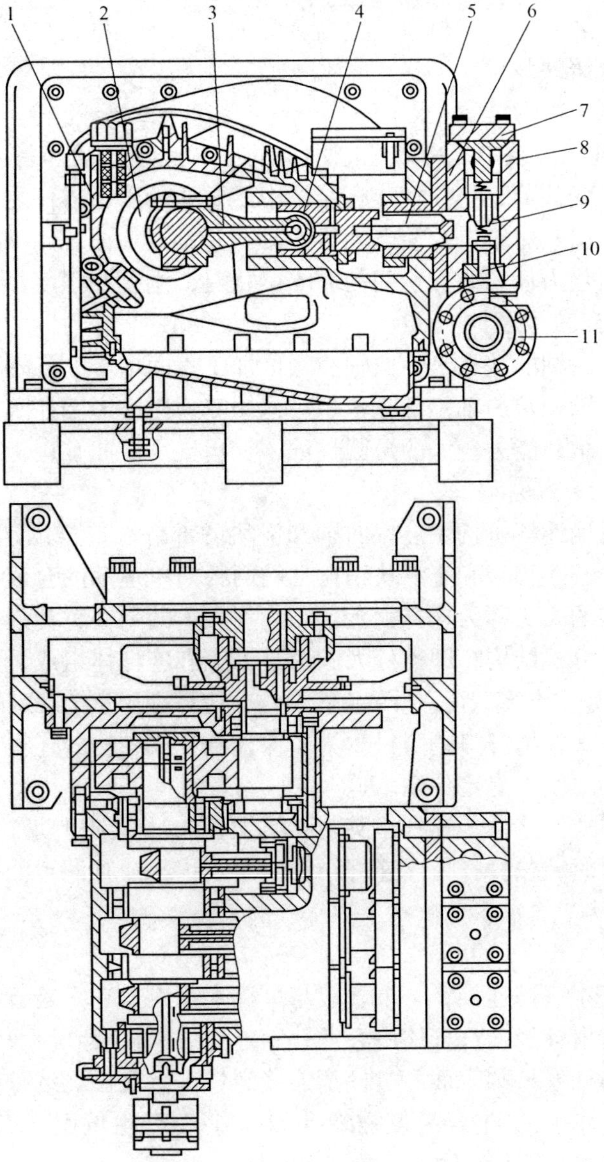

图 4-62 Trimax S250 乳化液泵

1—箱体；2—曲轴；3—连杆；4—滑块；5—柱塞；6—密封填料箱；7—泵头体压盖；8—泵头体；9—排液阀；10—吸液阀；11—集液器

(1) 为齿轮减速机构和曲柄连杆机构的支承定位及滑块运动导向。

(2) 承受或传递泵的作用力和力矩，往复泵中的作用力如液压力、运动副摩擦力。

(3) 作为液力端的支承并安装一些辅助设备。液力端泵头通过连接板与箱体连在一起，泵的辅助设备如润滑系统零部件，曲轴箱上的注油和放气装置等也装在箱体上。

(4) 作为电动机、冷却风扇的支座。泵的箱体为剖分式结构，箱盖与箱体从主轴承孔中心线处于水平面成45°夹角方向分开，箱体下部与底座水平面剖分。

这种箱体的优点是便于曲轴采用多支承结构，便于曲柄连杆结构的装拆和维护，只要把箱盖打开，曲轴、连杆即可整体安装。其缺点是零件的数目增多，加工量增多；由于轴承座分成两个半圆，加工时必须机身、箱盖合套加工，加工量大，刚度也不如整体式箱体好。箱体材料为球磨铸铁。

B　曲轴

曲轴在 Trimax 乳化液泵中是用来把电动机的旋转运动转化为柱塞的往复运动。工作时它承受周期性的交变载荷，是曲柄连杆结构中最重要的受力零件之一。

Trimax 乳化液泵用一对斜齿轮使电动机主轴减速后带动曲轴，曲轴为三拐四点支承，这种曲轴的受力可简化为任意两支承间的简支梁状况，刚度和强度都较好，在相同几何尺寸的曲轴中可承受较大的力。

这种三拐四支承曲轴的缺点是使曲轴、箱体加工表面增多，各轴颈同心精度要求高。

曲轴电动机端主轴颈及曲轴中部支承颈均采用双列向心短圆柱滚子轴承支承，曲轴远离电动机端，加装了承载能力较大的短圆柱滚子轴承支承。曲轴用低硫材料锻造成形。

C　连杆

连杆是传动端曲柄连杆机构中连接曲轴和滑块的部件。连杆的运动是一种平面运动，可以看成是沿缸体中心线移动和绕滑块销摆动的两种简单运动的合成。

连杆与曲轴相连的一头称为连杆大头，与滑块相连的一头称为连杆小头。为了便于拆装，连杆大头制成剖分式结构，即连杆大头由连杆盖和连杆体组成，并用两只连杆螺栓联结成一体。连杆螺栓承受交变载荷，拆装连杆结构时应特别注意按规定的扭矩值（110N·m）拧紧连杆螺栓。连杆螺栓加开口销防松。为了保证剖分式结构的连杆盖与连杆体的装配位置固定不变，在两者之间设有定位销。

连杆小头为整体式销连接，连杆小头内孔压配整体衬套的滑动轴承，加工、装配简便易行。采用强迫润滑时，连杆杆体、连杆小头、滑块销与曲轴润滑油孔相通，以便对各运动副进行润滑。

D　滑块

滑块一端与连杆小头销连接，一端直接与泵柱塞相连，它只是直线往复运动。滑块体径向开有油孔，使润滑油经连杆杆体中心油孔、连杆小头衬套、滑块销流入滑块，润滑滑到运动表面。滑块与柱塞外圆表面通过柱塞连接螺杆进行定位。这种连接结构简单、重量轻。缺点是因加工、装配误差容易使柱塞与滑块中心产生偏斜，影响密封寿命和工作性能。

4.3.1.2　液流部分的结构

液流部分是指液体流过的部分，它由泵头体、柱塞、密封填料箱、吸液阀、排液阀、泵头体压盖、集液器等组成。

Trimax 乳化液泵液力端泵头体内的吸、排液阀处在同一中心轴线上，为直通式液力端。其特点为过流性好，余隙容积小，结构紧凑，尺寸小，但装拆及更换柱塞密封不便。

A　柱塞

柱塞使用陶瓷材料，其表面极光滑，因而不易擦伤柱塞密封圈，且非常耐磨，大大提高了柱塞和柱塞密封的使用寿命，改善了性能并减少了使用中的维护工作量，柱塞表面不需要加油润滑。

这种陶瓷柱塞的缺点是，性脆，怕碰。柱塞的端部加装保护帽以保护柱塞及其密封。

柱塞密封采用自调式密封组件，具有自润滑性。

B 吸、排液阀

吸、排液阀采用下导向式的锥形阀结构，这种锥形阀流道平滑，过流能力强，密封性能好。吸、排液阀弹簧的作用在于增加阀上载荷，削弱阀运动惯性力，保证阀有较小的关闭速度和关闭滞后角，减小冲击和回流损伤，延长使用寿命。

泵头体的内腔采用了化学渗 Ni 的表面处理工艺，吸、排液阀及阀座等均采用不锈钢材料，提高了泵的抗锈蚀能力。

C 润滑系统

泵中凡有相对旋转和相对滑动的运动副处一般均需进行润滑。曲轴与连杆大头轴瓦，连杆小头轴承套与滑块销，滑块和滑道的润滑均采用压力润滑的方式进行。

润滑油泵的轴与曲轴连接，由曲轴带动旋转。油泵的吸油口用软管与泵箱体内油池连通，油泵泵出的润滑油经过滤器过滤后，进入轴承座内的润滑油腔，再经曲轴、连杆大头轴瓦、连杆小头轴瓦和十字头滑道返回油箱。

D 高压安全阀

高压安全阀直接安装在乳化液泵上，它是乳化液泵起过载保护作用的一个重要的安全设施。在液压系统正常工作的情况下，安全阀处于常闭状态，不起作用。但当液压系统压力突然升高，且大于卸载阀调定的卸载压力，而卸载阀又因故障未能及时作用时，安全阀开放，使泵的排液经安全阀的泄流口喷出。

Trimax 乳化液泵组安装的安全阀为充气式高压安全阀，充气式压力出厂时已调定为 41.1MPa，现场使用时无需调整。

4.3.2 电液－机械卸荷阀

卸荷阀是乳化液泵中最重要的液压元件之一。它的功用是使泵的工作压力不超过规定的压力值，同时在综采工作面支架不需要用液时，能自动把泵与工作面的供液系统切断，将泵排除的工作液直接返回乳化液箱，使泵处于空载状态下运转；当综采工作面需要用液时，又能自动地接通工作面液压系统，向工作面提供高压乳化液，从而降低电动机能量消耗，减少系统液流发热，延长乳化液泵的使用寿命。

卸荷阀的结构如图 4－63 所示，它由装在同一阀体内的两套单向阀 1、两套主阀 3、一套液控先导阀 5、一套电磁先导阀 6 组合而成。正常工作时，液控先导阀仅是电磁先导阀的随动机构，受电磁先导阀的控制；只有当电磁先导阀发生故障时，液控先导阀才起先导作用。电磁先导阀的启闭由电子系统程序控制。

正常供液时，来自乳化液泵的液流从进液口进入卸荷阀，顶开单向阀 1，由输出口进入系统供液管路。阀体内的两个单向阀同时向工作面系统供液。同时，液流经孔 A 进入平衡柱塞 4 左腔，也经主阀 3 上阻尼孔前的滤网进一步过滤后，进入主阀上腔。由于主阀上部面积大于下部面积，主阀在复位弹簧与液压力的共同作用下压向阀座，使主阀处于关闭状态。液流还经过控制孔进入液控先导阀 5 中部与电磁先导阀 6 中。进入液控先导阀的控制液作用在平衡柱塞的右端及锥阀的左腔，锥阀在压力弹簧作用下压向阀座，切断与液箱连通的泄流口。液控先导阀内没有液流流动，平衡柱塞处于静止位置。当作用于先导阀锥阀的液压力大于弹簧的预压力（也就是液压系统的压力超过了调定的工作压力）时先导阀锥阀被打开，控制孔与泄流口连通，液流流动，先导阀中部压力降低，平衡柱塞在左侧腔系统控制液压力作用下持续顶开锥阀。此时液流继续流动，使主阀上腔的液压力降低，主阀被打开，泵的排液经过两个主阀直接流回液箱，泵处于低压状态下运转。此时两单向阀关闭，保持工作面液压系统处于高压状态。

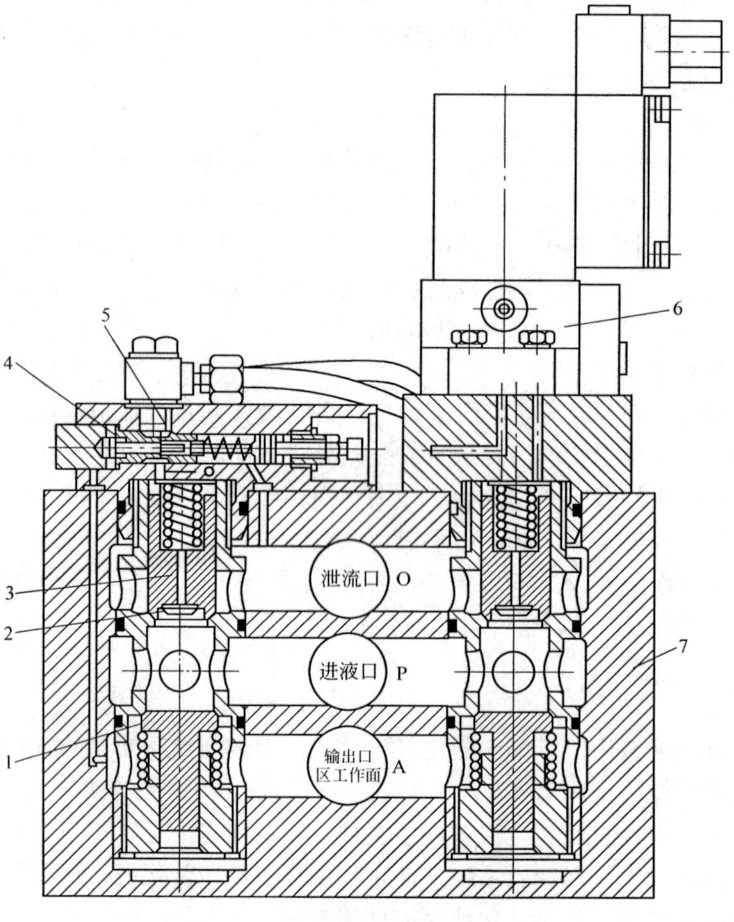

图 4－63　电液—机械卸荷阀结构

1—单向阀；2—滤网；3—主阀；4—平衡柱塞；5—液控先导阀；6—电磁先导阀；7—阀体

电磁先导阀如图 4－64 所示（图中为电磁铁断电位置）。此时电磁先导阀中陶瓷球 7 在压力弹簧作用下压向阀座，陶瓷球 4 被推离阀座，使进入电磁先导阀的控制液与泄流口连通，此时液流流回液箱，使图 4－63 中的主阀上腔的液压力降低，主阀被打开卸载。当支架液压系统的压力低于卸荷阀电子控制系统调定的卸荷阀恢复压力时，电磁先导阀电磁铁通电，铁芯向下压下控制杆，通过阀杆、陶瓷球 4 推动推杆将陶瓷球 7 推离阀座，陶瓷球 4 压向阀座，使与主阀上腔连通的控制孔和泄流口断开，主阀上腔控制液与系统高压控制液相通，主阀处于关闭状态，卸荷阀不卸载。当支架液压系统压力升高达到卸荷阀卸载压力时，电子控制元件使电磁先导阀断电，重复上述动作使两主阀打开而两单向阀 1（见图 4－63）关闭，卸荷阀卸载，泵处于低压状态下运转。工作面液压系统处于高压状态。

支架液压系统的压力超过了卸荷阀电子控制系统预先设定的卸载压力，电磁先导阀电

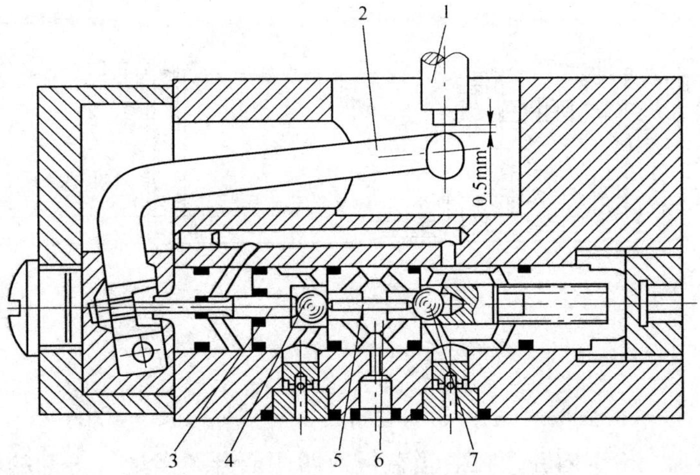

图 4－64 电磁先导阀结构

1—电磁铁铁芯；2—控制杆；3—阀杆；4，7—陶瓷球；5—顶杆；6—阀座

磁铁不能断电时，系统压力将继续升高。当系统压力升高到液控先导阀设定的卸载压力时（正常工作时一般调定液控先导阀的卸载压力比电磁卸荷阀的卸载压力高 2.5MPa）液控先导阀动作，主阀开启，卸荷阀卸载。这时只需将电磁阀上的过载凸轮螺杆旋转 1/4 圈，卸荷阀便完全处于液控先导阀控制下，电磁先导阀将电磁铁自动锁定在通电位置。

电液—机械卸荷阀系统工作原理图如图 4－65 所示。

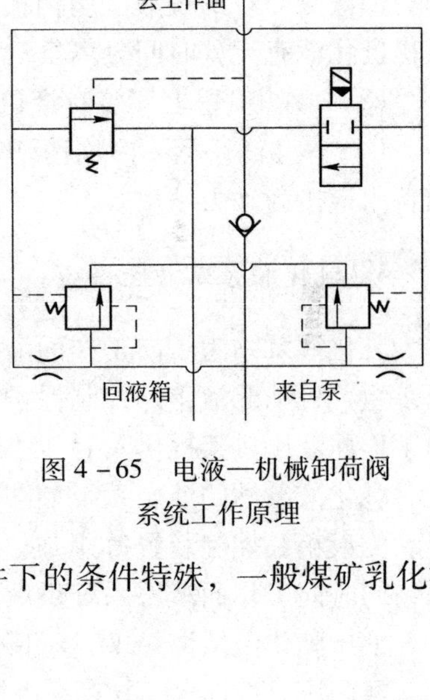

图 4－65 电液—机械卸荷阀系统工作原理

4.3.3 乳化液箱的结构

乳化液箱的主要功用是储存系统所需的乳化液，散热，沉淀杂质，分离乳化液中的气泡等。但由于煤矿井下的条件特殊，一般煤矿乳化液箱设计时均带有乳化油室，便于乳化液自动配制。

4.3.3.1 MRI 自动配液的乳化液箱

乳化液箱如图 4－66 所示，配制乳化液用的水经过进水过滤器过滤后，经自动配液阀自动配制成乳化液，进入乳化液室。乳化油室中的乳化油由手摇泵供给。

乳化液箱具有完善的保护设施，如对乳化油室低油位保护的浮动开关，对乳化液最低液位起保护作用的低液位浮动开关，对乳化液箱配液量进行控制的浮球阀及根据乳化液箱内液体的温度自动动作的热动开关等。乳化油室的容积为 454L，乳化液室的总容积为 4090L，实际工作容积为 2728L。

4.3.3.2 乳化液箱的结构

乳化液箱除了考虑到有足够的容积、满足工作面液压系统中乳化液的供应要求外，还具有下列特点：

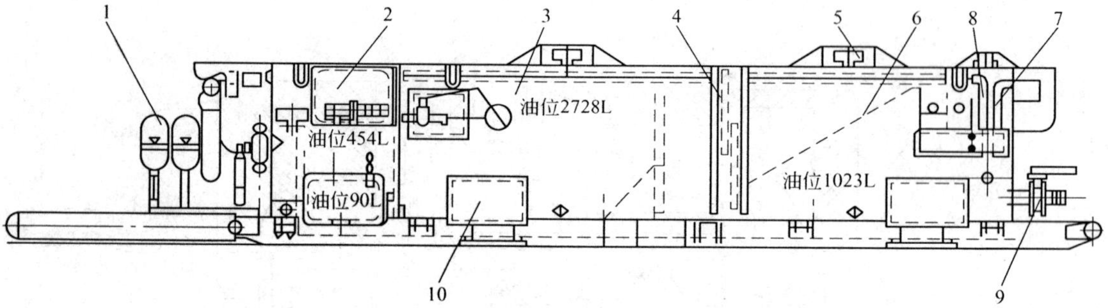

图4－66 自动配液的乳化液箱

1— 蓄能器；2—乳化油室；3—乳化液室；4—液位指示器；5—空气过滤器；6—配液回液隔板；7—卸载阀回液管；8—主回液管；9—吸油管；10—清理窗口

（1）便于清洗及检查内腔，在液箱盖板及两侧面开了多处可拆卸的清理窗口10。盖板上装有3个空气过滤器5便于排除液箱中的空气。

（2）卸载阀回液管7、两根主回液管8和主回液管并行的配液管经回液过滤器过滤后引入液箱前端，回液经磁过滤器过滤掉磨屑等磁性物质后再经配液回液隔板6进入主液箱。回液区与泵的吸液区用挡板隔开，增加了乳化液循环距离，使散热效果更为显著，同时供乳化液有充分时间分离气泡和沉淀杂质。

（3）液箱侧壁上安装有液位指示器4，可方便地观察到液箱内液位的高低。

（4）液箱采用不锈钢钢板焊接成形，箱底成滑橇式结构，与3台泵组及液箱外监控设备组连接为动力站。

4.3.4 乳化液泵站液压系统

乳化液泵站为了向工作面液压支架供液，必须具备完整的液压系统。液压系统由乳化液泵组、自动配液箱、控制保护系统和辅助装置等组成，各部件之间彼此用管道相连，以向工作面液压支架提供具有压力和流量的工作液体。

乳化液泵站的液压系统如图4－67所示。该系统主要由3台Trimax S250乳化液泵组、自动配液箱及控制装置等组成。乳化液泵的配套电动机功率为185kW，通常情况下两台泵组同时向工作面液压系统供液，一台泵组备用。

低压乳化液从液箱11经打开的截止阀7吸入乳化液泵，通过乳化液泵1将压力提高后，经高压过滤器3、电液—机械卸载阀4、截止阀6通过输液管向工作面液压系统供液。在输液管与工作面供液管之间连接有两个高压蓄能器9及压力传感器10。卸载阀4的卸载回液管路与削峰器8相连，可减少卸载回液对系统的冲击。卸载回液经过卸载阀4直接返回液箱。

为了防止支架液压系统供液压力超过规定值，保证乳化液泵和支架液压系统的安全，在泵的供液管路上加装了高压安全阀2。该安全阀是应急用的，在正常工作情况下处于关闭状态；当系统压力突然升高到41.4MPa时，安全阀迅速开启进行保护。

乳化液泵与液箱相连的吸液口处及乳化液泵排液的输液管处都加装了截止阀，它的作用是对不工作的备用乳化液泵进行隔离。与输液管相连的两个高压蓄能器，改善了支架液压系统及高压乳化液泵的工况，减少了压力脉动，使电液—机械卸载阀的动作频率减少，

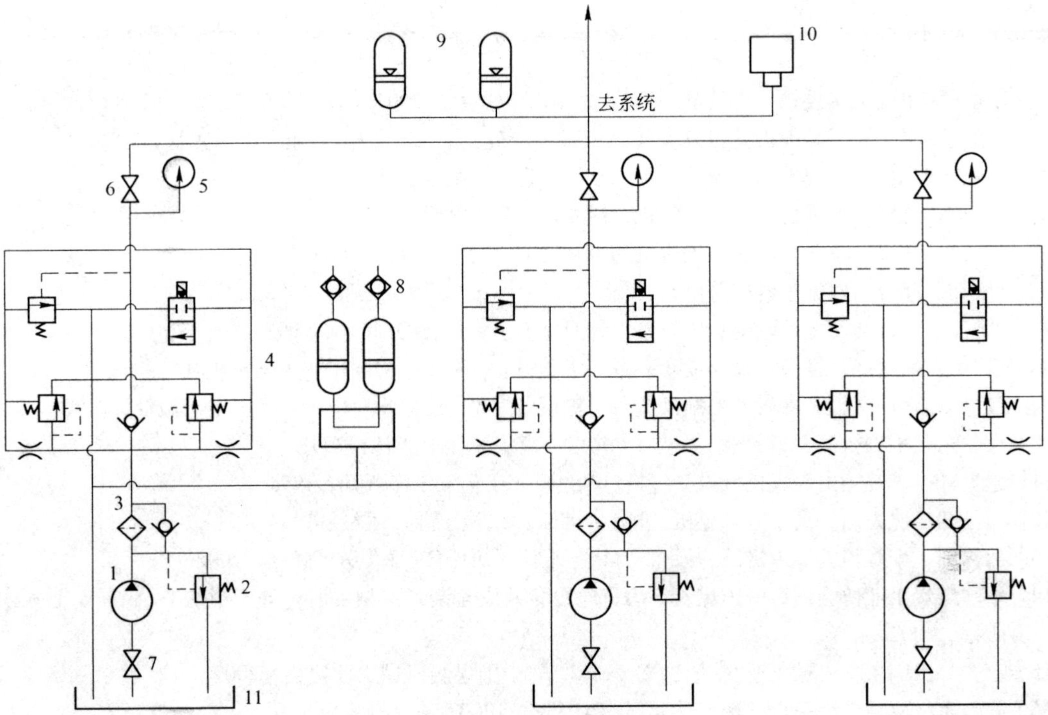

图 4－67 乳化液泵站的液压系统

1— 乳化液泵；2—高压安全阀；3—过滤器；4—卸载阀；5—测压点；6，7—截止阀；8—削峰器；9—高压蓄能器；10—压力传感器；11—液箱

提高了寿命及可靠性。

压力传感器将工作面支架液压系统中的压力信号传送到卸载阀电子控制系统，通过程序来控制系统中 3 个电液—机械卸载阀的动作。当系统压力高于预先调定的卸载阀的卸载压力时，卸载阀在其内部电磁先导阀（或机械先导阀）的控制下使泵自动卸载。当系统压力低于卸载阀预先调定的系统恢复压力时，泵重新向系统供液。

复习要点

4.1 单体液压支柱的类型、结构、动作原理。
4.2 液压支架的定义、特点。
4.3 液压支架的基本动作、工作原理及其特性曲线。
4.4 液压支架的类型及其结构特点。
4.5 液压支架各组成部分的结构形式及性能特点。
4.6 推移千斤顶的布置方式及其工作原理。
4.7 活动侧护板的作用、类型。
4.8 四连杆机构的作用、组成及工作原理。
4.9 几种典型液压支架的结构组成、特点。
4.10 放顶煤液压支架的类型、工作原理、结构特点。
4.11 薄煤层液压支架的结构、原理、特点。
4.12 液压支架各基本参数的确定方法。
4.13 乳化液泵站的作用、基本组成、系统工作原理。

参考文献

[1] 王运敏．中国采矿设备手册［M］．北京：科学出版社，2007.
[2] 谢锡纯，李晓豁．矿山机械与设备（第二版）［M］．徐州：中国矿业大学出版社，2007.
[3] 李峰，刘志毅．现代采掘机械［M］．北京：煤炭工业出版社，2007.
[4] 黄日恒．悬臂式掘进机［M］．徐州：中国矿业大学出版社，1996.
[5] 李晓豁．基于模块化系列化的掘进机的设计［J］．煤矿机电，2003（5）．
[6] 李晓豁．部分断面掘进机的总体布置与参数选择［J］．探矿工程，1998（2）．
[7] 李晓豁．部分断面掘进机的总体方案设计及选型［J］．建井技术，1998，19（3）．
[8] 王国法．高效综合机械化采煤成套装备技术［M］．徐州：中国矿业大学出版社，2008.
[9] 王启广，李炳文，黄嘉兴．采掘机械与支护设备［M］．徐州：中国矿业大学出版社，2006.
[10] 陶驰东．采掘机械（修订版）［M］．北京：煤炭工业出版社，2005.
[11] 李贵轩，李晓豁．采煤机械设计［M］．沈阳：辽宁大学出版社，1994.
[12] 李昌熙，沈力山，高荣．采煤机［M］．北京：煤炭工业出版社，1988.
[13] 谢锡纯，李晓豁．矿山机械与设备［M］．徐州：中国矿业大学出版社，2000.
[14] 中国煤炭工业协会编．中国煤炭矿山机电设备及安全装备选型手册［M］．徐州：中国矿业大学出版社，2002.
[15] 苏鑫．中国煤炭机械工业60年论文集［C］．中国煤炭机械工业协会，2009.
[16] 陶驰东．放顶煤综采设备选型［J］．煤矿机电，2007，（5）．
[17] 李晓豁．我国发展连续采煤机的前景［J］．矿山机械，2007，35（12）．